河南林业六十年

河南省林业厅　编

黄河水利出版社
·郑州·

图书在版编目(CIP)数据

河南林业六十年/河南省林业厅编—郑州:黄河水利
出版社,2013.1
ISBN 978 - 7 - 5509 - 0390 - 6

Ⅰ.河…　Ⅱ.①河…　Ⅲ.林业史 - 河南省
Ⅳ.F326.276.1

中国版本图书馆 CIP 数据核字(2012)第 297249 号

组稿编辑:韩美琴　电话:0371- 66024331　E-mail:hanmq93@163.com

出　版　社:黄河水利出版社
　　　　　地址:河南省郑州市顺河路黄委会综合楼 14 层　邮政编码:450003
发行单位:黄河水利出版社
　　　　　发行部电话:0371- 66026940、66020550、66028024、66022620(传真)
　　　　　E-mail:hhslcbs@126.com
承印单位:河南省瑞光印务股份有限公司
开本:787 mm×1 092 mm　1/16
印张:17.25
字数:400 千字　　　　　　　　　　　　　　　印数:1—1 000
版次:2013 年 1 月第 1 版　　　　　　　　　　印次:2013 年 1 月第 1 次印刷

定价:55.00 元

编委会名单

目 录

第一章 综 述

远古时期的河南,境内多数地方为森林所覆盖,生态环境良好,适宜人类居住。至公元前 2700 年左右,全省森林面积约有 1 500 多万公顷,森林覆盖率约为 63%。随着人口数量的增加、生产的发展以及战乱的破坏,大片的森林逐渐变为农地或荒山。至新中国成立时,全省平原地区仅保存林木 2.5 亿株,林木覆盖率为 1.5%;山区保存森林 130 多万公顷,林木蓄积量 1 278 万立方米,森林覆盖率为 7.81%,成为一个缺林少材、水土流失和风沙危害严重、生态环境恶性化的省份。

1949 年 5 月,河南省人民政府成立。同年 7 月,省政府发布实施了《河南省林木保护暂行办法》,明确了公有林和私有林的管理权限,严格禁止滥伐林木和烧垦林地开荒,扭转了森林资源逐年减少的局面。1950 年成立河南省林业局。按照中央制定的"普遍护林,重点造林,合理采伐和合理利用"的林业建设方针,各地、县建立了林业机构,有计划地开展了育苗、造林、封山育林、护林防火、森林资源勘查等工作。1951 年土地改革时,把集中连片且面积较大的山林收归国有,建立国营林场;把不适宜国家经营的山林划归农民所有,实行"谁造林,谁管护,归谁所有"的政策,推动了全省造林绿化工作的开展。至 1956 年,河南省林业用地基本上实现了公有化,国家所有占 11%,集体所有占 81.4%,个体所有占 7.6%。1956 年至 1957 年,河南把林业建设列为改善自然环境、活跃山区经济的重要内容,对山区的荒山荒地进行了规划,在全省开展了"绿化祖国、绿化河南、绿化家乡"的活动,营造了大批"青年林"、"少年林"、"三八妇女林"、"幸福林"、"社会主义建设林",两年造林 17 万公顷。

1958 年"大跃进"开始后,在"实现大地园林化"政策的号召下,河南省加大了造林绿化力度,开展了林业科学研究、农村林业职业教育和林产工业生产,增设了一批国营林场,同时大办社队林场,动员各行各业开展植树造林运动。此间,因无偿把群众林木收归集体,把队办林场收归社有、国有,挫伤了群众造林、营林的积极性。同时,又由于缺乏经验,急于求成,不少地方造林成活率、保存率较低。特别是大炼钢铁中,大规模地砍伐林木,山区和平原的森林资源遭到了较大破坏。山区砍伐的林木因运输不畅,不少成为"困山材";平原地区成材树木被砍伐殆尽,导致山区水土流失面积急剧增加,平原风沙危害加剧。

进入 60 年代以后,河南省认真贯彻"调整、巩固、充实、提高"的方针,对各级无偿平调的林木,一律退还并赔偿经济损失,重申"谁造谁有"的林业政策,颁发林权证,对林木所有权给予法律保护。1962 年,中共河南省委要求沙区各级党委把林业生产作为一项重要工作来抓,以营造防护林为主,积极发展用材林,适当发展经济林和薪炭林,做到以林保农、以农养林、农林密切配合,河南造林工作重点转向了平原地区。兰考县委书记焦裕禄总结了群众造林治沙的经验,大力推广农桐间作科研成果,组织全县人民采取"扎针、贴膏药"的办法,综合治理风沙。其成功经验被刊登在《人民日报》上,向全国作介绍,并开始在豫东、豫北平原地区大面积推广。同时,也带动了平原沙区国营林场的治沙造林工作。

"文化大革命"开始后的 10 年,河南林政管理工作进入低谷,不少国营林场的林地被侵占,林木遭到乱砍滥伐,国有森林资源明显减少。与此同时,其他林业工作也受到影响,只有集体造林有较大发展。

中共十一届三中全会,把全党全国工作的重心转移到社会主义现代化建设上来,开启了改革开放的伟大航程,也开启了河南林业事业发展的新时期。河南林业工作坚持深化改革,广泛发动群众,有计划、有组织地开展了人工造林、封山育林和飞播造林,大力培育森林资源;增设了林政管理、林业公安和护林防火机构,加强了林业执法和森林资源保护管理,切实巩固造林绿化成果;坚持科教兴林,积极发展林业产业,不断提高林业的质量和效益;全省林业工作向全社会办林业、全民搞绿化,资源培育、保护和利用并重方向发展,林业建设逐步走上持续、快速、健康发展的道路。

1978 年以后,中国农业经营形式发生历史性变革,农村全面推行了家庭联产承包责任制,但由于林业生产责任制尚未建立,一些地方没有充分考虑林业的特殊性,一味套用农业生产责任制形式,对集体林木实行分户经营管理,责、权、利不明确,不少地方乱砍滥伐林木,形成了仅次于大炼钢铁时破坏森林资源的现象,致使全省森林覆盖率急剧下降,可采森林资源趋于枯竭。1979 ~ 1980 年,全省共发生滥伐林木事件 14 165 起,砍树 1 439万株。至 1980 年底,全省森林覆盖率下降到 8.5%。

1981 年,河南省认真贯彻执行党在农村的经济政策,从林业的自身特点和省情出发,制定了与农业生产责任制相适应、符合河南实际的林业政策,把"统"和"分"有机地结合起来,较好地解决了农民群众最为关注的林木所有权与收益分配权问题,极大地调动了广大群众造林营林的积极性。1982 年,全国人大常委会作出了《关于开展全民义务植树运动的决议》,河南省人民政府发出《关于开展全民义务植树运动的通知》,要求各地、市、县人民政府都成立绿化委员会,把义务植树纳入整个造林计划。同时决定每年 3 月和 11 月为全省植树造林月,并成立河南省绿化委员会。全省县以上各级政府成立了以政府主要领导为主任,以财政、计划、铁路、城建、交通、林业、农业、水利等部门和地方驻军主要负责人为成员的绿化委员会,组织、动员适龄公民和各部门、各系统开展义务植树、绿化国土活动。河南省委、省政府针对河南平原地区的实际情况,通过制定优惠政策,树立典型,大力开展平原绿化活动。对平原地区原有树木,除少部分留集体经营管理外,其余作价转让给农户管理,收益归农户所有;在指定地点新栽的树木,实行"谁栽谁有,合造共有"的林业政策,调动了农民群众植树造林的积极性,拉开了河南大规模平原绿化的序幕。新郑县和尉氏县率先推行"统一规划、树随地走、苗木自筹、谁栽谁有"的林业政策,把农民的内在动力变成了有组织、有计划的植树造林运动,三年实现了农林间作和农田林网化。禹县采用"春育苗、夏规划、秋冬栽植"的方法,1983 年当年育苗、当年出圃、当年植树 800 万株,营造农田林网和农桐间作 7 万多公顷,一年完成了全县的平原绿化植树任务。1983 年 10月,林业部在郑州召开了全国第五次平原绿化会议,新郑等 12 个县被授予"全国平原绿化先进县"荣誉称号。在推进平原绿化快速发展的同时,河南省委、省政府制定了"以林为主,全面发展"的山区林业建设方针,开展了稳定山权林权,划定自留山、责任山和确定林业生产责任制为内容的林业"三定"工作。各地从实际出发,进一步放宽林业政策。"农民经营的自留山有使用林地权、经营自主权、收益分配权、子女继承权和中途转让权","农民承包责任山的面积不限,承包期限 30 年至 50 年不变",这些林业政策的制定,解除了群众长期以来的思想顾虑,许多农民上山落户办林场,由兼营林业向专业化发展。与此同时,针对一些地方出现的一山多户或一户多山、过于分散、无法治理和个别农户荒山面积过大、难以治理两种新情况,桐柏、信阳、泌阳等县在不改变"两山"(自留山、责任山)所有权、继续稳定林业家庭承包责任制的基础上,按照综合治理的原则,重新规划山场,采取统一整地、统一栽植、统一管护、统一技术指导,收益按山权、管护、投工投资比例分成,联营合股的办法,规模治理荒山荒地。河南省政府在泌阳召开现场会,推广其经验,进一步加快了全省山区造林绿化的进程。到 1984 年全省林业"三定"基本结束时,全省共划定自留山 74.5 万公顷、责任山 131.1 万公顷,调处林权争议 21 000 余起,发放集体林地、林木和个人林木的林权证面积 143.3 万公顷。林业专业户发展到 66 202 户,林业重点户发展到 30 670 万户,林业联合体发展到 6 100 个。

在林业政策的推动和新郑县、尉氏县、禹县等平原绿化先进典型的带动下,河南平原绿化开始向大规模、高标准迈进。"党政领导包植树面积,林业干部包技术指导"的"双包"植树造林责任制在全省各地广泛推广;"春抓育苗、夏抓规划、秋冬突击植树造林、常年抓管护"已成为一套规范化的生产程序,在平原绿化工作中广泛应用;"群众集资、国家补助、苗木自筹、谁栽谁有"的资金筹措办法有效地解决了平原绿化的投入和苗木供应问题,推动了河南平原绿化的快速发展。商丘地区实行田、林、路、渠统一规划,点、片、网、带综合发展,全区 8 县 1 市通过一个冬春完成了全区的农田林网化建设任务,成为全国第一个实现农田林网化的地区,使农田林网打破了一县一市的界限,实现了上千万亩连片绿化,并为全省平原绿化的整体推进创造了一套成功经验。1984 年 2 月 13 日,人民日报发表了题为《扎扎实实地抓绿化》的评论员文章,向全国推广了禹县平原绿化和河南大搞农田林网化建设的经验,林业部对禹县平原绿化提出了表扬,河南省委、河南省政府通令嘉奖了禹县。1985 年 3 月,国务院副总理、中央绿化委员会主任万里及参加中央绿化委员会第四次全体会议的委员视察了商丘地区的平原绿化工作。同年 7 月,第九届世界林业大会在墨西哥召开,中国代表团提交的《中国的平原绿化》报告重点介绍了河南省平原绿化的经验,在与会代表中引起强烈反响,称这是中国的一大创举。1986 年,林业部在商丘召开 8 省(市)平原绿化现场经验交流会,冀、鲁、豫、晋、苏(北)、皖(北)和京、津等 8 个省(市)的 106 个平原县(市)及省、市林业厅(局)和部分地(市)的负责人出席了会议,河南省商丘、周口两地区和民权等 40 个县获得"达到平原绿化标准"证书和"全国平原绿化先进单位"奖牌。

随着平原绿化工作的深入,河南省及时调整了平原绿化的经营方针,从单一的以发挥生态防护效益为目的,向生态效益与经济效益相结合的双目标发展,按照经济规律开展平原绿化工作,在抓好造林绿化的同时,注意林木的加工利用和林产品市场建设,实行林、工、商综合经营,森林资源培育、保护和开发利用全面发展,使平原绿化不仅成为改善农业生产条件的有效措施,而且成为农民增收的重要途径。全省平原地区先后建起了 600 多个木材交易市场,上千家林产品加工企业迅速在平原地区崛起,木材买卖自由,价格随行就市而且轻税薄赋,使广大农民在平原绿化中得到了较大实惠。

随着国家对林业生态建设的重视和林业投资的加大,河南省开始实施国家林业重点工程,造林绿化工作开始由群众投资投劳造林逐步向工程造林转变。1986年,河南在豫北4市的15个县(市、区)启动了太行山绿化工程,林业部批准规划区宜林地总面积53.3万公顷。1987年,河南省开始建设"京九绿色长廊(河南段)"工程。

1987年,中央提出"实行领导干部保护、发展森林资源任期目标责任制"。中共河南省委、河南省政府认真执行中央的指示,落实森林资源保护和发展目标责任制,把植树造林、绿化国土的任务放在各级领导干部的肩上,每年召开一次山区工作会议或林业工作会议,安排部署林业工作。1988年,河南省吸取1987年大兴安岭特大森林火灾的教训,重新成立了省护林防火指挥部,由省政府分管林业的副省长任指挥长,河南省军区和林业、公安、铁路、司法、交通、邮电、物资、气象、卫生、民航、民政等部门负责人任成员。各级政府也成立了相应的护林防火指挥机构。省政府制定并印发了《河南省护林防火指挥部职责范围和工作制度》和《河南省林木采伐和木材管理运输管理办法》,发布了护林防火布告,切实加强护林防火和森林资源管理工作。全省各地大力造林、普遍护林,国家、集体、个人一齐上,造、育、管、护密切配合,生产、加工、流通一起抓,造林绿化事业走上了稳步发展的轨道。

1989年,河南省制定了"完善平原,主攻山区"的林业建设方针。中共河南省委书记杨析综发表了题为"奋战十年,绿化中原"的电视讲话,进行全省动员。要求各级党委、政府要加强对造林绿化工作的领导,全社会各行各业都要尽自己的责任,参与林业建设和国土绿化。中共河南省委办公厅、河南省政府办公厅转发了省绿化委员会《关于各级党委政府领导干部都要办造林绿化点的意见》,要求各级党政领导率先垂范,带头领办造林绿化点,以实际行动带领群众植树造林、绿化国土。河南各地各部门积极响应省委的号召,切实搞好各地各部门的造林绿化工作。同时,根据全国平原绿化达标的要求,河南省政府提出了"奋战三年,实现全省平原绿化达标"的奋斗目标,对全省平原、半平原和部分平原县进行了摸底排队,制定了分期分批达标计划,实行平原绿化达标目标管理,单独考核。1990年,河南省政府召开了35个平原绿化未达标县座谈会,要求平原绿化未达标的县制定限期达标规划,集中力量打歼灭战,促使一些平原绿化基础较差、长期绿化水平上不去的县,在短期内实现了平原绿化达标。全省一手抓平原绿化完善提高,一手抓山区造林绿化,平原绿化和山区造林同步发展。

1990年8月,林业部在驻马店市召开了全国平原绿化座谈会,推广河南整体推进平原绿化的经验,全国19个重点平原省(区)和9个计划单列市、4个重点平原绿化县(区)的代表及河南省11个平原绿化未达标县的主管副县长参加了会议。针对平原地区已经实现大范围绿化而山区造林绿化进展缓慢的情况,全省林业工作在巩固和发展平原绿化成果的基础上,及时将重点转移到了山区。中共河南省委、河南省人民政府作出了关于实施《河南省十年造林绿化规划》的决定,河南省人大常委会作出了《关于全民动员　奋斗十年　基本绿化中州大地的决议》,河南省政府印发了《河南省十年造林绿化规划(1990～1999年)》,对今后10年造林绿化的目标任务、重点建设项目、实施步骤、工作措施等作出了明确规定。为确保按期完成十年造林绿化规划,河南省政府与12个有荒山绿化任务的地(市)负责人签订了河南省山区造林目标责任书。在实施十年造林绿化规划期间,河南省每年召开一次林业工作会议,公开通报造林绿化规划实施进展情况,表彰先进,鞭策落后,安排部署造林绿化工作。

随着改革开放的不断深入,为加快造林绿化步伐,河南省在利用好国内资金造林绿化的同时,积极利用外资开展工程造林,加快林业发展步伐。1990年,河南启动了世界银行贷款国家造林项目,共利用世界银行贷款579.1万个SDR1(约合人民币5 555.6万元),营造用材林4.23万公顷。1991年,启动了世界银行贷款河南农业发展(林果业)项目,共利用外资2 725万元,造林2.03万公顷。

随着国家对防沙治沙工作的重视,河南的治沙工作开始向工程治理迈进。1991年,河南省制定了防沙治沙十年规划,全国治沙工程项目开始在河南实施,林业部分配给河南治理开发任务6.2万公顷,涉及焦作等9个地(市)的29个县(市、区)和国营林场。

经过3年努力,到1991年,全省94个平原、半平原和部分平原县全部实现了平原绿化达标目标,被全国绿化委员会、林业部授予"全国平原绿化先进省"荣誉称号。河南省平原绿化达标工作取得的成就在全国引起了较大反响,新华社、人民日报社、中央电视台、中央人民广播电台等中央新闻单位组成中央记者团,对河南平原绿化工作进行了全方位宣传报道。河南实现全省平原绿化整体达标之后,在总结平原绿化40年经验教训的基础上,提出了完善提高全省平原绿化水平的新目标。河南省林业厅针对平原地区的不同特点,制定了《关于搞好平原绿化规划的意见》,将河南平原地区划分为平原沙区、一般平原农区和稻作区3个类型。根据不同类型区防御农业灾害的需要,分别制定了相应的绿化标准。要求3个类型区的农田林网网格面积分别控制在13.33公顷(200亩)、20公顷(300亩)、26.67公顷(400亩)以内,林木覆盖率分别达到17%、12%、10%以上,宜林荒地、荒滩绿化率达到95%以上,沟河路渠绿化率达到90%以上。河南全省实现平原绿化达标后,结合实际,因地制宜地开展了平原绿化规划,以完善农田林网为重点,大力调整林种、树种结构,在全省开展了平原绿化"第二次创业"活动。

在抓好山区荒山造林和平原绿化达标的同时,河南省注重发挥林业的经济效益,切实加大了林业产业发展和经济林基地建设的力度。河南省林业厅编制了《河南省林产工业发展规划》,出台了《关于加快发展林产工业和多种经营的若干意见》,确定了"九五"期间和到2010年全省林产工业和多种经营的发展目标。1991年,河南省政府在三门峡市召开全省山区经济林现场会,贯彻落实中共河南省委、河南省政府关于"调整产业结构,大力发展经济林,加快山区造林绿化步伐、振兴山区经济"的指示精神,动员广大干部职工认真实施十年造林绿化规划,大力发展经济林,振兴山区经济,改变山区面貌。河南省省长李长春在给参加现场会议的代表的信中要求:各地要加快山区经济林发展步伐,走出一条山区脱贫致富、促进山区经济发展的新路子。会议提出了全省10年内发展经济林46.67万公顷,重点建设十大经济林基地,到20世纪末,全省经济林总面积达到100万公顷,经济林产品年总产量达到30亿公斤的总任务。会议确定了全省经济林开发的总体布局:在豫西伏牛山区建立以苹果为主的鲜果基地;豫北太行山区建立干鲜果和花椒基地;豫南大别山区建立以板栗为主的木本粮油基地;豫西南伏牛山区、桐柏山区建立干鲜果、特用经济林基地;中心城市周围结合菜篮子工程,建立小杂果基地。1992 年,河南省政府印发了《河南省经济林十年发展规划》。1993 年,林业部批准在河南建立了"林业部郑州林产品流通改革试验区"。1993 年、1994 年,河南省政府连续两年召开全省银杏生产和加工会议,特邀山东省人大常委会副主任李晔作报告,河南省省长马忠臣主持会议并作重要讲话,要求各地广泛宣传、因地制宜、狠抓落实,全省实现人均 5 棵银杏树,使千秋银杏遍布中原大地。1994 年,河南省政府召开豫西经济林基地开发建设会议,河南省副省长李成玉出席会议并对豫西经济林基地开发建设工作作了安排部署。1995 年,河南省政府印发了《豫西经济林基地开发建设十年规划》,进一步明确了豫西地区经济林发展的工作思路,全省经济林进入快速发展阶段。

在抓好造林绿化的同时,河南省加强了森林资源保护管理和科教兴林工作。1995 年,河南省八届人大常委会第十四次会议审议通过了《河南省实施〈中华人民共和国野生动物保护法〉办法》。河南省林业厅发布了《河南省森林采伐限额管理暂行办法》,对森林采伐限额的制定、凭证采伐管理、检查监督以及违反该办法的处理等,作出了较为详细的规定。1996 年,河南省政府下发了《关于在全省设置木材检查站的通知》,决定在全省设置 100 处木材检查站,并明确木材检查站是林业基层行政执法单位,主要职责是依法查验过往运输车辆的木材运输证、松香运输证、野生动物运输证和森林植物检疫证。河南发布了《河南省森林采伐限额核定管理暂行办法》,印发了《关于加强非林业生产使用林地管理的通知》,对森林采伐限额管理和林地征、占用审核作出了明确规定。1996 年,召开河南省林业科学技术大会,出台了《关于加速林业科学技术进步实施科教兴林战略的意见》,总结了"八五"期间全省林业科技工作,安排部署了"九五"期间及到 2010 年全省林业科教发展的主要目标任务,对全省实施科教兴林工作提出了具体要求。

为确保《河南省十年造林绿化规划(1990～1999 年)》目标任务的圆满完成,1996 年,中共河南省委、河南省人民政府作出《关于在全省开展造林绿化决战年活动的决定》,把1996 年作为全省造林绿化决战年,要求各级党委、政府迅速行动起来,动员全省人民切实搞好绿化宜林荒山和平原绿化完善提高工作。河南省"完善平原,主攻山区"的林业建设经验得到了林业部的高度评价。1996 年,全国绿化委员会第十五次全体(扩大)会议第二阶段会议在河南召开,推广了河南山区造林和平原绿化的经验。1997 年,河南省委、河南省政府召开全省林业工作会议,省委书记李长春、省长马忠臣致信会议代表,要求全省山区要保质保量完成规划的荒山造林和补植补造任务,平原要切实搞好平原绿化完善提高工作。会议把 1997 年作为全省造林绿化攻坚年,要求各级党委、政府和林业部门再接再厉,坚决打好造林绿化攻坚战,确保全省基本绿化宜林荒山和完善提高平原绿化目标如期实现。为调动全社会植树造林的积极性,河南省绿化委员会作出了《关于在全省开展争创造林绿化百佳村、十佳乡、十佳县、十佳单位、一个最佳城市活动的决定》,以树立典型,以点带面,推动全省造林绿化事业持续、快速、健康发展。在实施《河南省十年造林绿化规划(1990～1999)》期间,河南省层层实行了人工造林实绩核查和造林绿化工作奖惩制度,河南省委、省政府每年都根据河南省林业厅对各地(市)、县(市、区)造林任务完成情况的核查结果,作出表彰决定和通报批评,先后对 95 个单位进行了通报表扬,对 78 个单位给予了通报批评,对 26 个单位给予了黄牌警告,暂时收回了 5 个单位的先进奖牌,共颁发奖金 1 153 万元。

从 1999 年起,河南省及时调整林业建设的战略部署,以初步建立比较完备的林业生态体系和比较发达的林业产业体系为目标,坚持把林业生态环境建设与国土整治、产业开发和区域经济发展相结合,森林资源培育、保护和合理开发利用并重,把林业工作重点转移到了林业生态工程建设上。河南省人民政府批准实施了《河南省林业生态工程建设规划》,确定了 2000 年到 2030 年河南林业建设的目标任务和 2030 年到 2050 年的建设设想,提出了今后一个时期河南林业的建设重点和保障措施。河南省政府召开了黄河上中游重点地区天然林保护工程规划编制工作会议,对天然林保护工程规划的基本思路、工程实施的总体目标、工程建设的内容与主要任务、工程实施的政策措施等作出明确规定,正式启动了河南省天然林保护工程。2000 年,河南省黄河上中游天然林保护工程区退耕还林(草)试点示范工程正式启动,试点任务包括退耕地造林 1.33 万公顷、宜林荒山荒地造林 1.67 万公顷,涉及济源市及陕县、新安县和灵宝市。河南省绿化委员会发出了《关于加快绿色通道工程和城乡绿化一体化建设的通知》,省交通厅、林业厅将京珠高速公路安阳至许昌段列为省级通道绿化示范工程并启动建设。河南省政府印发了《河南省县级平原绿化高级标准》,在全省平原地区开展了平原绿化高级达标活动。2002 年 1 月,河南省人民政府与中国林业科学研究院签订了全面科技合作协议。10 年来,双方本着"真诚合作,互惠互利,共同发展"的原则,加强协商,密切合作,取得了显著成效,大大提高了河南省林业科技创新能力,为河南省林业建设及经济社会发展提供了积极的支持和帮助。

2003 年 6 月 25 日,《中共中央 国务院关于加快林业发展的决定》出台后,河南省积极贯彻落实,在全省开展了"营造良好生态,建设绿色中原"活动。10 月 17 日,中共河南省委、河南省人民政府作出了《贯彻中共中央 国务院关于加快林业发展的决定的实施意见》,河南省政府办公厅印发了《绿色中原建设规划》,提出了到 2020 年全省新增有林地 200 万公顷、森林覆盖率提高到 30% 以上、林业产值达到 1 000 亿元的奋斗目标。10 月 19 日,召开全省林业工作会议对贯彻《中共中央 国务院关于加快林业发展的决定》、组织实施《绿色中原建设规划》进行了安排部署。2004 年 8 月 27 日,河南省政府批转省林业厅等部门《关于加快林业产业发展的意见》,2005 年 9 月 23 日,河南省政府批转了《河南省湿地保护工程规划》,明确了林业产业发展的思路和湿地工程建设的重点。2005 年,河南省平原绿化实现整体高级达标之后,为进一步提高绿化水平,河南省林业厅在调查研究的基础上,拟订了林业生态县创建方案。2006 年 2 月 17 日,省政府批转了《河南省创建林业生态县实施方案》,省委组织部、省人事厅、省林业厅联合印发了《河南省林业生态县建设表彰奖励实施办法》,在全省开展了林业生态县创建工作。

2007 年,河南省委、省政府作出了建设林业生态省的战略决策。从下半年开始,全省林业系统抽调专业技术人员和省内有关林业教学、科研和生产单位的专家以及省林业专家咨询组成员,组成规划编制组,经广泛调查、专题研究和反复讨论,在征求省直有关部门和国内专家意见的基础上,采取自下而上、以县为单位的编制方法,编制了全国一流的兼具科学性、针对性和可操作性的《河南林业生态省建设规划》,聘请国内 5 名院士和 7 位知名专家进行评审。9 月 24~25 日,国家林业局局长贾治邦、副局长李育材率 10 个司局的主要负责人专程到河南现场指导《河南林业生态省建设规划》编制工作。10 月 17 日,省政府常务会议审议通过《河南林业生态省建设规划》和《关于深化集体林权制度改革的意见》，并印发全省实施。《河南林业生态省建设规划》提出了建设林业生态省的新思路，确立了"抓好八大生态工程，建设四大产业工程，实现林业跨越式发展"的林业工作重点，明确了林业发展的目标任务。从 2008 年开始，5 年内，全省新造林 183.4 万公顷，抚育改造 181.5 万公顷。到 2012 年，全省新增森林面积 75.3 万公顷，森林覆盖率达到 21.8%；林业年产值达到 760 亿元；林业资源综合效益价值达到 5 100 亿元；80% 的县（市）建成林业生态县，初步建成林业生态省。到"十二五"末，全省森林覆盖率达到 24% 以上，林业年产值达到 1 000 亿元，林业资源综合效益价值达到 5 736 亿元，所有县（市）建成林业生态县，全面建成林业生态省。11 月 27 日，省委、省政府召开了省、市、县、乡四级党政主要领导和有关部门（共 101 个）主要负责人参加的全省林业生态省建设动员大会，省委书记徐光春、省长李成玉亲自作动员。

2008 年 1 月 24 日，河南省政府召开全省林业生态省建设工作会议，安排部署了 2008 年全省林业生态建设任务。河南省委、省政府将村镇绿化作为向全省人民承诺做好的"十大实事"之一。河南省政府将林木覆盖率作为考核县域经济社会发展的重要指标。林业生态省建设实行行政首长负责制，各级政府一把手对本地区林业生态建设负总责。各市、县（市、区）都成立了以政府主要领导为组长的领导小组，党政主要领导亲自协调林业生态省建设中的问题。各级政府将林业生态省建设任务列入政府目标考评体系，从省长、市长、县（市、区）长、乡（镇）长到主管副省长、副市长、副县（市、区）长、副乡（镇）长分别层层签订 5 年（2008～2012 年）和当年林业生态省建设责任书，包含了造林绿化、林业生态县、集体林改、林业总产值、财政投入资金五项责任指标。同时，大力创新工作机制，保证林业生态省建设各项工作的顺利推进。改进了资金投入方法。改革营造林和种苗资金补助使用办法，把项目资金安排与《河南林业生态省建设规划》的实施情况和验收结果挂钩，实行"以奖代补"，改工程补助资金为工程奖励资金，改下达项目的同时下达资金为省级财政林业预算支出确定后先拨付一半资金，待检查验收合格后拨付全部资金。完善工作制度。制定了《河南林业生态工程专项资金管理办法》、《林业建设支撑保障体系省级资金安排及上报国家同类项目意见》、《河南林业生态省建设重点工程检查验收办法》和《河南省林业生态省建设重点工程稽查办法》、《河南省林业重点工程营造林作业设计编制办法》、《河南林业生态省建设重点工程年度作业设计审核办法（试行）》，变一个工程一本作业设计为所有工程一本作业设计、一套设计表格、一张设计图纸，避免了重复设计和施工的现象，形成了用制度和程序管权、管钱、管事的有效机制。实行"阳光操作"，对于年度营造林计划、奖励标准、核查结果、奖励资金、育苗补助费发放情况等一律在河南林业信息网上进行公示，接受财政、审计、纪检监察及社会各界的监督，使林业各项资金和项目在阳光下运行。创新了考核机制。改分工程单项核查为所有林业生态工程统一汇总到一张图纸上，统一抽样，综合核查。改核查为核查与稽查结合，实行跟踪问效。改林木休眠期核查为林木生长期核查，核查范围由过去每个省辖市抽查 2～3 个县（市、区）改为全省所有县（市、区）全部核查，核查面积由原来上报造林面积的 10% 增加到 15%。严格督促检查。每年派出厅级干部带队的督查组，分赴全省各地对植树造林、林权制度改革、森林防火等重点工作进行督导检查。5 月 26～27 日，全国平原林业建设现场会在河南召开,国家林业局局长贾治邦、副局长李育材和印红出席会议,向全国推广河南省建设林业生态省的经验。湖北、江西、黑龙江等省市林业考察团前来河南省考察林业生态省建设工作。2009 年 11 月 20 日,河南省政府与国家林业局在郑州签署了合作建设林业生态省的框架协议,河南省委书记徐光春致辞,省长郭庚茂与国家林业局局长贾治邦签署了合作协议。同日,河南省委林业工作会议召开,省委副书记、省长郭庚茂安排部署了全省林业改革发展工作。12 月 31 日,河南省委、省政府出台了《关于加快林业改革发展的意见》。在林业生态省建设的推动下,河南林业改革发展步伐大大加快。2008 年、2009 年两年共完成造林 90 万公顷。中共中央政治局委员、国务院副总理回良玉先后两次对河南林业生态省建设作出批示,给予充分肯定,“河南省对林业发展高度重视,作出了建设林业生态省的重大决策,建立了投入机制,深化林权制度改革,科学实施规划,其做法、成效和经验都很好,请注意总结”。

经过 60 年艰苦不懈的努力,河南林业取得了长足的发展。

森林资源持续增长。据 2008 年全国森林资源清查结果,全省林业用地面积达 502 万公顷,占全省总面积的 30.6%;全省有林地面积由 1980 年的 142 万公顷增加到 333.6 万公顷;全省森林覆盖率由 8.5% 提高到 20.16%;全省活立木总蓄积量由 1980 年的 0.682亿立方米增加到 1.805 亿立方米。

平原地区形成了比较稳定的农田防护林体系。全省平原地区 14 多万公里铁路、公路和河道两侧基本绿化;豫东 5 条骨干防风林带得到进一步完善;修建了 2 条总长 424 公里、造林 4 万公顷的豫北黄河故道防护林带以及全长 725 公里、造林 90 多万公顷的青年黄河防护林带。全省平原地区农田林网、农林间作控制面积达到 666 多万公顷。94 个平原、部分平原县(市、区)全部实现平原绿化高级达标,被全国绿化委员会授予“全国平原绿化先进省”称号。平原林业的快速发展,显著地改善了平原农区的生产条件,促进了农牧业的发展。60 年来,全省有 60 多万公顷沙荒地变成了绿洲,100 多万公顷沙碱薄地变成了稳产、高产田。完善的农田防护林体系有效降低了风速,增加了农田林网耕作层土壤含水量,减少了蒸发量,提高了相对湿度,有效减轻了干热风、霜冻、风沙、干旱和冰雹等自然灾害对农业生产的影响,促进了农作物增产。据在豫东、豫北沙质平原区农田防护林网和旷野对照测定:农田防护林网可使小麦增产 6.8% ～17.6%、玉米增产 5.5% ～13.1%、花生增产 4.7% ～8.4%、棉花增产 8.3% ～12.8%、西瓜增产 12.4%。

重点林业生态工程建设成效显著。先后组织实施了退耕还林、天然林保护和太行山绿化、黄河中上游生态防护林、长江淮河太湖流域综合治理防护林、世界银行贷款林业项目、野生动植物保护、自然保护区建设及山区生态体系、平原绿化改扩建、通道绿化、环城防护林等一批国家和省级重点林业生态工程。全省林业系统已建立自然保护区 25 处,总面积 50.5 万公顷,占全省国土面积的 3.02%(其中国家级 9 处,面积 32.5 万公顷),涵盖了全省 80% 的典型生态系统,75% 的国家一、二级重点保护野生动植物物种。全省共建立国有林场 88 个,经营面积 409 885 公顷。全省沙化土地面积逐年减少,山区森林植被逐步得到恢复,丹江口库区、小浪底库区、淮河源头等重点生态区水土流失面积逐步减小,强度减轻,地质灾害明显减少。

间接减排效果逐步明显。林业生态功能不断增强,从发挥防风固沙、水土保持等作用向森林固碳、节能减排等新领域延伸。经专家评估,2009年全省林业生态效益总价值为4 376.83亿元,全省现有林业资源年吸收固定二氧化碳7 984万吨,相当于全省工业用燃煤二氧化碳排放量的25.56%,有效减缓了温室效应,实现了间接减排,扩大了环境容量,提高了经济社会发展的环境承载能力。

林业产业稳步发展。全省经济林面积达到90万公顷,年产量672万吨。全省花卉和绿化苗木种植面积达到10.7万公顷,林产品加工企业1.4万多家,形成了一批人造板及林产品加工集聚区。全省已建成3个林纸一体化生产基地,年木浆生产能力达到36万吨。信阳的茶叶、南阳的山茱萸、濮阳的林下经济、济源的薄皮核桃、鄢陵的绿化苗木和花卉等,已成为当地农民增收的重要来源。全省建立省级以上森林公园98个,总面积24.7万公顷。2009年全省森林公园和自然保护区旅游共接待游客2 553万人次,直接旅游收入达到5.57亿元。2009年全省林业总产值达到608亿元。林业已成为一些地方调整农业结构、增加农民收入的支柱产业,林业在农民增收中的比重不断增加。2009年全省每个农民来自林业的收入平均达到856元,占农民人均纯收入的17.81%。

生态文化体系建设进展顺利。全省建设了一批以森林公园等为依托的生态文明教育基地,开展了创建全国绿化模范城市、国家森林城市和生态文明企业(村)评选等活动,4个市获得了"全国绿化模范城市"称号,2个市获得了"国家森林城市"称号,74个县(市、区)达到林业生态县创建标准。举办了多届洛阳牡丹节、开封菊花展、鄢陵花木博览会等在全国有影响力的活动,传播了各具特色的生态文化。充分利用报纸、广播、电视等传统媒体和网络、手机等现代媒体广泛地宣传林业,通过植树节、爱鸟周、世界湿地日、野生动物保护宣传月、荒漠化日等活动,进一步扩大了生态文化影响力。

森林保护体系不断完善。森林防火工作得到进一步加强,森林消防队伍建设稳步推进,装备和基础设施明显改善。建成了省森林防火指挥中心,省森林航空消防站。全省共建立森林消防队伍327支,人员8 562名,建防火物资储备库295座,防火瞭望台676座,入山检查站633座,林区气象站62座,森林火灾综合防控能力显著提高,森林火灾受害率控制在1‰以下。森林公安"三化"建设迈出较大步伐。全省建立森林公安机构208个,有编制人员2 373名,森林公安林业执法和规范执法能力进一步提升。林业有害生物防治工作取得长足进展,全省已建成各级林业有害生物防治检疫站159个,有专职检疫员737人,建设国家级中心测报点38个,省级中心测报点12个,林业有害生物灾害防治率达到了82.92%,林业有害生物灾害成灾率控制在4‰以下。建立了野生动物疫源疫病监测体系。全省已建立11个国家级、18个省级野生动物疫源疫病监测站,224个市(县)级野生动物疫源疫病监测站点,初步形成了省市县三级野生动物疫源疫病监测体系。

支撑保障能力不断提高。林业科技支撑不断强化,全省建立县级以上林业科研机构64个,县级以上林业科技推广机构161个,建成1个省级重点实验室、1个省级工程技术中心、1个博士后科研工作站、3个厅级重点实验室、4个国家级生态定位观测站、6个省级生态定位站、1个国家级林产品质量检验检测中心、1个省级林产品质量检验检测站。全省林业科技成果转化率达56%,科技进步贡献率达45%。林木种苗建设得到加强。全省现有良种基地2 999公顷、采种基地3 300公顷,年主要造林树种育苗面积达2万公顷,年种子生产能力达100万公斤,穗条产量达5 000万条(根),苗木产量达到20亿株,林木良种使用率达到 65%。林业工作站、木材检查站等基层机构得到稳定发展。建设市级林业站 13 个,县级林业站 27 个,乡(镇)林业站总数达 550 个。全省建立木材检查站 100 个。林业立法不断完善,全省已出台林业地方性法规 7 部、政府规章 3 部。林业执法体系逐步加强,林业案件查处率大幅提高,林业生态环境监测体系建设顺利开展,林业信息化建设全面推进。

义务植树已成为人们的自觉行动。自开展全民义务植树以来,河南省累计参加义务植树总人数 9.97 亿人,植树 28.08 亿株。2009 年,全省参加义务植树人数达到 5 000 万人次,义务植树 2.07 亿株以上,义务植树尽责率达到 90.5%。全省共建立义务植树基地 1 000 多处、"三八绿色工程"1 000 多个。部门造林绿化成绩显著,被国家绿化委员会授予"全国部门造林绿化先进省"荣誉称号。

林业改革进一步深化。全省通过家庭承包和其他经营形式明晰产权 371.5 万公顷,为集体林地总面积的 82.1%,平原地区基本完成了主体改革任务。全省已建立林权交易和评估机构 24 个,流转林地 20 万公顷,流转资金额近 2.4 亿元,已办理各种林权抵押贷款 3.32 亿元。全省已建立各种林业专业合作组织 5 000 多个。

第二章 省林业厅部门工作六十年

第一节 林业法制

一、林业法制建设的发展历程

河南省林业法制建设与我国法制建设的发展进程紧密相联,与我国林业发展的历史阶段息息相关,与林业在国民经济和社会发展中的地位密不可分。回顾新中国成立以来河南省林业法制建设的历程,大致可分为三个阶段。

(一)探索起步阶段

自新中国成立到改革开放以前,河南省林业法制建设基本上处于空白阶段。1963 年国务院颁布了《森林保护条例》,这是国家形成的第一部相对完整的森林资源保护法规。但是,由于受到当时历史背景和经济环境的影响,依法治林尚处在探索和起步阶段。这一阶段河南省没有一部林业地方性法规和规章,林业生产活动和全国一样以政策性文件指导为主,以法律法规规范为辅。

(二)逐步成型阶段

从 1978 年改革开放到 21 世纪初,随着我国民主与法制建设步伐的不断加快,河南省依法治林工作稳步推进。1983 年 4 月,省六届人大常委会第一次会议通过了《关于进一步开展全民义务植树运动的决议》。同年 7 月,省六届人大常委会第二次会议批准发布了《河南省开展全民义务植树运动的实施细则》。1987 年到 1993 年,省政府相继制定出台了《河南省森林植物检疫实施方法》、《河南省林木采伐和木材销售运输管理办法》、《河南省〈森林防火条例〉实施办法》、《河南省森林和野生动物类型自然保护区管理细则》、《河南省〈森林病虫害防治条例〉实施办法》等 5 部规章。1995 年 6 月,省八届人大常委会第十四次会议审议通过了《河南省实施〈中华人民共和国野生动物保护法〉办法》。1999年到 2002 年,省九届人大常委会相继审议出台了《河南省林地保护管理条例》、《河南省实施〈中华人民共和国森林法〉办法》、《河南省植物检疫条例》等三个地方性法规,修订了《河南省实施〈中华人民共和国野生动物保护法〉办法》。到 21 世纪初,以森林法实施办法和野生动物保护法实施办法为主体,相关法规、规章、规范性文件为配套的林业法规框架体系已经形成,为规范和调整林业生产关系,保护和管理森林、野生动植物资源发挥了极为重要的作用。同时,林业行政执法和监督体系也初步建立。

(三)逐步完善阶段

进入 21 世纪,随着我国依法治国方略的深入实施和林业历史性转变的加速推进,河南省林业法制建设进入了快速发展逐步完善阶段。这一阶段,河南省紧紧围绕以生态建设为主的林业发展战略,全面加强了林业法制建设。先后出台了《河南省义务植树条例》、《河南省实施〈中华人民共和国种子法〉办法》、《河南省野生植物保护条例》,修订了《河南省实施〈中华人民共和国森林法〉办法》、《河南省实施〈中华人民共和国野生动物保护法〉办法》、《河南省林地保护管理条例》。《河南省实施〈中华人民共和国森林法〉办法》、《河南省植物检疫条例》、《河南省义务植树条件》颁布后,《河南省开展全民义务植树活动的实施细则》、《河南省林木采伐和木材销售运输管理办法》、《河南省森林植物检疫办法》相继废止。目前河南省的林业地方性法规有7部,分别是《河南省实施〈中华人民共和国野生动物保护法〉办法》、《河南省林地保护管理条例》、《河南省实施〈中华人民共和国森林法〉办法》、《河南省植物检疫条例》、《河南省义务植树条例》、《河南省实施〈中华人民共和国种子法〉办法》、《河南省野生植物保护条例》;政府规章有4部,分别是《河南省〈森林防火条例〉实施办法》、《河南省森林和野生动物类型自然保护区管理细则》、《河南省〈森林病虫害防治条例〉实施办法》、《河南省森林资源流转管理办法》。至此,以涵盖林地,野生动植物、林木良种、植物检疫、义务植树等法规、规章为主体的林业法规体系已初步形成,有力地促进了林业各项事业的发展。

二、河南省林业法制建设取得的主要成绩

河南省林业法制建设虽然经历了曲折、渐进的过程,但已经取得了显著成绩,概括起来主要体现在以下五个方面。

(一)林业法律体系初步形成

全国人大常委会先后公布施行了森林法、野生动物保护法、防沙治沙法、种子法、农村土地承包法等8部相关法律,国务院颁布了森林法实施条例、陆生野生动物保护实施条例、森林防火条例、森林病虫害防治条例、野生植物保护条例、退耕还林条例和关于开展全民义务植树运动的实施办法等10多件行政法规,国家林业局制定颁布了30多件部门规章。河南省结合本省实际,公布施行了7件地方性林业法规和4部政府规章,为保护、发展和合理利用森林及野生动植物资源,维护生态安全,提供了有力的法律保障。可以说,河南省林业法规、规章基本覆盖了林业建设的主要领域,做到了有法可依、有章可循,有力地促进了林业各项事业的发展。

(二)林业行政执法不断加强

多年来,河南省林业执法机构和队伍建设不断加强,资源林政管理、野生动植物保护、林木种苗管理等方面的行政执法内容得到强化,全省有各类林业执法人员8 000余人。通过开展"绿剑"、"春雷"、"猎鹰"、"天保"等不同形式的专项行动,严厉打击了各类破坏森林和野生动植物资源的违法犯罪活动,有效地保护了全省林业建设成果。

(三)林业执法监督机制初步形成

为了规范林业行政执法行为,保护国家、集体和个人的利益不受侵犯,维护行政管理对象的合法权益,近年来,河南省逐步建立了林业行政执法监督机制。制定了《河南省林业行政执法监督规定》、《河南省林业厅实施行政许可程序规定》、《河南省林业规范性文件前置审查和备案规定》、《河南省林业行政处罚案卷档案管理办法》、《河南省林业行政执法责任追究规定》等5件林业行政执法监督性质的规范性文件,进一步规范了林业行

政执法行为,健全了林业行政执法监督体系。

(四)林业普法宣传取得明显成效

通过开展"植树节"、"爱鸟周"、"防治荒漠化与干旱日"、"全国法制宣传日"等活动,运用广播、电视、报刊和印发读本、挂图、宣传辅导材料等多种形式,向社会广泛普及了林业法律法规知识。不少地方林业主管部门开展了送法下乡入户活动,为保护森林、发展林业创造了良好的法制环境。通过举办多种类型、不同层次的培训班、法律知识考试等,大大提高了全省林业各级领导干部和行政执法人员的法律素质,增强了依法行政的理念和能力,为全面推进河南省林业依法行政奠定了坚实基础。在"四五"普法工作中,省林业厅政策法规处被国家林业局评选为先进集体;徐忠、李辉、冯松等 5 名同志被评选为先进个人;在"五五"普法工作中,政策法规处杨景礼被河南省依法治省工作领带小组表彰为"五五"普法依法治理工作中期先进个人。

(五)林业行政行为进一步规范化、法制化

近年来,省林业厅坚持创新管理思路,调整管理职能,转变管理方式,规范管理行为,林业行政行为正朝着制度化和法制化方向稳步推进。为认真贯彻实施行政许可法,省林业厅对1949 年到 2005 年底发布的规范性文件进行了全面清理。2006 年初,省林业厅对全省林业行政许可项目进行了重新梳理,经省政府批准,保留 37 项,公布在河南法制信息网上。全省各级林业行政主管部门在行使行政权力时更加注重规范自身行政行为,促进林业管理方式逐步从依靠行政手段为主向依靠法律手段为主转变。

三、河南省林业法制建设的主要经验

河南省林业法制建设在长期的探索实践中,积累了一些经验:一是始终坚持围绕加快全省林业发展这个中心,坚持把依法治林放在全省林业全局工作中来认识和运作。始终为林业发展服务,为林业生产实践服务,为保护森林和野生动植物资源服务,以法制引导发展、促进发展、保障发展。二是始终坚持与时俱进,及时调整不同阶段依法治林的任务和重点。及时立法,适时修法,使河南省依法治林与国家民主法制建设进程相适应,与国家林业发展的不同阶段相适应,与本省林业发展实际相适应。三是始终坚持立法先行,依法维权。牢固树立前瞻意识,抓住机遇,超前谋划,增强工作的敏锐性和主动性,早研究、早动手、早立项、早取得立法成果,依法维护和保障林业经营者的合法权益。四是始终坚持主动协调,形成合力。多年来,省林业厅对上主动汇报,寻求支持;对外加强配合,互相协作;对下加强服务,及时指导,为加快河南省林业立法创造了良好的外部条件。五是始终坚持统筹安排,处理好立法、执法、监督和普法的关系。把立法作为河南省依法治林的基础,把执法作为河南省林业法律实施的手段,把监督作为河南省林业公正执法的保障,把普法作为营造河南省林业良好法治环境的关键,统筹协调,整体推进,取得良好效果。2008 年,省林业厅被河南省人大常委会表彰为立法工作先进单位,陈明被河南省人大办公厅、省人事厅表彰为立法工作先进个人。

四、河南省林业法制建设面临的主要问题

在总结成绩和经验的同时,我们清醒地认识到,随着中央林业工作会议的召开,新形

势下对林业定性、定位和建设任务的根本性变化,河南省林业法制建设还不能完全适应以生态省建设为主的全省林业发展战略的需要,不能适应市场经济发展的需要,存在着一些不容忽视的情况和问题。主要表现在:一些与法律法规配套的规章和制度尚未及时出台或修改;林业执法缺乏有效机制,执法体制不顺,没有形成统一、权威的执法队伍,一些林业行政执法人员为谋取部门或个人利益,将应由司法机关处理的刑事案件"一罚了之",存在以罚代刑、忽视办案程序、滥用职权、执法犯法的现象;林业执法监督机制尚待加强,等等。这些问题,都需要我们在今后的工作中认真加以解决。(政策法规处)

第二节　集体林权制度改革

一、河南省集体林业管理体制沿革

新中国成立以来,随着国家政策的变化和经济社会发展,河南省集体林权制度演变大致经历了四个阶段。

(一)集体统一经营阶段(20世纪50年代初到70年代末)

新中国成立后,在土地改革的形势下,河南省实行分山分林到户政策,将宜分山林分到农户,并发放了林权证。1953年以后,随着农业合作化运动的开展,土改时期分配给农民的大部分山林逐步入组、入社,归合作社集体所有。1958年建立人民公社后,通过"一平二调"手段,将原合作社和农民群众所有的山林全部收归人民公社所有,实行集中管理,统一经营。进入20世纪60年代以后,河南省调整了林业政策,贯彻落实"谁造谁有"的林业政策,同时,将造林工作的重点转向平原地区,确定了以营造防护林为主,积极发展用材林,适当发展经济林和薪炭林,以林保农,以农养林,农林密切配合的林业发展方针,使河南的平原绿化、防风治沙和平原沙区国营林场工作得到较快发展。"文化大革命"十年间,许多国营林场林地被侵占,林木被乱砍滥伐,国有森林资源明显减少,但集体造林有较大发展,并兴建了一批社队林场。据1976年全省各县的森林清查,河南省森林覆盖率达到13.3%(包括灌木林,不包括"四旁"树)。

(二)承包责任制阶段(20世纪80年代初到90年代末)

1979年,全国推行农业生产责任制,河南省一些地方在建立家庭联产承包责任制时,忽视林业生产的特点,对集体林木实行分户管理,又没有建立相应的林业生产责任制,责、权、利不清,以致造成乱砍滥伐严重,1979年、1980年两年间,全省共发生滥伐事件14 165起,砍树1 439万株,森林和林木资源又一次遭到重大破坏。到1980年底,全省森林覆盖率下降到8.5%。

1981年6月,中共中央 国务院作出了《关于保护森林发展林业若干问题的决定》等政策,省人民政府批转了省林业厅拟定的《关于建立和完善林业生产责任制的意见》,全省开展了"稳定山权、划定自留山、确定林业生产责任制"的"三定"工作,农村造林由单靠社队林场发展用材林变为国家、集体、个体一齐上,用材林、防护林、经济林一齐抓,给农民群众划分了自留山和责任山,实行林业生产承包经营责任制。随着农村生产责任制的建立,涌现出一批林业专业户、重点户,全省造林面积有所扩大,每年集体造林面积均在12

万公顷以上。与此同时,河南省采取"开一架山、造一片林、留一批人、建一个场"的方式,大力发展乡村集体林场,到1989年底,全省乡村林场已发展到6 000多个,共有场员5.8万多人,总经营面积37.5万公顷,其中有林地28.59万公顷,林木蓄积时值10多亿元。这些乡村集体林场为壮大农村集体经济、推动全省造林绿化事业作出了贡献。仅光山县先后兴建乡村林场600多个,经营面积2.43万公顷。这种发展模式创造过河南集体林业建设的辉煌,绿化了大片荒山,营造了一大批林业基地。这期间,全省不少林场开始间伐利用木材,靠林木收入免除了群众的多项提留,有的还用作修路、架桥、办电、办学等,兴办社会福利事业。不少地方的干部、群众深有体会地说,办好了乡村林场,集体经济巩固,群众日子好过,事情好办,干部好当。

1990年3月,省政府批准实施《河南省十年造林绿化规划(1990~1999年)》,省七届人大常委会作出了《关于全民动员,奋斗十年,基本绿化中州大地的决议》。1990年至1999年,全省围绕"增资源、增效益、增活力"的目标,坚持"完善平原,主攻山区"的林业建设方针,加快集体宜林荒山荒地造林绿化步伐,正确引导农民植树造林、开发山区、富山富民,巩固了集体林业的地位,扩大了集体林业规模。

在这个阶段,省委、省政府要求进一步解放思想,深化林业改革,落实林业政策,进一步完善林业生产责任制,推进所有权、经营权分离改革,强调稳定所有权,放活经营权,扩大自主权,坚持谁种谁有、合造共有的基本政策。明确提出,对自留山,农民有发展林果业的自主权、林木所有权、产品处理权、转让权和子女继承权。对责任山,农户应根据集体统一规划的要求,统一造林,采伐利用,提倡联合造林,兴办绿色企业。对集体和个人无力绿化的荒山,凡有开发经营能力的农户都可以申请承包造林。对现有大面积的集体森林,可根据乡、村、组的所有权,兴办集体林场,作为绿色企业,单独核算。对原有乡与村、村与组联合营造的林木和联办林场,按土地、投工、管理、投资折股联营,按股分红。

(三)营造林机制创新阶段(从20世纪90年代末到2006年)

1999年,省九届人大常委会第九次会议通过了《河南省林地保护管理条例》,明确提出"林地的所有权分为国家所有和集体所有。林地所有者和使用者的合法权益受法律保护,任何单位和个人不得侵犯。使用集体林地的使用单位应当持有关批准文件和用地申请,按照批准权限,经县级以上人民政府林业行政主管部门审核同意后,依照土地管理法律、法规的规定办理审批手续"。《河南省林地保护管理条例》的颁布实行,稳定了集体林权,保护了林业经营者的合法权益,促进了社会主义市场经济条件下集体林的承包经营。鲁山、郾城、灵宝等地在全省率先开展营造林机制创新,对宜林荒山荒地进行承包、拍卖,将集体经营和农民的"两山"宜林地向经营大户集中,进行规模开发、集约经营。

在山区,林业厅总结了鲁山县等地以"四荒拍卖"为主的营造林机制创新经验,探索出独资造林、合作造林、股份制造林、公司加农户造林、公有民营造林等发展改革方式。在平原地区,林业厅总结了漯河等地以"四旁隙地买断"为主的集体林改革,探索出返租倒包,连利经营,公开拍卖等生产经营方式。通过营造林机制和体制创新,吸引了越来越多的社会资金进入生态建设领域,全省非公有制造林占新造林的比例提高到2003年的80%以上。从1999年到2003年,全省集体林区有林地面积增加59.2万公顷,增长31.4%。

2003 年 6 月,中共中央、国务院印发了《关于加快林业发展的决定》,为集体林业的发展改革指明了方向,提供了政策依据。河南省结合本省实际,及时出台了《中共河南省委 河南省人民政府贯彻〈中共中央 国务院关于加快林业发展的决定〉的实施意见》,编制了《绿色中原建设规划》,并把林权改革作为创新体制的主要内容。省委、省政府在实施意见中指出,对权属明确并已核发林权证的,要切实维护林权证的法律效力;对权属明确尚未核发林权证的,要尽快核发;对权属不清或有争议的,要抓紧明晰或调处,并尽快核发权属证明。已经划定的自留山,由农户长期无偿使用,不得强行收回。自留山上的林木,一律归农户所有。分包到户的责任山,要保持承包关系稳定。新一轮的承包,都要签订书面承包合同。要加快推进森林、林木和林地使用权的合理流转。要规范流转程序,加强流转管理,及时变更权属和登记手续。

2004 年,省林业厅在认真总结经验的基础上,重点推广了漯河等地"不栽无主树,不造无主林,造林就发证"的经验和鲁山等地开展宜林"四荒"使用权招标拍卖的成功做法,激发了全社会造林绿化的积极性,促进了多种投资主体参与集体林业生产建设,开创了集体林业投资主体多样化、产权多元化的新局面。

(四)集体林权制度改革阶段

2006 年 8 月,国家林业局在江西井冈山召开全国集体林权制度改革现场交流会,回良玉副总理在会上明确提出要在全国全面推进林权制度改革。2006 年底,林业厅组织两个林改考察组赴林权制度改革先行省考察学习,又从全厅抽调处级干部和业务骨干,组成 9 个工作组,分赴 18 个省辖市的村组进行集体林权制度改革的调查摸底、政策宣传等工作。从 2007 年 1 月起,在广泛调研和认真学习借鉴外省经验的基础上,全省分级开展了林权制度改革试点。11 月,在总结试点经验和借鉴外省做法的基础上,省政府印发了《关于深化集体林权制度改革的意见》,全面启动了河南省集体林权制度改革工作。

二、集体林权制度改革的主要措施

(一)深入调研,摸清家底

集体林权制度改革(简称林改)工作开始前,林业厅派出两名副厅长和四名处级干部,分别到福建、江西、辽宁、河北四省考察学习了集体林权制度改革的经验。2006 年底和 2007 年初,林业厅组成 13 个调研组,分两批对 56 个县 115 个乡(镇)170 个行政村的集体林经营情况进行重点调研,各省辖市和县(市)也组织开展了不同层次的调研活动,全省各地参加调研工作人数超过千人。林改办公室根据调研情况和全省林改工作实际,及时总结出在林改过程中可能出现的 100 多个政策性问题进行分类,分别进行了详细的解答,编撰成册,发往全省各地,成为全省各级林改工作人员学习林改政策、开展林改试点工作必备的"工具书"。根据调研成果,林业厅制定了《河南省集体林权制度改革试点方案》和《确权发证操作规程》。同时,借鉴辽宁、河北、湖北、安徽、山东、浙江、江西等省的林改经验开展对比研究,将基层干部和农民群众提出的意见和建议分解到相关业务处室和单位,提出解决办法,作为出台相关政策措施的依据。林业厅还专门聘请河南农业大学及厅直单位的 9 名林业和法律方面的专家教授组成集体林权制度改革专家顾问组,为全省林改工作提供政策和法律咨询服务。

(二)分类试点,分区施策

按照"分类改革,分类指导"的要求,2007年初,林业厅分别在生态比较脆弱的太行山区、森林资源较丰富的桐柏山区和平原农区各选择一个乡(镇)进行试点。在取得初步经验的基础上,采取分级抓试点、分类搞指导的工作方法,形成了以点代面、稳步推进的工作格局。省林改办公室根据太行山区、伏牛山区、大别山区及平原农区的不同特点,确定辉县、桐柏、尉氏、新密、嵩县、舞阳、新县等7个县(市)为省级改革试点。各省辖市确定一个有代表性的县(市)作为重点联系县,各县(市)确定一个有代表性的乡(镇)作为重点联系乡,全省共确定省级试点7个县(市),市级试点10个乡25个村,县级试点6个乡142个村。按照对商品林和公益林实行分类改革的要求,省林改办公室重点加强对平原和山区林改工作的分类指导。平原林改方面,重点抓了漯河市平原林改示范区建设,主要在明晰集体林业产权的多种模式上积极探索,尽快完成主体改革任务。在此基础上,逐步建立集体林改与平原林业发展相互促进,农民增收与林业产业发展互利共赢的现代林业运行机制。配套改革方面,重点抓了新乡市林改配套改革,主要在规范林木流转秩序、开展林权抵押贷款、建立林业专业协作组织、提高林业生产组织化程度等方面进行探索,为全省整体推进配套改革积累经验。公益林改革方面,重点对济源市公益林改革进行调研。

在改革过程中,各地结合自身实际,因地制宜,因势利导,采取了多种改革办法,为不同立地条件地区开展林改探索出一系列切实有效的经验。太行山区水土条件差,林地效益低,防护林与商品林交叉分布,不适合单家独户经营的地方,在发动村民充分讨论,征得三分之二以上群众同意前提下,采取"大户联片承包,以(商品)林养(防护)林"的办法。在平原地区,群众承包的林地面积小、林木数量少。有的村一块地多人承包,一人平均1亩甚至几分;一片林多户管理,一户仅几十棵树甚至十几棵树,造成林权证上界址难以确定、四至无法标明、附图无法勾绘。针对这种情况,许多地方对成片林地或沟河路渠边由多户承包的,采取联户发证的办法,即由多户承包者共同推举出一人,代表大家领取林权证。在森林资源比较丰富的豫南山区,根据林地的不同立地条件,能分到户的坚决分到户,不适宜分户经营的,经村民充分讨论,在明晰产权的基础上,走大户承包、联户经营之路。

(三)突出重点,注重结合

2008年,把平原林改作为重点,全面启动了林改工作。坚持林改与林业生态省建设紧密结合,用改革的办法促进林业生态省建设,用林业生态省建设带动林权改革,努力实现集体林权制度改革与林业生态省建设的互动共赢,是河南林改的一大特色。省政府连续两年召开全省林业生态省建设会议,在安排林业生态省建设的同时,部署集体林改工作,省政府与各省辖市政府签订林改年度目标责任书,要求全省各地在实施林业生态省建设规划的过程中,同步推进集体林权制度改革。在林业生态省建设规划实施方案中,要求各地对纳入林业生态省建设年度任务的新造林地,必须明晰产权,及时向林权所有者颁发林权证。漯河市结合平原农区林业建设特点,通过明晰林地林木产权,大力开展"四荒"、"四旁"开发和农田林网建设,充分挖掘林业用地潜力,通过引导集体林权有序流转,提高林业生产的集约化程度,通过完善平原农区林木管护办法,缓解林农矛盾,营造农村和谐环境,取得了良好效果。省政府专门在漯河市召开座谈会,对这些成功做法予以总结推广,有力地推动了全省平原地区林改工作。《中共中央　国务院关于全面推进集体林权制度改革的意见》(中发[2008]10 号)下发后,结合文件精神的贯彻落实,省林改办公室制定了林改工作细则,对林改各个环节作出了具体规定,提出了明确的质量要求,并印发了《关于全面开展自查完善的通知》,要求各地以强化质量管理为中心,集中开展自查完善工作,对已经确权发证的地方,认真进行查漏补缺,做好完善提高工作;对正在勘界确权的地方,注意认真把握政策;对"以包代改"、"以卖代改"问题严重的地方,进行集中清查,不符合规定的及时予以纠正。建立了林改质量监督管理责任制和责任追究制度,并将质量管理纳入量化考评目标。2009 年,结合全省平原地区主体改革任务基本完成、山区主体改革任务依然十分艰巨的现实,把工作重点由平原转到山区,全力组织山区攻坚。坚持"以分为主"、质量第一原则,重点抓好占全省林改面积 60% 以上的洛阳、三门峡、南阳、信阳四个省辖市的确权发证工作,同时对集体林地面积在 13.33 万公顷以上的嵩县、栾川、卢氏、灵宝、西峡、南召等林业大县,省集体林权制度改革办公室直接进行督导检查,确保年底前完成应林改面积的 80% 左右,实现全省林改任务大头落地。

(四)广泛宣传,抓好培训

林改过程中,各地普遍分层次、分步骤,采取多种有效形式进行了广泛深入的宣传发动,一是向各级党政领导做好宣传,重点宣传林改的重大意义、国家和省里的林改精神、全国的林改形势,以引起领导的重视,取得领导的支持。二是向对林业干部职工做好宣传,要求所有参与林改的人员认真学习有关文件和林改政策,深刻理解林改的意义和目的,准确把握林改的方向和方法,增强工作的使命感和责任感。三是做好对农民群众的宣传,将林改的好处和林改政策、方法、步骤等宣传到每家每户,调动农民群众关心支持林改、主动参与林改的积极性。四是充分利用当地报纸、电台、电视等新闻媒介向社会广泛宣传林改政策,为林改提供舆论支持。中央 10 号文件下发后,省委宣传部专门下发了《关于加强集体林权制度改革宣传的通知》,省林业厅下发《关于切实做好集体林权制度改革宣传工作的通知》,要求各地突出宣传重点,拓宽宣传形式,完善宣传工作激励机制,把林改宣传作为林改工作的重要组成部分,随林改工作一起考核和奖励。对在省级以上主流新闻媒体上发表典型报道的市、县,省林业厅在年度林改工作目标考核中给予加分奖励。在林改工作中,各级各地分别采取举办培训班、以会代训等形式,对林业部门领导、厅机关各处室各单位领导、林改工作人员及林农进行了法律政策和林业知识培训。林改开展以来,全省市、县、乡三级共培训林改工作人员近 60 万人次。

(五)建立协调高效的工作机制

一是建立分级负责的领导机制。按照"省、市政府动员,县(市、区)政府直接领导,乡(镇)政府组织,村具体操作,部门搞好服务"的林改工作运行机制,省政府成立了集体林权制度改革领导小组及其办公室,负责协调和解决全省集体林权制度改革中的重大问题,制定全省集体林权制度改革的有关政策、实施方案和表彰奖励办法。市、县、乡级政府都成立了相应的办事机构,负责统一领导和部署本地区的林改工作。二是建立政府负责的年度考核机制。省政府把集体林权制度改革作为林业生态省建设的 5 项责任目标之一,与各省辖市政府签订了目标责任书,纳入政府年度目标考核体系,实行量化管理。三是建立自上而下的督导机制。省林改领导小组成员单位分包省辖市,并具体联系一个县对改革工作实行全过程督导检查。林业厅由厅级干部包片,积极配合督导组开展工作。四是建立定性与定量相结合的检查验收机制。省林改领导小组在深入调查研究和广泛征求意见的基础上,制定出林改检查验收办法和量化考评目标,以县(市、区)为单位,将改革各个阶段的工作进一步分解细化,综合群众满意程度和改革成效等内容实行分值量化,采取定性与定量相结合的办法进行检查验收和量化考评。

三、集体林改的主要成效

全省集体林权制度改革开展两年多来,全省上下共同努力,认真贯彻落实国家和省政府关于林改的方针政策,按照"先易后难,重点突破"的总体思路,把平原林改作为全省林改工作的突破口,并把林改与林业生态省建设紧密结合,同步推进,取得了积极成效。截至目前,全省通过家庭承包和其他经营形式明晰产权 371.5 万公顷,为集体林总面积的82.1%,平原地区已基本完成主体改革任务。在推进林改主体改革的同时,积极开展林权流转和金融服务。全省已建立林权交易机构 24 个,流转林地 2 万公顷,流转金额近 2.4亿元,办理林权抵押贷款 3.32 亿元。林改在推动林改生态建设和产业发展、促进农民增收等方面的作用初步显现出来。

(一)扩大了植树造林主体,拓宽了林业投资渠道

通过林改,实现了"山有主、人有责、民有利"的目标,明晰了产权和经营主体,理顺了林业经营体制,广大农民和各类社会主体的造林积极性空前提高,越来越多的单位和个人开始关注林业并积极参与到林业建设中来。造林主体从林业部门和林农扩大到社会各类经营主体,林业建设主体实现了由过去单一行业建设向全社会共同参与的转变;林业投资由过去单一依靠政府投入转变为国家、集体、个体共同投资,实现了投资渠道的多元化,极大地缓解了林业建设投入不足的问题。2008 年,全省完成造林面积 40.07 万公顷,其中非公有制造林 28.6 万公顷,占 71%。2009 年已完成造林面积 49.9 万公顷,义务植树 2.07 亿株,尽责率 91%,为历年最高。两年造林面积相当于前四年造林面积的总和。

(二)提高了造林质量,有效保护了森林资源

通过明晰林地使用权和林木所有权,林业产权和管护责任同时得到落实。权连责、责连利、利连心,各类造林主体的经营管理水平和保护森林资源的主动性明显提高,群众参与护林防火的自觉性大大提高,有效地解决了护林难、防火难等问题。2008 年,全省造林成活率和保存率达 90% 左右,农田林网新栽林木成活率和保存率接近 100%。森林火灾受害率为 0.3‰,林木病虫害成灾率为 1.08‰,均大大低于控制目标。

(三)盘活了林业资产,优化了资源配置

林改前,大面积宜林荒地、"四旁"隙地等长期闲置得不到有效利用,一些社会闲散资金找不到合适的投资项目,林业技术人员和农村大量富余劳动力没有施展的空间。通过林改,实现了林权的合理流转,社会各界群众以资金、山场、种苗、劳力、技术等要素积极参与林业开发,改变了过去林业投资形式单一的局面,实现了各种林业生产要素的合理配置,盘活了资产,富裕了农民,发展了林业。据不完全统计,近两年来全省投入林业建设资金达 128.3 亿元,其中社会各界和农民个人投资 41.31 亿元,占全部投资的 32.2%。

(四)带动了林业产业发展,实现了生态建设产业化

多种社会主体进入林业建设领域,实现了林业开发形式的多样化,拓宽了集体林业发展空间。他们有的种植速生丰产用材林和高效经济林,走资源培育之路;有的投资林业企业和种苗花卉,发展林产品加工业。在一系列优惠政策的引导下,林业经营者努力寻求生态建设与产业发展的结合,在产业发展的基础上培育资源,在培育资源的基础上发展产业,尤其是平原地区通过营造防护林改善了农业生态环境,通过发展林下经济促进农民增收,通过发展林木加工业促进区域经济发展,取得了生态建设和产业发展的共生双赢。2008年10月,参加第23届国际杨树大会的中外杨树专家和企业家到濮阳市参观考察,对河南省发展"杨树经济"、利用林下资源开展多种经营的做法给予高度评价。(农村林业改革发展处)

第三节　造林绿化

河南省植树造林有悠久的历史。安阳殷墟出土的甲骨文中有关于栽树的象形字,证明商代已植树造林。周代有"民不树者死无椁"的规定。春秋战国时期,有些诸侯国把种树当做兴国富民的一项重要措施,卫文公提倡种榛、栗、桐、柏、漆;子产为郑相,使"桃李垂于街"。北魏和隋唐时期,除按人口分田外,每户另给永业田(即宜林地)1.3万顷,专种桑、榆、枣树。《齐民要术》中总结了华北一带种树的技术和经验。隋炀帝奖励百姓在汴河两岸种植柳树。宋太祖把农户分为5等,规定1等户每年种树50棵,各户依等次递减10棵,鳏孤寡独者免种。元、明、清各代也都提倡种树造林。清光绪三十年(1904年)河南省抚院命各州各县种树,宝丰县栽树2万株,商水、中牟、正阳、武陟等县成立农林会、树艺公司,由群众集资造林。民国时期,河南省成立林业机构领导全省造林工作,营造用材林、果木林、风景林、中山纪念林等。局部地区民间自发组织封山育林。到1949年,全省共保存人工林1 800公顷。

新中国成立时,河南省平原地区仅保存林木2.5亿株,林木覆盖率为1.5%;山区保存有林地面积约130万公顷,林木蓄积量1 278万立方米,森林覆盖率为7.81%,是一个缺林少绿的省份。

1950年河南省林业局成立,按照中央制定的"普遍护林,重点造林,合理采伐和合理利用"的林业建设方针,首先对山区的荒山荒地进行了规划,在全省开展了"绿化祖国、绿化河南、绿化家乡"的活动,坚持以营造防护林为主,积极发展用材林,适当发展经济林和薪炭林,有计划地开展了育苗、造林和封山育林等工作,营造了大批"青年林"、"少年林"、"三八妇女林"、"幸福林"和"社会主义建设林"。平原地区采取以工代赈的办法,组织农民治沙造林。兰考县群众在县委书记焦裕禄的带领下,创造了农桐间作的防沙治沙经验,并在豫东、豫北平原地区大面积推广。在此基础上,全省营建了豫东、豫北和皖东三条大型防护林带。同时,也带动了平原沙区的治沙造林工作。到1978年,全省完成人工造林面积247.65万公顷,封山育林55.05万公顷。涌现出林县的石玉殿、杞县的贾义德、鲁山县的岳天化、嵩县的袁嗣经、济源县的曹永健和商城县的江品山等一大批造林育林劳动模范。从1979年起,国家规定3月12日为植树节后,河南各地各行各业每年都投入全民义务植树活动。为加快造林绿化步伐,每年都开展飞机播种造林。

党的十一届三中全会的召开,极大地调动了农民群众植树造林的积极性,造林绿化事业走上了稳步发展的轨道。从 1984 年开始,全省集中资金,采取按项目投资、按规划设计、按设计施工、按施工验收等工程管理办法,开展工程造林,先后在栾川、内乡、桐柏、泌阳、新县等 20 个县建成国外松、杉木、刺槐、油松等用材林基地;从 1991 年开始,实行工程封山育林,每年以 3 万 ~7 万公顷的速度扩大。1992 年以来,相继启动了长江中上游防护林、淮河太湖防护林、黄河中游防护林、太行山绿化、平原绿化、防沙治沙等重点林业生态工程项目,不少地方的土壤沙化和水土流失得到了治理,局部地区生态环境得到了比较明显的改善。到 1989 年,全省完成人工造林面积 164.55 万公顷。

90 年代之后,河南省委、省政府紧紧围绕"增资源、增效益、增活力"的目标,坚持"完善平原,主攻山区"的林业建设方针,加快造林绿化步伐。1990 年 3 月,经省政府批准,《河南省十年造林绿化规划(1990~1999 年)》开始实施。到 1998 年底,有山区造林任务的 12 个市(地)、66 个县(市、区)全部完成了规划的造林任务。全省林业用地面积达到 379 万公顷,其中有林地 209 万公顷,活立木蓄积量 1.32 亿立方米,林木覆盖率 19.83%。在山区实施河南省十年造林规划的同时,平原地区广泛开展了农田林网化建设,省政府对 94 个平原、半平原县进行摸底排队,制定了分期达标计划,平原绿化向着更大范围的方向发展,突破单一的经营模式,向内涵丰富的立体林业发展,开始形成了以农田林网为主,多树种、多林种、多功能的综合性防护林体系。到 1991 年 10 月,全省 94 个平原、半平原县全部实现了平原绿化达标,被全国绿化委员会、林业部授予"全国平原绿化先进省"称号。全省 10 万余公里的铁路、公路、河渠两侧都栽上了树;在豫北新建了长 424 公里、面积达 4 万公顷的黄河故道防护林带;恢复和发展豫东防护林带,营造了全长 725 公里,面积达 9.6 万公顷的青年黄河防护林。平原地区有林地面积达到 60 万公顷,农田林网控制面积达到 348 万公顷,农林间作面积达到 172 万公顷,分别占适宜面积的 85% 和 91%,活立木蓄积量达到 3 423 万立方米,林木覆盖率提高到 14% 以上。平原绿化的发展成就,引起了国内外的广泛关注,全国除台湾省外,30 个省、市、区的 100 多个参观团和 55 个国家的代表团前来参观考察,都给予高度赞扬。1992 年,林业部把鹿邑、睢县、商水、息县定为全国高标准平原绿化试点县。1994 年,省委、省政府又提出了用两年时间完善提高全省平原绿化的目标,各地以完善林网为重点,大力调整林种、树种结构,在全省开展了平原绿化"第二次创业"活动。周口地区经过几年的努力,于 1998 年率先实现了全区平原绿化高级达标。

从 1999 年起,河南把林业工作重点转移到了林业生态工程建设上。河南省人民政府批准实施了《河南省林业生态工程建设规划》,启动了黄河上中游重点地区天然林保护工程和退耕还林试点示范工程。2000 年 6 月,河南省人民政府印发了《河南省县级平原绿化高级标准》,在全省平原地区开展了高标准平原绿化县创建活动,推动全省平原绿化向更高标准迈进。2003 年 6 月 25 日,《中共中央　国务院关于加快林业发展的决定》出台后,河南省积极贯彻落实,在全省开展了"营造良好生态,建设绿色中原"活动。10 月 17 日,中共河南省委、河南省人民政府作出了《贯彻中共中央　国务院关于加快林业发展的决定的实施意见》,河南省政府办公厅印发了《绿色中原建设规划》。2005 年,河南省平原绿化实现整体高级达标。2006 年 2 月 17 日,省政府批转了《河南省创建林业生态县实施方案》,省委组织部、省人事厅、省林业厅联合印发了《河南省林业生态县建设表彰奖励实施办法》,在全省开展了林业生态县创建工作。2007 年,河南省委、省政府作出了建设林业生态省的战略决策。10 月 17 日,省政府常务会议审议通过《河南林业生态省建设规划》并印发全省实施。为保证林业生态省建设各项工作的顺利推进,出台了《河南林业生态省建设重点工程检查验收办法》和《河南林业生态省建设重点工程稽查办法》、《河南省林业重点工程营造林作业设计编制办法》、《河南林业生态省建设重点工程年度作业设计审核办法(试行)》,变一个工程一本作业设计为所有工程一本作业设计、一套设计表格、一张设计图纸,避免了重复设计和施工的现象。改分工程单项核查为所有林业生态工程统一汇总到一张图纸上,统一抽样,综合核查。改核查为核查与稽查结合,实行跟踪问效。改林木休眠期核查为林木生长期核查,核查范围由过去每个省辖市抽查 2～3 个县(市、区)为全省所有县(市、区)全部核查,核查面积由原来上报造林面积的 10% 增加到 15%。2009 年 11 月 20 日,河南省委林业工作会议召开,12 月 31 日,河南省委、省政府出台了《关于加快林业改革发展的意见》。在林业生态省建设的推动下,河南造林步伐大大加快。2008 年、2009 年两年共完成造林合格面积 90 万公顷。(造林绿化处)

第四节　义务植树

河南省自 1915 年国家规定清明节为植树节后,机关、团体、学校每年都有义务植树之举。1929～1935 年,开封龙亭一带及各县营造的中山纪念林约 517 公顷。1938 年日军入侵开封后,这些林木被破坏殆尽。

中华人民共和国成立后,全省机关团体和青少年,每年都有参加义务植树活动。1956 年以后,每年 4 月 1 日和 11 月 1 日为青少年植树造林日,各地都积极倡导青少年开展绿化活动。“文化大革命”期间中断。1978 年 1 月,省直机关和省军区机关干部、战士 2 300 多人,到郑州市郊区参加义务造林。1979 年,省革命委员会根据全国人民代表大会常务委员会通过的 3 月 12 日为全国植树节的决定,发出《迎接植树节,大力开展植树造林》的通知,要求每年植树节,各行各业动员广大职工参加义务植树劳动,各级领导干部带头植树造林。1980 年植树节,中共河南省委、省政府主要领导人和职工一起,冒雨到邙山参加义务植树。1982 年 1 月,省政府决定郑州、洛阳等 17 个城市和义马矿区的绿化及义务植树工作由省城市建设局领导;农村绿化及义务植树工作由省林业厅领导。2 月,河南省人民政府发出《关于开展全民义务植树运动的通知》,明确了 1982 年义务植树 1.2 亿株的任务。同时明确提出在国有土地上栽植的树木,归国家及管理这些树木的单位共有,收入按比例分成;在集体土地上栽植树木,归集体所有。通知还规定每年 3 月和 11 月为河南省植树造林月,要求各级地方政府和义务植树任务大的机关、团体及企事业单位,建立绿化委员会,统一领导本地区、本部门的绿化工作。河南省林业厅和城市建设局分别于 2 月中、下旬下达了《关于农村开展义务植树运动的实施办法》和《关于在城市开展全民义务植树运动的实施办法》。当年植树节,河南省党政军负责人和省会军民 10 万人,参加了黄河游览区、须水苗圃、西流湖畔以及其他绿化场所的造林、育苗、种花、管护林木等活动,全省全年完成义务植树 9 300 公顷。

1983 年 4 月 29 日,河南省六届人民代表大会第一次会议通过了《关于进一步开展全民义务植树运动的决议》,重申:一是凡条件具备的地方,年满 11 岁的公民,除老弱病残者外,每人每年必须义务植树 3 ~ 5 棵。按照因地制宜原则,山、丘、沙区每人每年不得少于 5 棵;平原和城市不少于 3 棵,或者完成相应劳动量的整地、育苗等活动。二是每年 3 月和 11 月河南省植树造林月,要加强领导,全民动员,集中力量开展义务植树和造林绿化活动。三是义务植树劳动只限于用在本市、县范围内营造国有林、集体林和城市绿化。四是要讲求实效,各级政府每年对义务植树进行一、两次检查,成绩优异的给予表扬、奖励;对无故不履行植树义务的公民或单位,要批评教育直至给予经济处罚。同年 7 月,河南省人大常委二次会议根据六届人大一次会议决议,批准了河南省人民政府制定的《河南省开展全民义务植树运动细则》。

20 世纪 80 年代,全省义务植树渐渐养成风气。禹县、灵宝、郸城、开封等县 1984 年被中央绿化委员会命名为"全国全民义务植树先进单位"。

1985 年 3 月 7 日,国务院副总理、全国绿化委员会主任万里,率领在郑州召开的全国第四次绿化会议的代表,在邙山黄河游览区参加义务植树造林。1979 ~ 1987 年全省造林面积达 138 万余公顷,成为 1949 年以后造林进度最快的一个时期。

进入 20 世纪 90 年代,随着全民义务植树工作的深入开展,河南省把通道绿化、城乡大环境绿化、领导办绿化点与义务植树紧密结合起来,把义务植树基地建设作为全民义务植树工作的重点来抓,制定了统一的标准和规划,注意发挥示范带动作用,涌现出了濮阳、南阳、漯河、平顶山等城市郊区大环境绿化的先进典型,郑州铁路局、郑州市、鹤壁市、安阳市、商丘市等通道绿化的先进典型,洛阳、平顶山市城郊、淇县云梦山、信阳市金牛山等义务植树基地、领导办绿化点的先进典型。不少地方积极探索义务植树的新形式,通过基地产业化和利益驱动机制,鼓励义务植树基地建设与办苗圃、抓果茶、搞养殖相结合,调动了广大农民履行义务植树的积极性,突出了当地的区域和资源优势,达到了综合治理、综合开发、规模经营的目的,不但实现了林业发展的良性循环,而且发挥了良好的社会示范作用,扩大了全民义务植树的社会影响。

为了把全民义务植树工作不断引向深入,河南省拓宽了义务植树的内涵,在豫北黄河故道营造防护林、长江上中游防护林、淮河太湖流域综合治理防护林、黄河中游防护林、太行山绿化、平原绿化高级试点县、防沙治沙、山区林业综合开发等重点林业工程建设中,充分发挥全民义务植树的作用,将全民义务植树活动与林业重点生态工程建设有机结合起来,既增加了工程建设的人力、财力投入,确保了林业重点工程的顺利实施,又提高了适龄公民的义务植树尽责率。

开展义务植树活动以来,全省累计参加义务植树总人数达 9.97 亿人次,栽植树木28.08 亿株。2009 年,全省参加义务植树人数达到 5 000 万人次,义务植树 2.07 亿株以上,义务植树尽责率达到 90.5%。全省共建立义务植树基地 1 000 多处、"三八绿色工程"1 000 多个。部门造林绿化成绩显著,被国家绿化委员会授予"全国部门造林绿化先进省"荣誉称号。(造林绿化处)

第五节　资源林政管理

新中国建立60年以来,伴随着全省林业事业的发展,森林资源管理从无到有,由弱到强,逐步建立形成了以林地林权管理为核心、经营利用管理为重点、动态监测为基础、监督检查为手段,贯穿于森林资源培育、保护、利用全过程的森林资源管理格局,基本确立了森林资源管理在全省林业和生态建设中的核心地位,在林业产业发展中的基础地位,在林业行政执法中的主体地位,有效地促进了全省森林资源总量的持续增加和质量的不断提高,在河南省现代林业建设中发挥着无可替代的作用。

一、森林资源管理体系渐趋完善

新中国成立之初,河南省是一个缺林少绿的省份,到20世纪70年代末,基本处于森林资源培育与恢复阶段,林业发展沿袭着造林—采伐—造林的传统单一管理模式,加之"大跃进"和"文化大革命"时期的破坏,森林资源管理十分薄弱。改革开放以后,全省林业发展进入造管并举、采伐利用和可持续发展并重的时期,森林资源管理不断得到重视和加强。1981年8月、1982年11月、1987年10月,中共河南省委、省政府先后制定出台了《关于贯彻中共中央、国务院〈关于保护森林资源发展林业若干问题的决定〉的具体规定》,《关于坚决贯彻执行中共中央、国务院制止乱砍滥伐森林紧急指示的通知》《关于加强森林资源管理,坚决制止乱砍滥伐,切实做好护林防火工作的通知》,提出了:稳定山权林权,建立健全林业生产责任制,坚决保护好现有森林,实行合理采伐,加强木材统一管理;严格执行森林采伐限额制度,进一步巩固和完善林业生产责任制,坚决依法保护国有山林权属不受侵犯,整顿木材流通渠道,加强木材经营管理;实行领导干部保护、发展森林资源任期目标责任制,把保护发展森林资源,制止乱砍滥伐,作为各级政府特别是县、乡两级政府的重要任务,把森林资源的消长,森林面积的增减,作为考核县、乡两级党政主要领导政绩的重要内容之一,逐步明晰了资源林政管理的职责、范围,不断赋予资源林政管理以新的任务。1988年5月省林业厅下发通知,要求各地加强林政管理工作,抓紧建立健全林政管理机构,配备足够的专职人员,完善配套的管理制度和措施,资源林政管理工作开始进入科学化、法制化、规范化轨道,法律政策体系日趋健全,管理职能不断强化。

1996年政府机构改革后,省、市(地)、县(市)三级林业行政主管部门全部设立了资源林政管理专门机构,乡(镇)林业站按照规定承担了部分资源管理职能;1996年,省政府批准在全省设立了100个木材检查站;各级林业主管部门先后成立林政稽查队118个。截至2009年,全省林业行政执法人员达到9 000余人,林业调查监测队伍发展到54个(院、站、队、所),从业人员847人。在国有林场、自然保护区森林资源管护力度不断加强的同时,2000年以来,以天然林保护工程区、国家重点公益林区为重点的专(兼)职护林队伍不断发展壮大。目前全省已建立形成了相对完备的资源林政管理、监测和林业行政执法体系。

二、森林采伐限额管理和凭证采伐制度全面落实

1949～1985 年,除国有林场林木采伐由国家、省下达木材生产计划外,集体林采伐管理十分薄弱。1985 年,按照原林业部要求,河南省编制完成了 1987～1990 年全省年森林采伐限额,经国务院批准后,开始建立实行采伐限额制度。此后,按照以现有森林资源为基础,用材林的消耗量低于生长量和其他林种符合合理经营的原则,采取自下而上、逐级编制、省统一调整平衡的方法,对国家所有的森林和林木以国有林业企业事业单位、农场、厂矿为单位,集体所有的森林和林木以县为单位,先后编制了"八五"(1991～1995 年)、"九五"(1996～2000 年)、"十五"(2001～2005 年)、"十一五"(2006～2010 年)年森林采伐限额,经省人民政府审核同意,报国务院批准后,分解下达执行。为确保采伐限额管理制度的严格落实,河南省先后制定了《河南省林木采伐和木材销售运输管理办法》(1988年省政府发布)、《河南省森林采伐限额管理暂行办法》(1995 年省林业厅发布)、《河南省人民政府关于严格执行十一五期间年森林采伐限额切实加强森林资源保护管理工作的通知》(2006 年)等一系列规范性文件,对森林采伐限额的制定和管理、凭证采伐管理、检查监督以及违规行为处理等,作出了严格的规定。为加强监督管理,从 1991 年起,在林业部进行年度采伐消耗情况核查的基础上,河南省建立实施了省级年度采伐消耗情况核查制度。2007 年河南省开发启用了林木采伐许可证网上办理系统,在全国率先实现了对采伐限额执行情况的全程监管。经过持之不懈的努力,全省林木采伐持续稳定控制在限额以内,林木凭证采伐率、办证合格率保持在 95% 以上,伐区林木凭证采伐和办证合格率保持在 90% 以上。

三、林地林权管理不断强化

1962 年农村"四固定"时期,河南省开始对山林颁发林权证。1981 年中共中央、国务院《关于保护森林发展林业若干问题的决定》下发后,河南省全面推开了林业"三定"(稳定山权林权、划定自留山、确定林业生产责任制),到 1984 年 4 月"三定"基本结束,全省共划定自留山 74.5 万公顷、责任山 131.1 万公顷,调处林权争议 2.1 万余起,发放集体林地、林木和个人林木的林权证面积 143.3 万公顷。1989 年开展了国有林木、林地定权发证工作,全省发放林权证面积 36 万公顷。2000～2008 年,基本完成了退耕还林工程林权证登记发证任务,退耕地发证面积 23.9 万公顷、发证率 95.3% ,荒山荒地造林、封山育林发证面积 55.7 万公顷、发证率 82.9% 。2006 年集体林权制度改革实施以后,林权证登记发证范围覆盖到全部集体林地。根据不同时期的国家政策规定和林业建设需要,河南省林权管理的范围逐步扩展,政策、程序不断规范,林权发证率稳步提高,有效地保护了林权权利人的合法利益,充分调动了广大群众发展林业的积极性。

林地是森林资源的载体,林地管理是森林资源管理的核心和基础。1988 年以来,国务院和原林业部、原国家土地管理局、河南省政府先后下发了有关加强林地保护管理、加强征占用林地审核、清查清理非法征占用林地的通知,林地保护管理工作开始纳入森林资源管理的重要内容。1988 年 5 月,省林业厅、省土地管理局联合下文规定:凡占用国有和征用集体所有林地,必须征得林业主管部门的同意,没有林业主管部门同意占用的文件,

土地主管部门不予办理征拨用地手续,建立了林业主管部门对征占用林地先行审核的制度。1995 年,根据林业部的要求,河南省开始实行使用林地许可证制度。1998 年"三江"洪水之后,国务院发出《关于保护森林资源制止毁林开垦和乱占林地的通知》(国发明电[1998]8 号),省政府出台了《关于加强森林资源保护管理的通知》(豫政[1998]43 号),省人大常委会于 1999 年 5 月 30 日通过了《河南省林地保护管理条例》,林地管理保护法规、政策体系不断健全。1998 年以来,通过组织专项清查、治理、打击活动,对乱占、破坏林地案件进行严厉打击,有效地遏制了有林地的非法逆转。在不断完善林地审核审批制度,严格规范征占用林地审批管理的同时,强化核查监督,每年都组织开展征占用林地情况和森林植被恢复费收缴、管理情况核查,取得了显著成效,近几年来,全省征占用林地审核审批率已稳定在 90% 以上。从"十一五"开始,按照国家林业局的要求,河南省建立实施了林地用途管制制度,本着既保障现代林业建设森林覆盖率目标的实现,又统筹经济社会发展对林地客观需求的原则,编制了河南省"十一五"期间征占用林地年度定额,经省政府同意,上报国家林业局,实现了征占用林地总量控制,林地管理的科学化水平进一步提高。

四、木材流通管理不断规范

新中国成立以后,河南省陆续在部分山区县建立了木竹检查站,但几经设、撤变革,到 20 世纪 70 年代后期,木材运输管理基本处于失控状态。为加强森林资源保护管理,1981 年 6 月,省林业厅下发《河南省木竹运输管理暂行规定》,要求林业部门建立健全木竹检查站,加强木竹运输管理,规定了凭证运输和办理运输证明的程序及对无证运输的处理办法,并随后制定了木竹运输证明的统一格式。1982 年 11 月,省委、省政府下发了《关于坚决贯彻执行中共中央、国务院制止乱砍滥伐森林紧急指示的通知》,明确了木竹运输工作由林业部门统一管理。1996 年,省政府下发了《关于在全省设置木材检查站的通知》,在全省设置 100 个木材检查站,明确木材检查站是林业基层行政执法单位。1997 年以后,省林业厅又先后制定下发了《关于木材运输签证和检查若干具体规定的通知》、《河南省木材检查站管理办法》等文件,进一步明确了木材凭证运输范围,对木材运输签证、监督检查进行了全面规范。2000 年以来,积极争取国家投资,对全省 26 个木材检查站进行了国家一级木材检查站装备。2008 年开发启用了了全省木材运输证网上办理系统,实现了出省木材运输证、省内木材运输证统一上网办理。2003 年来,与省政府纠风办联合组织开展了创建文明执法示范站、标准化建设竞赛等活动,先后表彰了一批木材检查站,促进了执法水平的不断提高。

1988 年 8 月,省政府发布《河南省林木采伐和木材销售运输管理办法》,对木材销售经营管理作出规定,开始建立了木材经营管理制度。1989 年 6 月,林业厅先后下发了《关于核发〈木材经营许可证〉有关问题的通知》、《河南省木材销售管理细则》等,进一步明确了经营、加工木材实行许可证制度。

五、森林资源调查监测水平全面提升

通过长期努力,河南省已形成了一、二、三类调查与专项调查、综合核查相辅相成完善

的森林资源监测体系,监测方法日臻科学,监测手段不断提升,监测队伍迅速扩大。1950～1951年组织对全省山区、沙区森林资源进行了全面调查,1963年首次编制了全省森林资源报告,1974年完成了第一次森林资源清查,1978年开展了第二次森林资源清查,建立了连续清查体系。此后,按照5年间隔期,完成了5次森林资源清查,到2008年全国第七次清查,监测指标扩展到86项。1981～1987年,完成了全省87个国营林场二类调查;2007～2008年,筹资9 800万元,近万名工作人员参加,完成了全省森林资源二类调查,并以此为基础,启动了全省森林资源数据库建设。1980年以来先后组织完成了全省林业区划、荒漠化土地调查(1995年、2009年)、湿地资源调查(1997～1998年)、野生动植物资源调查(1997～1998年)、公益林区划界定(2002年)、矿区植被保护与生态恢复本底调查(2007年)、林业发展区划(2007～2008年)等全省性资源调查监测任务,全面摸清了河南省森林及野生动植物、湿地资源家底。进入21世纪以来,全省森林资源监测装备和技术水平迅速提升,"3S"技术已广泛应用监测调查工作。

20世纪90年代以来,建立并不断完善了人工造林(更新)实绩、森林采伐限额、征占用林地等核查制度,通过年度核查工作,对造林绿化成效、资源保护管理情况实施了全方位跟踪监督检查。

六、森林资源可持续经营不断取得突破

进入21世纪以后,森林可持续经营成为推进现代林业建设的重要方向,河南省森林资源管理本着用法律制度规范森林经营秩序,用行政手段保障森林经营方向,用市场机制激发森林经营活力,用现代技术提升森林经营水平的思路,积极探索,加快机制体制转变。一是天然林保护工作取得显著成果,"十五"以后全省实现了禁止天然林商品性采伐,列入国家黄河中上游天然林保护工程范围的三门峡、洛阳、济源88.67万公顷天然林得到有效保护;二是分类经营取得重大突破,2004年以来,河南省已纳入补偿范围的国家重点公益林面积89万公顷,省重点公益林32万公顷;三是2004年以来实施的平原农田防护林采伐,国有林场、原料林基地森林经营方案编制,县级林地保护利用规划编制等试点工作取得一系列突破,2009年河南省有2个县列入全国森林采伐改革试点。

七、全省森林资源总量进入持续稳定增长态势

新中国成立初期,河南省有林地面积仅有130.5万公顷,活立木蓄积量5 966.3万立方米,森林覆盖率7.81%(仅指有林地,不含灌木林地和"四旁"树,下同)。1958年大炼钢铁时期,森林资源遭到严重破坏,到1963年,有林地面积降到114万公顷,活立木蓄积量降到2 794.3万立方米,森林覆盖率为6.8%;经过十几年的恢复发展,到1976年,有林地面积达178.6万公顷,活立木蓄积量达7 620.8万立方米,森林覆盖率10.69%;70年代末,农村经济体制改革,林业改革步伐缓慢,森林资源又一次遭到破坏,1980年,有林地面积为142万公顷,活立木蓄积量6 821.6万立方米,森林覆盖率8.5%;后经8年恢复,到1988年,有林地面积达157.1万公顷,活立木蓄积量9 151.5万立方米,森林覆盖率9.4%。90年代以后,森林资源开始呈持续增长的态势。根据1993年、1998年、2003年、2008年四次森林资源清查结果,有林地面积分别为175.3万公顷、209万公顷、270.3万

公顷、336.6 万公顷,活立木蓄积量分别为 1.17 亿立方米、1.31 亿立方米、1.34 亿立方米、1.805 亿立方米,森林覆盖率分别为 10.5%、12.52%、16.19%、20.16%,森林资源总量保持了持续稳定增长。(森林资源管理处)

第六节 动植物保护

1949 年以来,党和政府十分重视自然环境保护和自然资源的合理开发。50 年代,国务院在多林省份建立了自然保护区,并明确由林业部门统管狩猎。河南省林业厅等单位明确提出狩猎要保护益鸟益兽的意见。60 年代初,根据"护、养、猎"并举的方针,制定了河南省狩猎管理办法。80 年代,自然保护工作全面开展起来,全省基本控制了滥捕、滥猎、滥伐、滥采珍稀野生动植物行为,在野生动物的驯养、繁殖和生物学研究方面,也取得了一些成果。90 年代,随着市场经济的发展,不法分子受高额利润的驱使,乱捕滥猎、乱采滥挖野生动植物的现象有所抬头,同时,一些法律法规也相继出台,野生动植物保护逐步走上法制化的管理轨道。20 世纪以来,随着各种法律法规的逐步完善,各种管理制度更加细化,野生动植物保护管理日臻完善。

一、成立了比较完备的保护管理机构

1994 年,河南省林业厅转发林业部《关于强化林业工作站野生动物保护管理职能的通知》要求全省各乡级林站根据工作需要,增挂"野生动物保护管理站"牌子,实行"一套班子、两块牌子",设专职或兼职人员,负责基层的野生动物保护管理工作。1996 年,省林业厅设立了野生动植物保护处,专门管理和指导全省野生动植物保护和自然保护区建设,各省辖市也成立了相应的管理机构。野生动植物保护管理体系开始建立和完善。1995 年经林业部和省编委批准,成立了河南省野生动物救护中心,正处级事业单位,编制 30 人,主要负责全省野生动物资源调查,伤、病、残国家重点保护野生动物救治及非正常来源珍稀濒危野生动物的收容、救护与饲养工作。2004 年 8 月,经中央机构编制委员会办公室批准(中央编办复字[2004]116 号),同意设立中国濒危物种进出口管理办公室郑州办事处,处级建制,具有行政管理职能的事业单位。河南省林业调查规划院下设省野生动植物监测中心、省湿地资源监测中心,形成了较为完备的野生动植物保护管理机构。1984 年 4 月 21 日,成立河南省野生动物保护协会,第一届协会个人会员 168 人。协会会长 1 人,副会长 3 人,秘书长 1 人,副秘书长 4 人,常务理事 19 人,理事 54 人。1991 年 1 月 20 日,根据《社会团体登记管理条例》和社团清理整顿的有关文件规定,经省民政厅批准复查登记。2005 年 8 月 8 日,河南省野生动物保护协会更名为河南省野生动植物保护协会。协会成立以来,为保护、发展和合理利用河南省野生动物资源,拯救、保护濒危、珍稀动物,推动河南省野生动物保护事业的发展作出了重要贡献。2006 年,省机构编制委员会办公室以豫编办[2006]9 号批复同意省野生动物救护中心加挂省野生动物疫源疫病监测中心的牌子,增加领导职数 1 名。

二、野生动植物保护法律法规逐步健全

1982 年,省政府下发了《河南省人民政府关于保护野生珍贵稀有动物、植物的布告》,1983 年国务院下发了《关于严格保护珍贵稀有野生动物的通令》,1985 年林业部公布了《森林和野生动植物类型自然保护区管理办法》,1987 年国务院下发了《关于坚决制止乱捕滥猎和倒卖、走私珍稀野生动物的紧急通知》,1988 年第七届全国人民代表大会通过了《中华人民共和国野生动物保护法》,1989 年林业部、农业部公布了《国家重点保护野生动物名录》,河南省列入国家一级保护动物的有 15 种,列入国家二级保护动物的有 79 种。1990 年 1 月 4 日,省政府公布了《河南省重点保护野生动物名录》,确定省重点保护野生动物 35 种。1997 年,省林业厅下发文件,将《濒危野生动植物种国际贸易公约》附录三所列非原产我国的所有野生动物,核准为河南省重点保护野生动物,将《濒危野生动植物种国际贸易公约》附录和有碍人类生活、人体健康及危害农林牧副渔生产的害虫、害鼠以外的非原产我国的所有陆生野生动物(如北极狐、海狸鼠、麝鼠等),核准为河南省国家保护的有益的或者有重要经济价值、科学研究价值的陆生野生动物。2003 年 2 月,国家林业局第 7 号令将麝列入一级保护野生动物名录。1992 年,国务院批准实施了《中华人民共和国陆生野生动物保护实施条例》,1995 年,省人大通过了《河南省实施〈中华人民共和国野生动物保护法〉办法》。

我国从 1980 年开始珍稀濒危植物的保护工作。1984 年,国务院环境保护委员会公布了第一批《珍稀濒危保护植物名录》,确定国家一级重点保护植物 8 种,二级重点保护植物 159 种,三级重点保护植物 222 种。河南分布有 40 种国家重点保护植物。1996 年国务院出台《中华人民共和国野生植物保护条例》,1999 年,国务院批准了《国家重点保护野生植物名录》(第一批),河南省自然分布的国家一级重点野生植物 3 种,国家二级重点野生植物 24 种,2005 年,省政府以豫政[2005]1 号文公布了河南省重点保护野生植物名录,首次将 98 种野生植物定为河南省重点保护植物。2007 年 3 月 30 日,省人大审议通过了《河南省野生植物保护条例》,于 2007 年 7 月 1 日起施行。为河南省省级重点保护植物的管理提出了法规依据。2006 年国务院发布《中华人民共和国濒危野生动植物进出口管理条例》,加强了濒危野生动植物及其产品的进出口管理。1982 年 4 月,省政府批转省林业厅等 8 个单位关于加强鸟类保护的联合报告,确定每年的 4 月 21 ~ 27 日为河南省的"爱鸟周"。1995 年 6 月 24 日,省人大常委会第十四次会议通过了《河南省实施〈中华人民共和国野生动物保护法〉办法》,确定每年的 4 月 21 日至 27 日为河南省的"爱鸟周",每年的 10 月为河南省的"野生动物保护宣传月"。自 1995 年以来,省林业厅、省野生动物保护协会每年精心组织全省的宣传活动,取得了明显的社会宣传效果。

三、进行了野生动植物资源调查

按照原林业部的安排,河南省于 1996 年 8 月开始野生动物资源调查工作。此次资源调查共投入调查、检查人员 730 人,其中大专院校和林业部门的专家人员共 20 人。2000 年 5 月完成外业调查和内业整理工作。调查样带 2 364 条(冬夏两次)、样线 9 456 条;完成朱鹮、水鸟、猕猴、金钱豹、白冠长尾雉、大鲵、麝资源等 7 项专项调查。从 1997 年开始

对重点保护野生植物资源进行调查。这次调查的主要任务是查清 15 个目的物种的资源现状,建立资源数据库;对资源进行评价,提出系统、准确的重点保护野生植物资源调查报告和图表资料。本次共调查 21 个物种(调查重复的物种计算一次),栽培调查有金钱松、厚朴、凹叶厚朴、杜仲、黄檗、毛红椿、人参 7 个物种;贸易调查有青檀、杜仲、水曲柳、厚朴 4 个物种;重点保护野生植物调查有 15 个物种,涉及 13 个群系(组),经国家林业局和省林业厅组织的质量检查组的检查,调查质量符合有关技术标准。

四、组织实施拯救工程,一些濒危物种得到有效保护

一是野外物种得到有效救护。省野生动物救护中心成立以来,先后救治、收容野生动物 5 万多只(头、条),其中包括东北虎、金钱豹、金雕、丹顶鹤等国家一级保护动物和秃鹫、猕猴、天鹅等国家二级保护动物等,具备放生条件的都已得到放生。二是天鹅数量逐年上升。目前黄河湿地已由原来大小天鹅的迁徙停歇地变为越冬地,数量也由 90 年代的几十只、几百只,增加到现在的上万只。三是已完成朱鹮的初引入工作。2006 年 12 月,国家林业局从北京市动物园调拨 2 对朱鹮到董寨保护区,2007 年 11 月 20 日,日本归属我国的 13 只朱鹮也被安排在董寨保护区,2009 年成功繁育 17 只朱鹮。四是白冠长尾雉的繁育和科研取得突破。目前,董寨国家级自然保护区已建立了目前国内人工养殖规模最大的种群,已累计 13 个世代 100 多对。

五、珍稀濒危野生动植物及其产品的管理逐步加强

1984 年 5 月,发布《关于保护野生珍稀动、植物的布告》,布告规定省内珍稀动物保护对象有 3 类 18 种,珍稀植物 3 类 28 种,并对违犯规定乱捕、滥猎、滥伐、滥采的视情节轻重依法处理。1986 年 6 月,河南省计划经济委员会、医药管理局、经济委员会、卫生厅、林业厅、公安厅、司法厅、工商局、物价局、郑州海关、中国工商银行河南分行联合转发了国家经委等 13 个部门《关于加强麝香资源保护和市场管理的通知》,明确了麝的重点保护分布范围,加强了对猎麝取麝香的管理。同年 7 月,河南省医药管理局、林业厅转发国家医药管理局、林业部联合通知,要求各地加强保护杜仲、厚朴、黄檗等木本药材资源。11 月,省公安厅、林业厅根据林业部、公安部《关于森林案件管辖范围及森林刑事案件立案标准的暂行规定》,针对河南省具体情况,对非法猎、采国家规定保护的珍稀动植物的立案标准作了具体规定。1987 年,河南省贯彻落实国务院《关于坚决制止乱捕滥猎和倒卖走私珍稀野生动物的紧急通知》,各地对违法分子进行了严肃处理。1991 年,省林业厅转发林业部发布的《国家重点保护野生动物驯养繁殖许可证管理办法》,许可证管理制度的实施,成为全省野生动物保护规范化管理的开端。1993 年,贯彻落实国务院《关于禁止犀牛角和虎骨贸易的通知》,省林业厅、医药管理局、工商局等单位联合在全省清缴和封存犀牛角、虎骨和含其成分的药品、工艺品等,相关中药厂自此停止生产含其成分的中成药制剂。1996 年 4 月,省林业厅下发《关于确定狩猎区域及有关问题的通知》,首次对全省的狩猎区、禁猎区和狩猎禁用工具、方法以及建立狩猎场等问题作了明确规定。10 月,《中华人民共和国枪支管理法》施行,全省开始收缴非法民用枪支及弹具(含猎枪),全省非法枪杀野生动物的现象得到有效遏制。2003 年 3 月,河南省林业厅、河南省工商行政管理

局联合转发《国家林业局　国家工商行政管理总局关于对利用野生动物及其产品的生产企业进行清理整顿和开展标记试点工作的通知》，对经过标识的野生动物及其产品，不再申办运输、销售审批手续。2003 年 4 月，省林业厅转发《国家林业局第 7 号令和关于进一步加强麝类资源保护管理工作的通知》，禁止收购麝香和麝分布区内猎捕麝，并对天然麝香进行库存登记。2005 年省林业厅、卫生厅、工商行政管理局、食品药品监督管理局、中医管理局联合发出通知，加强麝、熊资源保护及其产品入药管理，对所有天然麝香和熊胆粉实行定点保管制度，并对天然麝香、熊胆成分的产品实行标记管理制度，自 2005 年 7 月 1 日起，含天然麝香、熊胆成分的产品须加贴"中国野生动物经营利用管理专用标识"后方可进入流通领域。2007 年，按照国家林业局的规定，加强对赛加羚羊、穿山甲、稀有蛇类的资源及虎皮豹皮保护和管理，自 2008 年 3 月 1 日起，所有含赛加羚羊角、穿山甲片和稀有蛇类原材料的成药和产品，须在其最小销售单位包装上加载"中国野生动物经营利用管理专用标识"后方可进入流通。2008 年 1 月 1 日起，未加载"中国野生动物经营利用管理专用标识"的虎皮和豹皮不得出售，也不得在公众场合陈列、展示。

六、野生动物疫源疫病监测工作开始启动

自 2003 年以来，"非典"、高致病性禽流感、甲型 H1N1 等野生动物疫源疫病在全世界范围内频繁发生，按照国家林业局部署，野生动物疫源疫病监测体系在 2005 年启动，先后制定并印发了《河南省重大陆生野生动物疫病防控应急预案》、《河南省陆生野生动物疫源疫病监测站建设标准》，目前已形成了包括 11 个国家级、18 个省级、224 个市县级监测站点在内的以候鸟为重点的疫源疫病监测体系。（野生动植物保护与自然保护区管理处）

第七节　自然保护区

一、河南省自然保护区建设历程

河南省自然保护区建设是随着全国自然保护区建设快速发展而开始起步的。根据原林业部、中国科学院等 8 个部、委 1979 年联合下发的《关于加强自然保护区管理区划和科学考察工作的通知》，河南省林业勘察设计队、河南省农学院联合对全省天然林现状进行调查。1980 年 3 月，省林业厅向省政府报送了《关于建立河南省宝天曼、牧虎顶森林保护区的报告》，拟从国营万沟林场的宝天曼、牧虎顶林区划出 6 333 公顷为森林保护区，以便于开展科学研究工作。同年 4 月，省人民政府下发了《关于建立宝天曼、牧虎顶森林保护区的批复》。至此，河南省建立了第一个自然保护区。

1981 年，省林业厅组织对全省自然生态植被和动植物资源分布进行系统调查，并据此向省政府报送了《关于建立龙池漫等十三个自然保护区和禁猎禁伐区的报告》，主要内容有三项：一是拟在嵩县龙池曼、西峡老界岭、栾川老君山、鲁山石人山、南召宝天曼、商城金岗台、新县连康山、罗山董寨、桐柏太白顶、信阳鸡公山、济源太行山、灵宝小秦岭等国有林区和济源太行山集体林区新建 13 个自然保护区和禁猎禁伐区。这些地方的特点是森

林植被比较好,野生动植物资源丰富,基本可以代表河南省北亚热带南暖温带过渡区的森林生态和伏牛山、太行山、大别山、桐柏山四个山系的天然次生林区的自然面貌。二是为搞好新建保护区的管理工作,各保护区都要成立管理处(所),原则上按66.7公顷到100公顷配备一个管理人员,所需人员从现有国营林场编制中解决。三是各级领导要重视和支持保护区的工作,做好宣传教育,加强具体领导,解决实际问题,凡已批准建立的自然保护和禁猎禁伐区的林场(林区),在未进行新的总体规划设计之前,要停止一切采伐。1982年6月,省人民政府批转了省林业厅的报告。至此,全省已建立保护区14处。1982年至1990年期间,保护区发展处于巩固完善阶段,没有再新建保护区。1987年,省林业厅组织了信阳鸡公山和内乡宝天曼两个省级自然保护区晋升国家级自然保护区的申报,1988年获国务院批准。1994～1995年两年间,建立了开封柳园口、三门峡库区、孟津黄河3处省级湿地自然保护区。1996年,河南提出了划建伏牛山国家级自然保护区的申请,拟将已建立的嵩县龙池曼、栾川老君山、鲁山石人山、西峡老界岭、南召宝天曼5个省级自然保护区,以及内乡万沟林场、南召乔端林场、西峡黄石庵林场、栾川龙峪湾林场合并为一体,再加上周边部分集体山林,联合晋升国家级自然保护区,1997年底国务院正式批准建立"河南伏牛山国家级自然保护区"。同年,河南又提出了以济源太行山自然保护区、济源太行山禁猎禁伐、沁阳白松岭保护区3个省级自然保护区为基础,联合申报太行山猕猴国家级自然保护区的申请,1998年底获国务院批准。1999年,批建了吉利黄河湿地省级自然保护区。2000年后,自然保护区建设再次引起各级领导的重视,自然保护区建设明显加快。截至2008年底,先后建立了罗山董寨国家级、黄河湿地、连康山、小秦岭、丹江湿地5个国家级自然保护区,以及汝南宿鸭湖、内乡湍河湿地、淅川丹江口水库湿地、商城鲇鱼山湿地、信阳天目山、淮滨淮南湿地、林州万宝山、信阳四望山、桐柏高乐山、洛阳熊耳山、郑州黄河湿地、固始淮河湿地、濮阳黄河湿地、平顶山白龟山湿地14个省级自然保护区。

　　20多年来,河南省自然保护区建设大体可分为三个阶段:

　　第一阶段是1980年到1982年。这一时期河南省自然保护区从无到有,从少到多快速发展,数量迅速增加。到1982年底,全省自然保护区面积达到8.93万公顷,占全省国土面积的0.53%。

　　第二阶段是1983年到2000年。这一时期主要是对已建立的自然保护区进行规划,开展资源调查,编制了鸡公山、内乡宝天曼、伏牛山、太行山及罗山董寨4个自然保护区的科学考察集。同时,晋升了鸡公山、内乡宝天曼、伏牛山及太行山4个国家级自然保护区,新建了开封柳园口湿地等4个省级湿地保护区,鸡公山、内乡宝天曼两处国家级自然保护区完成了一期基础设施建设。到2000年底,全省自然保护区面积达到19.88万公顷,占全省国土面积的1.2%。

　　第三阶段是从2001年至今。这一时期,主要是完善保护区的保护与管理措施,实现自然保护区由量的积累向提高保护管理水平转变。同时,晋升了罗山董寨等5处国家级自然保护区,新建了汝南宿鸭湖等14个省级自然保护区。目前,全省已建立的自然保护区25处,面积50.5万公顷,占全省国土面积的3.02%,初步形成了以太行山、伏牛山、桐柏山、大别山等森林植被和黄河、淮河、长江等流域湿地为主,覆盖全省重要典型生态系统和国家重点保护野生动植物的自然保护区网络,约80%的典型生态系统类型和75%国家重点保护的野生动植物物种得到有效保护。

二、河南自然保护区建设现状

经过几十年的建设,河南省自然保护区网络已初步形成。通过建立自然保护区,有效地保护了森林生态系统、湿地生态系统和野生动植物资源。同时,通过组织开展野生动植物保护宣传教育,打击乱捕滥猎、乱采滥挖等违法犯罪活动,增强了自然保护区周围居民的保护意识,提高了广大群众保护野生动植物的自觉性。目前,自然保护区野生动植物的种类和种群数量明显增加。

从保护区类型上看,全省自然保护区主要分为三类:一类是森林生态类型的自然保护区,以保护森林生态、生物多样性为主要目的,如内乡宝天曼、伏牛山、信阳鸡公山国家级自然保护区,这类自然保护区现有 12 处,总面积 17 万公顷,占全省保护区总面积的33.8%;第二类是野生动物类型的保护区,这类自然保护以某一个或几个动物物种为主要保护对象,共有 2 处,其中太行山猕猴国家级自然保护区以保护猕猴、金钱豹为主要目的,罗山董寨国家级自然保护区以白冠长尾雉为主要保护对象,这 2 处保护区面积 10 万公顷,占全省保护区面积的 20.5%;第三类是湿地类型的保护区,以保护湿地资源、湿地生态系统为主要目的,这类保护区有 11 处,如黄河湿地国家级自然保护区、开封柳园口湿地省级自然保护等,该类保护区面积 23.1 万公顷,占全省的保护区总面积的 45.7%。

从区域分布上看,河南省自然保护区主要分布在太行山、伏牛山、大别山、桐柏山四大山系,以及黄河、淮河和长江干、支流区域,野生动物、植物物种丰富,自然生态系统特殊,区位特征明显。在伏牛山、太行山、大别山、桐柏山 4 大山系分布的保护区多是森林生态与野生动物类型的自然保护区,共有 14 处,分别占全省保护区数量及面积的 56%、54.3%;在黄河、淮河和长江干、支流区域主要分布的湿地生态类型的保护区,共有 11 处,分别占全省保护区数量及面积的 44%、45.7%。

从建立保护区的先后顺序上看,早期建立的自然保护多为森林生态类型与野生动物类型的保护区,后期建设的保护区多为湿地类型的保护区。前期建立的保护区多是在国有林场的基础上或以国有林场为基础,而后期建立的保护区有相当一部分是在非国有林业资源建立的,而以湿地类型的保护区尤为明显。全省现有的 8 处湿地保护区,除内乡湍河湿地是以国有内乡湍河林场为基础建立的外,其他 7 处湿地保护区均是依托国有河道管理部门、水库管理部门及集林林地为依托建立的。

从保护区权属上看,在国有林场的基础上或以国有林场为基础建立的保护区 13 处,面积 25.6 万公顷,分别占保护区总数量和总面积的 52%、50.7%。全省现有的 9 个国家级自然保护中,除黄河湿地和丹江湿地两处国家级自然保护区外,其他 7 处国家级自然保护区全是在国有林场的基础上或以国有林场为基础建立的。

三、河南自然保护区的管理体制

全省林业部门管理的自然保护区只有国家级和省级二种类型。国家级保护区分两种管理形式:一类是在国有林场为基础建立的保护区,这类保护区不跨行政区域,保护区主

体是原国有林场,资源全部或绝大部分为国有资源,由省辖市林业行政主管部门或县政府
管理;另一类由省统一管理的国家级自然保护区,这类保护区具有跨行政区域、范围广、面
积大、不易管理的特点,这类保护区有伏牛山国家级自然保护区、太行山猕猴国家级自然
保护区、黄河湿地国家级自然保护区。

各省级自然保护区情况差异很大,森林生态类型的地方级保护区多是以国有林场为
基础建立的,这部分保护区仍维持原有的管理体制;有一少部分是依托群营林资源建立
的,这类保护区管理机构多设在县级林业行政主管部门,与县林业局合署办公;湿地类型
的省级自然保护区绝大多数是以水库、河流为基础划建的,保护区管理机构没有土地资源
的所有权,只在湿地资源保护方面拥有一定的管理职能。

四、自然保护区建设管理政策体系

自然保护区保护管理法律法规体系的建立和完善,为自然保护区事业的健康发展提
供了有力保障。为做好自然保护区依法管理工作,省人大先后出台了《河南省实施〈中华
人民共和国野生动物保护法〉办法》、《河南省林地保护管理条例》和《河南省实施〈中华
人民共和国森林法〉办法》。省政府发布了《河南省森林和野生动物类型自然保护区管理
细则》、《关于加强森林资源保护管理工作的通知》、《省政府批转省林业厅、省政府法制局
关于切实加强自然保护区及森林资源保护和管理的意见的通知》,河南省人民政府办公
厅先后下发了《关于省级自然保护区申报审批有关问题的通知》、《关于加强自然保护区
建设管理工作的通知》、《关于加强湿地保护管理的通知》等规范性文件。此外,为了解决
自然保护区与风景名胜区之间交叉重叠、协调发展的问题,经省政府同意,省林业厅与省
城乡建设环境保护厅联合下发了《关于进一步做好自然保护区与风景名胜区之间协调工
作的通知》,对自然保护区与风景名胜区之间已存在的交叉重叠现象予以规范,这些法律
法规和规范性文件的颁布和实施,使自然保护区的建设与管理走上了法制化管理轨道。

五、自然保护区建设与管理主要成就

经过 20 多年来的建设,自然保护区从无到有、由少到多,自然保护区管理也从一般意
义上的单一资源管护向定位监测、科学研究、科普宣传等多方面发展,自然保护区的生态
效益、社会效益和经济效益得到了较好体现。

(一)河南省自然保护区三十年来从无到有飞速发展

河南省自然保护区建设从 1980 年开始,主要是以国有林场为基础,选择具有典型性、
代表性和生态地位特殊、动植物物种丰富且地域相对集中的区域,建立自然保护区。截至
目前,全省林业系统已建立自然保护区 25 处,总面积50.5 万公顷,占全省国土面积的
3.02%。其中,国家级自然保护区有内乡宝天曼、信阳鸡公山、伏牛山、太行山猕猴、罗山
董寨、黄河湿地、新县连康山、灵宝小秦岭、丹江等 9 处,面积32.6 万公顷;省级自然保护
区有商城金岗台、桐柏太白顶、开封柳园口湿地等 16 处,总面积17.9 公顷。

(二)自然资源得到有效保护

河南省森林生态系统、湿地生态系统和野生动植物资源主要分布在太行山、伏牛山、
大别山、桐柏山四大山系,以及黄河、淮河、长江干支流区域,通过自然保护区的建立,使全

省75%的国家一、二级重点保护野生动植物物种和80%的典型生态系统纳入到了自然保护区范围,野生动植物资源和生态系统得到了有效保护。太行山区是地球上猕猴分布的最北界,通过有效保护,太行山猕猴由1997年的近1 300只增加到现在的3 000余只。黄河湿地已由原来大小天鹅的越冬地变为繁殖地,数量也由建区前的几百只猛增到10 000余只。

(三)自然保护区管理队伍不断壮大

30年来,自然保护区从无到有,管理队伍得到了快速发展。目前,全省林业系统的25个自然保护区,已有21个自然保护区建立了专门的管理队伍,保护区管理人员已发展到2 300多人,有中级职称及其以上技术人员225人。

(四)自然保护区基础设施得到较大改善

30年来,全省累积投入自然保护区基本建设资金近2.7亿元,其中中央财政投入1亿多元,有力地促进了自然保护区基础设施建设。通过工程建设,自然保护区的对外交通、通信及生产生活用电、用水问题得到解决,防火设施落实,科研、监测设施具有一定基础,森林生态旅游区服务设施、服务水平都有了较大提高,保护手段普遍得到了加强。

(五)自然保护区的科研能力不断增强

各自然保护区发挥资源优势,与有关科研单位和大专院校紧密配合,积极开展科学研究,承担国家、省科技攻关课题近百项,先后对内乡宝天曼、信阳鸡公山、伏牛山、太行山猕猴、罗山董寨、黄河湿地、灵宝小秦岭、新县连康山、淅川丹江湿地等9个自然保护区进行了综合科学考察,完成考察论文200多篇,编撰出版了《鸡公山自然保护区科学考察集》等9部考察集。先后有美国、加拿大、日本、瑞典、丹麦、澳大利亚等国家及香港、台湾地区的专家到保护区科学考察、合作交流。罗山董寨国家级自然保护区与北师大、河师大建立了长期稳定的合作关系,首次成功规模人工繁殖白冠长尾雉,填补了国际雉类人工繁殖领域的一项空白,已建立了目前国内最大的人工养殖种群,有13个世代100多对。2006年以来,保护区还先后从北京市动物园和日本引进17只朱鹮到董寨国家级自然保护区,实行迁地保护,目前存栏达到36只。鸡公山国家级自然保护区从80年代就开始珍稀濒危植物的引种栽培试验,目前已引种栽培国家重点保护植物秃杉、珙桐、连香树、七叶树等20余种,其中国家一级保护植物秃杉引种栽培已达11年,栽培面积6公顷多,是我国最北缘的一个引种栽培点,生长表现良好。内乡宝天曼国家级自然保护区与中国林业科学研究院合作建立的宝天曼过渡区森林生态系统定位研究站,已被国家林业局纳入全国陆生生态系统观测的15个野外观测台站之一。

(六)自然保护区的社会影响力不断扩大

三门峡库区湿地、豫北黄河故道湿地、宿鸭湖湿地、丹江口湿地已列入《中国湿地保护行动计划》重要湿地名录;内乡宝天曼国家级自然保护区被列入世界"人与生物圈"保护区网络,成为全国第21个世界生物圈保护区。自然保护区作为生物、地理、水文、土壤等自然学科的教学实习基地,以及广大群众特别是中小学生认识自然、亲近自然的大课堂,具有宣传教育的重要功能。鸡公山国家级自然保护区每年都接待来自北京、河南、湖北等省市教学实习的大中专院校20余所、2 000人次,中小学夏令营3 000多人次。董寨自然保护区是鸟类学、动物学教学实习的理想场所,每年都有数百名师生来保护区实习;

保护区还每年定期举办观鸟摄影大会,吸引来自港、台和京、津、沪等地以及人民日报、新华社等国内著名媒体及众多爱好者参加。太行山猕猴保护区也已成为河南师大、河南科技大学、河南农大等省内大专院校的教学实习基地。内乡宝天曼国家级自然保护区分别被省委宣传部、省科技厅等部门授予全省科普教育基地,被中宣部、科技部、中国科学技术协会等部门命名为全国青少年科技教育基地。内乡宝天曼、信阳鸡公山、罗山董寨国家级自然保护区被中国野生动物保护协会命名为"全国野生动物科普教育基地"。自然保护区在生态教育、科普宣传中的作用,已越来越受到全社会的关注。(野生动植物保护与自然保护区管理处)

第八节　国有林场

一、新中国成立前国有林场概况

1918 年,铁路当局征购信阳李家寨、鸡公山一带铁路东侧荒山建立林场;1921 年,直鲁豫巡阅使署在洛阳市郊开始设立林场,面积约 200 公顷;1922 年,河南省林务处在开封租地 8.67 公顷,设立河南省模范林场;1928 年在辉县苏门山、延津太行堤、登封嵩山、郑州古城(今火车东站)分别建立第一、二、三、四林场;1931 年在郑州碧沙岗建立模范林场。除鸡公山林场外,其他林场规模较小,一般配职员 2~4 人,林警工人数人。这一时期造林保存面积合计 1 666.7 公顷左右。

二、新中国成立后国有林场发展历程

(一)历史沿革

1949 年 9 月,省林业局首先接收睢县、杞县的"田家园子"(面积 625.4 公顷),成立国营睢杞林场;同时接受资本家兴办又抛弃的郑州北郊老白公司林场;同年 12 月,又接管了民国时期省政府遗留的登封会善寺和洛阳龙门 2 个林场。上述 4 个林场总面积不足 1 000公顷。1950 年 3 月,省农林厅林业局在兰考建立国营仪封林场;同年 10 月,成立国营中牟林场和考城林场;1951 年,省农业厅林业局先后建立阌乡、嵩县、鲁山、嵖岈山、桐柏、信阳、郑州、尉氏、民权、虞城、西扶等 11 个国营林场,并成立伏牛山、桐柏山和豫东沙荒 3 个管理处;1952 年,接收煤炭系统的焦作百间房、原阳沙圪当、延津胙城和辉县大刘庄、大佛店林场;1953 年,郑州铁路局所辖鸡公山林场(面积 1 560 公顷)和确山黄山坡林场移交省林业局管理;同年撤销伏牛山、桐柏山和豫东沙荒 3 个管理处,将伏牛山管理处改为鲁山林场、桐柏山管理处改为陈庄林场和贤山林场、豫东沙荒管理处改为民权林场;1954~1955 年,又兴建了南湾、薄山、石漫滩、昭平台、板桥林场。1956 年合作化后,地方政府对土改时没有分给群众的荒山、林地,乡村共有和祠堂、庙宇的山林,以及社队无力经营的荒山、荒地,要求建立国营林场,开展造林、营林活动,促进了国营林场的发展。20 世纪 50 年代,先后建立森林经营所 24 处,造林场 70 余处,主要从事森林经营和采伐业务;60 年代,这些森林经营所和造林场均改为国营林场。到 1962 年,全省共建立国营林场 118 个。1963 年,林场经过整顿调整,有的合并,有的撤销,最后保留 89 个,退还给社队山林 13 万多公顷,国营林场职工发展到 7 488 人,管辖面积 52 万公顷。其中沙区林场 24个,面积 8 万多公顷;山区林场 65 个,面积 43 万公顷。在体制上,林业系统管理的林场 87个,其中林业部直管 9 个,省管 16 个,地(市)管 13 个,县管 49 个。1968 年 10 月,所有林场下放归地(市)、县管理。到 1978 年,全省共有国营林场 87 个,经营总面积 398 667 公顷,是 1949 年的 239 倍,其中有林地面积 232 000 公顷;活立木总蓄积量 820 万立方米;职工总人数 10 161 人。

党的十一届三中全会后,进一步健全林场机构,重新实行分级管理。省政府对国有林场管理问题做出批示:鉴于林业行业的特殊性,国有林场实行省办,地(市)、县代管的管理体制,投资渠道及生产经营管理由省林业厅直管。林业系统仍然保留 87 个林场,统归地(市)、县管理,其中地(市)管 8 个,县管 79 个。1980 年后,国家对国有林场实行"事业单位,企业化管理"的管理体制,随之对林场的财政、投资体制进行改革。林场党组织、行政、人事、生产经营及事业费等全部下放到地方政府负责,省林业厅对国有林场的管理转向以行业管理为主,主要负责业务指导以及中央、省级财政、基本建设专项投入资金的管理。1994 年后,随着国家产权制度改革的不断深入,"国营林场"逐步改称"国有林场"。2000 年,兰考林场划归林业系统,由开封市管理,全省国有林场达 88 个。在地理分布上,山区、半山区林场 64 个,平原地区林场 24 个;在经营面积上,0.67 万公顷以上的林场 21个,0.33 ~ 0.67 万公顷的林场 25 个,0.33 万公顷以下的林场 42 个;在单位级别设置上,处级单位 9 个、科级单位 54 个、股级单位 25 个;在隶属关系上,省辖市直接管理的 14 个、市、县双重管理的 2 个、县(市、区)管理的 72 个。到 2008 年底,全省共有国有林场 88 个,经营总面积 409 885 公顷,比 1978 年增加 11 218 公顷,增长 2.81%,是 1949 年的 246 倍;其中有林地面积 317 574 公顷,比 1978 年增加 85 574 公顷,增长 36.89%;活立木总蓄积量 1 950 万立方米,比 1978 年增加 1 130 万立方米,增长 137.81%;现有职工 16 029 人(其中在职职工 11 846 人,离退休职工 4 183 人),比 1978 年增加 5 868 人,增长 57.75%。全省国有林场资产总值达 142 623 万元。

(二)各时期国有林场的建设方针和任务

1949 ~ 1952 年,国民经济恢复时期,首先在风沙危害严重的黄河故道沙区建立国营林场。主要依靠群众造林,根据谁造林、谁管护、谁分红的原则,在收益上实行主材归国家,副材国三群七分成的办法。

1953 ~ 1957 年,第一个五年计划时期,林业的工作重点逐渐向山区转移,实行普遍护林护山和大力造林、育林的方针。深山区育林、护林由 24 个森林经营所管理;浅山区配合治淮、治黄工程进行造林,在南湾、薄山、板桥、石漫滩等水库边缘和伊、洛河上游,设立了大批国营林场。

1958 ~ 1962 年,为适应大跃进形势,提出大砍大栽,林场数量急剧增加,但工作质量下降,此间投资 2 905 万元,造林 6.4 万公顷,但存量有限。

1963 ~ 1965 年,国营林场实行"以林为主,林副结合,综合经营,永续利用"的方针,进行一系列的调整,确定用材林要占 85% 以上,实行中央、省、地、县分级管理,建立完善生产、计划、财务、劳力、技术"五大管理"规章制度。中央每年给林场拨款 800 万元,造林1.3 万 ~ 1.6 万公顷,林场生产稳定,造林质量良好,国营林场有新的发展。

1966～1977 年,"文化大革命"时期,国营林场层层下放,机构不断变换,生产秩序混乱,但大部分林场职工仍坚持林业生产,一方面造林,一方面转向抚育间伐和综合利用,营造一部分丰产林。

1978～1995 年,国有林场贯彻"以林为主,多种经营,长短结合,以短养长"的经营方针,在"松绑、放权"的原则下,林场有经营自主权,增强了经济活力,林场得到了巩固和发展。1980 年后,国家对国有林场实行"事业单位,企业化管理"的政策,各级政府对林场的投资大幅削减,对林场的收入影响较大。

1996～2002 年,国有林场坚持"以林为本,合理开发,综合经营,全面发展"的方针,认真贯彻执行林业部《关于国有林场深化改革,加快发展若干问题的决定》,进一步深化人事、劳动用工、收入分配等制度改革,不断培育新的经济增长点。1998 年开始贫困国有林场扶贫工作,对贫困林场有一定帮助。1999 年后,随着自然保护区面积的扩大和天然林禁伐政策的实施,国有林场采伐限额大幅调减,林场收入急剧下降,生产生活比较困难。2000 年实施天然林保护工程,位于保护区的 25 个国有林场逐渐摆脱贫困,走上可持续发展的道路。

2003 年,中共中央、国务院印发了《关于加快林业发展的决定》,要求建立权责利相统一,管资产和管人、管事相结合的森林资源管理体制。深化国有林场改革,逐步将其分别界定为生态公益型林场和商品经营型林场,对其内部结构和运营机制作出相应调整。河南省进行了国有林场改革试点,取得了一些成果。2004 年实行生态公益林补偿机制,大部分国有林场受益。随着国民经济的不断发展,中央及地方政府对国有林场的投入不断增加,林场经济状况普遍好转。2009 年开始实施国有林场职工危旧房改造工程,规划国有林场饮水安全工程、道路建设工程、供电工程等,全面改善国有林场基础设施。

(三)重大历史事件

1952 年 10 月中南区林业工作会议指出:豫东已基本完成主要防护林的营造工作,要转变力量进行淮河上游营造水源林,重点地区成立国营林场。

1955 年省人民委员会召开全省林业工作会议,决定在大型水库周围、伊洛河上游,重点营造防风固沙林;以中牟、郑州、内黄、原阳为重点,继续营造防风固沙林;以信阳、罗山、新县、商城、桐柏为重点,营造用材林。

1956 年省苗圃会议确定,国营苗圃的性质和方针是:苗圃要为国营造林服务,由国营林场统一领导,向专业化发展。

1958 年受大跃进影响,省林业厅第四次国营林场会议确定:用原计划 2.2 万公顷的经费,完成 3.3 万公顷的造林任务;育苗由原计划 600 公顷,增加到 1 066 公顷。由于任务指标超过实际可能,降低了营林质量。

1960～1962 年,全省发生自然灾害,要求国营林场实行粮、菜、油、肉、钱"五自给",大量间作粮食作物,用于增加职工口粮和饲料粮,因农业生产任务重,影响了国营林场造林工作。

1963 年底,全国国营林场会议确定国营林场的主要任务是培育用材林,除经济林场和防护林场外,培育用材林的比重占 85% 以上,林业生产用工量不能低于 70%,在有利于发展主业、合理利用资源的情况下，适当安排副业生产。

1972 年，省林业厅在新县召开国营林场会议，强调国营林场不能搞单一经营，必须开展多种经营，综合利用，达到以副养林的目的。

1973 年，省计委、财政局、农林局联合发出《关于国营林场抚育间伐问题的几项规定》，提出：林场抚育间伐生产的木材，由计划部门统一处理，50% 留给地区计委处理，50% 由省计委分配；多种经营和抚育间伐的木材收入，扣除成本、育林基金和税收外，剩余部分留给林场；抚育间伐生产的木材，每立方米提育林基金 10 元，用于造林事业。经过实施，推动了全省国营林场抚育间伐工作。

1982 年，全省开始国营林场整顿、改革工作。1984 年省林业厅下发《国营林场管理体制改革方案》，要求做到大稳定、小调整，搞好分类指导，并划分了用材林、防护林、自然保护区以及名胜区等林场类型，明确了林场在计划、财务、经营、搞活商品流通等方面的自主权。1985 年 6 月，省政府批转省林业厅《关于林业体制改革若干问题的意见》，指出：国营林场改革的重点是扩大场圃自主权，变生产型单位为以林为主的生产经营型单位；实行场长负责制，打破分配上的"大锅饭"；抚育间伐期间，收入不上交，木材由林场自主销售。

1985 年，财政体制改革，将每年 400 万元的国营林场造林、幼抚款，切块到地、市管理。

1986 年，林业部、国家计委、财政部、国家物价局发出《关于搞活和改善国营林场经营问题的通知》，要求"所有国营林场都应当根据各自的不同条件，有计划地开展多种经营，提倡跨地区、跨行业的经济联合。""国营林场在抚育间伐期间的收入，不上交财政，用于以林养林。""林业生产项目和林场举办的各种经营、综合利用项目所得利润，暂不征所得税。"

1989 年，省政府批转省林业厅《关于限期完成国有林定权发证工作意见的通知》，开始了全省国有林定权发证工作。

1994 年，林业部颁布《森林公园管理办法》，规范了国有林场建设森林公园行为，促进了全省森林公园建设。

1996 年，林业部出台《关于国有林场深化改革加快发展若干问题的决定》，要求科学划分国有林场类型，实行分类经营；稳步推进国有林场组织结构调整，鼓励多种经济成分共同发展；转换经营机制，强化内部管理，提高经营水平；加速森林资源培育，科学合理利用森林资源；优化产业结构，办好绿色产业，增强经济实力；依靠科技进步，推进科教兴场；依法维护国有林场合法权益；全面落实经济扶持政策，为国有林场发展创造良好的外部环境；切实加强对国有林场工作的领导。明确指出："国有林场的经营区和隶属关系要保持相对稳定，不得随意改变。因特殊情况需改变隶属关系、经营权属的，须经省级林业主管部门审核同意后，按有关规定办理。""国有林场对国家授权其经营管理的资产拥有法人财产权，享有占有、使用、受益和依法处置的权利。"

1998 年，中央和省财政设立贫困国有林场扶贫项目专项资金。

1998 年，国务院下发了《关于保护森林资源 制止毁林开垦和乱占林地的通知》。

1998 年，省政府下发了《关于加强国有林场管理和建设工作的通知》，要求充分认识国有林场的重要作用，切实加强国有林场的管理工作；依法治林，维护国有林场的合法权益;增加投入,加大对国有林场的扶持力度;解放思想,加快国有林场的改革和发展;进一步加强国有林场干部职工队伍建设。明确指出:"国有林场的范围要以原设计任务书或图纸为准,任何单位和个人不准划拨和侵占,不准随意改变林地用途和林场隶属关系。"

1998年,省林业厅在龙峪湾林场召开了全省国有林场工作会议。分析了国有林场的困难,明确了今后一个时期国有林场的指导思想和奋斗目标,要求通过深化改革,建立起新型的国有林场管理体制和运行机制,把全省国有林场建设推向二次创业新高潮。

1999年,国家林业局下发了《关于切实维护国有林场合法权益的通知》,要求加强国有林场资产产权管理,依法确定的森林、林木、林地的所有者和使用者的合法权益受法律保护,任何单位和个人不得侵犯。严禁以国有森林资源资产为任何单位和个人提供贷款担保。

1999年,省人大常委会颁布了《河南省林地保护管理条例》,规定了国有林地的确权依据和国有林地保护、管理的有关法规。

2000年,实施天然林保护工程,河南省洛阳、三门峡、济源三市25个国有林场划入天然林保护工程范围。

2003年,中共中央、国务院发布了《关于加快林业发展的决定》,提出:"建立权责利相统一,管资产和管人、管事相结合的森林资源管理体制。""深化国有林场改革,逐步将其分别界定为生态公益型林场和商品经营型林场,对其内部结构和运营机制作出相应调整。生态公益型林场要以保护和培育森林资源为主要任务,按从事公益事业单位管理,所需资金按行政隶属关系由同级政府承担。商品经营型林场和国有苗圃全面推行企业化管理,按市场机制运作,自主经营,自负盈亏,在保护和培育森林资源、发挥生态和社会效益的同时,实行灵活多样的经营形式,积极发展多种经营。"

2004年,国家林业局下发了《关于加强国有林场林地管理的通知》,指出:需要将国有林场经营管理的土地纳入相应的城市发展规划范围的,决不能改变林地的用途,并且也不应当改变林场性质、林场行政隶属关系和经营范围;坚决防止随意肢解分割甚至将国有林场大量林业用地划为非林业建设用地;严禁未经批准和不进行资产评估低价甚至无偿转让国有林地使用权。

2004年,省政府办公厅印发了《关于加强国有林场林地管理的通知》,明确指出:未经省政府批准,不得随意肢解分割国有林场,改变林地用途,改变隶属关系,下放管理权限;严禁未经批准和不进行资产评估,低价甚至无偿转让国有林地使用权。

2008年,省林业厅分东、西、南、北四片召开了全省国有林场场长座谈会,各场介绍了基本情况,分析了存在的问题及原因,相互交流了经验和做法,明确了今后一个时期国有林场发展的方向和目标。

2009年,河南省商城县黄柏山林场、尉氏林场、舞钢市石漫滩林场被国家林业局确定为全国首批森林经营试点林场。

2009年,根据国家林业局的要求,制定了《河南省国有林场发展规划(2009~2020年)》,包括以水、电、路、房为重点的国有林场基础设施建设规划,其中国有林场职工危旧房改造工程于2009年下半年开始实施。

（四）省国有林场管理机构

1954 年,省林业局内设经理管理科,负责林场管理。1956 年 7 月,省林业局改为省林业厅,内设经理管理处。1957 年 6 月,经理管理处改为国营林场处。1958 年农、林两厅合并为农林厅,下设林业局,局内设国营林科。1959 年 7 月,农业厅、林业厅分设,省林业厅内设森林工业处。1963 年森林工业处改为国营林场管理局,下设秘书、造林、经营、财务 4 个科。当时,国营林场投资全部归省,中央管理的林场,由林业部直接投资。省管场场长由省配备,主要技术负责人由省指定。地、县管场,场长分级指派,报省备案。国营林场场长一般为县级级别。林场的年度生产、基建、财务、计划,由省统一安排,统一投资。林场的行政管理、党团组织、生活物资供应,统一由地方负责。1978 年 3 月成立省林业局,4 月林业局内设森林工业处,负责国营林场工作。1979 年省林业局改为林业厅。1983 年 4 月,省林业厅森林工业处改为国有林场管理处。1996 年国有林场管理处改为野生动植物保护处,另挂国有林场和森林公园管理办公室牌子。2009 年改野生动植物保护处为野生动植物保护与自然保护区管理处。

三、国有林场 60 年建设成就

国有林场经过 60 年的建设和发展,现已成为河南省森林资源的精华所在、林业生态体系建设的核心所系、生态文化体系建设的重要阵地、科技兴林的示范基地。

（一）森林资源稳步增长

60 年来,国有林场累计造林 33.3 万公顷,保存 20 多万公顷,抚育中幼林 186.7 万公顷（次）,改造低产林 10.7 万公顷,森林覆盖率由建场初期的 26.9% 提高到现在的 77.48%,累计生产木材 500 多万立方米,采集树种 1 万余吨,现存活立木蓄积量 1 950 万立方米,直接经济价值 97.5 亿元。

（二）产业结构不断优化

为适应市场经济的发展变化和生态建设的要求,国有林场普遍改变造林、护林、采伐、木材加工等单一经营模式,因地制宜地开展多种经营。依托林场优质森林资源开展森林旅游,是林场发展的主要方向之一。全省现有国家级、省级森林公园 98 个,其中 56 个建在国有林场,大多实行"两块牌子、一套班子"的管理体制,河南省著名的嵩山、云台山、龙峪湾、白云山、天池山、甘山、花果山、石漫滩、石人山、宝天曼、淮河源、鸡公山、南湾、金兰山、黄柏山、王屋山、黄河故道等森林公园均在国有林场。

（三）林场改革逐步推进

为适应新形势、新任务的要求,国有林场不断进行调整、改革。当前,国有林场改革更加深化,主要集中在重新确定国有林场的性质、地位和作用,并建立与其相适应的管理体制和运行机制;明确国有林场的所有者和经营者及其权利和责任;实行分类经营,不同类型的国有林场实行不同的经营模式;将国有林场纳入地方经济社会发展规划,建立多级政府投资机制;制定相应法律法规,有效保护国有林场森林资源;强化国有林场内部管理,全面实施人事、劳动、分配等制度改革,激活林场发展活力。

（四）生态地位更加突显

河南省多数林场分布在山脉中上部、河流源头、库区周围和平原沙区滩区,在涵养水源、保持水土、防风固沙、治理沙化盐碱化、改善农业生产条件、保护生物多样性等方面发挥着不可替代的作用，是生态建设的主体。全省林业系统自然保护区25处，共涉及国有林场34个。现有的14个国家级、省级森林和野生动物类型自然保护区中，有12个是在国有林场的基础上建立的，自然保护区与林场实行"两块牌子、一套班子"的管理体制。国有林场丰富的森林资源保护着近4 000种植物资源和1 700多种野生动物资源（其中脊椎陆生野生动物443种），为保护生物多样性发挥着重要作用。

但是，由于种种原因，目前国有林场还存在一些困难和问题。一是对国有林场公益性事业单位的性质还没有完全确定，有的地方仍然沿袭"事业单位、企业化管理"的政策，没有把国有林场完全纳入地方经济和社会发展规划，对国有林场重视不够、投入不足，致使部分林场职工工资不能及时发放，各种社会保障没有落实，基础设施比较落后；二是国有林场的所有权还不够明确，各级政府的权利和责任也不够细化，地方政府对国有林场林地、林木、矿藏、旅游等资源比较重视，而对国有林场的发展关心不足，致使国有林场一些问题长期得不到解决；三是相关法律法规不健全，导致国有林场资源屡遭侵占；四是有的国有林场经营机制不活，经济效益较低；五是国有林场人才缺乏，限制了国有林场向更高层次的发展。

当前，国家正在酝酿启动国有林场新一轮改革，按照分类经营的原则，调整内部结构和运行机制；切实解决国有林场和职工的生产生活困难和问题；加快公有制林业管理体制改革，实现规模经营，提高综合效益。通过全面改革，国有林场将焕发新的生机和活力，实现新的更大的发展。（野生动植物保护与自然保护区管理处）

第九节　森林旅游

1978年，邓小平对我国旅游业发展作出批示："旅游事业大有文章可做，要突出地搞，加快地搞。"从此我国旅游业进入全新发展时期，各有关部门也积极参与旅游建设。1980年，林业部下发了"关于风景名胜地区国营林场保护山林和开展旅游事业的通知"，拉开了我国森林旅游发展的序幕。

河南省森林旅游采取森林公园、自然保护区生态旅游区两种形式。森林公园开发建设始于20世纪80年代中期，其出发点和目的主要是更为有效地保护森林和野生动植物资源、发展林区经济、满足社会旅游需要。根据原林业部的部署，1998年之前，河南省森林公园主要在国有林场范围内，其中1986年，由林业部和河南林业厅联合在国有登封林场基础上建立的嵩山国家森林公园，是河南省第一个森林公园。1998年省政府出台《关于加快发展旅游业的决定》后，结合河南省林业生态建设和旅游业发展的新形势，开始把森林公园建设范围扩展到集体林区和城市周围。到2009年底，全省共建立国家森林公园30处，省级森林公园68处，经营面积近24.7万公顷。自然保护区生态旅游区建设基本是在2000年以后，根据全国自然保护区和野生动植物重点工程建设需要，在各自然保护区实验区内逐步发展生态旅游，目前已建立生态旅游区9处。经过全省林业系统二十几年的努力，森林旅游从无到有，从小到大，不断发展壮大，为全省生态环境建设和旅游业发展作出了突出贡献，也为今后的发展积累了成功的经验。主要成绩体现在以下几个方面。

一、基础、服务设施建设不断改善,森林旅游产业初具规模

形成了以国家森林公园为龙头、省级森林公园和生态旅游区为骨干的森林旅游发展框架,涉及 15 个省辖市,包括了省内各种森林、地质地貌类型的自然风景资源以及大量的历史遗迹、人文景观,成为全省旅游产业的重要组成部分。到 2008 年,累计投入建设资金 4.9 亿元,其中利用国家投资 1.2 亿元,自筹、引资、贷款 3.7 亿元,营、改造风景林 8 261 公顷,景区道路总里程 2 205 公里,拥有旅游车、船 995 台(艘),旅游接待床位 20 528 张,电话容量 2 522 门,初步形成了“行、游、住、食、购、娱”相配套的森林旅游服务体系,有 30 处森林公园和生态旅游区正式对外接待游客,近几年来旅游市场迅速扩大。

二、生态、社会效益显著,经济效益快速增长

森林旅游的发展,改变了以木材生产为主的传统林业经营利用方式,走出了一条不以消耗森林资源为代价,充分发挥森林的生态、社会、经济三大效益,促进可持续发展的新路子。一是加快了林业和地区产业结构的合理调整,促进了国有林场、集体林区的经济发展,据不完全统计,2009 年全省森林旅游接待游客、旅游直接收入分别达到 2 553 万人次、5.57 亿元,并保持着快速增长的态势。二是大量减少了森林资源消耗,强化了森林资源保护,带动了造林绿化,为实施天然林保护等重大生态工程提供了有力的保障;三是直接推动了地方社会经济发展,2008 年全省森林旅游社会从业人员近 24 576 万人,带动社会旅游收入 40 亿元,森林公园已成为改善区域环境、提高地区知名度、树立形象的重要窗口。

三、行业管理不断加强,逐步走上法制化、规范化建设轨道

基本建立形成了政府主导,林业主管部门具体指导管理,有关部门、单位,集体、个人共同参与开发经营的森林旅游建设、经营、管理体系。在 1996 年、2000 年两次机构改革中,省政府都明确了林业厅“指导森林公园建设和管理;指导和宏观管理森林旅游”的职能。按照林业部颁布的《森林公园管理办法》,不断加大指导与管理力度。1997 年以来,省人大、省政协对森林公园工作给予了充分关注和大力支持,多次组织专题视察、调研活动;省人大通过的《河南省林地保护管理条例》《河南省实施〈中华人民共和国森林法〉办法》,包括了森林公园、森林旅游的内容。按照统一管理、统一规划的原则,不断完善森林公园经营管理机构,对以国有林场为基础建立公园的,实行“一个单位,两块牌子”的管理体制,保证了森林旅游业的健康有序发展。

四、建设经营水平稳步提高,品牌、形象逐步确立

按照“重在自然,兴在建设,强在管理,优在服务,精在特色,贵在和谐”的建设经营思想,各森林旅游单位在加快景区开发和配套服务设施建设的同时,积极引进管理人才,开展从业人员培训,建立健全规章制度,规范管理服务行为,努力提高经营水平与服务质量。1997 年起开展了创建“文明森林公园”活动,龙峪湾国家森林公园被国家林业局授予首批“全国文明森林公园”称号;白云山、甘山等森林公园先后获得“河南省十佳旅游景区”和

省、市精神文明建设先进单位称号。森林公园的整体形象基本确立,森林旅游名牌、精品不断形成,龙峪湾、白云山、云台山、宝天曼、鸡公山、南湾、老君山、甘山、石漫滩等森林公园、生态旅游区在省内外已具有较高影响。(野生动植物保护与自然保护区管理处)

第十节 林业计划财务

一、新中国成立60年林业计划财务工作简要情况

60年来,林业计划财务工作认真贯彻落实国家和省委、省政府关于林业发展的各阶段指导方针,充分利用林业发展的各项政策,科学做好年度规划和计划,积极筹措各类林业建设资金,加强对林业项目的监督管理,加大对重点林业工程资金的稽查力度,努力为全省林业建设"筹好资、管好钱、理好财",充分发挥各类林业建设资金的使用效益,为新中国成立以来河南省林业生产建设提供了充足的资金保障,有利地促进了河南省林业60年的快速发展。

二、主要成绩

(一)科学规划,为林业发展谋划思路

为有效地把国家和省委、省政府关于林业发展的政策落到实处,林业部门结合各阶段的实际,集思广益,先后制定出台每五年一次的林业发展规划、《河南省平原绿化造林规划》、《河南省十年造林规划(1990~1999年)》、《绿色中原建设规划》、《天然林保护工程建设规划》、《退耕还林工程建设规划》、《林业产业发展规划》、《河南林业生态省建设规划》等一系列阶段性林业发展规划,这些规划的出台,科学地规划了林业各阶段的发展思路。

(二)拓宽渠道,投资总量大幅增加

新中国成立60年来,全省各级林业部门把增加林业投入作为加快林业发展的关键,进一步加大了资金争取力度。据统计,1949年新中国成立以后,在当时财政经济状况十分困难的情况,林业投资已经作为林业工作的主要内容列入议事日程。从1954年安排3.9万元的林业事业费开始,到2009年预计完成林业投资70亿元止,新中国成立后的60年内,林业投资发生了巨大变化。

1.投资渠道不断拓宽

除正常的林业事业费和林业基建资金外,新增了农村造林补助、平原绿化、防沙治沙、天然林保护工程投资、退耕还林工程投资、农业综合开发林业项目投资、林业贷款贴息、防护林体系建设、河南林业生态省建设八大生态工程和四大产业工程投资等。

2.林业投资总量大幅增加

据统计,1949~2009年,全省林业投资总规模达到264.8亿元,其中:"五五"期间投资15 409.6万元,"六五"期间投资22 330.6万元,"七五"期间投资40 003.2万元,"八五"期间投资65 602.7万元,"九五"期间投资204 431万元,2008年则达到61.3亿元,2009年预计可达到72亿元。

3. 林业投资结构发生较大变化

除预算内投资外,形成了利用外资、金融贷款、吸引社会资金、个人自筹资金等多元化的投资结构。据统计,仅1978~2009年,中央和地方各级预算内投资1 252 432万元,占林业总投资的48%,利用外资103 200万元,占林业总投资的4%,利用金融贷款348 247万元,占林业总投资的13%,吸引社会资金和个人自筹资金944 543万元,占林业总投资的35%。

1949~2009年林业投资结构表　　　　　　　　　(单位:万元)

年度	总　　计	预算内投资	利用外资	金融贷款	社会投资
1949~2000	336 732	157 920	13 301	82 525	82 986
2001	51 769	25 326	6 803	12 082	7 558
2002	71 176	44 263	5 858	14 690	6 365
2003	136 041	101 527	8 635	16 591	9 288
2004	161 077	111 188	16 155	18 918	14 816
2005	165 012	130 519	6 928	16 488	11 077
2006	169 826	133 763	2 645	28 655	4 763
2007	215 319	116 174	21 771	51 343	26 031
2008	613 000	215 876	10 552	51 955	334 617
2009	728 470	215 876	10 552	55 000	447 042
合　　计	2 648 422	1 252 432	103 200	348 247	944 543

4. 完善措施,强化资金项目监管力度

新中国成立60年来,林业计财工作紧紧围绕确保资金安全、提高资金使用效益,综合运用经济手段、行政手段、法律手段、技术手段、宣传手段,不断加大对各类林业建设资金的监管力度。

一是完善投资监管机制。建立了一套相对科学的投资评估体系,重大项目投资做到业务处室提出意见—计财处综合平衡—主管厅长审查—厅长办公会决定。同时加强对项目实施后的监管力度,建立相应稽查机构,成立了河南省重点林业工程资金稽查办公室,配备了专业人员,健全了机构,制定了严格的工作制度,并在实际工程中认真履行职责。

二是整章建制。严格贯彻执行国家有关资金管理的法规、制度和办法,并在执行已有规章制度的基础上,加强了各项财务、会计制度的建设,与发改委、财政部门配合,及时下发有关资金管理文件,制定出台了《河南省育林基金管理办法》、《河南省林业重点工程稽查管理办法》、《天然林保护工程财政资金管理规定》、《河南省森林生态效益补偿基金管理办法》、《河南省森林植被恢复费征收使用管理实施办法》、《林业预算外资金管理手册》和《河南省林业项目管理办法》等20余部规章制度。

三是按照基本建设程序和有关规定,加强了林业重点工程项目的审查和审批工作。对国债项目的规划设计和年度造林作业设计进行了严格的审查与批复,形成了对各类林业项目立项、申报、审批等一整套完善的评估机制和运行程序。

四是进一步强化了资金的检查监督力度。长期以来,为确保各类重点工程资金的安全运行,按照国家林业局的统一部署,要求各地始终把"慎用钱"作为计财工作的指导原则,要坚持对各项林业资金使用管理情况进行全面自查自纠;在此基础上,省林业厅150余次派出稽查组对天然林保护工程、退耕还林工程、林业生态省建设等资金的使用和管理进行了稽查;同时,还多次配合国家林业局稽查办,会同省财政、计划、审计、林业厅监察室等部门对天然林保护工程资金及林业专项资金、国债资金进行了检查,对存在的问题及时纠正,有效防止了挤占、截留、挪用工程资金现象的发生,对确保资金专款专用起到了重要作用。

三、主要做法

(一)充分发挥计划财务工作的综合功能

党中央、国务院和省委、省政府从战略和全局的高度对林业的定性定位不断作出了新的科学判断,先后明确提出了"双属性"、"双任务"、"三地位"的重要论断。新定位赋予了计财工作新的使命,新的要求,也加速了林业经营管理体制和运行机制的历史转变过程。为适应这种转变,把改革创新作为60年来林业计划财务工作的重点,注重对具有宏观性、战略性、前瞻性的林业重大问题的研究,加大对相应政策、法律、法规的学习研究力度,提高宏观调控的能力和水平。同时,计财工作又是一个涉及纵深、牵一发而动全身的工作,需要独有的统筹驾驭、协调沟通能力,对外做到沟通和宣传,求得外部的支持、理解,创造宽松的林业生存和发展条件;对内较好的做到防微杜渐,抓服务和配合,以承担并运作大规模资金和政策的作用,推动林业跨越式发展这个历史使命,并为打好相持阶段战、迎接更艰巨的挑战作好了充分的准备。

(二)把争取项目投入和增强资金使用效益作为计划财务工作的第一要务

新中国成立60年来,全省各级林业部门把增加林业投入作为加快林业发展的关键,进一步加大了资金争取力度。一是抓住国家启动平原绿化、防沙治沙和六大林业重点工程等机遇,结合河南省实际,认真组织筛选申报项目,努力争取国家对河南省的投入;二是按照联合立项、共同管理、各司其职的办法,稳定和扩大地方配套投资;三是通过占位子、争份额的方式,广泛争取综合部门林业生态建设资金;四是引入政策拉动、项目带动、利益驱动、服务推动的激励机制,鼓励各类公司、企业、实体和个体投资发展林业;五是建立奖惩机制并采取经济调控措施,加强育林基金征缴管理;六是积极争取金融机构贷款支持林业,运用立项审批、贴息杠杆等调控手段,扩大贷款规模,提高贷款落实率;七是依靠扎实工作,实施好外资项目,扩大影响,争取世界银行贷款项目。仅"十五"期间,国家就安排河南省天然林保护工程、退耕还林工程、中央森林生态效益补偿基金、林木种苗工程、重点火险区综合治理项目、危险性林木病虫害防治项目、国家级自然保护区建设项目、科技支撑项目等国家重点工程项目140多项,总投资50多亿元,其中国家预算内投资达到35多亿元。

(三)积极拓展林业计划财务工作的外部环境

一是争取领导重视。林业计划财务工作是一项综合性较强的工作,必须依靠各级领导动员全部门参与才能搞好。长期以来,林业厅党组大力支持计财工作,基本上做到了思想上重视、活动上参加、日程上安排,为全省林业计财工作营造了良好的发展环境。二是充分利用优惠的林业政策。优惠的林业政策有利于增加林业投资,减少支出,减轻计划财务工作的投资压力。在扩大投资方面,在保留原有育林基金征收项目和标准的前提下,又陆续新开征了森林植物检疫费、陆生野生动物资源保护管理费、森林植被恢复费、林业建设保护费,拓宽了林业资金来源。三是拓宽林业投融资渠道。通过租赁、承包、拍卖等方式,吸引社会投资林业建设,地方财政配套和社会集资,大力发展非公有制林业。通过建立林业项目库,实行项目推介制度。

(四)改革创新,狠抓内功

一是深刻认识并把握筹资理财的艰巨性。争取政策难,落实政策、用好用足政策更难、更重要,这正是计财工作机构筹资艰巨之所在,有了思想上的认识到位,才能在行动中高度重视,按照"廉洁、务实、高效"的机关作风,完善计划财务管理的程序、规定和方法,突出林业计划财务工作的战略性、宏观性和指导性,进一步解放思想,更新观念,有效地进行了投资结构的调整,健全了财务预决算管理体制,确保各项林业投入政策的落实。二是以加强业务建设为根本,提高业务水平。尤其是近年来,一直把加强财会基础建设列为重要议事日程,仅在整个"十五"期间,连续举办600多人次参加的各类业务培训班,涉及全省18个市、100多个基层林业单位。学员们不仅提高了自身的业务素质,增强了法制观念,明白依法理财、依法管财的重要性,而且也更加了解了林业财务与会计发展的新要求、新问题,为今后工作中做到与时俱进,更新观念,及时提供准确、真实的会计信息奠定了坚实的基础。(发展规划与资金管理处)

第十一节　林业科技

新中国成立60年来,河南林业科技工作经历了从无到有、从弱到强,从初建到创新的艰苦历程,广大林业科技工作者为促进林业科技的发展作出了巨大努力和贡献。改革开放以来,特别是进入21世纪后,在各级党委、政府、国家林业局和厅党组的高度重视与正确领导下,全省林业科技工作坚持党的科技工作方针,紧紧围绕全省林业建设和林业发展任务,大力实施科技兴林、人才强林战略,进一步增强林业科技创新能力,促进科技与经济的紧密结合,加速实现"绿色中原"建设目标,有力地促进了全省林业发展,发挥了巨大的支撑和保障作用,为推动全省林业快速、健康、持续发展作出了重大贡献。

一、发展历程

新中国成立后,河南林业科技工作没有专门的机构和专职人员,到1958年,河南省农业科学研究所正式成立,下设林业系和园艺系,全省首次建立了林业科研机构。以此为标志,河南省林业科技工作进入了艰难的初创时期。这一时期林业科技工作主要是深入基层认真总结人民群众在植树造林中的经验,开展了各种林业调查活动。1959年9月,伴随着林业研究所和果树研究所的设立,林业科技工作进入了起步发展阶段,选育出了一批杨树新品种,开展了农桐间作模式研究和推广,并取得了可喜的成绩。1963年5月,成立河南省林业科学技术专业组。"文化大革命"开始后基本停止活动。1966～1976年10年间，林业科技人员被下放和转行，绝大多数林业机构被撤销，林业科技工作被迫中断。

1977～1990年，河南林业科技工作进入了恢复和重建阶段。1981年8月，重新成立河南省林学会科学技术普及委员会。1983年，省林业厅科教处成立，负责全省林业科技、教育工作。1984年6月，成立河南省林业厅科学技术委员会。全省林业科技系统按照"高速、改革、整顿、提高"的方针，恢复重建了河南省林业技术指导站，成立了河南省林业科学研究所，组建了河南省林业厅科教处，林业科技队伍建设得到了加强，增加了林业科技经费，改善了林业科技工作条件，全省初步形成了林业科技管理体系。

1991～1999年，全省林业科技工作进入了较快发展时期，林业科研取得了丰硕成果，林业科技推广取得了显著成效，林业科技队伍建设取得了重大突破。这一时期，省林业厅先后两次召开了全省林业科技大会，制定印发了《河南省林业科技发展"九五"计划和到2010年长期规划》、《河南省林业富山计划》、《河南省林业厅关于加速林业科学技术进步实施科教兴林战略的意见》等，极大地促进了全省林业科技发展。

2000年以来，全省林业科技工作进入了快速发展时期，全省林业科技工作深入贯彻落实"三个代表"重要思想和科学发展观的要求，认真组织实施"科教兴林、人才强林"战略，实行了"四位一体"促科技成果转化的运行机制，制定了一系列加强林业科技工作的政策和措施，成立了河南省科技兴林顾问组、河南省林业标准化委员会、河南省林业厅学术委员会，建立了河南省林业专家信息库，制定印发了《河南省人工造林精品工程建设标准》、《河南省人工造林精品工程检查验收办法》和《河南省2020年林业科技创新规划》、《河南省2004～2008年林业地方标准制定规划》等，不断深化林业科技体制改革，加强林业技术创新，加速林业科技进步，林业科技工作进入了创新发展的新时期，林业科技事业取得了长足发展。特别是2005年以来，全省林业科技工作紧紧围绕林业生态省建设目标，进一步加强了对林业科技工作的领导，不断强化科技支撑，组织省内专家编印了《河南省当前优先发展的优良树种（品种）》、《河南林业生态省建设山地丘陵区与平原地区主要造林模式》、《河南林业生态省建设城市林业生态建设工程与村镇绿化工程主要造林模式》、《河南林业生态省建设生态廊道网络建设工程主要造林模式》、《河南适生树种栽培技术》等生产急需的技术手册，共推介适宜河南省当前优先发展的用材树种、经济林树种和珍贵园林绿化树种100个、优良品种280个，山地丘陵区造林模式59个，平原地区造林模式30个，环城林带和城郊森林及村镇绿化模式30个，生态廊道主要造林模式53种。组织编印了《林业实用技术汇编》，为河南林业生态省建设作出了积极贡献。到2009年底，全省平原地区主要造林树种已基本实现良种化，工程造林良种使用率达90%以上；林业科技成果转化率达55%，比1999年的34%提高了21个百分点；科技成果推广覆盖面达65%，比1999年的30%提高了35个百分点；林业科技进步贡献率达45%，比1999年的36%提高了9个百分点。全省林业科技发展水平已跃居全国先进行列。

二、取得成就

（一）狠抓林业科技攻关，取得了一批高水平的科研成果

林业科学研究坚持面向生产、服务基层的方向，突出抓好一批生产急需的研究和攻关

项目,在主要用材林树种的良种选育和引进、丰产栽培技术、名特优经济林树种良种选育、高效栽培及果品加工技术、木材加工利用技术、森林保护管理技术等研究领域取得了一大批科研成果。新中国成立以来,全省共选育出林果新品种、无性系 150 多个,引进林果新品种 400 多个;取得林业科技成果 400 多项,其中获国家级科技进步奖 11 项;获省级科技进步奖、星火奖 300 多项,获厅级科技进步奖 100 多项。2002 年,省林业科学研究院、省森林病虫害防治检疫站各获得省科技进步一等奖一项,填补了新中国成立以来河南省林业系统没有获得过省科技进步一等奖的空白。全省共建立省级林业重点实验室 1 个,厅级实验室 3 个,建立省级工程技术中心 1 个。建立国家级野外生态定位站 4 个。河南省科研单位选育和引进的豫刺 7 号、豫楸 1 号、二度红花槐、突尼斯软籽石榴等林果优良新品种,研制的抗旱造林技术、困难立地条件植被恢复技术、低产林改造技术、果树丰产栽培技术等林业新技术,都在林业生产中得到广泛应用,不仅对全省林业发展起到了很大的推动作用,而且也取得了显著的经济效益。

(二)组织实施了一批重点林业科技推广项目,科技成果推广与开发取得显著成效

新中国成立以来,全省累计推广林木新品种 400 多个,重点推广了泡桐 9501、9502,欧美杨 107、108,窄冠刺槐,黑核桃,板栗,银杏,大枣,豫刺 1 号、豫刺 2 号,豫楸 1 号,杏李、黑李,豫大籽石榴,饲料桑、果桑等一大批林木优良新品种。推广应用新技术 250 多项,重点推广了全光照喷雾育苗、抗旱保水剂、抗蒸腾剂、GGR 绿色植物生产调节剂应用技术、抗旱造林技术、经济林丰产高效栽培技术等一大批林业新成果、新技术,优化了林种、树种、品种结构,提高了造林质量和效益。通过科技推广、示范和开发,促进了科技成果的大面积推广应用,大幅度提高了全省林业建设的科技含量。

(三)狠抓科技示范基地建设,科教兴林示范工程建设成效明显

为认真贯彻落实科教兴林战略,"八五"期间在全省实施了"211"科教兴林示范工程,"九五"初启动了林业科技开发示范区和兴林富山样板县建设工程,全省共建立科教兴林示范市 1 个、林业技术开发示范区 1 个、科教兴林示范县 3 个、示范乡 27 个、示范村 160 多个、示范户 2 500 多户。桐柏、鲁山两个科教兴林示范县被原国家林业部确定为第一批"全国科教兴林示范县"。1999 年,为进一步发挥示范带动作用,在全省组织开展了省市共建林业科技示范园区活动,省林业厅与有关省辖市合建林业科技示范园区 15 个。2000 年以来,围绕六大林业重点工程建设,按重点林业工程类别,突出抓了西峡、桐柏、淅川、灵宝、济源、陕县、新县等 10 个科技支撑示范县(市)建设,新建了平桥、长垣、鄢陵、郏县、郾城、长葛、灵宝、泌阳等 20 多个省市合建"河南省林业科技示范园区"。各地结合示范工程建设和重点林业科技推广项目的实施,共建立各类科技示范林、示范园、示范点 7 000 多处,总面积近千公顷。2009 年,西峡、鄢陵、荥阳等三个县被评为第一批国家级科技示范县。通过科技推广、示范开发、省院合作、国外智力引进、科研等途径,促进了科技成果的大面积推广应用,其中大部分科技示范基地已成为各地林业建设的精品工程、样板工程。

(四)加速发展林业高技术产业,形成了新的林业经济增长点

"九五"期间,国家启动实施了高技术产业化建设工程,河南省林业部门坚持"发展高科技,实现产业化"的奋斗目标,积极组织开展了林业高技术研究与开发,并取得了良好开端。全省组织实施了国家高技术产业化示范工程项目"国家林业局林木优良无性系快繁河南鄢陵基地"项目、"河南省西部林木优良品种驯化繁育基地"项目,积极促进林业高技术成果商品化、产业化,努力培育高技术新兴产业,在木材和林果精深加工、利用"3S"技术实施资源与环境动态监测、灾害监测;利用生物技术繁育林木新品种;实施花卉产业化等方面,形成了一定的技术优势和产业基础,带动了一批林业高技术企业的发展。全省建立起林业科技型企业10余家,年总产值达2亿多元。

(五)狠抓林业标准化建设,林业科技合作与交流趋于活跃

为适应加入世界贸易组织的新形势,坚持以林业建设和林产品的质量安全效益为中心,以市场为导向,以林业结构调整为主线,以推进科技和体制创新为动力,以加快林业标准体系建设为重点,以提升林业产业水平、发挥林业三大效益、扩大林业改革开放、促进农林经济发展为目的,全面加强了林业标准化工作。2004年省林业厅成立了河南省林业标准化技术委员会,编制了《河南省林业标准2004~2008年发展计划》,加快了制、修订林业技术标准步伐,制定了《林木品种审定规范》、《林业精品工程建设标准》、《新郑灰枣》等一批林业标准,组织申报了一批林业行业技术标准项目,组织实施了信阳板栗、内黄大枣、固始杞柳、淇县楸树等一批国家级林业标准化示范项目。新中国成立以来,全省制、修订林业国家、地方和行业标准70多个。进一步加强了林业植物新品种保护工作,审定河南省林木新品种100多个。

通过系统化、规模化引进国内外先进技术和成果,缩小了与先进国家和地区的差距。全省林业系统共组织出国(境)林业培训考察团(组)30多个,培训人员200余人次,接待国(境)外团组50多人次。实施引进国外先进林业技术项目("948"项目)20项,引进国外林果、花草新品种300多个。为促进科技与经济的紧密结合,全面提高河南省林业建设的科技水平,加速实现河南林业跨越式发展和经济社会可持续发展,2002年1月,河南省人民政府与中国林业科学研究院签订了全面科技合作协议,开展了省政府与中国林业科学研究院全面科技合作工作,在济源、西峡、长垣等10多个市县实施了科技合作项目,共开展科技合作项目39个,引进、推广中国林业科学研究院优良林果新品种20多个、实用新技术6项,建立野外林业生态观测站2处,建设省级重点林业科研实验室1个,建立各类科技兴林示范基地70多处6 666.7公顷。

(六)广泛开展林业科普活动,认真解决技术"棚架"问题

全省各级林业部门以提高林业工程建设质量和解决林业技术棚架为目标,组织开展了林业科普活动。省林业厅先后制定印发了《关于进一步加强林业科普工作的通知》、《关于开展林业科技活动周的通知》、《林业科技活动周方案》等一系列文件和工作方案。以印发文件、召开会议、举行活动等形式推动全省各地积极开展科普活动,组织科技服务队、专家小组奔赴全省各地开展"送科技下乡"、"科技送春风"等工作,传播科学思想、科技知识,解决"技术棚架"问题。同时,认真实施"科普及适用技术传播工程"项目,组织专家和工程技术人员,定期到科普基地开展科普活动。"十五"以来,全省每年开展送科技下乡都在2 000次以上,每年培训林农和林业职工30多万人次,发放林业科普宣传资料90万份以上,受教育总人数达140万人次以上。

(七)狠抓队伍建设,林业科技工作体系进一步巩固完善

全省现有林业科技人员5 600余人,约占林业系统职工总数的19%;现有省、市、县林

业科研机构 64 个,职工总数 1 530 余人,其中科技人员 500 余人,占 33% 。全省现有县级以上林业技术推广机构 146 个,其中省、市站 19 个,县(市)级站 127 个,共有职工 2 349 人,其中科技人员 1 729 人;全省共建乡(镇)林业站 2 100 个,共有职工 7 109 人,其中科技人员 3 285 人。全省林业系统和在豫林业大专院校、科研单位共引进和培养博士 40 余人、硕士 200 余人,副高级以上专业技术人员 300 余人。全省林业科研、开发、推广体系初步形成。

(八)强化综合管理,使林业科技工作步入规范化轨道

组织完成了《河南省林业科技工作中存在的问题及对策》、《河南省重点林业工程科技支撑工作现状及对策》、《河南省林业科技示范园区调研》、《北方竹林资源衰减原因及对策》等多个专项调研任务。组织制定了《河南省林业厅关于加强林业科技管理工作的通知》、《河南省 2006～2007 年林业科教振兴行动计划》、《河南省林业科技计划项目管理办法》、《河南省林业科技项目招标投标管理办法》、《河南省林业科技示范园区建设管理办法》等 10 多项管理办法,使林业科技管理工作逐步走上了制度化、规范化、科学化轨道。

几年来,河南省林业科技工作取得了显著成绩,多次受到上级的表彰和奖励。2003 年,省林业厅参与承担的"社会林业工程研究项目"获全国一等奖,受到国家林业局科学技术委员会的表彰;2006 年省林业厅科技处被评为全国林业科技工作先进集体;2007 年,省林业厅被省委组织部、省科学技术协会等部门组成的河南省万名科技专家服务"三农"活动领导小组评为"河南省万名科技专家服务三农活动"先进单位。

河南省林业科技工作也存在不少问题,突出表现在:一是科研、推广工作手段落后,设备陈旧,基础设施极其薄弱,这严重地制约着林业科技的发展。二是林业科技投入严重不足。林业标准化工作和科技示范园区建设无正常投资渠道;林业科研工作经费增长缓慢,缺乏经费,制约了全省林业科技事业的发展。三是林业生产中使用林业新技术、优良林果品种的主动性、积极性不够。(科学技术处)

第十二节　森林防火

一、发展历程

河南省历代森林火灾,主要是由刀耕火种、狩猎驱兽、烧荒放牧以及兵燹战火引起,常使大片森林化为灰烬。1914 年,农商部颁布《森林法》,定有放火烧毁森林的处罚条款。1924 年,河南省林务处发布《保护森林办法》,严饬制止山林火灾,但都禁而不止,放任自流。1928 年 4 月,鲁山与南召两县交界处发生火灾,连续燃烧一个月,火线蔓延 35 公里,无人过问。1940 年,省长公署发布《河南省暂行树木保护章程》。1942 年,又转发实业部《森林保护暂行条例》,规定林区 10 岁以上居民均按保甲制度编组,负责保护森林、扑救山火。但政府部门并未设立防火机构,无人组织实施,山林火灾仍频繁发生,火烧残林迹地到处可见。

1949 年 7 月,新中国尚未宣布成立时的河南省人民政府发布《保护林木暂行办法》,

严禁放火烧荒,预防森林火灾,规定凡故意或过失放火成灾的,视情节轻重由政府惩办,并号召林区居民普遍成立护林防火组织。1951 年,济源县李八庄乡虎岭村成立第一个护林打火队,一年扑灭山火 7 起。在国民经济恢复时期,山区群众沿袭轮番烧垦、炼山放牧、上坟烧纸、搞副业生产用火的旧习,仍不断引起森林火灾,栾川县仅 1952 年一年就发生森林火灾 160 多起。1953 年,河南省成立护林防火指挥部,由一位副省长兼任指挥长,林业、监察、公安、法院、铁路和邮电等部门主要负责人参加。护林防火任务大的安阳、新乡、洛阳、许昌、南阳、信阳等地区 43 个山区、半山区县,普遍成立护林防火组织。本着"防重于救"和"预防为主,积极消灭"的方针,广泛开展宣传教育,山区大小村庄张贴、书写防火标语;普遍订立护林防火公约;进山不准带火柴,林区不准吸烟,严禁烧荒炼山、上坟烧纸;冬春火险季节入山路口设置检查站;发现山火及时组织扑救。1955 年,全省共成立乡村护林防火委员会 2 355 个,成立打火队 3 567 个,成立打火小组 9 890 个,参加护林防火组织的共 19 万余人。信阳、罗山 2 县和相邻的湖北省应山、大悟 2 县组成了护林防火联防区。各地监察部门协同有关单位查处森林火灾案件 146 起,法办 31 人,行政处罚 17 人,表扬护林防火先进集体 14 个、有功人员 254 人。放火和见火不救的历史习惯得到扭转,护林防火意识逐渐深入人心。1956 年,全省发生山林火灾 204 起,过火面积 9 870 公顷,分别比 1953 年的 760 起、49 813 公顷减少 73%和 80%。全省 43 个山区、半山区县中,出现了 25 个无森林火灾县、404 个无森林火灾乡。

《全国农业发展纲要》(草案)公布后,1957 年农民上山垦种者增多,山林火灾回升到 428 起。省林业厅发出《河南省山林保护管理暂行办法》(草案),各地根据规定,实行山区生产用火报当地乡以上人民委员会批准制度;在 11 月至翌年 5 月山林火灾警戒期,凡打靶、试炮、爆破等活动,均要事先报告当地政府,安排好防火措施和灭火准备,并听从护林防火组织的指导。1958 年,全省森林火灾减少到 65 起,过火面积 1 368 公顷。但也是在这一年,省护林防火指挥部停止活动。1959 年起连续 3 年干旱,粮食歉收,群众进山垦荒、采集代食品者增多,山林火灾次数回升。1961 年全省发生山火 230 起,过火面积 3.3 万多公顷。其中,南召县连续发生 54 起;栾川县童子庄一次山火蔓延 5 公里,庙湾大队发动 350 多人连续 6 昼夜扑灭。1963 年,省护林防火指挥部恢复办公,山区各地、县也相继恢复了指挥机构。豫晋交界 13 县、豫陕交界 10 县、豫鄂交界 8 县、豫鄂皖交界 5 县、省内伏牛山区 15 县,均成立了护林联防委员会。全省重点林区开始建立林业法庭、林业公安派出所;禁止毁林开荒和 25 度以上陡坡开荒,严格控制林区用火,火险期轮流值班巡逻,发现火情迅速组织扑救。当年山林火灾下降到 52 次。1965 年,省人民委员会通知各地,把县、乡批准烧垦权限收归专员公署审批。省护林防火指挥部再次停止活动。

省护林防火指挥部停止活动后的 1966~1974 年,连续 8 年缺少森林防火统计资料。但在当时抑制在林区开荒、搞副业的政治背景下,林区人为活动减少,森林火灾发生次数相应减少。多年来,林区群众已养成自觉扑救山火的习惯,一旦山林失火,也不致形成大灾。1967 年 1 月 15 日,栾川县草庙湾大队霍香山发生森林火灾,周围社员、干部、教师、学生奋力抢救,连夜扑灭。杨青云等 6 人壮烈牺牲,省革命委员会追授他们"烈士"称号。

1975 年,省农林局在洛阳召开全省护林防火会议部署森林防火工作,各地、县和联防区护林防火组织恢复活动。1977 年,伏牛山护林防火联防区卢氏、栾川、嵩县、西峡、内乡、南召、鲁山等15县,在汝阳县召开会议,总结交流经验,制定了联防工作试行条例,由各县轮流值班,每年开一次联防会。他们的主要经验是加强领导,严格制度,增加设施,防救并重。全省重点林区增设防火瞭望台,开辟防火线。信阳杉木林基地和崤山坑木林基地,结合造林整地每隔适当距离沿自然地形开辟20～30米宽的防火线,防止山火蔓延。70年代,全省每年发生山林火灾100次左右,过火面积0.18万～1.5万公顷。1977年12月9日,省农林局发出《关于加强护林防火工作的通知》,要求各地广泛发动群众,进行宣传教育,层层制定护林防火公约,划分责任区,实行"哪个地区失火哪个地区负责;个人失火,个人负责;集体失火,为首负责;防火不力,领导负责;扑救山火,人人有责"的责任制,开防火道,设瞭望台,建立入山登记检查站。

　　改革开放初期,山区垦荒增多,嵩县、鸡公山、石人山等森林风景区游客猛增,防火宣传教育落后于形势,山林火灾次数一度回升。1981年,全省发生森林火灾217起,其中郑州市某工厂职工到嵩山举行登山活动,烧毁油松林10余公顷。当地政府认真查处,引为教训,印制了"入山须知"广泛宣传,严格监督执行。1982年以后,农、林业大力推进生产责任制,山区垦荒少,全省森林火灾次数也逐年下降。1983年3月2日,河南省林业厅发出《关于加强护林防火的紧急通知》,要求各地把护林防火工作真正摆上议事日程,加强领导,抓紧处理各种火灾事故。1984年,省绿化委员会增设护林防火办公室,加强了指挥和上下联络。1985年2月14日,省绿化委员会发出《关于及时上报山林火灾的通知》,要求对发生的山林火灾要及时查明原因、损失和处理情况,如实逐项填写《山林火灾情况报告表》,并作出详细的书面报告;今后再发生山林火灾,如有哪一级不如实上报,就要追究哪一级责任。1986年,开放集体林区木材市场,全省山林火灾回升到189次,过火面积4 500公顷。

　　1987年,东北大兴安岭发生特大森林火灾后,引起全国警觉。河南重新成立了护林防火指挥部,由一位副省长任指挥长,省军区、林业、农经委、公安、农牧、铁路、司法、交通、邮电、物资、气象、卫生、民航、商管委、民政、城乡建设环境保护等部门负责人参加,下设办公室坚持常年办公。省人民政府制定《河南省护林防火指挥部职责范围和工作制度》,并发布了护林防火布告。指挥部贯彻执行护林防火的方针、政策和法规,检查指导各级地方政府护林防火机构的工作,协调与邻省的护林防火联防。指挥部成员划分责任区,实行分工负责。办公室执行指挥部的决定和指示,及时通报全省森林火险、火灾情况,协助地方查处重大森林火灾案件,火险期昼夜值班。各林区加强观察瞭望、火险预测预报和通信联络,严格管理火源,执行特需用火的批准和防范制度,发现森林火情立即组织扑救,并追究肇事者责任。当年全省发生山林火灾94起,过火面积2 343公顷,分别比1953年减少了87.6%和5.3%。

　　1988年12月,省政府颁布《河南省〈森林防火条例〉实施办法》,发布了护林防火布告,并相继出台了《河南省护林防火指挥部成员单位职责范围和工作制度》《森林火灾报告制度》等规章。各地也明确了森林防火的有关制度和管理办法,严格了林区的火源管理。1990年初,省政府批准实施《1989～1992年森林防火基础设施建设规划》,每年拨给一定数量的资金用于森林防火基础设施建设。从1990年开始,省护林防火指挥部办公室在组织全省县级以上单位编制《森林防火十年规划和八五计划》的基础上,加强了林火预测预报、监测瞭望、阻火隔离、通信联络及扑火机具等基础设施建设;1992年后,省护林防火指挥部办公室连续组织了争创无森林火灾单位活动和县级以上护林防火办公室规范化建设达标活动;1995年开始,全省各级又编制和实施了生物防火林带工程建设规划和专业消防队伍建设规划。

1998年以来,突出抓好火源管理,重点开展了以下几方面的工作:

一是强化以森林防火行政领导负责制为核心的各项责任制的落实,先后在全省推广了驻马店行政领导和有关部门领导检查工作记录卡制度、禹州市各级行政领导交纳森林防火抵押金制度、焦作市森林防火目标管理百分考核制度和栾川县党委政府一把手负总责制度等;每年省政府都与各市(地)政府(行署)签订森林防火责任书,在森林火灾发生率、受害率、控制率、火案查处及基础设施建设等方面规定了具体的责任目标,同时,从省直单位抓起,首先明确了省政府护林防火指挥部各有关单位的具体责任,划分了森林防火责任区。1999年,在总结以往经验的基础上,经过反复酝酿讨论,并报省政府护林防火指挥部第十二次全体会议通过,下发了《关于进一步落实森林防火行政领导负责制的决定》,从森林防火宣传教育、工作检查、基础设施建设、扑火指挥等方面,规定了各级政府和有关部门主要领导的责任指标。

二是以国有林场和林业企业为依托,共建立专业森林消防队63支,有队员1449人。这些队伍多数以种植、养殖、加工等经济实体为生产基地,集中生产,集中食宿,统一训练,规定每年集中训练时间不少于2个月。此外,根据森林防火任务急剧加大的情况,进一步加大了以基干民兵为主体的救灾应急分队建设和军民联防工作,在重点乡(镇)已组建了96支,3100多人的民兵应急分队。25个重点林区县也充分发挥林区驻军在扑火救灾中的作用,建立了联防组织。

三是狠抓了县级以上防火办规范化建设,重新修订了县级以上防火办业务建设标准,从组织、制度、设施设备、内务管理等方面作了进一步的规范和完善。不少地方都重新修订了火险区划图和扑救预案,制作了森林火灾扑救作战图或指挥沙盘,提高了"三室一库"的建设标准,多数防火办自身建设和内部管理焕然一新,真正达到了以检查促管理,以管理求发展的目的。1998年,经国家林业局防火办组织检查,河南省荣获全国森林防火办公室内业建设二等奖。

四是逐步推进了以生物防火林带为主体的阻火隔离工程建设,截至2000年底,全省共营造各类生物防火林带7610多公里,开辟防火道3500多公里,砌筑防火石墙300多公里,使重点林区预防和控制森林火灾的能力得到增强。

五是加强了重点火险区的综合治理。开展了森林防火建设规划,于1997年下半年开始了本区现状调查及综合治理规划的编制工作;1998年初,首先完成了伏牛山区10个国家级重点火险县的森林扑火综合保障体系建设规划,从火情监测到信息传递、扑火指挥、兵力调配、后勤保障、火场看守、火灾调查等各个环节,明确了建设标准和保障措施,并结合火险区划,组织有关县制定了2~3套扑火预案。

六是加强了基础设施建设。1999年投资60多万元,实施了重点火险区的火场通信联网工程,2000年组建了20处森林防火无线通信中继站。

1996~2000年,年均发生森林火灾59次,年受害森林面积下降到237公顷,森林受害率0.1‰,分别比1987年前减少了70.5%、94.7%和98.8%,森林火灾控制率由50.5公顷/次提高到4.0公顷每次,平均每年减少森林损失9 800多公顷。

进入新世纪以来,恰逢全球森林火灾高发期,森林火灾呈明显高发态势,2001～2008年全省发生4 054起森林火灾,前4年发生521起,后4年发生3 533起,后4年是前4年的6.78倍,增速惊人。造成森林火灾多发的主要原因,一是全球气候变暖,有效降水减少,干旱日趋严重,大风日数增多,森林火险等级不断升高;二是随着造林绿化和生态环境保护力度的不断加大,河南省近年每年新造林均在20万公顷以上,森林资源总量明显增大,广大新造林区树苗低矮、杂草茂盛,非常容易发生森林火灾;三是随着天然林保护和退耕还林等国家重点生态建设工程的推进,各重点林区可燃物大量积累,部分林区可燃物大大超过国际公认的发生森林大火每公顷30吨的指标;四是随着林区开放搞活,进入林区的人员、车辆明显增多,火源管理难度不断加大。

面对严峻的森林防火形势,全省各级党委、政府高度重视,不断强化组织领导,加大投入,狠抓基础设施建设,森林火灾防控能力明显提高,近年来全省绝大多数森林火灾做到了快速发现、快速控制、快速扑灭,没有让小火酿成大灾,没有出现人员伤亡事故,没有因森林火灾影响到一个地区的社会治安和社会稳定,维护了全省森林防火形势的总体平稳,保障了林区人民群众的生命财产安全。

二、取得的成就

通过扎实有效的工作,近年来全省森林防火工作取得了辉煌成就。

(一)实现了投入的连年增长

近几年,始终将争取森林防火基本建设项目和事业费作为森林防火重点工作来抓。从项目谋划、可行性研究报告编制、项目申请到初步设计、项目实施的各个环节,进行全方位运作,取得了显著成效。两年来,在国家森林防火指挥部、国家林业局的大力支持下,批复河南省森林防火基础设施建设项目7个,目前在建项目8个,总投资额近8 000万元,其中中央投入5 800余万元,全省基础建设投入创历史最高水平,项目区基本覆盖了太行山、伏牛山、桐柏山、大别山四大山系各重点林区。在争取国家投资的同时,省财政事业费也是我们争取的重点,在2006年下达440万元的基础上,自2007年起,省财政连年增加森林防火专项资金,2007年、2008年两年连续递增40%以上。2009年在经济形势普遍十分紧张的情况下,投资规模将继续加大,省财政森林防火事业费达到1 380万元(含航空消防费用在内)。多数市、县森林防火资金也有所增加。

(二)实现了制度建设的明显突破

经过艰苦努力,在广泛征求意见的基础上,对原《河南省森林防火抢险应急预案》进行了全面修订。2009年4月10日,省政府办公厅印发了新修订的《河南省森林火灾应急预案》,进一步明确了各有关部门的职责,新增了森林防火预防、宣传、基础设施建设、队伍建设、物资储备、责任制等预防和应急准备内容。特别是作出了"各级政府应当为所属森林防火专职人员和专业森林消防队员购买人身意外伤害保险,配备个人防护装备和器材,减少应急救援人员的人身风险",既充分贯彻落实了科学发展观的要求、体现了以人为本的思想,也进一步调动了森林防火工作人员的工作积极性,取得了保障森林防火工作人员生命安全等方面取得的重大突破。

(三)实现了问责机制的初步形成

经省政府审核同意,2009年7月3日,省政府护林防火指挥部、省监察厅、省林业厅联合出台《河南省森林防火责任追究办法》,进一步明确了乡(镇)以上人民政府、县级以上人民政府护林防火指挥部及其办公室、各级人民政府护林防火指挥部成员单位、各村民委员会以及各风景名胜区、自然保护区、居民区、军事管理区、森林公园、厂矿企业等单位应当履行的森林防火职责,并就奖惩作出了严格规定。本办法除进一步明确各单位、各部门和相关责任人职责外,重点强调了责任追究,明确了诫勉谈话、责令作出书面检查、通报批评、组织处理、行政问责、依法给予行政纪律处分、依法给予行政处罚和依法追究刑事责任八种追究形式,既有组织处理,也有行政处分,充分体现了责任追究的全面性和针对性。

(四)实现了森林防火队伍的明显壮大

积极协调有关部门,着力解决困扰消防队伍发展面临的编制、经费、装备、日常训练等问题,强力推进专业、半专业森林消防队伍建设,并通过严格管理,严格训练,扑火能力明显增强。特别是在以政府购买服务方面,探索了新路,汝阳、栾川、孟津三县成立了财政全额供给的专业森林消防大队,编制分别为30名、32名、15名。上述三个森林消防大队均采用政府购买服务岗位的办法组建,队员工资每人每月均为1 200元,由县财政全额拨付,消防队员生活有了保障,扑火的积极性得到极大提高,大大增强了森林火灾防控能力。

(五)实现了森林防火工作作风的明显好转

针对部分地方在工作部署、工作安排方向存在的拖沓扯皮问题,加大了整改力度。关键时期,省政府护林防火指挥部对森林火灾扑救组织得力的相关市、县及时通报表扬,对森林火灾扑救组织不力的市、县及时进行通报批评。每年冬春时节,省林业厅都向火灾多发的市派员督查。省政府护林防火指挥部办公室多次下发督查整改通知、多次派出工作人员深入火场现场督导森林火灾扑救工作。全省高度关注、高度重视森林防火的氛围全面形成,不少地方的党委、政府主要领导对森林防火高度重视,不仅亲自安排部署森林火灾预防,而且亲自确定扑救方案,亲自组织协调扑火力量,亲自安排后勤补给。

(六)实现了基础建设水平的快速提高

在国家林业局和西南航空护林总站的有力支持下,河南省从2007年冬开展了航空护林业务,全省森林防火工作形成了地面、空中、卫星三种主要监测手段联动的格局,结束了河南省森林防火没有空中巡护、没有空中支援、不能实施空中灭火的历史。2007年底,省机构编制委员会批复成立河南省森林航空消防站,处级规格,事业编制,经费财政全额预算,使全省森林防火队伍更加健全,处置火灾能力进一步增强。与此同时,高质量的集森林防火指挥、火场图像传输、视频会议及办公系统、森林火险预警系统与预警响应机制、森林资源数字化处理等于一体的多功能、数字化指挥中心也在郑州建成。为进一步提高全省重点林区森林消防快速反应能力,筹措800余万元,一次性购买森林消防运兵车110辆、摩托车30辆,于2008年底装备到林区森林防火一线,推进了森林防火一线机动能力的大幅度跨越。

(七)实现了森林防火意识的全面增强

针对河南省人口稠密、交通发达、火源点多面广的实际,始终把宣传教育作为森林防火的第一道工序,全力营造"森林防火,人人有责"的氛围。河南日报、河南电视台、大河报等多家媒体经常深入重点林区采访报道森林防火工作。新修订的《森林防火条例》发布后,省林业厅及时制订宣传方案,召开了新记者通气会,对新条例的宣传贯彻从组织领导、宣传手段等方面提出明确要求。为了进一步加大森林防火宣传教育力度,2009 年,省委宣传部、省政府护林防火指挥部、省教育厅、省林业厅、省广电局、省新闻出版局、省通信管理局联合发出《关于加强全省森林防火宣传教育工作的通知》,要求各地高度重视森林防火宣传教育工作,密切配合,通力协作,认真动员、组织各种媒体切实加大森林防火宣传力度,深入开展森林防火教育,不断增强全民森林防火意识,努力形成全社会了解森林防火、参与森林防火、支持森林防火的氛围。

（八）实现了森林防火天气信息资源的共享

全省气象部门对森林防火工作高度重视,不仅在森林防火紧要期安排专人与省护林防火指挥部办公室同步坚持 24 小时值班,认真分析林区天气形势,及时迅速地通报卫星发现的森林火灾热点,而且从 2007 年开始,与省气象部门进一步建立了畅通的天气会商机制,根据天气变化情况及时与气象专家会商不利于森林防火的天气形势,并及时向全省发布,为森林火灾的早预报、早准备、早处置、早扑灭打下了良好基础。

由于领导重视、配合密切、社会关注、工作扎实,2005～2008 年,平均每次森林火灾受害森林面积 0.73 公顷,单次受害面积只有新中国成立初期 1953 年、1954 年的 1.04% 和改革开放之初 1978 年的 1.24%。面对 2008 年冬季和 2009 年春季的特大旱灾,全省上下狠抓各项预防、扑救措施落实,森林火灾次数与上年同比减少 186 起,减少 20.74%,创造了大旱之年森林火灾发生率不升反降的佳绩,最大限度地减少森林资源损失,杜绝了人员伤亡,维护了林区社会稳定。

三、主要做法

近年森林防火工作成效的取得,主要得益于如下几个方面。

（一）全面加强组织领导为做好森林防火工作提供了有力保证

及时、全面地向各级党委、政府和有关部门汇报、介绍森林防火工作的严峻形势,努力取得各级党委、政府对森林火灾防控的重视。在充分掌握全省森林防火工作信息的情况下,省委、省政府主要领导和分管领导密切关注森林防火工作,每年都多次就森林防火提出要求和作出批示,省政府每年都在秋冬季的关键时期召开专题电视电话会议,对森林防火工作做出专题安排部署。

（二）突出强化应急值守为及时扑灭森林火灾提供了有力保障

国家林火监测中心、省气象遥感监测中心、省航空消防站、各地瞭望台密切监视森林火情,及时发现、及时通报,为提早控制、消灭森林火灾创造了条件。各地专业半专业消防队集中食宿,严阵以待;所有检查站、瞭望台工作人员全部上岗到位。在 2008 年冬季和 2009 年春季的森林防火关键期,省护林防火指挥部副指挥长、省林业厅厅长王照平亲自安排部署森林防火值班调度工作,省林业厅两位副厅级干部坚守森林防火值班岗位。特别是春节期间,面对森林火灾暴发的严峻形势,护林防火办公室全体人员主动放弃假日休息,纷纷重返工作岗位。各市、县防火办也都高度警惕,经多次抽查,没有发现脱岗漏岗现象,保证了火情处置信息传递的及时、畅通。

(三)迅速控制所有火灾使森林火灾损失大力减少

省林业厅主要负责人和分管负责人及时指挥扑救森林火灾,并根据火场情况,适时调动直升飞机洒水灭火。各地党委、政府主要领导对森林防火高度重视,亲自确定扑救方案,亲自组织协调扑火力量,亲自安排后勤补给。2008年11月26日辉县市发生森林火灾后,新乡市委书记吴天君、市长李庆贵立即作出批示,主管副市长立即赶赴火场组织扑救;12月24日伊川县发生森林火灾后,省委常委、洛阳市委书记连维良亲自对扑救工作作出安排部署,市委常委、副市长高凌芝等迅速奔赴火场前线指挥扑救;2009年1月25日鲁山县发生森林火灾后,平顶山市委书记赵顷霖对森林火灾扑救作出批示,主管副市长王跃华等市、县领导亲临火场一线组织扑救工作。

(四)严格做好灾前防范有力地抑制了森林火灾的进一步多发

高度重视预防工作。历次会议,都把火源管理作为首要问题予以强调;历次检查,都把火源管理情况作为一项重要内容。为此,突出抓了以下几个环节:一是继续严格实施野外生产用火审批制度,对林区生产施工用火单位,采取了交纳防火抵押金,落实责任人的办法进行管理。二是继续强化重点人员管理,对痴、呆、憨、傻人员和中小学生一一登记造册,落实监护人员和管理责任。三是继续对入山路口、寺院、墓地等重点地段增兵设卡,防火检查站严格控制火种入山,护林员继续加大林区监测巡查密度。四是紧要时期层层开展了森林火灾隐患大排查行动,消除了大批森林火灾隐患。五是强化护林联防。真正做到了一方有难,八方支援。联防区各成员县、市从讲政治、保稳定、促发展的大局出发,很好地坚持了自防为主、积极联防,团结互助、保护森林的方针,有效地保护了联防区人民群众生命财产和森林资源安全。六是加大火灾案件查处力度,并在电视、电台等新闻媒体对典型案件进行曝光,有效打击了违法用火和故意纵火。

(五)有的放矢使许多关键问题逐步得到有效解决

经过认真分析研究,把制约全省森林防火工作的主要原因分为"不可抗"和"可抗"两类。进行这样分类的目的,在于明确努力方向、找准着力点。由于在目前条件下尚难以克服"不可抗"的三方面问题,确定了主攻"可抗"方面,把解决"可抗"问题作为突破口,分清轻重、弄明主次、衡量缓急,制定逐条逐项攻难克坚的时间表,迅速、有序、扎实地加以解决。正是由于搞清了哪些问题难以解决、哪些问题通过努力可以解决,才使河南省近几年来的森林防火工作如同装上了加速器,切实做到了季季有起色、年年有跨越。

四、存在的问题

尽管通过60年的艰苦努力,全省森林防火工作取得了巨大成就,但全省森林防火形势依然严峻,突出表现在如下几个方面。

一是人口密度大,火源管理难。河南省总人口9 800余万,为全国第一人口大省,地处中原,道路四通八达,流动人口多。历史文化厚重,多数景区名胜地处林区核心,每年都有大量游人涌入。加之全省不少地方已形成林农一体、林工一体的状况,火源点多、面广、线长,难于控制,防不胜防。

二是地形复杂,火灾防控难度大。河南省地质条件复杂,构造形态多样。山脉集中分布在豫西、豫西北和豫南地区,面积最大的伏牛山位于西部和西南部,约占全省山区面积的 40%,山高坡陡,海拔多在 1 000 ~ 2 000 米间,一般坡度在 40°以上;桐柏山、大别山脉坡向多变,坡度多在 25°~ 50°;北部的太行山山势险峻陡峭,沟壑纵横,平均坡度在 60°以上,一旦发生火灾,战术运用要求高,扑救实施难度大。

三是气候条件不利,易发森林火灾。河南省地处北亚热带和暖温带地区,风向随季节变化明显,降水量时空分布不均,冬、春季降水分别仅占全年的 5%和 21%,冬季多东北风或西北风,春季多东南风、东北风,灾害性天气频繁发生。统计显示,发生在干旱强风气候条件下的森林火灾占全年总数的 90%以上。特别是近几年,河南省极端天气现象不断增多,如暖冬、干旱等天气现象持续时间长、发生范围广,导致森林火灾呈高发势头。

四是幼林增加迅速,林区可燃物过量积累。2000 年以来,河南省每年新造林均在 20万公顷以上,2009 年新造林 40 多万公顷。新造林树苗低矮,杂草丛生,抗火性差,一旦遇有火源,极易引发森林火灾。同时,全省森林资源中以油松、侧柏为主的易燃针叶林和针阔混交林占总面积的 59.7%,增加了火险等级。同时,由于连年实施封山育林、封山禁牧,使林内枯枝落叶不断增多,林下可燃物越积越多。重点林业生态工程区和公益林区可燃物积累已达到每公顷 30 吨以上,部分林区每公顷高达 50 ~ 60 吨,超过了国际上公认的发生森林大火的界限。特别是受年初大范围冰雪冻害影响,信阳、南阳等地林木大量受损,甚至枯死,新增大量林内可燃物,引发森林火灾的危险性进一步加大。

五是基础建设薄弱。火情监测仍以肉眼为主,全省每 1.47 万公顷林地也才有 1 座火情监测瞭望台,林区监测盲区多,火源发现难。由于投入不足,先进的视频等监测手段普及率低,监测人员工作条件恶劣,既耗费人力,监测效果又差。市、县、乡森林防火物资严重不足,十分陈旧,老化严重。装备上以传统的 2、3 号工具为主,耗损快,效率低,扑救上靠千军万马齐上阵的"人海战术",一些地方甚至仍然沿用"鸡毛信报火、树条子打火"的原始方法,经常出现火场通信不畅、信息不灵、保障不及时的情况,很容易贻误最佳扑火战机,不能实现"打早、打小、打了"。

下一步,将进一步全面贯彻落实科学发展观,狠抓各项预防和扑救措施落实,重点做好如下几方面工作:

一是努力提高机动能力。针对各重点林区森林火灾扑救力量机动能力低、到达火场慢的实际,强化以车辆为主的装备建设,购买森林防火运兵车、消防车,装备到各重点林区森林防火一线。

二是加强基础设施建设。切实搞好已经启动的崤山火险综合治理项目、外方山火险综合治理项目和太行山物资储备项目建设,强化项目建设资金管理,提高项目建设质量。

三是提高森林航空消防水平。在总结以往森林航空消防经验的基础上,努力提升森林航空消防工作能力,扩大巡护面积,延长巡护时间,力争吊桶灭火、机降灭火投入实战,推进这一新生事物在中原大地发展壮大。

四是强化督促检查。组织各级护林防火指挥部成员单位按照责任分工到各自责任区进行检查;要求各级林业部门领导班子成员分片包干、亲自带队,加强对重点林区防火工作的监督和指导。对多火灾区、高火险区开展督促检查,重点检查城乡结合部防范、应急措施是否完善。一旦发现问题,立即整改,不留隐患,坚决防止火烧连营。

五是加强森林防火宣传和技战术培训。开展好宣传教育和技战术培训活动。森林消防队伍做到靠前驻防、整装待命,确保一有火情,能够就近组织重兵扑救,力求首次扑救成功。

六是强化值班调度。充分利用卫星监测、飞机巡护、电子视频监测、高山瞭望、地面巡逻等手段,及早发现和报告火情。各级防火部门加强调度指挥,在防火期坚持全天 24 小时值班和领导带班制度,及时处理各种火情信息。

总之,森林防火工作将全面贯彻以人为本、全面协调可持续的科学发展观,努力为绿色中原、和谐河南和河南林业生态省建设作出更大贡献。(护林防火指挥部办公室)

第十三节　党建工作

一、发展历程

河南省林业厅厅直党委于 1980 年恢复职能,1984 年 3 月正式组建,原名称为中共河南省林业厅机关委员会,1992 年更名为中共河南省林业厅直属单位委员会。组建之初,仅辖有支部 3 个,党员 82 名。自组建以来,在省直工委和厅党组的正确领导下,认真贯彻执行党的十一届三中全会以来的路线、方针、政策,围绕中心、服务大局,充分发挥党组织的战斗堡垒和共产党员的先锋模范作用,积极探索新形势下机关党建工作的新方法、新路子,全面加强党的思想、组织、作风建设,为各项工作任务的圆满完成作出了积极的贡献,取得了明显成效。

二、取得的主要成绩

自 1984 年以来,全厅先后有 89 个总支、支部,494 名优秀共产党员,181 名优秀党务工作者受到厅直党委的通报表彰;先后有 6 个总支、支部,22 名优秀共产党员,11 名优秀党务工作者受到省直工委的通报表彰;先后有 3 个总支、支部,4 名优秀共产党员受到河南省委通报表彰。厅党组书记、厅长王照平连续四年被省直工委表彰为优秀党建工作第一责任人;陈素云、李良厚、张玉洁、范增伟等多名人员被省直机关工委分别授予省直机关十大道德模范、省直机关十佳自主创新优秀共产党员和省直机关十大杰出青年荣誉称号。自省直工委开展"五好"基层党组织评选活动以来,厅直党委连续四年被省直工委表彰为"五好机关党委"、厅直工会工委连续两年被省直工委表彰为"先进厅局级工会工委"。

三、主要做法

(一)注重理论武装,不断增强党员干部的政治素养

加强党的思想建设,根本的是坚定不移地用马列主义中国化的最新理论成果武装党员干部,充分发挥党的思想政治优势。自组建以来,厅直党委始终注重把加强党员干部经常性教育放在突出位置,切实抓紧、抓好、抓出成效。先后组织广大党员干部深入学习了邓小平理论、"三个代表"重要思想、科学发展观等一系列最新理论成果以及党的十一届三中全会以来的历次党的重要会议精神,认真组织广大党员干部深入开展了"三讲"、先

进性教育、"讲正气、树新风"、"三新"大讨论、深入学习实践科学发展观、"讲、树、促"等主题教育活动,为了使广大党员干部能够更快地掌握所学内容,提高学习效果,帮助他们树立正确的世界观、人生观和价值观,采取了举办培训班、听报告会、观看电教片、制作宣传展板、开辟网上专栏等多种形式,不断创新教育手段。通过学习,使全厅党员干部进一步统一了思想、认清了形势、坚定了信心,运用科学理论武装头脑、指导实践的自觉性不断增强,党员干部队伍的整体素质有了明显提高。

(二)着力夯实基础,不断加强机关党的组织建设

1984 年以来,随着机构改革的不断深化,省林业厅及时跟进认真抓了基层党组织的增设和改选工作,党支部由最初组建时的 3 个增加到 2009 年的 2 个总支、23 个支部。党员队伍的数量也不断壮大。自 1984 年以来,新发展党员 256 名,党员数由最初组建时的82 名发展到 2009 年的 454 名(含调入人员)。党员队伍结构也发生了明显的变化,本科以上学历、青年党员以及女性党员占比分别由 1984 年的 5.3%、27%、11% 上升到 2009 年的 76%、63% 和 21%,党组织的战斗堡垒作用和党员的先锋模范作用不断增强。

(三)强化党内监督,不断改进党员干部的工作作风

长期以来,厅直党委能够认真贯彻落实中纪委和省纪委会议精神,把端正党风,严肃党纪当做大事来抓,通过开展主题党课教育、召开民主生活会、开展民主评议党员等活动,不断强化党内监督,改进党员干部工作作风。在加强正面教育和引导的同时,也加大了对违法、违纪行为的打击力度,自 1984 年以来,全厅先后有 8 名党员因违纪受到了查处。

(四)重视群团工作,充分调动各种积极因素

按照以党建带工建、带团建、带妇建的工作思路,切实加强对工青妇群团组织的领导,指导和支持他们依照各自章程开展工作,充分发挥桥梁纽带作用,最充分地调动一切积极因素,最大限度地汇聚广大职工的智慧和力量,形成推动现代林业建设的强大合力。自1984 年以来,先后有 83 人被省直工委表彰为优秀工会干部、优秀工会积极分子等,有 4人获得省直"五一劳动奖章",有 3 个单位获省直"五一劳动奖状"。厅团委被评为全省和省直"五四红旗团委",有 1 个单位被团中央授予国家级"青年文明号",有 9 个单位、42 名团员青年分别被评为省直"青年文明号"和"青年岗位能手"。妇女组织结合"巾帼建功"活动,积极宣传妇女在两个文明建设中的重要作用,积极投身于经济建设主战场,并认真做好计划生育工作,保证"三率"年年达到 100%。广泛开展送温暖、助残、助学等多种公益活动,共组织了四川汶川大地震、卢氏县洪水灾难和上蔡县艾滋病村等各类捐助活动,捐款 156 万多元,捐助衣物 10 000 余件(套)。

(五)构建和谐机关,不断提高机关精神文明建设水平

精神文明建设是新时期党建工作一个重要组成部分。在精神文明建设过程中,能够始终坚持贴近实际、贴近生活、贴近群众,不断提高广大干部职工的道德素养和文明程度,为全省林业建设工作的顺利开展营造了良好的社会环境。特别近两年来,林业厅的精神文明建设工作取得了累累硕果,2007 年年内,省林业厅机关、产业中心、退耕中心、服务中心等四个单位成功完成了省级文明单位创建工作;2008 年年内,所属厅直事业单位中的林业科学研究院、救护中心、森林病虫害防治检疫站、种苗站等四个单位也成功晋身省级文明单位行列,自此,全厅所有单位全部是省级文明单位。

四、主要经验

厅党组的高度重视、各种主题教育活动的强大推力、各级行政"一把手"的亲自抓、各级党务干部的辛勤工作、全体党员的默默奉献,是机关党的工作得以提升地位、发挥作用、塑造形象的关键,正是由于这些,才使得省林业厅党组织的创造力、凝聚力和战斗力得到不断增强,广大职工群众的满意度不断提高。

(一)围绕中心、服务大局是做好工作的根本

围绕中心,服务大局是党委工作的出发点和落脚点。只有从全厅的中心工作大局出发,把党组织的政治核心作用融入到年度目标和各项工作任务之中,才能找到党建工作与中心工作的最佳结合点,才能找到党组织发挥作用的平台和党员施展才华的空间,才能实现行政与党务工作的协调发展。

(二)以人为本、贴近实际是做好工作的前提

党建和思想政治工作只有坚持贴近实际、服务职工的原则,把以人为本体现在具体工作中,落实到实际行动上,着力提高党员队伍素质,着力解决职工实际问题,才能进一步激发广大党员干部职工的工作积极性,释放出党建工作的强大活力。

(三)与时俱进、开拓创新是做好工作的保证

在新形势下,党建和思想政治工作只有从单位的实际出发,坚持与时俱进,不断研究发展变化中出现的新情况,及时调整工作思路,采取相应对策措施,推进制度创新、机制创新和载体创新,才能在加强中改进、在改进中加强,才能在工作中形成新的亮点,使党建和思想政治工作充满生机与活力,不断增强吸引力和凝聚力。(厅直属党委)

第十四节　离、退休干部管理

根据中央和省委关于建立干部离、退休制度的重要决策和一系列工作部署,1983年以来,林业厅离、退休干部工作坚持围绕中心、服务大局,不断完善工作制度,健全工作机制,改进工作方法,提高服务管理水平,认真落实离、退休干部政治、生活待遇,积极引导离、退休干部发挥作用,推动离、退休干部工作更好地适应时代发展需要和满足老干部的需求变化,实现了离、退休干部工作的新发展、新跨越。

一、离、退休干部工作发展历程

为认真落实中央和省委关于建立干部离职休养和退休制度的决定,林业厅于1983年底成立了林业厅老干部工作委员会和离、退休干部党支部,负责离、退休干部的服务管理、政治学习和党组织生活。随着厅机关及直属单位离、退休干部人数逐年增加,1991年12月,林业厅专门下发了《关于进一步加强老干部工作的意见》,对落实离、退休干部政治、生活待遇,发挥老干部的作用,建立健全领导干部联系老干部制度等进行了部署;调整了林业厅老干部工作委员会成员,林业厅党组副书记、副厅长吴烈继担任主任,张兴山、李之甫等9人担任委员,邓建钦担任林业厅老干部工作办公室主任。同时,厅机关为老干部配备了2台车,安排6间办公用房作为老干部学习室、活动室,配置了相应的娱乐健身器材。

厅直属单位分别成立了老干部工作领导小组,指定了办事机构和专、兼职工作人员,建立了相应的管理制度。1992年,经林业厅机关党委批准,厅机关分别设立了离休干部党支部和退休干部党支部,徐世杰、宋建学分别担任离、退休干部党支部书记。

1996年,在实施政府机构改革中,林业厅设立离、退休干部工作处,编制5名。其主要职责是负责厅机关离、退休干部的管理和服务,指导厅直属单位的离、退休干部工作。姚学让担任离、退休干部工作处处长。林业厅成立老干部工作领导小组,厅党组书记、厅长张敬增担任领导小组组长,厅党组成员、副厅长张守印和厅党组成员、纪检组长李健庭担任副组长。领导小组下设办公室,厅党组成员、纪检组长李健庭兼任办公室主任,姚学让担任副主任。截至2008年底,林业厅机关及直属单位共有离、退休干部职工321人,其中厅机关74人,厅直属单位247人;离休干部30人,退休干部职工291人;设立离、退休干部党支部5个,离、退休干部管理机构4个,专兼职工作人员23名。

二、开展的主要工作及成效

1983年以来,林业厅离、退休干部工作在厅党组的领导下,认真贯彻落实党中央、国务院和省委、省政府一系列方针政策和工作部署,重视加强老干部思想政治建设和党支部建设,加强老干部工作制度建设和活动阵地建设,狠抓老干部政治待遇和生活待遇落实,积极引导老干部发挥作用,加强老干部工作队伍建设,促进了老干部工作的健康发展。

(一)坚持完善离、退休干部工作领导责任制

厅机关及直属单位都把离、退休干部工作纳入本单位年度工作目标管理,作为领导干部年度工作考核和文明单位创建指标内容,与本单位其他工作一同部署、一同考核,形成了主要领导负总责、分管领导亲自抓、各有关部门积极配合、工作人员全力投入、单位职工全员参与的工作格局,在全厅形成了尊重老干部、学习老干部、关爱老干部的良好风尚。同时,重视加强制度建设,林业厅于2001年4月制定了《河南省林业厅机关离、退休干部工作暂行办法》,对老干部工作的组织领导、职责划分、政治生活待遇落实、老干部发挥作用、党支部建设、医疗保健、文体活动及相关保障等作出明确规范,促进了离、退休干部工作制度化、规范化。

(二)切实加强离、退休干部思想政治建设

坚持离、退休干部理论学习制度和工作例会制度,认真组织离、退休干部学习领会党在新时期的路线方针政策,学习领会建设中国特色社会主义理论和科学发展观,把大家的思想和行动统一到中央和省委的重要决策和部署上来。充分发挥离、退休干部党支部的阵地作用和老干部党员的表率作用,坚持把组织教育与自我教育结合起来,把开展思想政治工作与解决实际问题结合起来,把发扬党的优良传统与积极改革创新结合起来,不断探索离、退休干部党支部建设和思想政治工作的新途径、新方法。结合纪念中国共产党建党90周年和纪念改革开放30周年,在全体离、退休干部党员中开展"永葆先进性,永远跟党走"主题教育活动和征文活动,教育和勉励广大老干部坚定理想信念,珍惜光荣历史,永葆革命本色,进一步增强了离、退休干部党支部的凝聚力和党员队伍活力。

(三)着力抓好离、退休干部政治、生活待遇落实

认真落实离、退休干部阅读文件、听报告、参加重要会议和重大活动等项制度,及时向

离、退休干部通报工作情况,使离、退休干部及时了解国际国内形势以及本地区本部门的重要情况。认真学习贯彻中共中央组织部、人力资源和社会保障部《关于进一步加强新形势下离、退休干部工作的意见》(中组发〔2008〕10号),以全面做好离、退休干部工作为目标,积极探索改进离、退休干部服务管理方式。在全厅深入开展为老干部"献爱心、送温暖"活动,发动党团员和青年职工为老干部做好事、办实事。认真落实老干部生活待遇和医疗保障政策,每年组织离、退休干部检查身体,协力做好老干部重症慢性病门诊治疗申报和日常保健工作。厅机关及直属单位每年都安排走访慰问老干部,帮扶老干部困难家庭及遗属,使离、退休干部切身感受到党组织的关怀和温暖,为离、退休干部老有所养、老有所医、安享晚年创造了舒心的环境,促进了和谐机关建设。2000年以来,全厅干部职工为老干部做好事、办实事896件,解决疑难问题34件,帮扶困难家庭39户,救济资金7.3万元。

(四)积极引导离、退休干部为"两个文明"建设发挥余热

充分挖掘和利用老干部这一群体的智力财富和独特优势,支持离、退休干部代表参与林业生态省建设和集体林权制度改革工作,发挥他们在普及林业科学知识、宣传依法治林、完善民主监督、培养年轻干部、弘扬先进文化和构建社会主义和谐社会中的推动作用和示范作用。为加强对年轻干部的培养教育,厅离退休干部工作处每年都会同厅直党委、共青团委召开老干部光荣传统报告会,邀请老干部代表为厅机关及直属单位团员青年、退伍转业军人和老干部工作者进行党的优良传统和社会主义荣辱观教育,使年轻干部牢记"两个务必"、发扬"三大作风",进一步增强做好本职工作的责任感和使命感。厅机关及一些直属单位每年组织离、退休干部参观考察工农业生产和林业工作,使老同志感受经济社会发展和林业生态建设取得的显著成果,进一步激发广大老同志参与和支持全面建设小康社会、促进中原崛起的热情。厅机关、林业科学研究院的一些老干部、老专家坚持深入基层,发挥一技之长,指导和带动周围群众大力发展林果业,为当地农民增收致富铺路架桥,深受地方政府和干部群众好评。

近几年,厅机关离、退休干部相继开展了"为河南林业谋发展、为中原崛起作贡献"、"为党旗增辉、为大地添绿"、"与党同呼吸、共命运、心连心"等项活动。老干部调研组共完成专题调研课题6个,提出工作建议63项,推广先进生产技术和优良品种11项,建立林业科技示范园3个。有23人面向基层从事种植、养殖技术服务,有26人在各种学会、协会中继续发挥作用;厅机关老干部在参加全国林业技术和花卉盆景展赛中,为河南省夺得金牌5枚、银牌8枚、创新奖牌92枚。2008年,四川汶川特大地震发生后,各单位及时组织离、退休干部收听收看灾情报道和党中央国务院对抗震救灾工作的重要决策和部署,并积极响应省直机关工委和厅党组的号召,组织离、退休干部以捐款和交纳"特殊党费"的形式,先后两次为四川灾区人民捐款共计8.85万元。

(五)重视加强离、退休干部工作制度建设

为了增强老干部工作的主动性、针对性和时效性,提高离、退休干部工作的科学管理水平,2000年来,厅机关相继制定了一系列离、退休干部管理服务制度和规定,使各项工作有章可循。这些制度包括《林业厅离、退休干部工作管理制度》《在职干部联系老干部制度》《老干部工作人员十项注意、八项承诺》《老干部理论学习及例会制度》《老干部参观考察工农业生产办法》、《老干部用车规定》、《老干部活动经费管理使用规定》、《离、退休人员逝世后丧葬工作暂行办法》等。通过这些制度的施行,使林业厅离、退休干部工作进一步明细化和规范化,形成了一套较为科学、严谨的工作机制,有力促进了党的离、退休干部政策的全面落实,保证了全厅离、退休干部工作的健康发展。

(六)组织开展老年文娱健身活动,丰富离、退休干部晚年生活

各单位都十分重视组织开展老年文体活动,加强老干部活动场地设施建设,改善活动条件。林业厅老年体协每年制定老干部文体活动计划。厅机关及直属单位建立老干部活动室 5 个、门球场 3 个,配备各类健身娱乐器材 187 件,连续举办了 16 届"康乐杯"老年门球赛,组织老干部体育运动队参加省直机关老年人运动会和迎奥运全民健身系列活动;坚持开展"关爱老干部健康"家访活动和"健康杯"征文、"健康老干部"评选活动,举办老干部健康知识讲座;厅机关老干部合唱队积极排练节目,每年参加全厅职工春节联欢会。2000 年以来,厅机关共组织老干部参加各类比赛 116 场次,获得奖牌 53 块;组织评选老干部健康家庭 28 户,评选健康老干部 35 人次。通过开展形式多样的老年文娱健身活动,丰富了老干部的晚年生活,促进了老干部身心健康。

(七)加强老干部工作队伍建设,提高服务管理水平

全厅老干部工作部门及工作人员以开展深入学习实践科学发展观和"三新"大讨论活动为契机,大力加强老干部工作队伍能力、素质建设。通过召开全厅老干部工作会议和老干部工作座谈会,认真总结工作,交流经验,强化培训,完善制度。按照"政治强、业务精、作风实、服务优"的标准,深入开展老干部工作"争先创优"活动,不断加强老干部工作人员能力、素质建设,创新工作方式,延伸工作触角,拓展服务渠道,丰富服务内涵。厅领导要求全体老干部工作者深入到老干部当中,从解决老干部最关心、最迫切、最现实的问题入手,多为老干部办实事、做好事、解难事,努力把老干部工作部门建设成为让党放心、让老干部满意的老干部之家。同时,各单位充分发挥老干部工作部门的参谋助手作用和桥梁纽带作用,促进老干部工作经常化、制度化、全员化、具体化,形成老干部工作齐抓共管的工作格局。2000 年以来,全厅 23 名老干部工作人员受到各级表彰奖励 36 人次,其中 2 人 4 次被评为全省先进老干部工作者,1 人被评为省直机关孝亲敬老模范。厅机关离、退休干部工作处于 2006 年被省委组织部、省委老干部局、省人事厅评为全省老干部工作先进集体,并于 2009 年、2010 年被省委老干部局、省老龄委、省直机关老年人体育协会评为老年体育工作先进集体。(离、退休干部工作处)

第十五节　森林公安

森林公安(1999 年以前称林业公安)是国家林业部门和公安机关的重要组成部分,是具有武装性质的兼有刑事执法和行政执法职能的专门保护森林及野生动植物资源、保护生态安全、维护林区社会治安秩序的重要力量。河南省森林公安机关自组建以来,在各级党委、政府的高度重视和林业、公安部门的支持下,在各级林业主管部门和公安机关的领导下,机构不断健全,民警素质不断提高,队伍不断发展壮大,已经成为一支具有法律地位和法定职权、基本覆盖全省林区、体系比较健全、集刑事执法和行政执法及林区治安管理于一身、战斗力较强的保护森林和野生动植物资源、维护林区社会治安的武装性质的执法队伍。1996年,河南省委书记李长春为河南省森林公安机关题词:加强林业公安建设,巩固造林绿化成果。1997年,河南省省长马忠臣为森林公安机关题词:加强林业公安队伍建设,依法保护森林资源安全。

一、森林公安队伍的发展历程

河南省森林公安队伍的形成和发展经历了一个较长的时期,大体划分为四个重要阶段。

(一)起步阶段(1961～1968年)

作为公安机关的派出机构,最早的森林公安派出所始建于1961年,当时由于刚刚经历了大炼钢铁时期,急于加强对仅存森林资源的保护,恢复遭到严重破坏森林资源。至1964年全省建立了26个森林公安机构,主要设在面积较大的国营林场,主要任务是保护国有森林资源安全。"文化大革命"期间,刚成立的林业公安机构逐步被削弱、撤销。

(二)恢复阶段(1981～1995年)

随着林业生产的发展,为维护林区社会治安秩序,保障林业生态建设快速发展,经省政府批准,1981年7月河南省林业厅、司法厅、省人民检察院联合下发《在全省山沙区的地、县建立林业检察科与林业法庭的通知》,确定建立林业检察机构26个、林业法庭22个。同年9月,河南省公安厅、林业厅下发《关于在重点国营林场恢复和建立林业公安派出所的联合通知》([81]豫公(治)字70号),批准恢复和新建立林场公安派出所53个。同年12月,河南省人民政府在组织清理整顿非公安部门设立的派出所后,重新批准在70个国营林场设立公安派出所。1988年6月,经省政府同意,河南省公安厅、林业厅联合发文《关于在山区林业重点县建立林业公安机构的通知》([88]豫公118号),确定在25个重点山区县建立森林公安机构。1990年3月,省政府批准组建"河南省林业公安处",列入公安厅业务处序列,称"河南省公安厅第十处"。1995年12月,河南省公安厅、林业厅又联合下发《关于理顺林业公安管理体制的通知》,确定在全省17个地(市)设立林业公安科,并将已成立的65个县(市、区)林业公安机构纳入当地公安业务序列。至此,全省森林公安机关得到了全面恢复。

(三)发展壮大阶段(1996～2008年)

1996年以后,全省各地按照省编委批准的机构、编制和职能,狠抓森林公安队伍建设,积极开展执法业务,森林公安机关逐步得到了壮大。2000年,省政府批准将"河南省林业公安处"更名为"河南省林业厅森林公安局",列入公安厅业务局序列,称"河南省公安厅森林公安局";2001年,经省编委同意,省林业厅、公安厅批准新成立林业公安机构33个。2002年,经省编委同意,省林业厅、公安厅联合发文将全省所有林业公安机构统一更名为森林公安机构。自此,全省形成了自下而上相对完善的森林公安机构体系,实现了由所、科到分局、局的转变,森林公安编制由800余名增加到2600余名,民警人数由600余名,发展到2100余名。

(四)正规化建设阶段(2008至今)

2005年以后,党中央、国务院对森林公安高度重视,相继下发文件解决森林公安政法编制,将森林公安机关现有人员过渡为公务员。按照国务院、中央机构编制办公室、人事部、国家林业局的部署,河南省积极开展森林公安"三定"和人员过渡工作。2008 年 12 月 2 日,省编委印发了《关于市县森林公安机构设置和核定政法专项编制问题的通知》,明确了市、县森林公安机构设置、规格、职能和编制,统一了全省森林公安机构名称、内设机构、领导职数。2009 年 9 月,省编委又下发了《关于设置省森林公安局的通知》,批准撤销省林业厅森林公安局,设置河南省森林公安局,明确了管理体制、职责、机构规格和设置、人员编制。目前,全省设 1 个省森林公安局、18 个省辖市森林公安局、108 个县(市)森林公安局和 82 个基层派出所。核定政法编制 2 373 名。省、市、县三级从原来林业部门的内设机构改为直属机构,具备了执法主体资格;实行双重领导管理体制,党政工作以林业主管部门管理为主,公安业务以公安部门管理为主,纳入各级公安管理序列,分别加挂森林警察总队、支队、大队牌子;省森林公安局规格为正处级,领导班子整体高配,核定政法编制 59 名、汽车驾驶员编制 4 名(全额预算管理),内设 7 个副处级机构,分别是:警令部、政治部、法制处、刑事侦查支队、治安管理支队、警务保障支队和警务督察支队。各省辖市森林公安局为副处级,内设机构 3 ~ 5 个;108 个县(市)局中有 41 个为正科级,其他为副科级,内设机构 2 ~ 3 个。通过机关"三定",将各级森林公安建成一级公安机关,具备依法独立履行职责的基本条件;改变基层所队的管理体制,理顺内部领导与指挥关系,确保政令、警令畅通;严格执行机构编制管理规定,不搞混编混岗,确保森林公安依法办案、依法行政;纳入公安序列,实行队建制,理顺了同地方公安的领导指挥关系,确保公安机关的警规、警纪在森林公安得以有效地贯彻执行;整合警力资源,形成战斗力,为实现林业又好又快发展提供更加有力的保障。至此,长期制约森林公安发展的体制问题得到了彻底解决,森林公安机关迈上了正规化发展的轨道。

同时,全省各级森林公安机关坚持狠抓队伍正规化建设和民警素质的提升,严格落实基层和一线民警每年不少于 15 天的集中训练制度,先后举办了多期警衔、刑事侦查、法制、首任领导干部和初任民警培训班,组织开展了民警大轮训活动。通过多年的努力,全省森林公安机关队伍正规化建设有了长足的发展,人员素质有了较大的提高,机构设置更加规范,执法权限不断扩大,执法能力不断提高,已成为森林和野生动植物资源保护工作方面一支无法替代的执法队伍。多年来,这支队伍中涌现了一大批英雄模范人物。仅 1990 年以来,全省森林公安机关有 2 人被评为全国公安系统二级英模,有 23 名民警和 19 个集体被评为全国优秀人民警察和先进集体,3 个单位连续多年被评为全国青年文明号,251 个(次)集体和 327 人次受到省级表彰,682 人次分别荣立个人一、二、三等功,415 个(次)单位分别荣立集体一、二、三等功。河南省森林公安民警在与各类犯罪分子斗争中,牺牲 3 人,负伤 81 人。

二、业务工作

20 世纪 90 年代以来,森林公安队伍不断发展壮大,各地始终坚持"严打开路、打防并举"的方针,每年多次开展不同类型、不同内容的林业严打专项斗争,严厉打击各类涉林违法犯罪活动。特别是 2005 年以来,各级森林公安机关年均办理各类涉林案件 1.6 万余起,年均打击处理各类违法犯罪人员 2 万余名。为国家、集体、个人挽回了大量的经济损失。同时,林区治安管理得到加强,全省共建立警务区368个,下沉民警467名,设立林区治安室294个,建立森林公安巡警队74支、队员481人。做到了警务前伸、触角前移,治安防范愈加周密,林区治安稳定状况越来越好,林业资源、生态安全以及林农合法权益得到有效保护。近年,全省各级森林公安机关充分发挥职能作用,严厉打击各类涉林违法犯罪,组织开展了一系列林业严打专项行动,先后在全省开展了以打击破坏野生动物资源违法犯罪为主的"中原绿剑一、二、三号"行动,以打击破坏野生鸟类资源违法犯罪为主的"猎鹰行动"、"候鸟一、二、三号"行动,以打击破坏天然林资源违法犯罪为主的"天保行动",以打击违法征占用林地为主的"亮剑行动",重点查处重特大刑事案件的"破案攻坚战",由公、检、法、司、林业、监察、工商、新闻八部门联合进行的以打击乱砍滥伐林木、乱垦滥占林地违法犯罪为主的林业严打整治斗争等。同时,各地相继开展了一系列区域性专项行动,根据各地林区社会治安形势,组织开展了治理丹河峡谷磨制木粉专项行动、打击采沙毁林专项行动、缉蛇行动、整治毁林烧炭专项治理等专项治理和重点治乱工作。按照省公安厅的统一部署,全省森林公安机关在林区组织开展了打黑除恶、缉枪治爆、追逃、打拐、缉毒等一系列专项斗争,破获了一批群众关切、社会影响大、危害严重的刑事案件,抓获了一批罪行严重、长期在逃的重要逃犯。2007年,郑州市森林公安局成功破获了特大非法收购运输出售珍稀濒危野生动物案,引起了公安部主要领导人的重视,荣立集体一等功。2008年,信阳市森林公安局破获了特大非法收购运输出售珍稀濒危野生动物案,荣立了集体二等功。通过一系列案件的查处,打出了森林公安的声威,在全社会树立了森林公安良好形象,提升了林业部门执法的公信力。

据统计,2005~2009年5年间,全省森林公安机关共查处各类林业案件88 388起,其中刑事案件9 763起;打击处理违法犯罪人员103 136人,其中刑事拘留11 678人,逮捕6 158人;收缴木材30.1万立方米;查获野生动物172.8万只(头)。

全省各级森林公安机关积极探索和实践强化林区社会治安防范工作的长效机制:一是根据林区面广、线长、地处边远偏僻、交通、通信不便、护林工作难度大等不利因素,切实加强群防群治,在重点林区建立由森林公安民警、村组基干民兵、护林员和群众相结合的警民联防队伍,把基层森林公安建设成服务人民、联系人民群众的真正桥梁和纽带。截至2009年底,全省共建立群众性护林组织105 34个,护林员55 035名;二是建立公开与秘密相结合的情报信息网络,培养物建林区治安耳目、特情耳目和信息员队伍,广泛收集林区治安信息,拓宽治安情报和案件线索的渠道,每个基层民警单线联系2~3个"特情"。目前,共布建特情耳目4 111人;三是积极实施"一区一警责任制",建立与形势发展相适应的森林公安警务制度,消除诱发各种毁林案件发生的隐患和苗头,及时查处一批现行违法犯罪活动。强力推进独立办案,切实提高履责能力。省、市、县三级通过大量协调工作,已有15个省辖市森林公安局和67个县(市)分局实现了刑事案件从立案到移送起诉全过程的审核审批。同时,充分运用公安局域网络,开辟森林公安网络执法与监督系统,实施网上执法办案,从根本上杜绝了程序违法,解决了法律审核和执法监督不力问题。目前全省已有13个省辖市局和51个县(市)分局实现了网上办案。

三、装备和信息化建设

由于河南省森林公安成立时间较晚,又受到"文化大革命"的严重影响,导致装备建设基础差,底子薄,配备水平低下。改革开放初期,河南省森林公安处于林场派出所恢复重建期,省、市、县均无专门的森林公安机构,林场森林公安派出所装备建设处于自发式发展时期,发展速度相对缓慢。到 20 世纪 80 年代末,全省森林公安仅有 12.2% 的单位有警车,25.6% 的单位有低档照相机,通信、勘查器材几乎为零,许多森林公安机关处于通信靠邮局、交通靠步行、办公无场所、查案缺器材的落后状态。1990 年以后,随着省、市、县森林公安机关的逐步建立健全,装备建设速度逐渐加快。为迅速改变森林公安装备"一穷二白"的落后面貌,近 20 年来,省森林公安局(1999 年以前称林业公安处)先后制定和实施了《1996～2000 年林业公安装备建设规划》、《河南省林业公安(检、法)机关"十五"计划及 2015 年规划》、《河南省林业公安装备建设"重点突破、整体推进"工程》、《河南省森林公安分局装备和基础设施建设标准》、《县(市)森林公安派出所装备和基础设施建设标准》、《河南省森林公安装备和基础设施建设实施方案》,贯彻落实了《全国林业公安机关业务用车、通信网、刑事鉴定技术三项装备标准》、《公安单警装备配备标准》;先后在焦作、三门峡、鲁山、登封等市、县召开装备建设现场会,总结推广了一些先进县(市)森林公安分局和派出所装备建设的典型经验;实行了目标管理责任制、装备和基础设施建设进展情况双月报通报制度,开展了"装备规范化建设检查"、"装备质量管理年"、国家森林公安局组织的争创"装备建设百强县"、"树起一杆旗、带动一大片"、单警装备配备达标等项活动,采取了领导分片包干、建立领导干部联系点、专项督察、年度绩效考评等一系列措施和办法,强力推进装备建设。特别是 2006～2008 年国家重点治安区森林公安装备配备项目的实施,进一步加快了河南省森林公安装备建设速度。各级森林公安机关加压奋进,克难攻坚,在林业主管部门的大力支持下,自筹资金,加大投入,努力提高自身的装备配备水平。截至目前,全省 208 个森林公安机关中,拥有警车 600 余辆,计算机 747 台,传真机 268 台,复印机 145 台,打印机 292 台,扫描仪 161 台,GPS 定位仪 133 个,勘察取证器材件 713 套,警用器材 5 675 件,防护器材 878 件(套)。

随着整个公安系统信息化建设工作的深入开展及其效果的显现,河南省森林公安的信息化建设逐步摆上议事日程,2005 年进入实施阶段。全省以"金盾工程"建设为载体,全面实施科技强警战略,按照国家森林公安局和省公安厅的总体部署,坚持统一领导、统一规划、统一标准,采取上报金盾网接入进度、督察考评、举办网络信息化培训班等切实可行的措施,加强森林公安信息化基础网络和应用系统建设。目前,全省森林公安机关除少量偏远派出所外,已全部接入公安信息网;2007 年开始全面推进《森林公安网络执法与监督系统》的应用,在全国森林公安系统中第一个实现了网上办案,大大提高了办案效率,规范了办案程序,降低了办案成本,提高了办案能力。(森林公安局)

第十六节　林业调查规划

林业调查规划设计是林业建设一项重要的基础工作。新中国成立后,河南林业调查规划设计工作从无到有,机构从小到大。1951年,河南省林业调查规划院(简称规划院)的前身——河南省林业工作队成立。多年来,规划院历经风雨、几经周折,调查、规划、设计项目和工程核查遍及全省各地,为促进林业发展、建设生态文明作出了应有贡献。

一、发展历程

1951年5月经省人民政府批准,省林业局成立林业工作队,职工8人。

1952年上半年前往广西,在华南垦植局领导下,支援国家创办的橡胶园勘测设计工作。下半年扩大人员编制,制定调查规程,培训技术人员。职工增至57人,设立队部,组织4个分队,开展森林资源调查,淮河流域水源林造林规划。

1953年7月,河南省林业工作队更为河南省林业调查队。

1955年职工达90人,设置2个森林调查分队、4个造林设计分队,进行森林资源调查和国营林场调查设计等。

1956年省直机构由开封迁至郑州,职工增至202人,队部设队长室、业务组、总务组、资料室、仪器室、下设8个分队。

1958年精简机构,保留职工95人,开始进行森林经营和造林作业设计工作。

1958年增设道路设计分队,开展林区公路勘测设计,进行短期木材水运设计。

1959~1960年进行国有林场伐区调查,小型森林工业设计,完成人工幼林普查,大地园林化规划,参加了飞播造林试验。

1961年以后,进行了陇海铁路绿化设计,商丘、开封、延津机械化造林规划设计,以造林设计与森林经营相结合的方法,完成平原区34个县的调查。

1963年,汇总10年来的森林资源调查资料,整理编写了《河南省森林资源报告说明书》,作为全省首次森林资源清查成果上报林业部。编印了《河南省主要树木生长量汇编》。

1964年机构改名为林野勘测设计队,职工97人。在完成计划内调查任务的同时,协同有关部门进行了全省树木分类调查、药用植物调查、野生经济植物普查、土壤普查鉴定与土壤区划工作。

1969年10月机构取消,人员下放,调查设计业务中断。

1973年国家农林部要求各省进行森林资源清查,当时省农林局调回已下放的队员参加了全国森林资源清查的准备工作。

1974年省农林局成立林技站增设调查组,技术干部3人,恢复调查设计工作。在河南农学院(现为河南农业大学)林学系部分教师的配合下,组织各地林业干部,完成了全省森林资源清查。

1978年恢复林业勘察设计队,编制65人,调回原技术骨干,借用洛阳林校学生120人,开展全省森林资源清查,建立了连续清查体系。

1983年经省编委[1983]143号文批准,机构更名为河南省林业勘察设计院,编制130人,实有职工104人。

1990年底,有在职职工118人,院内设人事科(党委办公室)、办公室、总工程师室(林业区划办)、计划财务科、资源监测一室、资源监测二室、规划设计一室、规划设计二室、动植物调查室、技术服务室、省飞播造林工作队、省森林资源管理站等 13 个机构。机构恢复后开展了造林设计、飞播造林、资源清查、二类调查与资源建档、经营方案编制、林业公路设计、森林经理、自然保护区和森林公园总体规划设计、野生动植物及湿地资源调查等工作。

2002 年 4 月,经河南省机构编制委员会(豫编[2002]27 号文件)批准,更名为河南省林业调查规划院,同时加挂河南省森林资源监测中心牌子,实行"一套人马、两块牌子"。

2008 年,经省林业厅批准,院调整了内设机构,下设 18 个科室。即:总工办、办公室、工程标准与质量管理办公室、人事科、计划财务科、综合调度科、林业信息管理中心、图书资料室、生态质量监测站(沙化监测中心)、野生动植树与湿地监测站、林业工程咨询设计所、营造林质量核查办公室、外资项目监测站、森林资源资产评估和管理站、林业工程监理所(林业司法鉴定中心)、林产工业与景观园林设计所、飞播营造林管理站、林业区划办公室。

截至 2009 年 5 月,规划院现有编制 116 名,在职职工 116 名,离退休职工 30 名。在职职工中,专业技术人员 95 人,工勤人员 16 人,管理人员 5 名。在专业技术人员中,按职称分:具有高级职称的专业技术人员 44 名(其中教授级高级工程师 6 名,享受政府特殊津贴专家和省管优秀专家 4 名)、中级职称 40 名;获得全国注册咨询工程师(投资)资格 11 人、注册监理师 2 人。目前,河南林业调查规划院是河南林业系统唯一一家具有国家建设部甲级工程设计资质、国家发改委甲级工程咨询资质、国家林业局甲 B 级调查规划设计资质的机构。2004 年被命名为省级文明单位。

随着林业事业的快速发展,规划院的业务范围也不断扩大。现在的主要职能有:①征占用地、毁林案件等森林灾害损失的调查认定、检验评估和司法鉴定;②森林资源、野生动植物资源、湿地资源及沙漠化土地资源的清查、调查、监测、评价和档案数据管理;③造林实绩、征占用林地、采伐限额执行情况、退耕还林等国家重点工程的年度综合核查验收;④林业外资项目的跟踪管理、情况调查和动态监测;⑤飞播造林的规划、施工、管理;⑥森林资产与生态环境定位监测、质量评估,林业标准化和信息网络建设;⑦为国家公益事业提供规划设计,如造林绿化、自然保护区划、生态园区规划、公益林区划等;⑧县域经济评价林木覆盖率指标考评等工作。

二、取得的成就

规划院成立以来,为促进河南林业建设作了大量卓有成效的工作,发挥了不可替代的作用。

(一)森林资源监测

一是森林资源连续清查(简称一类调查)。此项工作起始于 1950 年,调查范围仅包括本省黄河以南的部分地区和豫东沙区 17 个县,伏牛、大别和桐柏山区 37 个县,调查总面积 260 多万公顷。1976 年、1980 年、1988 年、1993 年、1998 年、2003 年、2008 年完成了七次森林资源连续清查工作。调查范围扩大到全省 159 个县(市、区)1 670 万公顷;调查内容从单一的林木林地资源扩大到森林生态功能、森林健康、生物多样性等,调查手段从罗盘仪、小平板仪测量等传统仪器发展到遥感技术(RS)、全球定位系统(GPS)、地理信息系统（GIS）、计算机应用技术的广泛应用;森林资源清查也由一次性清查逐渐发展成为完善的森林资源连续清查体系,科技含量和技术水平不断提升,处于国际先进行列。

二是森林资源规划设计调查（简称二类调查）。1982年到1991年10年间,先后完成了全省88个国有林场的二类调查,据此编制了国有林场森林经营方案,并全部通过审定,取得了较好的实施效果。1999年,根据工作需要,在部分县开展了二类调查。2006年7月至2008年3月。在全省159个县（市、区）开展了二类调查,掌握了全省各市、县、乡、村森林、林地和林木资源的种类、数量、质量与分布,为制定森林采伐限额和林业发展规划、进行林业工程规划设计、实行森林生态效益补偿、森林资源资产化管理提供了重要依据。

三是荒漠化和沙化监测。按照国家、省统一部署,规划院分别于1995年、1999年、2004年、2009年完成了河南荒漠化和沙化土地监测工作。从2004年开始,在监测方法上,采用了先进的GPS定位技术,内业处理运用ArcGIS软件系统,建立了电子地形图,对每个沙化地块建立了电子档案,形成了完整的沙化监测信息库。通过历次监测,详细掌握了全省荒漠化土地和沙化土地的现状及动态变化信息,为国家和河南省制定防沙治沙与防治荒漠化的政策和长远发展规划提供了基础资料。

四是陆生野生动物资源调查。1996年8月至1999年7月,按照原林业部的安排,河南省开展了野生动物资源调查外业调查,2000年5月,完成了内业资料整理、数据汇总和调查报告编写。基本查清了全省陆栖脊椎动物的种类和大部分调查目的物种的数量、分布及生境状况,建立了野生动物资源数据库和野生动物资源监测网络。调查发现河南省两栖类新种1种、鸟类分布新记录2种。经本次调查和史料考证汇总,全省陆生野生动物种类共有522种,比《河南省志·动物志》记录种类多94种。

五是重点野生植物资源调查。1997～2001年5月,开展了河南省重点保护野生植物资源调查工作,查清了目的物种在全省的分布范围、数量及群落环境,建立了资源数据库,为重点野生植物资源的保护工作提供了科学依据。

六是湿地资源调查。1994年10～1999年8月,首次开展全省湿地资源调查工作,查清了全省湿地的类型、面积、分布、利用状况及湿地动植物资源。湿地资源调查成果在《河南省湿地保护工程规划（2005～2030年）》等林业重点工程建设和全省湿地自然保护区建设工程中得到广泛应用。

（二）年度综合核查与工程检查验收

一是年度综合核查。20世纪80年代初,省林业厅决定,对全省各省辖市营造林年度目标任务进行综合核查。规划院每年都要完成省林业厅下达的年度综合核（检）查任务。20多年来,每年核（检）查的主要内容有:林业精品工程、科技示范园区、退耕还林工程、高标准平原绿化验收、林业工程造林、天然林保护工程、义务植树、征占用林地使用情况、通道绿化等20多项（个）工程。

二是林业生态省工程核查。2008年,《河南林业生态省建设规划》全面实施,规划实施期限5年。规划院完成了全省165个县（市、区、国有林场）林业生态省建设重点工程10.37万公顷的核查验收任务。提交的核查报告为省政府（省林业厅）考核各省辖市政府（省辖市林业局）责任目标完成情况、省财政下拨各地林业建设投资提供了科学依据。

三是河南省林业生态县检查验收。从2006年开始,全省开展创建林业生态县工作。

规划院受省林业厅委托,完成各省辖市人民政府推荐的年度创建林业生态县的县(市、区)检查验收工作。2006～2008 年全省共有 64 个县(市、区)提请验收,有 45 个县(市、区)达到林业生态县各项创建标准。

四是县域经济社会发展评价指标体系林木覆盖率指标调查与考评。2008 年,省委、省政府将"林木覆盖率"作为"河南省县域经济社会发展评价体系"21 项评价指标之一。规划院在省林业厅组织下,完成了 2008 年度河南省 108 个县(市)的林木覆盖率指标调查与考评工作。

五是外资项目监测、验收。河南省从 1990 年开始实施利用外资造林项目,截至 2009 年底,规划院每年参与完成项目建议书编写、总体规划设计、实施技术指导和完成情况检查验收的项目有 6 个,即:世界银行贷款"国家造林项目"、"河南省农业开发(林果业)项目"、"森林资源发展和保护项目"、"贫困地区林业发展项目"和"林业持续发展项目"、日本政府贷款"黄河上中游生态公益林项目";德国政府赠款"中德财政合作农户造林项目"。

(三)全省林业工程规划设计

一是天然林保护和退耕还林规划与总体设计。1999 年,河南省人民政府决定实施天然林保护工程。2000 年 3 月,陕县、新安县、济源市、灵宝市正式列为退耕还林试点示范县,规划院组织技术人员通过现地调查,以县(市)为单位编制了"天然林保护和退耕还林工程总体设计说明书"及"2000 年度退耕还林施工设计说明书";2001 年,在为上述 4 县(市)编制了"天然林资源保护工程实施方案"的同时,又为国家批准同意扩大的洛宁和渑池两个退耕还林试点示范县,编制了"天然林保护和退耕还林工程总体设计说明书"、"天然林资源保护工程实施方案"和"2001 年度退耕还林施工设计说明书"。按照国家、省有关要求,编制了《河南省黄河上中游天然林保护工程规划方案》,并指导实施区域县级政府编制了《天然林保护工程规划方案》。

2000～2002 年,规划院对 17 个省辖市(省管市)的 120 多个县(市、区)的技术人员进行了技术培训,开展了退耕还林摸底调查,以县为单位编制了《退耕还林工程实施方案》,为全面实施退耕还林工程打下了坚实的基础。

二是河南林业生态省建设规划。2007 年 6～11 月,规划院抽出技术骨干,连续半年参与省厅编制河南林业生态省建设规划。同时,培训、指导 18 个省辖市、159 个县(市、区)技术人员编制了市、县林业生态建设规划。规划编制采用以县(市、区)为单位,"自下而上、上下结合"的方法,由各市、县级林业主管部门严格按照《规划大纲》和《规划编制办法》的要求,结合森林资源规划设计调查成果,以行政村(社区)为单位规划工程建设规模,经县(市、区)相关部门确认后上报省辖市,省辖市林业主管部门会同有关部门审核汇总后,上报省规划编制组。省规划编制组根据省国土部门提供的全省土地利用现状,结合农业、城建、交通、水利、环保、南水北调、河务等部门的规划及要求对建设规模进行了综合调控,初步形成全省建设总规模。在《河南林业生态省建设规划》的控制下,市、县两级都完成了各自的生态建设规划,形成了一个比较完备的省、市、县三级林业生态建设规划体系。国内知名专家(院士)一致认为省级规划"在全国处于领先水平",省政府主要领导称之为"全国一流的林业生态省建设规划"。11 月,省政府以豫政[2007]81 号文件形式印发各地实施。

三是河南省林业发展区划。1979年8月~1983年10月,根据原林业部《全国林业区划原则规定》的要求,在省林业厅的主持下,规划院完成《河南省林业区划》的编制工作。2007~2008年7月,规划院配合厅总工室完成了《河南省林业发展区划三级区报告简写本》的编写,省林业厅以文件形式上报国家林业局。该报告对构建现代林业格局具有重要的导向性作用。

四是河南省森林分类区划界定及国家重点公益林区划界定。2001年,河南省对全省398.34万公顷林业用地进行了分类区划界定,为推进河南省林业分类经营改革,建立比较完备的林业生态体系和比较发达的林业产业体系奠定了基础。2004年,在分类区划工作的基础上,规划院对公益林按生态区位又区划重点公益林117.98万公顷,为落实生态效益补偿提供了依据。

五是林业工程咨询工作。多年来,累计完成1 646个项目(工程)实地调查和可行性研究、总体规划、初步设计等材料的编制工作,其中超亿元的项目50多项。工程咨询主要内容包括:野生动植物保护、中原城市群生态体系、日元贷款、中德财政合作、湿地保护、南水北调水源涵养林、优质苗木繁育基地、种质资源保存、森林防火、森林公安、森林病虫害防治等方面。

六是科技社团组织。由规划院发起组建的河南省林业工程建设协会、河南省资产评估协会森林资源资产评估专业委员会等社团组织,充分发挥了各位专家在行业指导、理论创新、政策宣传、学术交流、人才培养等方面的重要作用,为河南省林业工程建设事业的发展提供了良好的运行平台。

(四)飞播造林作业

1978年春,河南省在豫西伏牛山区的栾川、卢氏、灵宝三县进行了人工模拟飞播试验,取得了试验成功。1979年6月,在栾川、卢氏两县开展飞播造林试验1.37万公顷,获得了良好的飞播效果,直接成效率达35.3%,为河南山区造林绿化开辟了新途径。河南省的飞播造林作业主要在水土流失严重、立地条件差、交通运输不便的深山区进行。30年来,区域不断扩大,由伏牛山区的1个省辖市2个县扩大到太行、桐柏和大别山区的三门峡、洛阳、焦作、安阳、新乡、鹤壁、南阳、济源、郑州、信阳、平顶山等11个省辖市的35个县(区);飞播造林面积不断增大,截至2008年9月,全省飞播作业面积达95.43万公顷,累计成效面积33.33多万公顷。在宜林荒山实施飞播造林后,通过"飞、封、造、管"相结合,使林木植被很快得以恢复,减少了水土流失,改善了生态环境,提高了森林覆盖率,加快了全省造林绿化步伐。

(五)林业司法鉴定

2002年,经省司法厅批准成立河南林业司法鉴定中心。现有注册司法鉴定技术人员51名,其中具有高级职称的22名,鉴定范围包括林木林地、林木种苗、野生动物、珍稀植物、森林火灾等五大类。6年来,受理有关单位(部门、个人)委托的涉林案件提供林业司法鉴定650余起,鉴定结果采信率达85%以上。2008年在省司法厅开展的全省数百家司法鉴定机构评比中,获得了第二名。

(六)科学技术研究

一是制定行业技术标准、办法80多项。如:《河南省林业生态县检查验收办法》、《河

南林业生态省建设重点工程检查验收办法》等。二是参加编写出版科技书籍 35 部。如:
《河南林业发展历程》等。三是在省级以上报刊发表各类专业论文 680 多篇,传播了林业
先进技术。四是开展了《河南省林业产业体系建设与实施对策研究》等 50 余项林业科技
研究项目攻关,取得了较好生态效益和社会效益。五是认真编写了《河南省"十一五"期
间年森林采伐限额》,编限单位共有 230 个县(市、区)、国有林场,得到了国家林业局资源
管理司的确认(林资用字〔2005〕29 号)。

(七)园林景观设计

多年来,规划院承担了 210 多项森林公园、农业生态观光园、生态旅游、区域性地貌景
观绿化美化、风景林营造、城市森林建设、街景绿化、庭院绿化景观等工程的规划、设计、可
行性研究报告编制,为优化人们生活环境、促进森林旅游事业发展、提高人民群众生活质
量作出了贡献。

三、主要措施和经验

规划院是一个崇尚科学、注重实效,善于总结经验、不断提高水平的事业单位。在多
年的工作实践中,紧紧围绕如何搞好林业调查规划设计工作进行了不懈探索,采取了有效
措施,积累了宝贵经验。

多年来,规划院最坚定的思路是围绕大局、提供服务。规划院成立以来,紧紧围绕全
省林业大局,始终坚持为省林业厅党组科学决策提供优质高效服务作为开展各项工作的
出发点。1950~1978 年,开展的森林资源清查、国营林场调查设计、平原区农田防护林规
划设计等工作,为林业系统"多、快、好、省"生产木材产品支援国家建设作出了贡献。
1980 年至今,开展的森林资源连续清查等各项调查成果,使省林业厅准确掌握了全省各
地森林、林地和林木资源的种类、数量、质量与分布,及各个时期沙化土地、野生动植物、湿
地资源消长变化动态及发展趋势,为各级制定区域国民经济发展规划、林业发展规划,制
定森林采伐限额,指导和规范森林科学经营提供了重要依据;开展的林业工程专项规划、
区划和提交的林业工程咨询成果,保证了国家、省林业重点工程的科学实施,减少了投资
决策的失误;开展的各项工程核查成果是省政府及林业部门掌握各市、县实施每项林业工
程的数量和质量,衡量各级政府及林业部门工作成效、拨付各项工程建设资金(奖金)的
依据;开展的司法鉴定成果为公、检、法部门提高办理森林案件效率与质量提供了支持;提
交的林木覆盖率指标调查与考评成果是省委、省政府评价各县(市)县域经济社会发展水
平、评选县域经济社会发展强县(市)和先进县(市)的基本依据。规划院各项工作的开
展,充分体现了公益事业单位的主体性质,充分发挥了为厅党组科学决策、为各地林业提
供科技支撑的重要作用。

多年来,规划院最强劲的动力是紧跟形势、改革创新。新中国成立后,河南省的林业
发展同全国一样,经历了木材大生产、改革开放初期、建设两大体系、生态建设前期、生态
建设主战场时期五个阶段。规划院紧跟全省林业建设步伐,适时从业务范围、内设机构、
规章制度、科技运用等方面不断进行改革创新,为林业调查规划事业发展注入了强大动
力。在业务范围上不断拓宽,从创建之初单一的森林资源开发的调查、规划、设计,发展到
对森林资源与环境的保护、恢复、建设、利用和可持续经营的调查、规划、设计,发展到对森

林资源、荒漠化、野生动植物、湿地资源、飞播营造林作业、森林旅游资源、园林景观、营造林实绩以及林业生态环境的调查、监测、规划、设计与评价等;在内设机构上不断调整,由原来的不分机构,到下设的4个分队、6个分队,到下设的13个单位,再到2008年的下设的18个科室,分工越来越细、机构日益健全;在规章制度上不断完善,至今已建立健全各种规章制度30多项,并充分发挥其引导、制约、规范、激励作用,确保各项工作有序开展;在科技运用上不断革新,从运用常规的调查规划设计手段,发展到遥感、地理信息系统、全球定位系统技术充分结合进行调查,再到利用电子计算机技术快速处理调查、监测和规划设计成果,从而做到了快捷、准确、全面地为上级林业部门决策提供科学的依据和高质量的服务。

多年来,规划院最根本的方法是统筹兼顾、协调推进。规划院不仅要完成全省林业资源监测、飞播造林、司法鉴定及各项大中型工程建设的蓝图规划、成效核查工作,而且还必须不断地加强党总支、妇联、共青团、老干部及机关管理等工作,任务非常艰巨。在工作安排上,及时召开会议,做到充分讨论、民主决策,注重提高各项决策的科学性和措施制定的针对性,注重处理好资源监测等公益性工作与林业工程咨询等服务性工作的关系,统筹安排技术人员、工作时间、任务分配等事宜,确保高质量按期完成;在利益分配上,注重处理好个人付出与个人所得的关系,发放补助时尽可能考虑每名职工完成工作任务的数量和质量,配备办公用品时充分考虑其工作性质和任务需求,评选先进人物充分考虑每个人的德、能、勤、绩,做到"公平、公正、公开";在加强党的建设中,注重处理好党的主题教育活动学习与促进业务工作开展的关系,做到集体学习与个人自学相结合,理论与实践相结合,党性修养提高与业务能力增强相结合;在机关管理中,无论是内设机构的调整、科级干部的选拔,还是管理制度的完善、优秀人才的培养,无论是81号院水、电、治安、绿化管理,还是各种调查设备的购置,都坚持从院经济现实状况、工作需求和长远发展出发,注重经济效益和社会效益相统一。

多年来,规划院最浓厚的氛围是超前谋划、真抓实干。每年初,结合全省林业年度工作重点,规划院都全面考虑、超前部署,在工作时间、工作质量、问题处置、内务管理方面狠下工夫,力求实效。一是在时间上抓得"紧"。面对艰巨的工作任务,全体职工经常加班加点,确保了各项工作的按时完成。二是在质量上要求"高"。在每一项办法(细则、规程)的制定中,都经过拟稿、讨论、修改、再讨论、再修改等许多环节,数易其稿,从结构、语言、标点符号、引用标准等方面进行认真推敲。在各类调查和核查中,不但注重加强对技术人员的业务技术培训,而且注重加强他们的思想政治教育和纪律作风整顿,院领导成员分片包干,深入各地,督导工作,保证质量。三是在处置上把握"严"。对各工程核查组在市、县发现的问题,院多次召开会议,提出解决意见,经省林业厅同意后,及时把解决办法传达给核查人员,确保了各类问题的处理在技术标准和操作规程方面的统一。四是在实战中承受"苦"。森林资源监测、各项工程核查、年度综合核查等外业工作,任务量大,工作时间长。全院工程技术人员不畏夏季炎热,不惧冬天寒冷,不怕山高路远,奔波在田间山头,认真进行调查。多年来,规划院提交的各项调查成果、工程咨询成果、各项技术规程经得起了时间和实践的考验,得到了厅党组的充分肯定,在全省林业系统得到了广泛应用。

四、今后发展设想

党的十七大报告指出：在新的发展阶段继续全面建设小康社会、发展中国特色社会主义，必须坚持以邓小平理论和"三个代表"重要思想为指导，深入贯彻落实科学发展观。

在林业调查规划设计工作中贯彻实践科学发展观，就是要为加快河南林业生态省建设提供优质服务，适应河南经济社会发展的新要求，突出"发展"这一要务；就是要为实现林农增收、林业增效、绿化美化人居环境，适应人与自然和谐相处的新需要提供优质服务，突出"以人为本"这个核心；就是要为增加森林资源、扩大环境容量、拓宽减排途径，适应建设资源节约型、环境友好型社会、提高全省经济社会发展的环境承载能力的新目标提供优质服务，体现"全面协调可持续"的基本要求；就是要为各级林业部门处理好"生态建设与加快发展、林业与农业、生态建设与产业建设、植树造林与加强管护、政府主导与市场调节、生态建设与民生改善"六大关系提供优质服务，适应经济社会发展对生态文明建设的新需求，体现"统筹兼顾"这个根本方法。

今后一个时期，规划院工作的指导思想是：以"三个代表"重要思想为指导，深入贯彻落实科学发展观，把抓好森林资源监测、突出公益事业主体地位作为立院之本，把拓展资源资产评估、工程咨询设计、园林景观规划等业务范围、提高服务水平、提高竞争能力作为兴院之源，把加强人才培养、加快科技进步、强化党务和机关管理、完善激励制度作为强院之路，求真务实，开拓创新，为推进河南林业生态省建设提供更加有力的信息基础和技术支撑。

（一）突出"立院之本"

抓好公益性工作，为省政府和上级林业主管部门科学决策提供准确、全面、客观、及时的核查（调查）成果。

首先，认真做好全省森林资源连续清查复查、全省森林资源规划设计调查、全省沙化荒漠化资源调查、全省全省野生动（植）物资源调查、全省荒漠化和沙化监测等大型调查的技术指导、人员培训、质量验收、成果编制等工作，为省政府和上级林业主管部门提供宏观决策提供翔实的准确资料。

其次，认真做好林业生态县、林业生态省工程、退耕还林、日元贷款、中德财政合作河南造林、生态公益林区划等项目（工程）的省级核查、验收工作和省辖市年度林业目标综合核查工作，为省政府和上级林业主管部门考核各地政府及林业部门工作成效、拨付林业工程建设资金提供准确依据。

再次，认真做好飞播造林科学研究，提高飞播造林技术，提升飞播造林成效。

（二）狠抓"兴院之源"

抓好林业工程咨询等服务性项目，为社会各界发展林业提供科技支撑。

推进《河南省森林资源流转及评估办法》出台并做好其实施工作。认真做好项目（工程）的可行性研究、总体规划、初步设计工和工程项目征占用林地的调查和材料编制工作，争取获得更多国家级和省级优秀工程咨询奖项。严格按照国家、省关于司法鉴定方面的要求，认真做好每件涉林案件的司法鉴定工作。拓宽园林景观设计领域，提高森林公园总体规划、可行性报告的编制水平，同时，积极开展城市绿地、休闲场所等规划设计业务。

（三）开拓"强院之路"

抓好党务和机关管理,加快科技进步,提升全院林业监测核查成果水平。

第一,加强党的建设,深入开展时事政治学习活动。加强政治理论学习,加强党风廉政建设建设,实行"一岗双责"和"一票否决",认真执行责任追究制度。层层分解落实党风廉政建设责任目标,做到了一级抓一级、层层抓落实。严格干部廉洁自律。提高民主生活会质量。通过多种形式的党风、党纪和廉政教育,使全体党员进一步认识廉政建设的重要性,提高新形势下拒腐防变能力。

第二,大力倡导奋发向上的学风、扎实肯干的作风。紧紧抓住培养、用好人才两个关键环节,突出高层次、高技能人才两个重点,推进人才队伍建设。注重人才培养。在职职工攻读硕士、博士研究生或考上注册会计师、注册咨询工程师、注册评估师、注册监理师等的,一律给予奖励。同时,采取"走出去"和"请进来"的办法加强人才培养。注重人才使用。以公开、平等、竞争、择优为导向,建立一个人人爱护人才、人人尊重人才、人人竞相成才的良好机制,使每名员工各尽所能、各得其所。

第三,切实加强共青团、妇联等团体管理和环境优化。在人的管理上,既要严格规章制度、加强外在约束,又要坚持以人为本,实行人性化管理;在文化的管理上开展以个性展示为主的各种文体娱乐活动,把规划院建成"激情燃烧的地方";在环境的管理上,注重工作环境的优化和生活环境的整治,继续做好工作环境和生活环境的绿化美化工作,加强治安保卫,做好车辆、水、电、用餐等各项管理。在科技设备上,及时掌握全国林业调查规划工作最新设备的研发、使用情况,适时更新办公和科技设备。（林业调查规划院）

第十七节　林业科学研究

河南省林业科学研究院的前身为河南省农业科学研究院林业、园艺系,成立于1958年5月。51年来,在机构名称和隶属关系几经变更后,2003年9月河南省林业科学研究所更名为河南省林业科学研究院(以下简称林业科学研究院)。目前,全院拥有土地44公顷,科研和办公用房6 000多平方米,各类仪器设备400余台(套);全院设有3个管理科室、8个研究部门、1个服务中心,依托林业科学研究院和中国林业科学研究院泡桐研究开发中心建立了河南省林业系统唯一的省级"林木种质资源保护与良种选育重点实验室"和"林产品质量监督检验站",省生态林业工程技术中心建设及国家林业局林产品质量检验检测中心分别通过了省科技厅和国家林业局验收。经过51年的努力和奋斗,已发展成为一个综合性、多学科、社会公益型的省级林业科研机构,先后被国家林业局评为"全国林业科技先进集体",被中共河南省委授予"全省'五好'基层党组织"、被省委省政府授予"省级文明单位",院开发科被共青团中央授予"全国青年文明号"等称号。

一、发展历程

林业科学研究院成立51年来,历经艰辛和曲折,实力不断壮大,支撑不断增强,水平不断提高、贡献越来越大,进入了可持续快速发展的最好时期。

林业科学研究院的发展历史分为以下五个时期。

（一）建所初期（1958～1961 年）

1958 年在河南省农业科学研究所设立林业、园艺系。1959 年河南省农业科学研究所改为河南省农业科学院，林业、园艺系改为林业研究所、果树研究所。1960 年精简机构，林业研究所、果树研究所合并为林果研究所。这一时期省林业科研单位刚建立，科技人员很少，自选课题，对部分用材树种和果树进行了一些初步资源调查和少量造林技术试验。

（二）发展时期（1962～1966 年）

1962 年林果研究所从省农业科学院中分出，建立河南省林业科学研究所，归河南省林业厅领导。所下设办公室、森保室、造林室、化验室、资料室及试验林场。该时期第一次独立建所，科技人员逐渐增加，内设机构逐渐健全，办公条件逐渐改善，林业科研工作逐步走向正规。开始少量承担国家、省级有关研究项目，并取得了一定的科研成果。

（三）停滞时期（1966～1971 年）

1966 年"文化大革命"开始后，科研工作处于停顿状态。1969 年所里干部下放，河南省林业科学研究所撤销。1969 年建立河南省农林技术服务站，归河南省农林局领导，林业组为下设机构。1971 年，河南省农林技术服务站改为河南省农业科学研究所，设有林业组。这一时期，林业科研工作停止，仪器、图书资料散失，林业科研工作遭受到严重摧残。后期虽然建立了河南农林技术服务站，设有林业组，但科技人员少，未能开展林业科研工作。

（四）恢复发展时期（1972～1984 年）

1972 年河南省农科所改为河南省农林科学院后，于 1973 年将林业组改为林业科学研究所。1978 年河南省农林科学院林业科学研究所下设办公室、后勤科、泡桐研究室、营林研究室、经济林研究室、森保研究室、生理生化实验室及试验林场。此时期科技人员逐渐增加，科研条件逐步得到改善，科研工作逐渐展开。特别是 1978 年全国科学大会后，科研工作受到党和国家重视，科技队伍迅速壮大，科研经费较为充足，科技人员积极性空前高涨，承担国家、省部级的科技攻关项目逐年增多，对全省主要造林树种和经济林树种进行了系统研究，取得了一系列高水平的林业科研成果。

（五）快速发展时期（1985～2009 年）

1985 年林业科学研究所从河南省农林科学院中分出，建立河南省林业科学研究所，归省林业厅领导，1986 年对内设机构调整，下设办公室、人事科、科研管理科、技术开发管理科、农用林研究室、林木育种研究室、商品林研究室、林业经济与信息研究室、森保研究室、木材利用研究室、生态林业研究室、测试化验中心及河南省林产品质量监督检验站。2003 年省林业科学研究所改为河南省林业科学研究院，编制、规格、隶属关系不变。第二次独立建所后这一时期，经过二次机构改革，内设机构完善，规章制度健全，办公条件、科研手段改善，科技人员队伍结构基本合理，科技人员素质显著提高，承担了较大的国家和省部级科技攻关项目，科研经费大幅增加，取得了大批高水平的林业科研成果。

建院（所）以来，虽历经数次单位合并、分立、撤销、干部下放等变化，林业科研工作受到严重影响，但林业科研机构则被保留下来，使林业科研事业得到不断发展。2006 年经过科技体制改革，对人员及内设机构进行了较大调整，取得了显著效果。一是精减了行管机构和行管人员，提高了专业技术岗位的比例。改革后行管部门由过去的 4 个（办公室、人事科、科管科、物业管理办公室)减少到 3 个(院办公室、人事科和科研管理科),行管人员由过去的 17 人精简至 7 人。二是对内设专业机构和专业人员进行了调整和优化重组,使现有内设专业机构和人员组成更加科学合理。在加强省级重点实验室(河南省林木种质资源与良种选育重点实验室)和河南省生态林业工程技术研究中心建设基础上,新组建了湿地与野生动植物保护研究所、城市林业与环境研究所、林产品质量与标准化研究所和林业研究所,通过内设机构调整,进一步扩展了研究领域,为科研工作更好地适应现代林业发展需要奠定了坚实基础。

二、取得的成就

(一)人才培养成效明显,科技队伍不断优化

通过实施人才强院战略,利用继续教育、合作研究、出国培训等多种形式,培养和造就了一支高水平、高层次的科研队伍。目前,全院共有职工 146 人,其中在职职工 71 人。在职人员中,具有高级职称者 26 人,占科技人员的 43.3%,其正高级职称 9 人,占科技人员的 15.5%;博士和在读博士 8 人,占科技人员的 13.3%,硕士 20 人,占科技人员的 33.0%,均达到院历史最高比例,知识结构、职称结构更趋优化。

(二)科研水平持续提高,创新成果十分丰硕

先后主持国家、省部和市(厅)级各类科技项目 676 项,其中国家科技攻关、"948"等重大项目 90 项。目前主持"十一五"国家科技支撑项目 8 项、国家社会公益和成果转化资金项目 4 项、省重大社会公益性研究项目 2 项,再创林业科学研究院主持国家和省级重大项目的历史新高。1978 年以来取得科研成果 202 项,不少成果居国际先进水平,获得各级科技成果奖励 189 项,其中国家级成果奖 18 项、部省级成果奖 141 项。尤其是主持完成的"太行山低山丘陵区复合农林业配套技术研究"获 2002 年度省科技进步一等奖,填补了河南省林业行业无省级科技进步一等奖的空白。

(三)优势学科不断加强,支撑能力明显提高

在林果良种选育与引进方面,先后选育和引进泡桐、白榆、油松、侧柏、杉木、杨树、刺槐、楸树等主要用材树种良种 50 余个,核桃、板栗、李子、大枣、柿子、黄连木等主要经济树种良种 30 多个。其中 20 多个良种通过了国家或河南省林木品种审(认)定。这些良种占林业工程项目推广良种的 75% 以上,对推进河南省林木良种化作出了重要贡献。在森林生态建设和营造林方面,开展了平原农田综合防护林体系、太行山造林绿化、小流域综合治理、飞播林经营、旱作节水造林、石质山区综合造林技术以及速生丰产林营造、经济林优质丰产栽培等方面的研究,取得了一批先进实用的技术成果,为河南平原绿化保持全国领先水平及粮食丰产稳产提供了坚强的技术支持,为山区植被恢复提供了重要技术保障。在森林病虫害防治方面,开展了杨树天牛、枣尺蠖、马尾松毛虫、泡桐丛枝病、白榆叶甲、杨树黄叶病等病虫害防治技术研究,成效显著。提出的生物方法诱饵树防治光肩星天牛技术居全国领先水平,短时间内确定杨树黄叶病为非侵染性病害消除了因杨树黄叶病给人们带来的恐慌。在巩固上述传统优势学科的同时,林业经济学科的优势已基本形成。配合河南林业生态省建设规划完成的河南省林业生态效益价值评估、关于河南林业在促进农村劳动力转移和农民增收中作用、河南林业在河南省农业生产和粮食安全中的地位和

作用、退耕还林后续产业发展对策等研究,为政府决策提供了重要依据。尤其是院主持完成的河南省林业生态效益价值评估,使河南省成为第一个以国家标准完成林业效益价值评估的省份,在全国产生极大反响,也为河南省 18 个省辖市的生态规划提供了重要指导。

(四) 平台建设加快推进,创新能力显著增强

重点组建了河南省林木种质资源保护与良种选育重点实验室和河南省(林业厅)生态林业工程技术研究中心,申报省级生态林业工程技术中心建设及国家林业局林产品质量检验检测中心分别通过了审定验收,启动了一批林业生态观测站建设项目,购买和更新了一大批实验仪器。研究手段进入全国先进行列,为林业科研上水平和提高科技创新能力搭建了良好平台。

(五) 成果转化成效明显,社会影响不断扩大

对拥有自主知识产权的中红杨、二乔刺槐、豫楸 1 号等林木新品种进行了转化和推广,取得较好效益。尤其利用自身优势中标建成的郑州市 533 公顷(8 000 亩)石榴种质资源小区,成效显著。组织实施科普与实用技术传播工程项目 154 项,建立科技示范与科普示范基地 30 多处,在基层林业单位和广大林农中的影响日益增强。

三、积累的经验及主要做法

51 年的艰苦创业,51 年的辛勤耕耘,51 年的不断发展,铸就了林业科学研究院今日的成就与辉煌。总结 51 年的发展经验,主要有以下几点.

(一) 加强党的领导,落实党的知识分子政策,做好政治思想工作,是搞好林业科研工作的前提条件

1978 年全国科学大会后,特别是党的十一届三中全会后,全面贯彻落实党对知识分子的政策,提出了知识分子是工人阶级的一部分,确立了知识分子在我国政治上的地位。同时解决了知识分子中夫妻长期两地分居、住房紧张等生活上的实际困难,进一步提高了科技人员的工作积极性。

(二) 健全科研机构,保持科技人员队伍相对稳定、研究课题不断增多,是出人才、出成果和科研事业发展的重要保障

1962 年独立建所后,科研工作步入正规,但由于“文化大革命”的影响,林业科研单位被撤销,仪器、图书资料散失,研究课题半途而废,致使科研成果极少。与此相反,1978 年后,由于科研机构、科技人员队伍相对稳定,这一时期成为出人才、出成果最多的时期。

(三) 提高科技人员素质,保持结构合理的科技队伍,是搞好科研工作的重要基础

1985 年前,科技人员基本均为 60 年代大学毕业和少量研究生毕业,虽有少部分中专毕业,但经过进修和长期科研工作锻炼,都已成为科研工作的骨干。1985 年后,有计划地逐年接收一部分相关院校的应届本科毕业生。1988 年开始接纳研究生。1999 年开始选送科技人员攻读硕士和博士,从根本上提高科技人员的素质。2002 年以后组织实施了“人才强院”计划,不断加大人才培养和引进力度,明显改善了人才结构。一方面积极鼓励科技人员在职进修和攻读博士、硕士学位,相继出台了《河南省林业科学研究院关于在职职工继续教育有关事宜的暂行办法》《河南省林业科学研究院关于博士引进和培养的暂行办法》等文件。另一方面加强优秀科技人才的引进。规定从 2003 年开始,凡新进人员必须具有硕士以上学位,鼓励各研究部门根据需要临时聘用研究生以上科技人员从事有关研究工作,院重点实验室为来开展合作研究的外来科技人员提供优越条件和经费,并享有与本院职工同等的科技奖励机会。通过多年来的努力,建立起了一支高素质的人才队伍。

(四)加强对外交流与合作、大力引进先进技术和优良品种,是不断拓宽研究领域的有效载体

多年来围绕林木培育和引种,干旱地区造林、森林病虫害防治等重点学科领域,同国外高校、研究机构及有关企业开展了广泛的科技交流与合作,先后8次独立组团赴国处培训学习。接待来自美国、荷兰、匈牙利、比利时、韩国、日本等参观访问团7个、外国专家40余人(次),并与美国路斯安那州立大学、匈牙利国家林业研究院签订了定期互访、品种交换、合作育种等方面的合作协议。在国内,与中国林业科学研究院、北京林业大学、南京林业大学、中南林业科技大学、西北农林科技大学及山东、河北、湖南、新疆、辽宁、四川、浙江等10多个省级林业科技机构建立了长期科技合作关系。从而提高了林业科学研究院的知名度,开阔了科研人员的视野,拓宽了研究领域。

(五)不断深化科技体制改革、健全科研创新激励机制,是为林业科学研究院科学注入活力的重要举措

经过两次科技体制改革,林业科学研究院的学科、人才等进行了比较大的调整和优化组合,科技创新能力得到增强,科技人员创新的积极性和创造力普遍提升,科研环境和基础条件建设明显改善,取得了在国内外有影响的科研成果,初步建立了"开放、流动、竞争、协作"的运行机制。

盛世兴林,科技为先,人才为本。如何围绕河南林业生态省建设对科技的需要,加快林业科学研究院林业科技创新体系建设,为全省林业又好又快发展提供强有力的科技支撑,已成为林业科学研究院今后发展的主要任务。面对新的机遇和挑战,继续坚持"科研是立院之本,人才是强院之基,开发是富院之路"的建院方针,弘扬艰苦创业、勇于开拓、敢为人先的创新精神,以科学发展观为指导,以体制机制创新和科技创新为动力,不断完善发展思路,积极拓展国内外科技合作,强力推进科技成果转化和推广应用,努力造就一支高水平的科技队伍,全面提升林业科学研究院的科研水平和综合实力,把林业科学研究院建成更具河南特色,走在全国前列在国内具有重要影响的省级林业科学研究院,为河南林业建设作出新的更大的贡献。(林业科学研究院)

第十八节 林业教育

河南省林业学校1951年4月在洛阳建立。近60年来,经过几代人的艰苦努力,学校不断发展壮大,成为中州林业人才的摇篮,先后被教育部、河南省人民政府、河南省教育厅等单位确定为"国家级重点中专"、"信息产业部职业技术教育工程定点院校"、"劳动部特有工种职业技能鉴定站"、"中国电子商务职业经理人才培养基地"、"河南省中等职业学校教师教育技术能力培训基地"、"河南省电子行业特有工种实训基地"、"2006年河南省最具影响力的十佳职业院校"、"2006年河南省诚信规范招生示范院校"、"2009年河南最具影响力的十大教育品牌"等。目前学校办学条件优越,师资力量雄厚,专业优势突出,特色教育明显,是享誉全国的一所中等林业学校。

一、发展历程

河南省中等林业教育,始于清光绪 33 年(公元 1907 年)8 月,当时在今洛阳市老城区农校街小学校址(原为旧察院址)首创河南府农业学堂(中等实业学堂)。民国 8 年(公元 1919 年),河南府农业学堂改为省立甲等农校,设农、蚕、林三科,招生 5 个班 179 人。其中农、蚕科各两个班,林科一个班。民国 37 年(公元 1948 年),学校迁往开封(当时省政府所在地),后在解放战争中解散。旧中国的河南中等林业教育规模很小,所培养的林业人才也十分有限,以致中原地区林业人才十分缺乏。

新中国成立后,党和政府对林业极其重视,为了给社会主义新中国林业建设培养急需的人才,在国民经济恢复的第二年,即 1951 年,河南省文教厅决定在洛阳、新乡、信阳和陕州地区创建四所中等农林学校。在洛阳专署教育科的具体领导下,学校于同年初着手筹办。经过反复选址,确定洛阳东关爽明街泰山庙为校址,定名河南省洛阳农林中等技术学校,属洛阳专署领导,招收农科、林科学生各一个班,于 4 月 21 日开学,学校正式诞生。

1952 年,学校归省农林厅领导。1953 年,发展国民经济第一个五年计划开始,根据中南区中等农林技术学校调整整顿方案,将学校两个农科班与百泉农林中等技术学校的两个林科班对调。调整后,学校成为专门培养中等林业人才的中等林业学校,定名为"河南省洛阳林业学校"。1954 年 3 月,根据上级指示,陕州棉校三个林业干部训练班并入学校。1955 年 1 月至 1957 年初,学校归林业部领导。在此期间,林业部曾向学校投入了大量资金,为学校的发展奠定了基础。1957 年初,学校又归省林业厅领导。

1958 年 8 月,学校下放归洛阳专署领导。经中共洛阳地委研究决定,并报请河南省委批准,学校升格为河南省洛阳林业专科学校,并于暑假开始招收专科学生。1959 年,学校又收归省林业厅领导。为培养更多急需的林业人才,根据上级要求,1956 年、1958 年、1959 年招生人数增多,学校发展很快。1960 年在校生人数空前,达到 1 046 人。但由于"大跃进"的影响,教育质量有所下降。

1961 年 8 月,奉上级指示学校放长假一年。1962 年 8 月,又停办一年。1963 年 8 月,学校恢复(专科班未恢复),又改名为河南省洛阳林业学校,这个校名一直沿用到 1998 年 2 月。

1966 年"文化大革命"开始,师生卷入政治运动,教师队伍受到严重的冲击。1969 年 1 月,学校被砍掉(同年 6 月又恢复),教师或回乡生产,或下放到嵩县陆浑水库参加劳动改造,校舍、校园被其他单位占用,图书、仪器和其他校具遭到严重破坏。学校从 1966 年开始至 1973 年停止招生达 8 年之久。但在这个非常时期,广大教职工始终与学校共患难,在逆境中为学校的生存发展尽心尽力,在保护学校财产方面作出了巨大贡献。1974 年,学校开始招收"社来社去"学员。从 1968 年至 1978 年,学校又下放洛阳地区领导。

1977 年恢复招生,招收参加高考的高中毕业生。1978 年 3 月学校又重归省农林厅(后归林业厅)领导。1983 年,学校改招初中毕业生,学制为 4 年。

1990 年以来,学校在党的正确方针的指导下,不断加大改革力度,深化教育教学改革,实施素质教育;陆续增设新专业,扩大专业服务面;积极探索联合办学路子,为社会培养大专层次的专业人才,形成了一个多层次、多规格、多渠道办学的新格局。1998 年 2 月,经林业厅同意并报请省教委批准,学校改名为"河南省林业学校"。2002 年 7 月,经河南省人民政府批准,在河南省林业学校基础上成立河南科技大学林业职业学院,为河南科技大学二级学院,面向全省招收三年制高职生,实现了高职教育与中职教育并存。

二、管理措施与成就

58 年来,学校积累了丰富的教学管理经验,建立了严密的管理体系,围绕提高教学质量这个中心,不断补充完善管理制度,形成了"敬业、博学、奉献、师表"的优良教风。

(一)加强教学管理

学校十分重视教学过程监控和教学质量考核,通过实行教务科负责人教务值日制、抽查听课制、教案与作业定期检查制等,强化常规教学管理,相继制定了《教师教育工作职责》《教师岗位责任制》《教职工年终考核办法》等,对教师的教学过程提出了明确的要求。为加强教师之间的交流与学习,实行了中青年教师坐班制和教师互相听课制度,对教师钻研教学、提高教学质量起到了很大的推动作用。学校充分发挥教研室在教学管理和教学研究上的重要作用,定期开展教研活动,提高教师的授课水平。90 年代以后,为加强教学研究和教学管理,学校相继成立了教育研究室和督导室,在教学管理和教学研究上作了许多有益的尝试和探索。

(二)重视师德教育

学校对教师明确提出了要有"坚定的政治方向、高尚的道德品质、深厚的业务功底、无私的奉献精神"的原则要求,培养教职工(主要是教师)形成良好的师德。在林业厅党组和学校党委的领导下,学校始终注重教职工的思想政治教育和精神文明建设,认真组织教职工学习党在各个时期的路线、方针、政策,学习马列主义、毛泽东思想和邓小平理论,不断提高竞争意识和改革开放意识,坚持依靠教职工进行民主管理,保持学校稳步发展。广大教职工坚持四项基本原则,拥护党的领导,忠于党的教育事业,思想政治觉悟高。他们爱岗敬业,勤勤恳恳;不求索取,无私奉献;以身作则,为人师表;积极进取,勇于开拓,做到了教书育人、管理育人、服务育人,形成了良好的教风。

(三)注重学生日常管理

坚持并逐步完善学管科(团委)主管、班主任分管、学生干部辅助管、各部门齐抓共管的学生管理模式。先后制定了《学生学籍管理办法》、《班级奖励基金浮动办法》、《学生操行三项考核办法》等一整套的规章制度;充分发挥班主任在学生管理上的特殊作用,把班主任工作的质量与评优、评先、晋职等紧密结合起来,发挥了班主任工作的主动性、创造性和积极性,学生管理水平不断提高。学校始终把德育放在首位,成立了以学校领导、学管科(学生科、团委)、中层干部、班主任、政治课教师组成的德育工作领导小组,形成一个完善的德育工作网络,对学生深入进行"三主义"(爱国主义、社会主义、集体主义)、"三观"(世界观、人生观、价值观)和"三德"(职业道德、思想品德、社会公德)教育。通过开展"学雷锋、树新风"、"五讲四美三热爱"、"双争双创"活动及其他丰富多彩的文体活动,寓教于活动之中,也使学校校园文化活动不断向广度和深度发展,给学校带来了勃勃生机。这对广大青年学生树立正确的人生观、价值观、世界观,树立远大的理想,端正学习态度起到了很大的促进作用。广大学生在这样环境的熏陶下,积极要求上进,严格遵守纪律,勤奋学习,尊师爱友,形成了学校"尊师、勤学、守纪、上进"的优良学风。

(四)大力开展专业建设

在办学中,学校按照"适应需求、发挥优势、挖掘潜力、办出特色"的原则,不断"拓宽、合并、增设、调整"进行专业建设。改造老专业,使学校的老专业成为支柱专业和拳头专业;设置新专业,使新专业具有科学性、实用性、适应性和超前性,形成自己的办学优势,具有自己的办学特色。从建校至1990年,学校先后开设了林业、造林、森林经营、木材加工、林产化学、木材采运、森林保护、城市及居民区绿化、财会、果树、城镇园林等11个专业。其中在1958年学校升格为专科学校时期,曾设大专、中专、初林三个部。1959年增设了一些新专业,设有林业、森林经营、林产化学、木材采运、木材加工、城市及居民区绿化6个专业。1963年学校专科班停办,只保留了林业和森林保护两个专业,1965年增设财会专业。1974年,学校开始招收"社来社往"学生后,设置了林业和果树专业。1978年恢复高招后保存了林业、森林保护两个传统专业。1986年,学校又新设置了园林专业。进入90年代后,学校本着面向社会、适应市场的办学原则,不断增设新专业。2000年学校设有林业、园林、果林工程、生态环境管理、家具设计与室内装饰、计算机及应用、法律、财会、森林生态旅游、经济管理等10个专业。2004年,学校设三系一部,分别是:森林资源与环境系、园林系、信息工程系和基础教育部。森林资源与环境系设林业、生态旅游管理、旅游服务与管理、生物技术、野生动植物保护、工程测量与规划、环境保护与监测、资源环境与城乡规划、环境工程、森林公安、法律事务等11个专业;园林系设园林、观赏园艺、园艺等3个专业;信息工程系设计算机网络技术、电子商务、电子与信息技术、市场营销、文秘、计算机应用与维护等6个专业;基础教育部包含数学、语言、政治、理化、体育等专业教研室。2009年学校开设有林业技术、生物技术及应用、森林生态旅游、园林技术、园艺技术、电子商务、计算机网络技术、电脑艺术设计(艺术)、动漫设计与制作(艺术)、商务英语、旅游英语、城镇规划、环境监测与治理技术、数控技术、观赏园艺等15个高职专业和电脑艺术设计、会计电算化、电子商务、农副产品网络营销、动漫设计与制作、计算机应用技术、连锁经营管理、信息技术应用与管理、园林、园艺、经济林、设施园艺、花卉生产与营销、林业、酒店服务与管理、旅游服务与管理、食用菌栽培与加工、数控技术应用、汽车检测与维修技术、社会体育与武术、公关礼仪与文秘、农业机械化及其自动化等22个中职专业,基本涵盖了河南省林业行业所需人才培养范围,形成了以林业技术、园林技术、计算机网络技术为主体专业,多门类专业协调发展的专业设置格局。

学校积极探索多形式、多层次办学路子,实现普通中专、成人中专和与有关高校联办函授大专立体推进的办学格局。先后为西藏、宁夏、解放军科工委、洛宁县、省城建厅代培学员,后又开始招收实践生、委培生、走读生等;1993年与河南农业大学联办大专函授,1996年以来,一直与北京林业大学联办大专函授;1997年开办成人中专班,开始招收成人中专生;1998年,省林业自学考试管理中心挂靠学校;2000年又与洛阳市电大联办城镇园艺大专班;2002年成立了"南京森林公安高等专科学校河南函授站",与其联办治安管理专业专科函授。目前已培养成人函授、自考、电大等本科和专科学生 2 000 余人。

三、取得的成就

(一)办学规模不断扩大

1951 年学校成立时只招收学生三个班,89 人。到 1956 年,学校人数已达 570 多人。1958 年学校升格为专科学校后,招收大、中专两个层次的学生,当年招生多达 620 多人。1960 年,在校生人数首次突破千人大关,达到 1 046 人。1963 年至 1965 年,在校生人数均在 450 至 600 人之间。1977 年恢复高招后,学校稳步发展。1980 年在校生人数近 600 人,1992 年为 960 余人;1995 年,当年招生 360 人,在校生人数为 1 100 多人;2002 年,学校开始招收高职生,当年高职招生 167 人,中职招生 800 多人;2009 年底,学校在校生人数已经达到 5 057 人。

(二)师资队伍迅速壮大

学校建校初期,教职工只有 16 人,1963 年至 1968 年教职工人数均在 110 人左右;1980 年至 1985 年在 140～160 人之间,2009 年在职教职工达到 248 人。在教师队伍建设方面,学校着重抓了以下两点:一是严格选拔教师,选拔教师时既把好政治关,又把好学历关和业务关。二是加强教师队伍的培训。多年来,一直坚持对新进的教师进行培训,对师范毕业的普通课教师进行《林业概论》培训,对非师范毕业的专业课教师进行《教育学》、《心理学》培训;近几年还对中青年教师进行普通话、计算机应用和现代教育技术培训。每年送出教师参加各种学术会议,创造条件让教师参加教研、科研、生产实践活动,提高教师的教学水平。目前学校有专任教师 177 人,其中高级职称 60 人;硕士以上学历教师 57 人,双师型教师 64 人,另有 38 名教师正在攻读硕士或博士学位。拥有河南省劳动模范 1 人、河南省职业教育专家 1 人、河南省优秀教师 6 人、河南省教育厅学科带头人 3 人、河南省教育厅骨干教师 4 人、河南省林业厅学科带头人 9 人、洛阳市劳动模范 1 人、洛阳市优秀教师 7 人、洛阳市青年科技专家 1 人、洛阳市学术科技带头人 2 人。

(三)科研成果显著

学校在注重教学的同时,积极鼓励教职工进行科研。1994 年《洛林教研通讯》正式创刊,各学科还专门成立了教研小组。为激励教职工从事科研,学校制定了一系列科研奖励措施。2002 年以来,共承担各级科研项目 62 项,其中获市级以上科技成果奖 12 项、国家发明专利 2 项、获河南省教育厅各类教学成果奖 24 项;教职工在各类公开发行的刊物上发表论文 600 多篇,其中在国内中文核心期刊发表 143 篇。

(四)办学条件逐步改善

在上级部门的大力支持下,自 1990 年起学校加快了基础建设步伐,先后建设了综合教学楼、餐厅、实验楼。2000 年学校固定资产累计达 1.55 亿元。2002 年以来,学校又通过多种渠道筹措资金,共投入 6 800 万元用于基础设施建设,完成了两幢学生公寓楼、图书馆等一批基建项目建设和旧的实验楼、教学楼等一批基建维修项目,办学条件明显改善。学校还投入 1 000 多万元用于购置教学仪器设备和进行实验实训室改造,先后建成了动物标本馆、植物标本室和 5 个校内实训基地,并与相关单位联合建设 28 个校外实训基地;新增计算机 600 台,新购图书 10 万余册,并投资 30 万元建成了清华同方 CNKI 数字图书馆,图书馆藏书达 42 万册。

(五)试验设备不断完善

学校十分重视实践性教学环节,不断加大资金投入,改善实验、实习条件,实践性教学条件十分优越。现有各类实验室 30 个,教学仪器设备总值达 500 多万元,试验设备齐全率达 100%。森林保护实验室现存昆虫标本 3 500 余种 10 000 余套,现存鸟兽标本 24 目 60 科 200 余种(其中属国家一类保护动物的 4 种 4 只,属国家二类保护动物 23 种 40 多只);植物实验室积累蜡叶植物标本 151 科 2 500 余种 11 000 余份。微机室、造林实验室、电教室、经济林实验室、园林制图室、环境监测实验室设备条件达到国内同类学校领先水平。目前,学校学生实验开出率已达 100%。学校重视校内外实习基地建设。校内实习基地包括校园苗圃、树木标本园、花卉盆景园和经济林实验园、温室、气象站等,占地面积近 14 公顷。经过多年的收集培育,荟萃了南北珍贵树种 400 余种(其中国家一类保护树种 10 种,二类保护树种 20 种)。校外实习基地主要有新安县郁山林场,嵩县白云山国家级森林公园,栾川龙峪湾国家级森林公园,伊川、吉利区、孟县果园等,总实习面积 6 000 多公顷,充分保证了教学实习、生产实习的需要。

此外,学校在实践教学中,十分注意同生产相结合。多年来学生生产实习足迹遍及信阳、南阳、商丘、开封、郑州、三门峡、洛阳、焦作、平顶山等 9 个地(市)近 20 个不同类型的国营林场,培养学生的实际动手能力。在实习中,利用专业优势大搞技术服务。1976 年和 1980 年两次组织师生参加全省森林资源清查,圆满地完成了任务。曾结合实习为洛宁县吕村林场、南召县乔端林场、郑州邙山区等地进行二类调查,为当地的林业部门提供宝贵的第一手资料。经济林班学生还结合实习,多年来一直为伊川、孟县、吉利区等地果园进行冬剪和技术指导,使许多低产园一变而为丰产园,很好地服务了当地农民。数控技术专业的学生直接深入到工厂车间进行实习,提高实际动手操作技能;校园林专业学生与老师一起曾为洛阳飞机厂、郑洛高速公路、伊川电厂、洛阳机车厂技校、小浪底工程等单位进行园林规划设计,得到好评。

2007 年 6 月,学校接受了河南省教育厅高职高专院校人才培养工作水平评估。经过师生问卷调查、实地察看、材料剖析、听取汇报、师生个别访谈、师生座谈会、学生专题研讨会、学生职业技能测试和基本技术测试等环节的考查,最后形成专家意见,确定学校人才培养工作水平评估结论为"良好",在同类学校中位居前列,这次评估是对学校各项办学条件和人才培养水平的全面综合测评,成为学校发展史的一个里程碑事件。

58 年来,学校为社会培养了大批的优秀林业人才。学校毕业生遍布河南全省及北京、黑龙江、新疆、广东、辽宁、吉林、福建、湖北、湖南、青海、宁夏、西藏等省(区),其中不少人已成为林业企事业单位的技术骨干力量和领导干部。到 2009 年 6 月止,学校共培养各类人才 2 万余人,其中大专生近 4 000 人,中专生 1 万余人,为林业和其他系统培训学员 1 万多人,函授大专学员 2 000 余人。

回顾半个多世纪以来的办学历程,尤其是改革开放 30 年来,学校得到快速发展,主要有以下几方面启示:要办好学校,必须始终坚持社会主义办学方向,坚持党的教育方针,进行素质教育,把德育放在首位,把学生培养成为社会主义现代化建设的"四有"人才;必须拥有一个团结实干、有魄力、有远见、大公无私、敢于开拓进取、锐意改革的领导班子,保持团结稳定局面；必须严谨治校，建立严密的、系统的学校管理制度，使学校各方面工作都有章可循、有法可依；必须加强学校精神文明教育，注重校风、学风、教风建设，形成良好的校风、教风和学风；必须发扬民主，增强教职工的主人翁责任感，建立一个公平、公正、公开的评价机制，尽量使评优评先、职称晋升工作做到客观、公允，使广大教职工拥有一个心情舒畅的工作环境；必须坚持以教学为中心，强化实践性教学环节，培养既有专业知识，又有专业技能的合格人才；必须注重建设一支政治和业务素质过硬的师资队伍；必须适应社会主义市场经济发展的需要，面向社会办学，不断深化教学改革；必须做好后勤工作，搞好后勤服务，这是学校各项工作顺利开展的保证。相信在国家高度重视林业发展的机遇下，通过广大教职工的共同努力，学校的未来一定会更加辉煌！（林业学校）

第十九节　林木种苗

自新中国成立以来，全省的林木种苗工作始终紧紧围绕全省林业工作重点开展工作，坚持一把手抓种苗，超前抓种苗，下大力气抓种苗，保证了种苗任务的落实。新中国成立初期，河南省年育苗面积在0.04万公顷左右；从1986年至今，全省林业育苗一直稳定在2万公顷以上。为了提高山区造林成活率和保存率，从1991年开始在全省山区大力推广应用容器育苗，在三门峡举办了全省容器育苗培训班，当年全省育容器苗6 100万袋，成立了河南省容器育苗推广领导小组和技术指导小组，推动全省容器育苗稳步发展，到1996年、1997年，出现了容器育苗高峰年，全省突破10亿袋，为绿化荒山作出了突出贡献。2008年以后，为满足河南林业生态省建设的需要，省林业厅面向全省各种所有制生产单位实行了优质林木种苗培育扶持政策。目前，全省年采收各类林木种子120万公斤，年育苗面积2.67万公顷，产苗量达20亿株以上，为全省造林绿化任务的完成提供了坚实的物质基础。

一、发展历程

1956年7月省林业局改为林业厅时增设省林木种子检验站，1959年林业厅增设种苗科，下设种子工作队和种子检验站，9月在郑州北郊建立试验苗圃。1963年成立林业厅种苗工作站，1965年在郑州二里岗建立省林木种子库，"文化大革命"期间省种苗站被撤销。1978年恢复种苗机构，设省林业技术指导站种苗科。1983年省林业技术指导站改为省林业技术推广站，下设种苗科，有技术人员13人。1996年7月机构改革成立河南省经济林和林木种苗工作站，属林业厅二级单位，正处级全额事业单位，编制20人。

二、种苗生产体系和良种繁育体系建设

为实现种苗生产基地化、造林良种化、质量标准化的目标，河南省从20世纪70年代后期开始逐步建立起一批种苗生产基地，并聘请中国林业科学研究院、北京林业大学育种界知名专家作顾问指导基地建设。全省共建成良种繁育基地22处（其中部省合建基地13处），在信阳县、南乐县、开封县建立现代化示范苗圃3个，省市中心苗圃17个，部省合建马尾松、油松、侧柏、日本落叶松、白皮松采种基地4处。建成了全国最大桐柏泡桐基因

库、鸡公山杉木基因库,全国第一个马尾松加密渐进种子园、第一个日本落叶松二代种子园和第一个白榆种子园。2000～2008 年,国家共批复河南省建立林木良种基地项目 32个,总规模 2 020.87 公顷,总投资 4 947.5 万元。林木良种基地项目的实施,大大改善了河南省林木良种基地生产条件,提升了技术装备水平,提高了生产的科技含量、种苗质量和管理能力,巩固和发展了一批良种生产基地,带动了社会育苗的发展。

新中国成立后,河南省专门成立了以林木良种繁育为重要内容的科学研究和推广机构,"文化大革命"期间,繁育工作暂时停滞。20 世纪 70 年代初,河南省成立良种选育协作组,以选为主,选、引、育相结合,试验研究和推广相结合,普遍开展了常用造林树种的良种选育工作。至目前,全省选育优良品种和无性系 500 多个,引进推广新品种 100 多个,可年产合格苗木 5 亿余株,可采优良种子 20 余万公斤,优良穗条 1 300 多万条(根),基本满足了造林绿化对良种壮苗的需要。

三、种苗执法体系和质量监督体系建设

1989 年国务院批准实施了《中华人民共和国种子管理条例》,2000 年国务院颁布了《中华人民共和国种子法》,2004 年《河南省实施〈中华人民共和国种子法〉办法》颁布实施,标志着林木种苗逐步走向规范化、标准化和法制化轨道。河南林业系统对《中华人民共和国种子管理条例》、《中华人民共和国种子法》、《河南省实施〈中华人民共和国种子法〉办法》进行了认真贯彻执行,对种苗生产、经营单位依据生产、经营条件执行许可证制度。至 2008 年底,共颁发《林木种子生产许可证》2 100 份、《林木种子经营许可证》2 000份。经省技术监督局批准成立了河南省林木种苗质量监督检验站。省林业厅种苗管理部门与原省标准局共同制定发布了《河南省主要造林树种苗木》、《河南省育苗技术规程》、《河南省主要造林树种种子质量标准》等三项地方标准,大力宣传贯彻执行《林木种子检验方法》、《林木种子》、《林木种子贮藏》、《中国林木种子区》等 10 余项国家标准,使种苗管理逐步纳入法制轨道。

四、主要成效

林木种苗是营林生产中第一道工序,是科技含量最高的行业。多年来,科技工作者在种苗生产中认真探索、刻苦攻关,取得了丰硕成果。其中在泡桐、毛白杨、榆树、楸树、杜仲、刺槐等树种的研究上处于国内领先地位。据不完全统计,从 1983 年至今,在林木种苗方面已取得国家科技进步二等奖 1 项、三等奖 4 项,国家科委推广奖 1 项、特等奖 1 项,部省级科技进步三等奖 57 项、二等奖 18 项。在国家报刊上发表有多篇有科学价值的论文,有的被中国林学会或相关会议评为优秀论文。

经过多年努力,河南省泡桐、板栗、杨树、白榆已基本实现良种化。刺槐、核桃、柿树已选育出一批优良无性系。侧柏、马尾松、杉木、油松已普遍使用优良种源区种子。一些先进的育苗技术如组织培养、细根段育苗、芽苗移栽、子苗嫁接、温培催芽、催根、地膜覆盖、塑料大棚、容器育苗、苗粮间作、麦茬移栽、全光照喷雾扦插、ABT 生根粉等新技术得到广泛应用。大大提高了种苗科技含量。

为保证推广的林木良种质量,规范良种的审定、示范和推广程序,根据《中华人民共

和国种子法》的规定,1997年9月,经省林业厅批准,成立了河南省林木良种审定委员会,下设用材林、经济林和花卉三个专业委员会,办公室设在河南省经济林和林木种苗工作站。2000年以来,河南省共审定林木品种133个。一批新品种如泡桐桐选1~5号、毛白杨C125、板栗罗山689、光山2号、桑优10号等名优品种得到普遍推广。全省林木良种使用率已由1997年以前的38%提高到目前的63%,处于全国领先水平。

国有苗圃在全省育苗生产中充分发挥了骨干、示范和辐射作用。1985年,温县苗圃被评为全国先进苗圃;1990年,淮阳县、南乐县、洛阳市郊区苗圃被评为全国先进场圃;1997年,郑州市苗圃场被评为"全国国有苗圃十大标兵"。

2002年,国家林业局授予河南省南乐县国有苗圃、西峡县林木种苗管理站种苗生产基地、济源市种苗生产基地、郑州市三园绿化苗木场、获嘉县史庄镇事达花卉公司、平顶山市新特优种苗繁育基地、内黄县宋村育苗基地、汤阴县菜园镇农林花卉苗木有限公司、灵宝市长青林果苗木有限公司、南阳市林业示范苗圃、辉县市油松良种基地、天翼生物工程有限公司、滑县杨树良种苗木生产基地、周口市绿森公司名特优苗木有限公司、周口市黄泛区农场新品种苗木繁育基地、洛宁县中心苗圃等16个特色种苗生产基地为"全国特色种苗生产基地"称号,授予河南省林木良种繁育基地、新郑市林木良种繁育场、周口市国有苗圃、正阳县国有苗圃、漯河市国有苗圃、安阳市国有苗圃、孟津县林木良种繁育基地、内黄县国有苗圃、郑州市苗木场、荥阳市林木良种繁育场等10个国有苗圃为"全国质量信得过苗圃"称号。2004年,国家林业局授予河南省临颍县珍稀林木种苗基地、鄢陵县北方花卉集团特色种苗基地、河南鸿宝园林有限责任公司等3个特色种苗生产基地为"全国特色种苗生产基地"称号,授予鹤壁市金穗种苗有限公司林木良种繁育基地、襄城县绿城花木有限公司、河南美利多绿化工程公司、洛阳龙门西山神龙生态园林种苗基地等4个苗圃为"全国质量信得过苗圃"称号。评选活动的开展,进一步推动了河南省林木种苗生产向基地化、规范化、产业化发展,树立了一批诚信守法、规范经营、产品有特色的种苗生产基地典型,促进了林木种苗质量水平的提高。(省经济林和林木种苗工作站)

第二十节　经济林

一、发展历程

河南适宜多种水果生长,且栽培历史悠久。新中国成立初期,全省果树面积有3.01万公顷,产量达16.21万吨。在"果树上山下滩,不与粮棉争地"的方针指导下,全省先后在各地建立了50多个国营园艺场。1958~1976年,由于受左的思想影响,全省的经济林生产受到极大冲击。1978年以后经济林生产得到较大发展。1992年和1995年省政府分别实施了《河南省经济林十年发展规划》和《豫西经济林基地开发建设规划》,对经济林的发展起到了很大的推动作用。到2009年,全省经济林总面积达90万公顷,年产量达到672万吨。

二、建设成就

(一)产业结构进一步优化

通过结构调整,全省经济林产业结构日趋合理,产品销售率达88%,经济林效益明显提高。特别是结合退耕还林工程,加快了干果基地建设,全省干果面积占经济林总面积的比重为33.7%,其中板栗发展最多。水果生产,全省苹果面积占水果面积的比率为46.7%。梨、桃、葡萄、石榴、杏、李、樱桃、鲜食枣、树莓等水果生产面积增加,尤其是早熟水果发展迅速。有30多个经审定的经济林新品种得到推广或正在推广。各地先后引进新西兰红梨、突尼斯软籽石榴、金寿杏、凯特杏、金太阳杏、日本斤柿、富年尖柿、杏李、黑提、红提以及核桃、苹果等经济林优新良种80多个。

(二)龙头企业和知名品牌不断发展

目前,全省各地积极扶持经济林产品贮藏加工龙头企业,把培育、壮大龙头企业作为产业化的关键环节和重中之重,大力宣传中国名特优经济林之乡和名特优经济林产品,新发展了一批贮藏加工龙头企业。如信阳市利用"信阳毛尖"知名品牌,按照公司+基地+农户的经营模式,催生出"文新"、"五云"、"新霖"等全国知名茶叶品牌;内黄县以"冬夏枣茶"为龙头,开发出大枣系列产品,每年投放市场1 600万公斤,增值2 300万元;西峡县有500多个经济林产品加工企业,年创产值3.5亿元,创税利2 000多万元;郑州市的大红袍集团、郑韩香精厂、奥星食品厂、顶真食品厂四家企业,成为新郑红枣产业化经营的龙头带动企业;三门峡市的阿姆斯果汁集团,年可加工残次苹果19余万吨;九九宝集团及湖滨果汁有限公司等企业的产品都供不应求,带动了经济林产业的发展。据初步统计,全省经济林产品贮藏率达14%,加工率达6.1%。

(三)先进典型大量涌现,产品闻名全国

经济林产业作为农村产业结构调整和农村经济发展的重点,全省先后涌现出一批经济林建设的先进典型,灵宝苹果、开封石榴、信阳板栗、新郑大枣、林州花椒等闻名全国。2001年,平桥区、桐柏县、西峡县、卢氏县、洛宁县、新县、南乐县、灵宝市、沁阳市、林州市、卫辉市、荥阳市、西华县、确山县、新郑市、宁陵县被国家林业局命名为"经济林建设先进县";南召县、光山县被国家命名为"全国经济林建设示范县"。

2000年以来,国家林业局先后命名河南省新县、信阳市浉河区、平桥区、罗山县为"中国板栗之乡",命名信阳市浉河区、光山县为"中国茶叶之乡",内黄县、新郑市为"中国红枣之乡",灵宝为"中国苹果之乡",南召县为"中国辛夷之乡",西峡县为"中国猕猴桃之乡"、"中国山茱萸之乡",宁陵县为"中国酥梨之乡",林州市为"中国花椒之乡",汝阳县为"中国杜仲之乡",偃师市为"中国葡萄之乡",新县为"中国银杏之乡",卢氏县为"中国核桃之乡",封丘为"中国金银花之乡",桐柏县为"中国木瓜之乡"。

三、主要做法

(一)加强组织领导,进行科学布局

各级政府坚持把发展经济林作为调整农业结构,促进农民增收、农业增效的一项重要措施,列入重要议程,切实加强了领导。各级林业部门根据所处地理位置和自然条件,加

大了树种、品种调整的力度,初步形成布局比较合理经济林生产格局:山区、丘陵和平原沙区,瞄准国内外市场,规模化发展适宜当地生长、有地方特色、品质优良的名特优经济林品种,创出自己的品牌和精品;生产条件较好的低山丘陵、缓坡岗地及平原区,主要面向国内水果市场,重点发展早熟水果;经济实力较强的地区,重点开发高科技、高投入、高效益、高品质、超早熟和技术密集型的设施栽培;城郊县(区)重点以生产葡萄、桃、杏、樱桃、草莓等不耐贮运的浆果果品为主。

(二)强化科技支撑,搞好示范带动

全省各地认真实施科技兴林战略,在经济林生产中,积极采用新品种、新技术,努力搞好示范基地建设。积极与国家和省、市科研院所开展合作,联合创建综合科技示范基地;以林业科技机构为技术依托,创办精品示范工程,以点带面,开展良种推广、科技普及、技术培训;采取科技人员技术承包的方式创办科技示范点;结合林业科研或和技术推广项目建立科技示范林(园)等。目前全省已创办各种科技示范基地200余个,面积达4万多公顷。通过科技示范基地建设,辐射带动了全省高效经济林的发展。例如南阳市林业局与中国林业科学研究院合作创建了美国杏李示范基地33.3公顷,吸引了大批人员前来考察、咨询、引种。

(三)培植龙头企业,推动产业化发展

随着国内外经济林产品市场竞争日趋激烈,河南省经济林产业经营体制发生重大转变。各地依照"市场牵龙头,龙头带基地,基地连农户"的经营模式,积极培植龙头企业,通过外引内联等多种方式,培养了一批大型经济林企业或经营联合体,如三门峡市的湖滨果汁有限公司,新郑的奥星实业有限公司、新郑红枣协会,漯河的金硕公司、天翼公司、新世纪庄园、天宫庄园,南阳的宛西制药,封丘的青陵台公司等。他们上连科研单位,下接千家万户,实行企业化经营,让生产与加工、贮藏、销售紧密结合,有一套完整的生产、技术、管理、贮藏、运输、加工、销售体系,有自己或聘用的科技、经营管理人员,统一生产规程、产品质量标准,形成自己的系列品牌,大力推进了河南省经济林产品运输业、冷藏业的发展,增强了国内外市场竞争力。

(四)制定优惠政策,深化产权制度改革

一是坚定不移地贯彻落实党和国家关于林业产业发展方面的方针、政策,积极支持和引导外资和社会民间资本投资经济林建设,帮助企业按照市场需求自主确定经营项目;二是帮助龙头企业充分利用各种融资渠道筹集建设资金,并制定和落实相应的优惠政策,对经济林果品加工重点林业企业,给予重点扶持;三是积极推进林业产权制度改革,推进林木所有权和林地使用权依法按照市场规律进行流转;四是放手发展非公有制林业产业,鼓励各种社会主体跨所有制、跨行业、跨地区投资发展经济林产业,统一税费政策、资源利用政策和投融资政策,为各种所有制林业经营主体提供公平竞争的环境。通过以上措施,充分调动了社会各界投入办林业的积极性,实现了经济林投入的多元化,有力地推动了经济林发展。如淇县供销社一干部,承包荒山建立淇县无核枣基地200多公顷;鹤壁山区施加沟村农民承包荒山,发展香椿13公顷多;浚县的大何村,全村1 200口人,120公顷耕地,目前已全部栽上果树,每当果实成熟季节,客商纷纷而来,车辆川流不息。

（五）推进无公害生产，提高经济林生产水平

为增加河南省经济林产品市场竞争力，更好地贯彻落实好《国务院关于进一步加强食品安全工作的决定》，"十五"期间，省林业厅积极参与河南省食品药品放心工程，组织开展了各种形式食品安全宣传活动。河南省一些果品生产重点市县从生产源头抓起，建立无公害标准化经济林基地和无公害精品示范园，对其进行集中管理，并制定了部分果品无公害生产地方标准。如三门峡市制定了无公害大枣、核桃、苹果等系列地方标准；内黄县制定实施了枣、苹果、葡萄的无公害生产技术规程，2003 年该县的后河乡通过了河南省无公害大枣生产标准化示范基地认证，取得了无公害产品认证书；巩义市政府对申报成功无公害果品生产基地者奖励 2 万元，该市的汇鑫高效园区已取得河南省无公害产品产地认证，现正申报绿色果品生产基地。（省经济林和林木种苗工作站）

第二十一节　花　卉

河南花卉栽培历史悠久。洛阳牡丹、开封菊花、鄢陵腊梅、南阳月季等驰名全国。但在新中国成立初期，全省牡丹只有 30 多个品种，菊花 50 多个品种，腊梅 3 个品种，月季 10 多个品种，其他花卉品种也极少，没有成规模的花卉生产。十一届三中全会后，花卉业有了较好的发展环境，"八五"期末，全省花卉生产面积达到 2 333 多公顷。进入 20 世纪 90 年代，花卉生产更作为一项产业迅速崛起。如今，全省观赏花卉（包括绿化苗木）生产面积达 6 万公顷。其中牡丹生产面积由 1994 年的 130 多公顷发展到现在的 2 000 多公顷，品种达 970 种之多；菊花面积达 133 多公顷，品种在 1 300 种以上；腊梅生产面积达 400 多公顷，品种达 30 种之多；月季生产面积达 666 多公顷，品种达 800 余种。河南多数地（市）也都有自己的市花。如洛阳市花为牡丹，新乡、平顶山、焦作、商丘市花为月季，开封市花为菊花、月季，信阳市花为桂花、月季，南阳市花为桂花，安阳市花为紫薇等。

国家林业局、中国花卉协会于 1999 年 12 月命名中国洛阳牡丹基因库、鄢陵锦花花木公司、濮阳世锦现代农业有限公司、潢川县花卉生产基地为首批"全国花卉生产示范基地"；于 2000 年 5 月命名郑州陈寨花卉交易市场、（鄢陵县）中国北方花卉交易市场和安阳市龙泉豫北花卉交易市场为全国首批"重点花卉市场"；于 2000 年 6 月命名鄢陵县、潢川县、获嘉县张巨乡、安阳郊区龙泉镇为"中国花木之乡"，命名河南省洛阳市郊区邙山镇、南阳市卧龙区石桥镇和开封市郊区南郊乡分别为"中国牡丹之乡"、"中国月季之乡"和"中国菊花之乡"。

1996 年 12 月，在鄢陵县林业局锦花花木公司建成了年设计能力 1 000 万株的组培大楼及 16 座驯化温棚，填补了河南省阴生花卉工厂化育苗的空白。1992 年至 1998 年，在河南省洛阳郊区国营苗圃建成全国唯一的国家级牡丹基因库，面积 28.67 公顷，收集繁育牡丹品种 450 个，2000 年，牡丹品种达到 600 余个。1987 年，全国唯一的腊梅基因库在鄢陵县建成，面积 0.53 公顷，收集腊梅科 3 个属的 19 个种及变种，腊梅品种及优良单株 196 个。1997 年，鄢陵首创国内腊梅苗木组培快繁技术。（省经济林和林木种苗工作站）

第二十二节　林业有害生物防治

新中国成立 60 年来,在各级党委、政府的高度重视和大力支持下,通过各级森林病虫害防治检疫机构积极努力,全省各项森林病虫害防治(以下简称"森防")工作取得了长足进步。

一、发展历程

(一)管理体系逐步健全

新中国成立 60 年来,全省森防体系经历了由无到有,由小到大,由不完善到逐步完善的发展历程。1953~1956 年,全省森防工作归河南省林业局森林经营利用科管理。1956 年 7 月,转由河南省林业厅群营林处管理。1959 年 7 月,成立森林保护科,同年建立河南省森林病虫害防治试验站。1969 年 1 月,省林业厅撤销,全省森防工作由省革委会农林局农林技术服务站园林组承担。1971 年 12 月至 1974 年 3 月,先后由省农林局林业组、林业处负责。1974 年 3 月,成立河南省林业技术指导站,内设森林保护组。1978 年 3 月,省林业技术指导站改为省林业技术推广站,内设森林保护组改为森保科,编制 9 人。1985~1995 年,河南省林业技术推广站森保科对外称河南省森林病虫害防治检疫站。1995 年 12 月,省编委批准成立"河南省森林病虫害防治检疫站",编制 15 人,正处级,全额供给事业单位,下设办公室、测报防治科。1998 年,省森林病虫害防治检疫站增设检疫科,2005 增设测报科。

随着省级管理机构的变化,地(市)、县两级森林病虫害防治管理体系也随之进行了变动。1980 年仅有南阳、信阳、驻马店、周口、开封、商丘、洛阳、许昌、安阳、新乡等 10 个地区,郑州市和固始、商城、新县、光山、罗山、信阳县、桐柏、西峡、内乡、济源、沁阳、林县、内黄等 15 个县建立了森林病虫害防治检疫站,其他地(市)、县防治检疫业务由同级林业技术推广站负责。按照国家林业局和省林业厅的安排部署,特别是省森林病虫害防治检疫站成立后,全省森林病虫害防治检疫站总数由 1996 年的 78 个,增加到 2002 年的 153 个,其中经编委下文批准的 102 个,达到国家级标准的 30 个,达到省级标准的 63 个。截至 2008 年,全省已建省、省辖市、县(市、区)三级森林病虫害防治检疫站 159 个(其中省级 1 个、市级 18 个、县级 140 个),其中达到国家级建设标准的 30 个,达到省级建设标准的 107 个。省辖市、县(市、区)二级森林病虫害防治检疫站中机构财务独立的 47 个,南阳、济源、开封、漯河、洛阳、商丘、安阳、新乡、鹤壁、濮阳、驻马店、平顶山、信阳、许昌等 14 个省辖市单设了森林病虫害防治检疫站,为林业局二级机构,正科级,全供事业单位。

(二)工作方针与时俱进

新中国成立初期,我国国民经济百废待兴,林业处于重采轻造阶段,森林病虫害防治主要是通过人工措施治病、捉虫,20 世纪 50 年代后期,随着六六六、DDT 等化学农药的兴起,化学防治成为防治森林病虫害的主要方法。至 70 年代,"积极消灭"、"治早、治小、治了"成为这一时期的工作方针。

20 世纪 70 年代至 20 世纪末,森防指导方针是"预防为主、综合防治"。1975 年,全国农业植物保护大会首次提出"预防为主、综合防治"的方针。在此方针指导下,河南省坚持以营林技术措施为基础,区分病虫种类的发生规律,分析生态环境多种制约因子,因地因时制宜,合理使用生物的、物理的、机械的、化学的防治方法,坚持安全、经济、有效、简易的原则,把病虫数量控制在经济阈值以下,以达到在控制病虫害的同时,保护人畜健康、增加生产的目的。1978 年,建立白僵菌生物药厂 11 个、赤眼蜂防治试验站 4 个,豫南松毛虫生物防治成为全国先进省之一。80 年代,森林病虫害综合治理进入逐步完善时期,在此时期改进了施药方式、方法,注意了药物选择,注重了林分自然调控效应的措施应用。90 年代至 21 世纪初,森林病虫害综合治理进入快速发展时期,在此时期实行了森林病虫害防治目标管理,并对主要森林病虫害实施综合治理工程,取得了较好的控灾效果。

2004 年南昌会议上,国家林业局提出"预防为主、科学防控、依法治理、促进健康"的防治方针,同时将"森林病虫害"改称为"林业有害生物",丰富和深化了防治方针及森林病虫害的内涵。坚持科学的发展观,树立森林健康理念,把有害生物防治工作贯穿到林业生产的各个环节,强化灾害的预防和科学防控,成为新时期加强和改进林业有害生物防治工作的客观要求。进入 21 世纪以来,河南省进一步加强了对杨树食叶害虫等常发性、突发性林业有害生物和松材线虫病、美国白蛾、红脂大小蠹等危险性、检疫性林业有害生物的监测预警、检疫御灾和防治减灾工作。防治方针的与时俱进,推动了林业有害生物灾害防治管理工作不断向前发展。

(三)控灾理念日趋科学

全省森防工作从新中国成立时起步,大体经历了以化学农药防治、综合防治、可持续治理和森林健康等理论与实践占主导地位的四个发展阶段。特别是改革开放 30 年来,随着国家繁荣、社会发展、科技步入以及生态建设和林业事业的发展,森防工作进入快速发展的轨道,全社会的防治意识不断提高,防治方针不断完善,控灾能力不断提升。

新中国成立初期,以卫生伐为主。50 年代至改革开放前,以六六六等剧毒化学农药喷药防治为主,对生态环境造成较为严重的破坏。80 ~ 90 年代,全省各地针对马尾松毛虫、大袋蛾、泡桐叶甲等不同病虫种类的发生规律以及与天敌、环境的相互关系,选用高效、低毒、环保的化学药剂及灭幼脲等生物或仿生制剂,施药方法上选用超低容量喷洒、内吸药剂涂树干、树干基部注射、根部埋药和药签毒杀等不同措施进行综合防治,同时推广昆虫性信息素、昆虫天敌防治,提倡开展封山育林、营造混交林和纯林改造,在控制病虫灾害的同时,保护了天敌资源,维护了生态平衡,基本实现了"有虫不成灾"目标。

20 世纪 90 年代以后,随着以生态建设为主的六大林业工程的相继启动,可持续森林经营和可持续森林减灾思想引入到森防工作中,提出将森防工作纳入林业建设的全过程,对森林病虫害实行目标管理和工程治理,从关注森林病虫害发生率下降转变为关注森林病虫害成灾率下降。在此期间,郑州、许昌、信阳等地相继开展了春尺蠖、大袋蛾、马尾松毛虫病毒防治,开封、商丘等地开展了杨树天牛诱饵树防治,焦作、新乡、安阳、济源启动和开展了红脂大小蠹工程治理。经过各地积极努力,没有出现大面积严重受害现象,实现了"一降三提高"(成灾率下降,防治率、监测覆盖率、种苗产地检疫率提高)的总体要求。

进入 21 世纪后,森防工作进入以确保森林健康为目的的新阶段。灾害防治上,更加关注对森林生态系统的影响,治理措施上,更加注重营林技术、生物防治和无公害防治,目的为更好地保护生物多样性,着力恢复和提高森林生态系统的自身抵御灾害能力。管理指标上,将"防治率"调整为"无公害防治率","监测覆盖率"调整为"测报准确率"。管理措施上,强调灾害防治预案的制定,同时,启动并实施了预防工程建设项目,在加强基础设施建设的基础上,强调灾前预防。

二、工作成就

(一)加强基础设施建设,不断提升防治能力

新中国成立后至 20 世纪 90 年代,由于国家综合国力不强,森防体系建设投入虽经历了由无到有、由少到多的过程,但是总量不足,不能满足森防体系建设和防灾控灾形势需要。80 年代后期至 90 年代初,每年中央财政投入河南省森防体系建设投资不足 100 万元,省财政无森防体系建设专项投资。1988 年,河南省林业技术推广站只有 1 辆面包车,全省只有 1 台长城(0520)电脑。进入 90 年代以后,国家综合实力增强,河南省森防系统的总体水平也有了相应提高。电脑、频振式诱虫灯、全球定位仪、光电显微镜、车载喷药机等先进仪器设备以及信息素监测、PCR 检测、网络传输、均衡供药、地理信息系统、信息处理系统等先进技术在生产上得到广泛应用。

90 年代后期以来,防治资金增幅更大。据统计,1999~2008 年,中央财政投入河南省防治补助经费 5 500 万元,基础设施建设投资 3 500 万元;省财政投入防治补助经费 4 500万元。经费的增加,极大地改善了各级森防机构的基础设施条件,提高了控灾减灾能力,基本建立起机构健全、设施完备、机制完善和各项保障措施到位的森防体系。

1990 年全国第二次森林病虫害防治工作会议提出建设"一站三网"(森林病虫害防治检疫站、预测预报网络、森林植物检疫网络、森林病虫害防治网络)为内容的体系建设。1991 年,林业部下发关于加强森林病虫害防治管理体系工作的通知,随后,各地逐步重视和加强了森防体系建设工作,至 1996 年全省省、市、县三级森林病虫害防治检疫站总数达到 78 个。1997 年,省林业厅下发市(地)、县森林病虫害防治检疫站建设标准和森林植物检疫员管理办法,同年,省森林病虫害防治检疫站印发"四项制度"和"五项职责"。至1998 年,全省森林病虫害防治检疫站总数达 131 个,其中经编委下文批准的 98 个,达到省级标准的 19 个。1999 年国家林业局下发关于开展森林病虫害防治检疫标准站建设的通知,并颁布国家级森林病虫鼠害中心测报点建设方案。全省森防体系建设得到进一步加强。至 2002 年,全省森林病虫害防治检疫站总数达 153 个。2004 年,省森林病虫害防治检疫站、南阳市森林病虫害防治检疫站、洛阳市森林病虫害防治检疫站、开封市森林病虫害防治检疫站、罗山县森林病虫害防治检疫站、中牟县森林病虫害防治检疫站被评为"全国先进森林病虫害防治检疫站"。截至 2008 年,全省有森防人员 1 087 人,其中中级以上专业技术人员 317 人。

1999 年,国家启动森防国债资金项目以来,河南省先后实施了杨树食叶害虫防治、松材线虫病监控工程项目、杨树食叶害虫等林业有害生物预防和应急防控工程项目,重点加强了监测预警、检疫御灾和应急防控体系建设,改善了各级森防机构的办公、试验、野外调查、诊断鉴定、风险评估、检疫检验、除害处理和应急控灾等基础设施条件。截至 2008 年,全省各级森林病虫害防治检疫站利用国债资金配备电脑 162 套、GPS63 部、显微镜 60 台、

解剖镜 41 台、烘干箱 32 台、培养箱 20 台、诱虫灯 201 盏,配备测报专用车、检疫执法车、应急指挥车 15 辆,购置喷烟机、背负式及担架式高射程机动防治器械 320 部,大型喷药车 14 辆,组建应急防控专业队 30 个。

(二)建立健全预测预报网络体系,为科学防治提供决策依据

新中国成立后至改革开放前,全省森林病虫害预测预报工作从起步到初步发展,经历了 30 年的奋斗历程,取得了一定成绩,为后 30 年预测预报工作又快又好发展打下了较为坚实的基础。1956~1976 年,先后对大别、桐柏、伏牛山区,黄河故道和广大平原地区组织过 6 次森林病虫调查。1975~1978 年,在豫南大别山北坡、豫西伏牛山北坡和桐柏山开展了鸟类资源专项调查工作,经过对森林主要病虫观察研究,掌握了全省主要用材林、经济林和公益林 30 多个种树的 50 余种病虫害的发生规律。

十一届三中全会后,在预测预报网络体系建设、提高测报水平方面做了大量工作。一是加强测报网络建设,提升预警能力。1981 年,在民权召开测报座谈会,修订了《河南省森林病虫害预测预报工作条例》,确定了测报站建设标准,当年建站 55 个。1987 年,省森林病虫害防治检疫站从全省 63 个测报站点中选择罗山、桐柏、确山、中牟、民权、伊川、许昌、卢氏、西华、濮阳等 10 个站作为省联系测报站,承担全省常规监测和主要病虫害预测预报办法研制任务,要求各市(地)也确定一定数量的联系测报站。1989 年后,按照林业部加强测报网络建设的要求,各地积极努力,1992 年,全省测报站点增至 252 个。1999 年国家林业局开始加强预测预报网络建设。1999~2002 年,经国家林业局批准在河南建设国家级森林病虫害中心测报点 38 个。2002 年,省森林病虫害防治检疫站对省联系测报站进行了调整,选择固始县等 12 个测报站作为省级森林病虫害中心测报点。各省辖市、各县也相应建设了一批森林病虫害中心测报点。截至 2008 年,全省共有测报站点 1 261 个,其中森林病虫害中心测报点 158 个(含国家级 38 个,省级 12 个),一般测报点 1 103 个,专职测报员 618 个,兼职测报员 1 878 个,基本形成了省、市、县、乡四级预测预报网络。二是定期开展病虫普查,全面掌握种群动态。1964 年,林果病虫调查记载豫南树木病害 212 种,南阳地区 36 种树木 136 种病害和河南 11 种杨树的 26 种病害。1978~1985 年,相继在豫南大别山北坡、豫西伏牛山北坡和桐柏山开展了鸟类资源调查工作。所采得的标本经过鉴定,豫南大别山北坡有鸟 213 种;伏牛山北坡有鸟 134 种;桐柏山有鸟 163 种。1980~1982 年,采用生产、科研、教学三结合,由 242 人参加组成专业队,在全省进行了为期 3 年的大规模普查和定点观察,基本摸清了河南省主要森林病虫种类,共采集标本 12 万号次,经鉴定,其中 1 207 种编入昆虫名录,内有 623 种为省内新记录;病害 352 种编入病害名录,其中省内新记录 102 种,并绘制了"河南省森林病虫分布图",为指导生产防治、科研、教学、森林植物检疫、天敌资源保护利用提供了科学依据。1986 年,再次对全省森林病虫进行了普查,并依据国内森林植物检疫对象在河南省的发生种类、分布范围、发生面积和危害程度等,提出了河南省补充森林植物检疫对象名单。1996~2001 年,省森林病虫害防治检疫站与河南省昆虫学会先后组织北京农业大学、北京林业大学、南京农业大学、河南农业大学、河南师范大学、省农业科学院等国内外昆虫分类专家 97 人在伏牛山的龙峪湾、黄石庵林场、白云山、宝天曼自然保护区及大别山的鸡公山自然保护区开展昆虫考察活动。经过多年努力,至 2001 年,共采集昆虫标本 20 万余号,鉴定出昆虫种类

4 355 种,发现新种 622 个,建立昆虫新属 9 个,发现中国新记录属 25 个,中国新记录种 123 个,河南新记录目 3 个,河南新记录科 120 个,河南新记录属 1 079 个,河南新记录种 2 077 个,使全省已知昆虫种类达 7 387 种,与 1993 年相比,增加 52.12%。2000 年以来, 省林业厅先后 13 次分别对松材线虫病、红脂大小蠹、杨树黄叶病、杨树细菌性溃疡病等检疫性、危险性林业有害生物组织开展专项普查。三是加强制度建设和信息传输,充分发挥参谋作用。1978 年,林业部发布《森林病虫害预测预报管理办法》,建立了病虫情联系报告制度。2002 年,国家林业局对《森林病虫害预测预报管理办法》进行修订。2003 年省森林病虫害防治检疫站根据本省情况拟订了《河南省森林病虫害预测预报工作管理办法》,各地森防机构按照有关制度要求,定点、定人、定任务、定期开展病虫调查,并及时上报测报信息。各中心测报点按照国家林业局、省林业厅颁布的马尾松毛虫、榆兰金花虫、大袋蛾、泡桐叶甲、枣锈病、枣飞象、板栗剪枝象甲等预测预报办法,对主测对象定期进行抽样调查,并发布短、中、长期预报,为政府开展预防和除治决策提供科学依据。

1999 年开始,配合国家林业局开展了森林病虫害防治管理软件的开发和使用。 2002～2008 年,省森林病虫害防治检疫站和各省辖市森林病虫害防治检疫站举办软件使用培训班 45 次,通过加强电脑等硬件配备及森防软件应用技术的培训普及,目前全省已实现 18 个省辖市、50 个国家级、省级中心测报点及大多数县级森防机构森林病虫害发生、防治数据信息和图像资料的计算机处理、网络传输;通过国家林业局建立的中心处理系统,实现了信息数据在全国范围内的快速传递,提高了数据处理上报的准确性和效率。 常发性森林病虫害中、短期测报准确率在 85% 以上,主要病虫害测报准确率在 90% 以上, 逐步实现了全省森防工作的规范化、科学化、信息化。

(三)因害设防,有效控制主要森林病虫灾害

新中国成立后至改革开放前,河南省有林地面积逐年扩大,森林病虫害防治工作也由局部到全局开展起来。据统计,1950～1987 年,累计发生病虫害面积 432.35 万公顷(次),防治 255.35 万公顷(次)。防治措施上,经历了以下 3 个阶段。

1. 20 世纪 50 年代以人工防治为主,兼用化学防治

1950～1958 年,森林病虫害发生 23 万余公顷。信阳、郑州、豫东防护林先后发生苗木立枯病、毛白杨锈病、菟丝子、柳天蛾、双尾舟蛾、黄刺蛾危害;大别山、桐柏山马尾松毛虫成灾;太行山区木橑尺蠖猖獗蔓延。在此期间采取了人工除病、捉虫、火烧、深埋、苗圃垫心土和喷洒赛力散、西力生、波尔多液、五氯硝基苯、石硫合剂、DDT 等,共计防治森林病虫害 10 万多公顷,捕虫 42.14 万公斤,出动劳力 17.5 万人次,使用农药 1.5 万公斤。 1956 年 10 月,首先在商城县进行了杀虫烟雾剂防治松毛虫试验,成功后在全省进行了推广。1958 年 8 月 17 日,在郑州市金水河林带使用安二型飞机喷洒 1:15 的 25% DDT 乳剂防治杨扇舟蛾。1959 年 5 月,在民权林场使用安二型飞机开展喷药防治柳天蛾、双尾舟蛾示范。

2. 20 世纪 60 年代以化学农药防治为主,兼用生物防治

1959～1970 年,森林病虫害发生面积 78.32 万公顷。豫东防护林区柳天蛾、豆天蛾、 双尾舟蛾、杨尺蠖成灾;北中部大枣、柿子产区枣尺蠖、木橑尺蠖、黄刺蛾、龟腊蚧、柿蒂虫成灾;1962 年,豫南大别山、桐柏山区马尾松毛虫又进入了暴发期。在此期间,采用地面

动力喷洒药剂和飞机喷药相结合,开展了大规模化学防治,累计防治森林病虫害 53.61 万公顷,使用化学农药 388.8 万公斤。1958 年,商城县首次开展应用土法培养白僵菌防治松毛虫试验。1960 年 8 月 27 日,在内黄县枣区采用飞机喷药防治黄刺蛾;1961 年 5 月 15 日,在新郑枣区采用飞机喷药防治枣尺蠖。1962 年 8 月,在豫南大别山区飞机喷药防治马尾松毛虫。1964 年,在国营董寨林场开始招引益鸟防治马尾松毛虫。1965 年 3 月,利用早春气温频繁波动、害虫胆碱酯酶下降及害虫天敌未大量出蛰的有利时机,喷洒稀浓度农药防治马尾松毛虫取得了良好效果。1969～1970 年在固始、商城、新县分别试验用白僵菌、赤眼蜂防治马尾松毛虫,收到良好效果。

3.20 世纪 70 年代生物与化学防治并重

由于 50～60 年代大量使用了广谱性化学农药防治病虫害,大量杀伤天敌,破坏了生态平衡,导致了害虫抗性增强,再度猖獗危害,并出现了一些新的虫灾。黄淮海平原出现了大袋蛾、杨梢金花虫、榆兰金花虫灾害;太行山、伏牛山区的黄楝木种子小蜂、山楂白小食心虫、桃小食心虫、中华松针蚧先后猖獗成灾。1971～1978 年,森林病虫害成灾面积 160 万公顷。根据"预防为主,综合防治"的方针,在采用化学农药防治的同时,加大了生物制剂防治。在此期间,累计防治面积 109.3 万公顷,使用白僵菌、苏云金杆菌农药 201.6 万公斤,赤眼蜂 340 亿头,招引益鸟防治 600 公顷。1976 年统计,已建立白僵菌生物药厂 11 个、赤眼蜂防治试验站 4 个,生产菌药 20 多万公斤,繁蜂 50 多亿头,马尾松毛虫生物防治面积 4 万公顷。1978 年 7 月 13 日,在杞县、尉氏采用飞机喷洒灭幼脲防治泡桐大袋蛾。在固始、新县、桐柏等县建立了大面积松毛虫防治试验林,河南省成为南方 13 省(区)松毛虫防治协作区的先进省之一。固始、桐柏(毛集、陈庄林场)两县应用白僵菌防治松毛虫已持续控制近 20 年未成灾。

改革开放后,河南省森林病虫害防治工作步入快速发展新时期。在此时期改进了施药方式、方法,注意了药物选择,注重了林分自然调控效应的措施应用。根据不同种类害虫的生物学、生态学特点以及不同种类之间的相互关系和作用进行综合分析,分别选用触杀剂、内吸剂、缓释剂、性诱剂和灭幼脲、真菌、细菌、病毒等仿生、生物制剂,采用超低容量喷洒、内吸药剂涂树干、树干基部注射、根部埋药和药签毒杀等不同措施进行防治。20 世纪 70 年代末至 80 年代,泡桐金花虫、桑天牛分别在伏牛山区的伊川、宜阳、汝阳、宝丰、郏县和豫北的获嘉、修武等县酿成新的灾害,森林病虫害累计发生面积达 155.32 万公顷,防治 84.1 万公顷,计用农药 444.5 万公斤。综合防治取得了良好效果和显著的经济效益、生态效益与社会效益。多年造成大枣绝产的日本龟腊蚧已控制 16 年不成灾,其他 4 种主要枣树病虫害也得到了控制;泡桐大袋蛾发生面积由原来每年 33.3 万～66.6 万公顷下降至 20 万公顷以内。据不完全统计,全省森林病虫害防治挽回林木、果品直接经济损失 6 亿元以上。

1978～1987 年,森林病虫害发生面积上升,由每年的 17.3 万公顷上升至 29.8 万公顷,其中 1984 年首次突破 20 万公顷。这个时期,病虫害防治工作主要由林业部门组织,防治措施主要是开展飞机喷药防治,同时对马尾松毛虫、榆兰叶甲、枣飞象等病虫害开展了综合防治工作。1988～1991 年是森林病虫害快速上升阶段,1988 年发生面积猛增至 102.4 万公顷,至 1991 年,发生面积上升至 147.6 万公顷。这个阶段,由于病虫害的严重发生,加上 1990 年《森林病虫害防治条例》和 1993 年《河南省〈森林病虫害防治条例〉实施办法》的颁布实施,引起了政府领导和广大干部群众对防治工作的重视,防治组织工作更加充分,宣传发动更加到位,人力、物力、财力投入大幅度增加,使防治工作得到快速发展。从 1992 年开始,在全省实行了森林病虫害防治目标管理责任制,强化了各级政府对防治工作的领导责任,提出“一降三提高”的总体要求,至 2000 年,全省森林病虫害发生面积控制在 62.5 万公顷,与 1991 年相比下降近 86.7 万公顷;从控制措施上,加强了《森林病虫害防治条例》的贯彻力度,全面提出病虫害的工程治理和综合控制,强化生物防治和营林技术防治,减少剧毒化学药剂使用,对森林病虫害实行可持续控制。据统计,1992～2000 年,全省结合病虫害防治开展封山育林 21.3 万公顷,营造混交林 58 万公顷,营造防虫隔离带 1 300 公里,开展生物防治 37.3 万公顷。1997 年,全国第三次森林病虫害防治工作会议提出对主要森林病虫害实施工程治理,同年,省政府办公厅下发《关于进一步加强森林病虫害防治工作的通知》,马尾松毛虫、杨树食叶害虫等省级工程治理项目相应启动。2000 年、2003 年河南省红脂大小蠹、杨树病虫害先后纳入全国六大治理工程。通过综合防治和工程治理措施的应用,提高了林木自身抗御病虫害的能力,保护了生物多样性,开创了可持续控制森林病虫害的新局面。

进入 21 世纪后,在森林病虫害防治方面逐步引入森林健康理念,提出又好又快地发展的新要求。2000 年,省政府办公厅下发《关于切实做好林木大小蠹虫害治理工作的通知》,2002 年,国务院办公厅下发《关于进一步加强松材线虫病预防和除治工作的通知》,要求各级政府、林业主管部门切实加强对危险性、检疫性病虫害的监测和防控。2004 年,全国林业有害生物防治工作会议上提出“预防为主,科学防控,依法治理,促进健康”的新方针,进一步强调对林业有害生物灾害的预防和科学防控。2005 年,国家局林业颁布《突发林业有害生物事件处置办法》和《重大外来林业有害生物灾害应急预案》后,河南省抓紧制定并于 2006 年由省政府办公厅发布了《河南省重大林业有害生物灾害应急预案》,至 2008 年,全省 18 个省辖市 48 个县(市、区)制定并发布了应急预案,进一步强调各级政府和各职能部门的协调配合。同时,强化目标管理责任,大力推行限期除治制度,鼓励机制创新,积极推广应用高效、环保的防治新药剂、新技术,逐步实现林业有害生物防治工作由重除治向重预防、由治标向治本、由一般防治向工程治理、由以化学防治为主向以生物防治为主的转变。

据统计,1978～2008 年,全省各类林业有害生物累计发生面积 1 805.91 万公顷,平均每年发生 58.20 万公顷;累计防治 1 141.28 万公顷,其中:飞机喷药防治 94.60 万公顷,生物防治 28.22 万公顷,平均每年挽回直接经济损失 3 亿～5 亿元。至 2008 年,林业有害生物发生率控制在 12.12%,林业有害生物防治率提高到了 82.12%,无公害防治率达到了 78.4%,成灾率控制在 1.08‰以下。

(四)强化检疫执法,防止危险性病虫害传播蔓延

河南省森林植物检疫工作,从 80 年代开始逐步在全省展开。1983 年 1 月国务院颁布《植物检疫条例》,1984 年 1 月,省林业厅召开首次全省森林植物检疫工作会议,贯彻交通部等六部委联合通知精神和《植物检疫条例实施细则(林业部分)》。1985 年,省林业厅批准专职森林植物检疫员 196 人。同年,农、林两厅联合组织在 27 个县(市、区)开展了美国白蛾普查工作。1986 年,农牧渔业部发布《中华人民共和国进出口植物检疫对象名单》,确定检疫对象 61 种,其中林木检疫性病虫 11 种,同年,在全省进行了森林植物检疫对象普查,发现国内检疫对象 9 种。1987 年 6 月,省政府批准发布了《河南省森林植物检疫实施办法》。1988 年 6 月,省林业厅发布《河南省森林植物检疫对象和应施检疫森林植物补充名单》。1989 年 6 月,林业部印发《国内森林植物检疫技术规程》后,全省森林植物检疫工作不断得到完善。1992 年,农业部发布《中华人民共和国进境植物检疫危险性病虫杂草名录》,提出检疫对象 84 种,其中林木检疫性病虫 11 种。1992 年开始,全面开展了林木种苗产地检疫工作,并将"林木种苗产地检疫率"纳入目标管理,对危险性病虫害实行源头管理,规定带疫苗木不能出圃,同时开展了无检疫对象苗圃建设。1996 年,林业部将国内检疫对象调整为 35 种后,省林业厅对《河南省森林植物检疫对象和应施检疫森林植物补充名单》进行了相应调整。1998 ~ 2001 年,根据国家林业局部署,开展了森林植物检疫对象普查,全面掌握了全国 35 种检疫对象在河南的分布情况。2001 年,由省人大发布实施《河南省植物检疫条例》。2003 年开展了全省林业有害生物普查,根据普查结果,对主要林业有害生物进行了风险性分析。2005 年,国家林业局将国内检疫对象调整为 19 种后,省林业厅对《河南省森林植物检疫对象和应施检疫森林植物补充名单》进行了相应调整。

省森林病虫害防治检疫站常年办理国外引进林木种子、苗木和其他繁殖材料检疫审批手续,办理国内省际间林木及其产品调运检疫业务。1987 年 9 月,省林业厅批准南阳、信阳、驻马店、周口、商丘、洛阳、安阳 7 个地(市)执行出省检疫任务。1991 年,委托 55 个市、县森林病虫害防治检疫站办理出省检疫证书。南阳、新乡、安阳、平顶山、许昌等森林病虫害防治检疫站进驻当地火车站等场所开展森林植物检疫工作。经省政府批准成立的100 个木材检查站中 80% 以上驻进了专职森林植物检疫员。2000 年,批准专职森林植物检疫员 636 人,委托出省检疫单位 67 个。至 2007 年,全省有专职森林植物检疫员 737名,兼职森林植物检疫员 1 120 名,出省委托检疫单位 90 个。建立无检疫对象苗圃11 个。

各地切实加强检疫人员的专业技术培训,在开展产地检疫、调运检疫、复检工作中严格按照技术规程操作,认真落实《产地检疫合格证制度》和《检疫要求书制度》,规范检疫证书发放,严格按照规定收取和使用检疫费。2002 年后,检疫信息系统投入使用,目前,全省《植物检疫证书》全部实现计算机签发、网络传送。至 2008 年,林木种苗产地检疫率达到 93.1%,调运检疫率 98% 以上,复检率 95% 以上。由于措施得力,工作扎实,实现了松材线虫病拒之省门之外,红脂大小蠹不下太行、不过黄河的目标,保护了森林资源安全。

(五)科研生产相结合,为森林病虫害防治提供技术支撑

新中国成立 60 年来,坚持产、学、研相结合,做到边研究、边总结、边推广,全面掌握了主要森林病虫害生物学与生态学特性、发生发展动态和危害规律、灾害预防和控制技术,在控制灾害的同时,经过攻关研究,取得丰硕成果,为森林病虫害防治工作持续健康发展提供技术支撑。

20 世纪 50 ~ 60 年代主要开展了小叶杨天社蛾、白杨天社蛾、侧柏毒蛾、黄栋种子小蜂、枣粘虫、枣尺蠖、洋槐荚螟、立枯病、毛白杨锈病、栗实象鼻虫、青杨天牛、铜绿金龟子、远东盔蚧、黄刺蛾、杨树金花虫生物学特性及防治研究。同时开展了两种细菌防治木橑尺蠖和舟型毛虫试验、飞机喷洒稀浓度 DDT 防治越冬代马尾松毛虫试验、招引益鸟防治马尾松毛虫试验和飞机喷药防治枣尺蠖试验。

20 世纪 70～80 年代,主要对泡桐金花虫、泡桐丛枝病、泡桐大袋蛾、马尾松毛虫、光肩星天牛、中华松针蚧、榆兰金花虫、杨尺蠖、锈色粒肩天牛等用材林病虫害和栗实象甲、板栗剪枝象甲、板栗疫病、黄棟种子小蜂、桃小食心虫、枣尺蠖、枣锈病、枣缩果病等经济林病虫害测报、防治技术进行了研究。同期开展了地面喷洒白僵菌防治马尾松毛虫试验,飞机喷洒白僵菌防治越冬代马尾松毛虫试验,防止柞蚕感染白僵菌试验,应用 25% 亚胺磷乳剂防治日本龟腊蚧试验,应用原子能防治枣尺蠖——钴 60 照射枣尺蠖蛹试验,抗脱皮激素防治枣尺蠖初步试验,黑光灯诱杀园林害虫观察,飞机超低容量喷雾防治杨尺蠖试验。

1988～1991 年,在南阳地区的桐柏、唐河,信阳地区的罗山、信阳等 4 县分别开展了马尾松毛虫综合治理技术研究,1988～1991 年,在周口、许昌的 9 市(县、区)开展了大袋蛾综合治理技术研究。1996～1998 年,在商丘、开封、周口三市(地)开展了泡桐叶甲综合治理技术研究。1996～1999 年,在新乡、焦作、濮阳、安阳、鹤壁、济源开展了桑天牛光肩星天牛综合控制新技术推广。1997～2000 年,组织开展了利用诱饵树对杨树天牛进行可持续控制研究。1995～2001 年,开展了果实腐烂病相关性及防治技术研究。1996～2001 年,由河南省农业科学院、河南省森林病虫害防治检疫站先后邀请省内外昆虫分类专家开展了河南昆虫资源考察鉴定及区系研究。1999～2002 年,许昌、焦作、开封等地组织开展了杨树食叶害虫综合控制技术组装配套研究。2001～2003 年,对河南省外来有害生物红脂大小蠹开展了综合控制技术研究。2004～2009 年,开展了草履蚧综合控制技术组装配套研究。

据统计,1978～2008 年,全省林业、森防系统先后开展防治技术研究、技术推广项目 220 余项,获部、省科技进步奖 30 余项,获地厅级奖 75 项。其中河南昆虫资源考察鉴定及区系研究获省政府科技进步一等奖;大袋蛾综合治理技术研究、泡桐丛枝病诱导抗性研究分别获得林业部和省政府科技进步二等奖;泡桐叶甲综合治理技术研究、桑天牛光肩星天牛综合控制新技术推广获省政府星火二等奖;利用诱饵树对杨树天牛进行可持续控制研究、果实腐烂病相关性及防治技术研究、杨树食叶害虫综合控制技术组装配套研究、红脂大小蠹综合控制技术研究获省政府科技进步二等奖;榆兰金花虫防治技术研究、河南省森林昆虫普查研究、飞机超低容量喷洒灭幼脲防治大袋蛾、大袋蛾 NPV 病毒制剂防治大袋蛾、马尾松毛虫 CPV 病毒制剂防治马尾松毛虫、泡桐金花虫防治技术研究及大枣病虫害、山茱萸病虫害防治等获得省政府科技进步三等奖。防治技术研究和新技术的推广应用,大大提高了防治水平,促进了全省森林病虫害防治管理工作的科学化,增加了防治工作的科技含量。

三、经验和做法

(一)加强宣传,提高认识,逐步增强各级领导和广大干部群众的防灾减灾意识和依法防治意识

长期以来,全省各级森防机构把强化舆论宣传作为推动事业发展的第一道工序,主要从二个方面开展森防工作的宣传。一是利用会议、电台、电视台、报纸、刊物、网络等多种形式宣传病虫害的危害性和防治的重要性，提高各级领导和广大群众防灾减灾意识。2006年漯河市森林病虫害防治检疫站、西平县森林病虫害防治检疫站开通林业有害生物信息网，2007年信阳森林病虫害防治检疫站开通林业有害生物信息网，2008年南阳市森林病虫害防治检疫站、河南省森林病虫害防治检疫站开通林业有害生物信息网，利用网络发布信息、宣传林业有害生物防治知识。二是加强森防法规和知识技术培训，不断提高各级政府和森林所有者依法防治、依法检疫的自觉性。多年来，通过举办防治、检疫、测报培训班、送技术下乡、办宣传专栏、张贴布告、印发宣传页等宣传活动，增加了各级领导和广大干部群众的防灾意识和依法防治意识。

(二)加强领导,明确责任,确保各项任务完成

领导重视是搞好森防工作的关键。1988年，大袋蛾发生66.67万公顷(2亿株)，中央领导和省委、省政府领导先后作出重要批示，要求要控制住大袋蛾灾害。1995年泡桐叶甲暴发成灾，1998年以杨扇舟蛾、杨小舟蛾为主的杨树食叶害虫暴发成灾，引起社会的广泛关注，新闻媒体纷纷报道，国家林业局局长王志宝、省委书记马忠臣、省长李克强、副省长王明义等主要领导先后作出重要批示，要求研究对策，尽快控制灾害。林业厅党组将森林病虫害防治作为林业厅主要工作常抓不懈，一把手亲自抓，主管厅长具体抓，1998年，省政府办公厅下发《关于进一步加强森林病虫害防治工作的通知》，2003年，省政府办公厅下发《关于进一步加强松材线虫病防治工作的通知》，2005年省政府办公厅下发《关于加强美国白蛾预防工作的通知》。

推行目标管理是强化森防工作重要性、落实管理责任的重要举措。各地按照"谁的树，谁防治"的要求，全面推行政府之间、林业主管部门之间"双线目标管理责任制"，明确防治主体和投资主体，完善防治机制和投资机制，狠抓防治责任和任务的落实，各级政府将森防工作纳入政府重要议事日程，把防治目标纳入政府目标责任制，同领导任期考核及行业评先挂钩。1985年以来，大袋蛾、泡桐叶甲、杨树食叶害虫、马尾松毛虫等相继暴发成灾，各市、县(市、区)政府及时组织财政、银行、农资、水利、交通、民航等部门成立临时指挥机构，协调防治资金、药物、药械和交通工具，积极组织开展大规模的灾害防治，各级林业主管部门及森防机构认真开展病虫测报，为防治决策提供依据，并将管理指标层层分解，一级抓一级，层层抓落实，确保各项目标任务落到实处，确保灾害得到有效控制，确保森林资源安全。

(三)坚持依法防治,加大检疫力度,逐步实现森防工作由被动减灾向主动控灾转变

一是制定推行了森林病虫害限期除治制度。凡林权清楚的地方，都依法开展了限期除治工作，对限期达不到除治要求的，依法进行处罚，情节严重的，追究主要责任人的责任。二是加大检疫执法力度。在加强产地检疫，认真落实产地检疫合格证制度的同时，林业厅明确要求专职森检员要进驻100个木材检查站，切实加强调运检疫。南阳市、许昌市等森林病虫害防治检疫站进驻火车站开展检疫，信阳市平桥区、潢川县、鄢陵县、沁阳市、中牟县等森林病虫害防治检疫站深入板栗、花卉基地、集贸市场、木材经销单位开展检疫工作。灵宝市、西峡县、固始县等森林病虫害防治检疫站设立美国白蛾、松材线虫病检疫哨卡，对重大危险性检疫对象进行重点监测，发现疫情，及时进行除害处理，较好地预防了危险性病虫害的传播蔓延。

（四）坚持以营林措施防治为主，积极开展无公害防治，逐步提高森林自身抗御病虫灾害能力

20世纪80年代后，河南省森林病虫害防治中牢固树立"预防为主，防重于治"的思想，切实将病虫害防治贯穿于林业生产全过程，大力营造松栎、杨槐、杨楝、桐杨、杨杉混交林，营建生物防虫隔离带，加强纯林改造和封山育林，少用或不用化学农药，积极推广以虫治虫、以菌治虫及仿生制剂防治和根际注药等无公害防治措施。通过协作、攻关，分别对马尾松毛虫、泡桐丛枝病、榆兰金花虫、大袋蛾、泡桐叶甲、红脂大小蠹等开展了大面积工程治理，调整了树种结构，提高了混交比例，抑制了病虫害的发生蔓延。新县、信阳、罗山、桐柏等县常年坚持自行繁育赤眼蜂、白僵菌、招引鸟类防治马尾松毛虫，使豫南马尾松毛虫发生周期由原来的4年延长到6～8年，桐柏等县马尾松毛虫连续20年未暴发成灾。

（五）坚持专群结合，积极推行联防联治，逐步提高控灾能力

一是以专业队防治为主开展群防群治。专业队防治，效率高，效果好，便于组织。多年来，河南省充分发挥专业队防治优势，坚持专业队防治与群防群治相结合，有效控制了木橑尺蠖、榆兰金花虫、马尾松毛虫、大袋蛾、泡桐叶甲等主要病虫灾害。从1997年开始，省林业厅要求市（地）、县在开展森林病虫害防治检疫站标准化建设的同时，逐步组建专业性强、装备精良、技术先进、灵活机动、控灾效果好的森林病虫害防治专业队伍。省森林病虫害防治检疫站多方筹集资金，购置高射程机动喷雾器械，组建省市联建机防队，在杨树食叶害虫等森林病虫灾害防治中发挥了骨干作用。二是以飞机防治为主，开展联防联治。飞机喷药防治林木病虫害，速度快、效果好、投资少。改革开放以来，河南省先后使用溴氰菊酯等化学农药、白僵菌、松毛虫病毒、灭幼脲、阿维灭幼脲、苯氧威、森得保等不同药剂，采用常量、低容量和超低容量喷雾的形式，组织飞机喷药防治达26个年头，累计飞机喷药防治林木病虫害面积达84.6万公顷，防治了马尾松、油松、杨树、泡桐、刺槐、枣树等15种林木和果树害虫，平均防治效果达90%以上。在马尾松毛虫、杨树食叶害虫飞机喷药防治中，由省森林病虫害防治检疫站协调，先后16次跨地（市）、跨县开展联防联治，有效地控制了大面积病虫灾害。

四、问题与展望

事实上，当前全省林业有害生物防治工作中仍然存在不少突出问题。一是认识不到位。一些地方领导对林业有害生物防治工作的重要性认识不足，重视支持程度不够，发生林业有害生物灾害时，防治工作开展不平衡，特别是不重视对轻度发生有害生物的防治。二是机构不健全。全省目前有森林病虫害防治检疫站159个，其中机构、人员、经费独立，能专职专责的不足50个，其余多为合属办公。机构不健全，人员不稳定，影响森防职能的充分发挥和各项工作的顺利开展。三是应急控灾能力低。多年来，由于防治基础设施更新缓慢，致使不少地方缺少先进的防治器械、防治设施和专业化、机械化防治队伍，有害生物发生时，没有很好的应对措施，控灾水平低下。四是管理手段落后。病虫测报缺少先进仪器设备和技术，经验数据多于实际调查信息；检疫工作流于形式，缺少快速诊断手段；传统防治技术仍占主导地位，高新防治技术研究应用相对滞后。五是防治经费严重不足。

全省每年中度以上发生的林业有害生物全部进行防治,需要资金4 000余万元左右,但是,受各种因素影响,每年投入防治的资金仅2 500万元左右,致使每年有相当一部分灾害不能得到有效防治。六是依法防治意识淡薄。一方面,多数林业主管部门或其所属森防检疫机构执法力度不够,不敢大胆执法,存在执法不严或违法不纠现象;另一方面,不少干部群众重视农作物病虫害防治,忽视对林业有害生物的防治。

在新的历史时期,林业承担着"生态建设、生态安全和生态文明"的重要职责,而作为林业重要组成部分的林业有害生物防治工作,必须明确自身面临的严峻形势和良好发展机遇,明确自身肩负的神圣职责,切实担负起为林业发展保驾护航的历史使命,为实现"三生态"建设的宏伟目标作出积极贡献。完成上述目标任务,需要从五个方面取得突破。

(一)在森防管理思路上取得突破

林业有害生物的严重发生从根本上说是个生态问题。因此,林业有害生物防治工作必须由重除治向重预防转变,由以治标为主向标本兼治、以治本为主转变,由一般防治向工程治理转变,由化学防治向生物防治转变。各地要坚持"预防为主,综合治理,科学防控,促进健康"方针,按照系统论的思想,把害虫、天敌、寄主和生态因子、人为活动结合起来进行多元化管理,强化预防工作,把林业有害生物防治工作贯穿于林业建设的始终,逐步实现林业有害生物的可持续控制。

(二)在营林和生物防治措施方面取得突破

要将营林防治措施纳入造林规划设计中,实行同步规划、同步实施、同步验收;严把造林用苗关,防止用带疫苗木造林;加大封山育林力度,大力营造混交林,积极开展以虫治虫、以菌治虫、以鸟治虫,在防治害虫的同时,保护有益天敌,维护生态平衡,以达到对病虫害的可持续控制。

(三)在森防体系建设方面取得突破

要加强"一站三网"森防体系基础设施建设,配备电脑、频振式诱虫灯、全球定位仪、高射程均衡喷雾器等高新测报、防治、检疫设备,逐步实现森防系统信息化管理和危险性林业有害生物的远程诊断、快速诊断,加强应急防控专业队建设,逐步提高快速反应能力。

(四)在科技攻关和先进科技成果的引进与推广方面取得突破

着力解决病虫害监测技术、生物防治技术、重大危险性病虫害的快速检疫和除害处理技术、有害生物风险性评估技术以及配套防治技术,不断提高森防机构封锁堵截、除害处理和控制突发性、暴发性灾害的能力。

(五)在森防管理机制上取得突破

研究适合当前森防工作的责任机制、投入机制、防治机制和管理机制,通过深化改革,充分调动全社会的防治积极性。通过林业产权制度和森林资源管理机制改革,逐步建立公益林病虫害防治和重大危险性病虫害治理主要由政府负责,商品林病虫害防治主要由经营者负责的责任制度以及与之相适应的投入机制;在林业重点工程中,要探索多渠道、多层次、多形式的森防经费投入机制;重大森林病虫害治理工程要积极引进和推行防治公司或其他防治组织以招标形式进行承包,逐步形成以各级森林病虫害防治检疫站为防治主体,多种防治组织并存的防治新格局;要建立和推行重大森林病虫害工程治理的法人制、监理制、报账制和招标制,制定和完善各项管理制度,推进森防工作的全面健康发展。
(省森林病虫害防治检疫站)

第二十三节　林业技术推广

一、发展历程

河南省的林业科技推广工作随着林业建设事业的不断发展和林业科技的进步逐步受到重视,得到了较快发展。60 年的林业科技推广发展历程大致可分为四个阶段。

(一)自发式推广阶段(1949～1976 年)

这一阶段既无专门的林业技术推广机构,也无成熟的推广理论,推广工作主要依靠林业科研、教学和基层林业生产单位的科技、生产人员,结合科研、生产实践,通过召开专题学术会议、生产现场会议等形式进行。推广的内容以林业生产经验、实用技术和林木新树种、新品种为主,其中豫东沙区固沙造林、平原农区防护林营造、农林间作、农田林网化规划等生产经验的总结和推广,加拿大杨、大官杨、新疆核桃及毛白杨接炮捻育苗技术和一些经济林树种的优良品种等推广,在全省乃至全国都产生了重大影响,为后来的平原林业发展奠定了良好基础。此阶段的推广工作由于缺乏严谨的科学态度和成熟的推广理论的指导,也再出现了比较明显的错误。如大官杨的推广,盲目扩大范围,造成多数地方生长不良,天牛危害严重。

(二)有组织推广阶段(1977～1989 年)

这一阶段的显著特点是省、地(市)、县三级林业科技推广机构相继建立,推广工作有组织地开展。1978 年 3 月成立河南省林业技术指导站,1984 年 3 月改为河南省林业技术推广站,此后各市(地)、县先后建立了推广机构。1985 年起省财政每年安排林业科技推广专项经费 20 万～30 万元,推广内容以符合河南林业生产实际需要的最新林业科研成果为主,并注意技术的组装配套;在组织形式上多采取以各级推广机构为主、有关科研、教学、生产及管理部门参与的推广协作组。这期间组织实施了一批有影响的推广科技成果,如:豫杂一号、豫选一号、豫林一号等泡桐良种及泡桐壮苗培育、剪梢接干、秋季带叶栽植等配套技术成果,平原地区以农桐间作、农田林网为主的综合防护林体系营造技术,毛白杨优良类型、沙兰杨、I-214 杨、72 杨、69 杨等欧美杨优良无性系、日本落叶松、火炬松、湿地松、水杉等引进树种、楸树优良类型、刺槐、白榆优良无性系等优良品种,马尾松毛虫、泡桐丛枝病、泡桐大袋蛾、枣树病虫害、榆兰金花虫等一批重大林木病虫害的综合防治技术。通过这些推广项目的实施,有力地促进了河南省林业快速、健康的发展。

(三)整体推广阶段(1990～1998 年)

这一阶段以 1990 年省委、省政府和林业部分别实施"科教兴豫"和"科教兴林"战略为契机;1993 年,《中华人民共和国农业技术推广法》和《河南省实施〈中华人民共和国农业技术推广法〉办法》颁布实施;1996 年省级机构改革,原省林业技术推广站分为三个站,省林业技术推广站成了独立编制机构,专门负责林业技术推广及林业技术服务体系建设工作;国家及省委、省政府一系列加强农业科技推广工作政策、文件出台,河南省林业科技推广工作进入了一个新的发展时期。这一时期的主要特点,一是有关加强林业科技推广工作的政策走上法制化轨道;二是推广工作的主体由主要依靠推广机构,向以推广机构为主,科研、教学、生产单位、政府部门和个体林农共同参与转变;三是推广的方式由单点、单项示范向建立多层次、多类型科技综合示范网络,进行大规模辐射推广发展;四是政府进一步加大了对林业科技推广的投资力度,并向建立多渠道的投资机制迈进。这期间所做的主要工作,一是开展了以"211"科教兴林示范工程为主体的科技综合示范基地建设;二是组织实施了100多项部、省重点林业科技推广项目;三是广泛开展了包括"送技术下乡活动"等多种形式的科普宣传工作;四是进一步加强了推广机构建设,新建了一批部省合建的林业技术推广中心。林业新技术、林果新品种在林业建设中有组织地得到推广运用,为林业事业的发展起到了至关重要的作用。省林业厅分别于1996年和1999年对科教兴林与科技推广工作成绩突出的单位及个人进行了表彰和奖励。

(四)强力支撑阶段(1999~2009年)

1999年以来,一方面,随着经济建设的发展和人民生活水平的提高,国家对生态环境建设愈来愈重视,中央财政投巨资启动了黄河上中游天然林保护工程、"三北"和长江中下游防护林体系建设工程、退耕还林还草工程、防沙治沙工程、野生动植物保护及自然保护区建设等六大林业重点工程建设,提高林业建设的质量和效益亦相应在全民中形成了共识,林业生产对林业科技的支撑提出了更高的要求。另一方面,随着林权制度的改革和农村经济结构的调整,农民甚至企业看到了林果业发展的优势与潜力,投资发展林果业的积极性极大地提高,也非常期盼林木新品种与林业新技术的应用。这一时期,诸如葡萄、桃、杏、杨树等一些产生经济效益快的林木良种被广泛应用,新品种大量推广,设施栽培、植物生长调节剂、果实套袋技术等一些在计划经济体制下难以推广的技术也得以迅速推广普及,过去从研究一个新的品种到应用普及大致需要10年左右的时间,而这一阶段2~3年就被普及应用。

二、取得的成就

(一)建立健全了林业科技推广服务体系

1993年《中华人民共和国农业技术推广法》颁布实施、1994年《河南省实施〈中华人民共和国农业技术推广法〉办法》颁布实施、2006年《国务院关于深化改革加强基层农业技术推广体系建设的意见》(国发[2006]30号)下发,使河南省的省、市、县级林业技术推广机构运转平稳,绝大多数县以上林业技术推广机构为全额供给事业单位,人员工资基本有保证,乡(镇)林业工作站在经2005年省乡(镇)机构改革后,大多合并到乡(镇)农业技术服务中心,经费全额供给。据2008年底统计,全省共建立省、市、县(市、区)、乡(镇)四级林业科技推广服务机构1 568个,其中省级1个、市级18个、县级145个、乡(镇)1 404个。全省县以上林业技术推广机构人员编制2 804人,在职职工3 445人,其中高级职称146人、中级职称710人、初级职称1 119人,其他1 487人;乡(镇)林业机构编制4 850人、长期在职职工5 194人,长期在职职工中具有高级职称的53人、中级职称的456人、初级职称的1 529人。1989年以来,在国家林业主管部门和地方各级政府的大力支持下,通过实施"部省合建林业技术推广中心"、"推广中心站建设"、"标准化林业站合格县"等活动,使河南省林业科技推广服务体系建设的总体水平有了新的提高,推广能力建设得到加强。

(二)规范了林业科技推广工作

不断加强林业科技推广工作的管理,完善项目合同制、项目专家评审制等制度,加强了科技推广项目的计划管理,做到公开、公平选择和实施科技项目。组织有关科技人员编制了河南省地方标准《林业技术推广规程》,于2005年初发布实施,对林业技术推广的程序、方法及管理等方面给予了规范。2004年6月省林业厅出台《河南省林业重点工程建设林业技术推广同步设计、同步施工、同步验收管理办法》,要求各级林业主管部门高度重视林业重点工程建设中的林业技术推广工作,落实"办法"要求,切实做到林业重点工程建设与林业技术推广工作三同步,即同步设计、同步施工、同步验收,以保证工程建设的科技含量和建设质量,工程建设的精品率逐年提高。

(三)大力开展林业科技推广工作

全省林业科技推广工作紧密结合林业生产实际,始终坚持为生产服务的宗旨,面向林业建设主战场,以主要林木新品种、主要造林树种育苗新技术、用材林丰产栽培技术、经济林丰产高效栽培技术、林业生态工程建设技术、林木病虫害综合防治技术、抗旱造林技术等方面科技成果为主要内容,组织实施了速生杨等新品种示范推广、防沙治沙技术模式推广、退耕还林优良树种栽培技术研究推广、干旱地区抗旱造林配套技术推广、石榴良种丰产栽培技术推广、生物质能源优良树种黄连木良种选育示范推广、楸树速生栽培技术推广、杂交马褂木推广等一批重点林业科技成果推广项目,取得了显著的社会效益、生态效益和经济效益。自1984年河南省林业科技推广工作进入有计划、有组织推广阶段以来,全省林业科技推广系统共组织引进推广中林46杨、欧美杨107、豫杂一号泡桐、美国杏李、四倍体刺槐、豫楸1号等主要造林树种优良种源、品种、无性系450多个,引进推广抗旱造林、固体保水剂、低产林改造、果树丰产栽培及森林保护管理技术等林业新技术、新成果300多项,承担各类科技推广项目560多项,建立各类科技推广示范基地(林、园)4万多公顷。通过各级推广机构开展形式多样的科技推广活动,对加快科技成果的转化、促进林业的持续健康发展发挥了重要的作用,增加了林业工程建设中的科技含量,提高了林业生产的质量和水平,促进了新农村建设。如在泡桐良种及丰产栽培综合配套技术推广方面,先后组织推广应用了10多项重大科技成果,累计新增产值达40亿元以上;"107、108杨新品种推广"项目,获2007年国家科技进步二等奖,项目共建立杨树新品种示范林7 300公顷,直接经济效益6.19亿元;在全省158个县(市、区)推广欧美杨107杨、108杨40 524.52万株,欧美杨107杨、108杨已成为河南省杨树造林的主要品种;火炬松、湿地松、日本落叶松共推广近40.5万公顷,不仅丰富了河南省南部、西部地区树种资源,而且预期经济效益近10亿元;林木种苗配套标准推广项目的实施,大幅度提高了河南省林木种子和苗木质量,新增经济效益达11亿元;容器育苗、ABT生根粉等应用技术的推广,对促进河南省林业育苗的科技进步起到了巨大的推动作用,产生了巨大的社会效益和经济效益。

(四)建立了初具规模的林业科技示范网络和中试基地网络

自1990年实施科教兴林战略以来,在全省开展了以"211"科教兴林示范工程为主体的各类科技示范基地建设,全省共建立科教兴林示范县2个、示范乡19个、示范村146个、示范户1 000多户;启动了信阳市林业科技开发试验示范区和信阳市平桥区兴林富山样板县工程建设项目;各地结合示范工程建设和重点科技推广项目的实施,共建立各种类型的科技推广示范林(园)、示范点4 000多处,总面积近6.7万公顷。通过示范基地建设促进了科技成果的大面积推广应用,其中大部分基地已成为各地林业建设的精品工程、样板工程。为了搞好新技术新成果新品种的推广前试验、组装配套及示范,在省政府的重视和支持下,启动了"河南省省级林业科技推广中间试验示范基地"建设项目,2005年一期工程全面启动:省林业技术推广站在郑州近郊租用20公顷多土地,建立了固定的河南省省级林业科技推广中间试验示范基地。漯河、许昌、南阳、洛阳、安阳等市级推广站也通过合资、租赁等多种形式建立科技推广示范基地,为林业科技推广工作的开展搭建了良好的展示平台。

(五)开展了形式多样的技术培训与普及

河南省各级科技推广部门以提高林业工程建设质量和解决林业技术棚架为目标,组织开展了多种形式的林业科普活动,认真解决林业技术"棚架"问题。一是广泛开展了岗位培训、学历教育和专项技术培训等为内容的职工培训,提高了推广人员的专业技术水平。同时,各市也加强了以县、乡林业工作站站长及主要岗位人员的业务培训,目前,全省市、县林业技术推广站站长、乡(镇)林业工作站站长和主要岗位人员基本得到轮训,有2 000多人参加了不同层次的学历教育。二是充分利用期刊、杂志、网络等传媒,开展林业科技成果的宣传普及活动。结合林业生产的需要,有计划地组织科技人员编写技术宣传资料,制作科普录像片,开设报刊专栏或电视专题讲座等,加大林业科普宣传的力度,解决"技术棚架"问题。省林业技术推广站从1998年起开始编辑《河南林业科技推广》,每月一期,每期印刷600份,免费向全省推广系统和一批专业户发放;《河南林业信息网》的林业技术推广专栏每月进行更新,既为全省推广系统提供了林业科技信息交流的平台,又宣传普及了林业新技术、林木新品种。三是通过"送科技下乡"等活动,开展实用技术培训。结合退耕还林工程、重点推广项目、科技成果转化项目、农业结构调整项目和农业科技扶贫项目等项目的实施,组织科技服务队、专家小组奔赴全省各地开展科技下乡,对林农进行多形式、多层次的实用技术培训。全省每年培训林农10余万人次,不少地方已实现了村有农民技术员、组有技术能手、户有科技明白人。四是鼓励、引导建立各类科技服务协会,搞好产前、产中、产后服务。为适应林业发展的需要,鼓励、引导建立林业技术服务队、森保公司、各类专业技术协会、乡村林场等乡村林业专业组织,为林农提供了产前、产中、产后系列化全程服务,在林业技术推广、发展林业产业等方面提供了大量信息和技术服务,为增加农民收入、促进农村全面建设小康社会发挥了重要作用,已成为基层林业服务体系的重要组成部分。

(六)促进了全省林业生产技术水平的提高

通过推广普及林业实用技术成果,增加了林业建设中的科技含量,提高了林业生产的质量和水平。主要表现在:林业科技成果转化率由"九五"时期的34%提高到2008年的51%,林业科技贡献率由"九五"时期的28.9%提高到2008年的43%;平原绿化主要造林树种已基本实现良种化,工程造林良种率由"九五"时期的60%提高到80%以上,林木良

种使用率达到 63%,经济林基地造林良种率已达 80% 以上。(省林业技术推广站)

第二十四节　基层林业工作站

一、发展历程

乡、镇林业工作站(以下简称林业站)是林业主管部门指导和组织农村集体、个人发展林业生产的基层事业单位。新中国成立后,河南省林业站建设经历了四个阶段:缓慢发展阶段、初级建站阶段、标准站建设阶段、示范县建设阶段。

(一)新中国成立初期至 1987 年为缓慢发展阶段

新中国成立初期,河南省林业站建设就已经开始,但 30 多年间,随着我国农村政治、经济体制的变革,发展一直比较缓慢。1962 年部分山区公社配备了林业助理,业务归县林业局领导。1964 年按国务院要求,黄河中下游的部分县建立了公社级的林业站。到1987 年底,全省 2 110 个乡(镇),只有林业站 360 个,仅占 17%,大多数乡(镇)只配备一名林业助理员。

(二)1988 年至 1992 年为初级建站阶段

1988 年 7 月林业部颁发了《区、乡(镇)林业工作站管理办法》,规定:"凡有林业生产和经营任务的地方,一般以乡(镇)或者区为单位设立林业站,暂不具备建站条件的乡(镇),应当按照《森林法》的规定设专职或兼职人员负责林业工作。"按照林业部的要求,河南省在原乡(镇)林业助理员的基础上,新建乡(镇)林业工作站。省、市林业主管部门都明确了专门机构负责林业站建设工作。初级建站阶段的主要任务是基本完成建站设员任务,按照"有机构、有房子、有人员、有公章、有牌子、有经费"的标准,塔起架子,把工作抓起来。通过各级大量投资,至 1991 年全省共建站 2 068 个,基本完成了初级建站任务。

(三)1993 年至 2000 年为标准站建设阶段

1991 年林业部在河南省尉氏县进行标准化林业站建设试点,1993 年通过验收。1993年后河南省林业站转入以标准化林业站建设为核心内容的整体推进阶段。标准站建设主要任务是抓好现有站的巩固完善提高,达到"规范化、标准化、制度化"的要求,使其充分发挥"管理、组织、指导、服务"的职能。标准站建设以县为单位进行,内容包括机构设置、人员编制、办公用房、交通工具、通信设备、制度图表、档案管理、基地和多种经营、职能发挥、廉政建设 10 个方面,全部完成的由国家林业部命名为"标准化林业站建设合格县"。围绕标准站建设,1994 年河南省开展了"综合实力百强站"评选活动,1998 年开展了"示范站"建设活动。

(四)2001 年至今为示范县建设阶段

按照新时期林业的发展思路,林业站承担的任务更加繁重而艰巨,为更好地履行所担负的责任,必须进一步加强建设和管理。为此,国家林业局在全国林业合格县的基础上,按照"巩固、完善、提高"的林业站建设方针,在全国范围内分区域选择部分有代表性的县(市、区)进行林业站建设示范县试点。通过示范县建设,带动全国林业站建设整体水平的提高,保障林业事业的健康发展。根据国家林业局关于《全国林业站建设示范县试点

方案》的要求,河南省的内黄县作为全国示范县试点,西峡县作为全省试点,经过两年的
建设,2003 年分别通过国家林业局、省林业厅验收,达到示范县的水平。内黄县林业局根
据辖区林业实际,积极发挥"宣传、管理、执法、组织、服务"职能,采取开现场会、办培训
班、发放技术资料、技术承包等形式,开展技术培训,接受群众咨询,帮助林农解决生产中
的疑难问题,加快了当地林业科技推广进度,提高了林业科技含量。自 2000 年以来,共推
广枣树标准化生产、高接换头、苹果套袋、晒字、铺反光膜等林业新技术 10 项,推广面积
6 667 公顷、80 多万株。后河、豆公、楚旺、高堤等林业站根据本辖区内枣树、桃树、林业育
苗面积大的实际,有计划地在 10 多个重点村各培训了 1～3 名技术能手,扩大了林业技术
的覆盖面。后河、高堤、井店林业站于 2006 年春在辖区中各选取 3～5 户作为林业科技示
范户,对原有枣树进行高接换头品种更新,经过一年的精心管理,成活保存率达 95% 以
上,部分枣头当年就见了果,表现出良好的长势和丰产性,带动周围 20 多个村 100 多农户
进行枣树品种改良。各乡(镇)林业工作站及时发现林业生产中的新问题,迅速反馈到县
林业局,使全县林业科技服务始终贴近群众,指导生产。另外,乡(镇)林业站通过站办基
地、以站牵头创办协会等方式将零散的林农组织起来,为其提供信息、技术服务,帮林农找
富渠道、销售苗木等。内黄县宋村乡林业工作站牵头组织种苗协会,以站办杨树苗木基地带
动全乡育杨树苗,与育苗户签订销售合同,目前宋村乡已成了全国有名的杨树苗木基地。

　　在完成内黄县、西峡县作为全国示范县试点和省试点的基础上,2005～2009 年转入
重点工程区林业站建设。国家林业局下达给河南省《退耕还林区河南省林业工作站建
设》项目,涉及西峡县、信阳平桥区、登封县、洛宁县、孟津县、卢氏县、林州市、漯河郾城
区、罗山县、灵宝市、淅川县、范县、新蔡县、南召县、扶沟县、修武县、许昌县、开封县、舞钢
市、辉县市、温县、台前县、宁陵县、桐柏县、延津县、鹿邑县、杞县、汝州市、柘城县、安阳县、
林颖县 31 个县(市、区),项目总投资约合 988 万元(设备投资估算)。截至目前,2008 年
前投资的项目区所有设备全部到位。

　　林业站在机构和人员稳定方面经历了三个阶段:①1990 年 3 月,人事部、林业部联合
下文将林业站正式纳入国家事业单位序列。到 1991 年底,全省林业站共核定编制 4 539
人。管理体制分两种情况:1 106 个站以条为主,926 个站以块为主。②1992 年全省地方
机构改革时,一些地方将林业局管理的林业站下放到乡(镇)管理,甚至出现了改变林业
站事业单位的性质,减拨或停拨事业单位经费的情况,林业站建设一度受到冲击。1993
年 7 月,《农业技术推广法》颁布实施,各地积极贯彻落实,全省有 13 个市(地)出台文件,
明确了基层林业站以条为主的管理体制,绝大多数县(市)重新核定了林业站的编制,至
1998 年底全省共核定编制 6 772 人。巩固了机构,稳定了队伍。③为贯彻落实《中共中
央、国务院关于地方政府机构改革的意见》(中发[1999]2 号)和《中共中央办公厅、国务
院办公厅关于乡人员编制精简的意见》(中办发[2000]30 号)精神,2001 年又一轮乡级机
构改革在全省范围内铺开,全省不少地方的林业站被合并到乡(镇)农业服务中心。

二、主要成绩

(一)全面完成了建站任务

　　到 1998 年底,全省 158 个县(市、区)、2 144 个乡(镇)已建林业站 2 108 个,没有建站

的都设立了专职林业员。全省林业站共有职工8 784人。1 445个林业站有汽车、摩托车等交通工具,1 802个林业站配备了电话、对讲机等通信设备。全省用于乡级林业站建设的基建投资累计达5 495.28万元,其中国家林业部(局)556万元,省级财政补助611万元,市(地)、县、乡配套投资4 328.28万元。

(二)"标准化林业站建设合格县"活动步伐加快

1993年以来,先后有尉氏县、西峡县、宁陵县、鹿邑县、濮阳县、陕县等111个县(市、区)通过部、省验收,被确认为"标准化林业站建设合格县"。通过"标准化林业站建设合格县"活动的开展,乡(镇)林业站已从建站初期的"五有"向人员充足、办公设施完善、交通通信工具齐备、规章制度齐全、各种图表档案规范、职能作用发挥充分的方向发展,逐步走上了规范化、标准化、制度化的路子。

(三)示范县林业站建设使林业站更上一层楼

2001年以来,在河南省实施的重点工程区林业站示范县建设,完成了31个县(市、区)的工程区林业站建设任务,累计完成投资800多万元,其中国家投资400多万元,地方配套400多万元。31个项目县共新建和改造林业站站房50多处,面积达2 000多平方米;新增电脑、打印机、一体机等办公自动化690台(套),GPS、对讲机等工作机械558台,交通工具172辆。同时,为配合重点县建设项目的实施,从2007年起,河南省启动了以完善基础设施建设、提高队伍素质、规范职能作用为主要内容的林业示范站建设活动,年投入130万元,对达到示范站建设标准的市级站补助10万元、县级站补助5万元、乡(镇)站补助3万元,以调动各级林业部门对林业站的投入。通过林业站重点县和示范站建设项目的实施,进一步加强了林业站的自身能力建设,提高了林业站职能作用发挥的水平,有力促进了各项林业工作的顺利开展。

(四)林业站职能作用得到充分发挥

1987年以前,林业站作用单一,不能适应林业事业发展的要求。1988年,林业部颁布的《区、乡(镇)林业工作站管理办法》,把林业站的任务明确为"管理、组织、指导、服务"。河南省在很抓建站的同时,积极引导林业站充分发挥职能作用。几年来,河南省各地林业站在宣传、贯彻和执行各项林业法律、法规和方针政策,组织开展林业育苗、植树造林、林木管护、封山育林、野生动植物保护、森林防火、森林病虫害防治等生产管理工作和引进推广普及林业生产新技术、新品种,开展林业技术培训、技术咨询、技术服务以及搞好林业产前、产中、产后等社会化服务方面发挥着越来越重要的作用。随着现代林业建设的深入推进,以及集体林权制度改革的全面深化,林业站在林业建设全局中的任务越来越繁重,作用越来越突出,尤其是在河南省实施的生态省建设中发挥重要的基础保证作用。

(五)认真贯彻落实国务院30号文件

《国务院关于深化改革加强基层农业技术推广体系建设的意见》(国发[2006]30号)下发后,林业厅领导高度重视。一是认真学习,深刻领会精神;二是成立林业厅领导小组;三是深入基层,调查研究;四是搞好协调,积极主动的推进省政府实施意见的起草出台和贯彻落实工作,协调农业、水利、人事等相关部门,推进省政府实施意见的出台。省政府实施意见下发后,为贯彻落实《河南省人民政府关于深化改革加强基层农业技术推广体系建设的实施意见》豫政[2007]78号文件精神,省林业厅认真研究,周密部署,要求各级林业主管部门高度重视，认真对待，把深化改革、加强基层林业技术推广体系建设作为当前一项重要而紧迫的工作，抓紧抓好；成立领导小组，一把手亲自抓，负总责，专门研究、协调解决本地区基层林业技术推广体系改革与建设问题；紧紧围绕林业生态省建设规划确定的目标、任务和要求，研究确定本地深化改革、加强基层林业技术推广体系建设的思路和框架，搞好规划布局，制定切实可行的实施方案；加强沟通协调，积极争取支持；积极主动地向当地党委、政府汇报当前林业工作的特殊性和重要性，争取党委、政府的重视和支持。同时，加强同机构编制、人事、财政、科技、劳动保障等部门的沟通协调，确保在此次改革中，使基层林业技术推广体系得到巩固和加强；积极配合政府和有关部门做好改革方案的制定和组织实施工作，不断研究新情况、解决新问题。

（六）林业站"两个文明"建设双丰收

全省林业站坚持"两个文明"一起抓，在抓好物质文明的同时，狠抓精神文明建设。一方面通过政治理论学习，提高站员的思想觉悟。另一方面严格遵守《基层林业站廉政建设的若干规定》，树立"勤、廉、严、实"的行业作风和团结进取，无私奉献的行业精神，严禁林业站职工以权谋私，以木谋私。同时加强了制度建设，建立健全了工作制度、岗位责任制、档案管理制度、奖惩制度等。据不完全统计：全省林业站的"双文明"建设取得了丰硕成果，有16个林业站获得全国先进林业站称号；有87个林业站被省林业厅评为"百强站"；有100个林业站被省林业厅命名为"示范站"；有11个林业站职工获得全国林业站先进工作者；在全国基层林业站开展的"强化法制意识、强化森林资源保护意识"培训教育活动中，河南省巩义市林业局和内黄县林业局被授予"两个强化"培训教育活动县级先进单位称号；嵩县德亭乡、兰考县张君墓镇、鄢陵县彭店乡、西峡县丁河乡、周口市川口区南郊乡5个林业工作站被授予"两个强化"培训教育活动先进林业工作站称号；2005年，西峡县林业局、内黄县林业局被国家林业局表彰为县级先进单位，信阳市平桥区高梁店乡林业站、洛阳市栾川县陶湾镇林业站、南阳市西峡县双龙镇林业站、三门峡市卢氏县潘河乡林业站、安阳市内黄县马上乡林业站、漯河市郾城县召陵镇林业站被国家林业局表彰为先进乡（镇）林业站。"十五"期间，多个林业站和职工受到国家林业局表彰：汝阳县三屯乡林业管理技术服务站、内黄县宋村乡林业技术管理站、南召县乔端镇林业工作站、西华县大王庄乡林业工作站、漯河市召陵区召陵镇林业工作站被授予"全国先进林业工作站"称号；卢氏县沙河乡林业工作站闫英杰、修武县方庄镇林业工作站乔新中、长葛市石固镇林业工作站赵吉平、嵩县阎庄乡林果业工作站赵少乾、西峡县西坪镇林业工作站张文喜、新乡县古固寨镇林业工作站秦正广、林州市石板岩乡林业工作站段双富、信阳市平桥区高梁店乡林业工作站吴强、鹿邑县贾滩乡林业工作站武进良、郑州市林业工作总站高巨虎、河南省林业工作站赵蔚被授予"全国林业工作站先进工作者"称号。

三、存在问题及发展前景

河南省林业站建设与全省林业建设、发展的要求相比，还存在一定差距，现代林业建设的不断深入推进，以及集体林权制度改革的全面深化和河南省生态省建设的全面实施，对林业站建设提出了更高的要求，而经过历次乡（镇）事业单位的改革，林业站的结构发生了巨大的变化：一是林业站管理体制发生了较大变化，大部分乡林业工作站由县级林业主管部门垂直管理变为乡(镇)政府直接管理,致使县乡两级机构脱节,业务主管部门不能及时掌握基层机构工作情况,并对其进行有效管理。同时部分基层林业机构名义上是双重领导,但多是围绕基层政府中心工作运转,业务工作开展不力。二是林业站基础设施投入严重不足。由于河南省是人口大省,经济发展相对滞后,全省159个县(市、区),目前才建设林业站重点县31个,建设县数少,辐射带动作用不明显。同时基层林业机构底子薄,技术推广手段落后,多数单位缺乏必要的交通工具和仪器设备,电脑、复印机、传真等现代化办公设备也严重不足。大多数技术推广工作还是靠一张嘴,两条腿,用眼看、用嘴说、凭感觉判断,用于交通、通信、培训、试验等的设施设备严重缺乏,不能适应现代林业建设的需要。三是林业站缺少必要的培训经费。乡(镇)机构改革后,林业站人员变动较大,林业基础理论和专业技术知识水平低,急需对新进人员进行林业专业知识培训,以提高其素质,尽快适应林业工作。同时,基层林业站人员工作在乡(镇),整天忙于应付各种工作事务,学习、进修、培训的机会极少,知识更新慢,整体素质难以适应林业发展新形势的需要,急需对其进行林业新知识与新技术的更新培训,但从国家到地方都缺少必要的培训经费。

今后林业站建设要紧紧围绕林业改革和发展的总任务,以贯彻国务院《关于深化改革加强基层农业技术推广体系意见》(国发30号)为中心,全面贯彻落实科学发展观和《中共中央国务院关于全面推进集体林权制度改革的意见》,以开展林业重点工程区林业工作站建设项目为手段,以培育和保护森林资源为重点,以强化林业站职能作用、提高林业站依法行政能力,为推进林业"六大工程"和林业的根本转变服务为宗旨,科学、合理设置乡(镇)林业站,理顺管理体制,强化职工培训,全面提高林业站工作的整体水平,为实现林业持续、健康发展提供坚实的基础保障。(省林业技术推广站)

第二十五节 退耕还林

河南省退耕还林工程自2000年开始试点、2002年全面启动以来,省委、省政府高度重视,相关部门密切配合,圆满完成了国家下达的退耕还林计划任务。近年来,退耕还林工程的生态、经济和社会效益逐步显现,基本实现了退耕还林工程"退得下、还得上、稳得住、不反弹、能致富"的预期目标。河南省退耕还林工作也受到了国家林业局和河南省委、省政府的充分肯定,2002年省政府在对24个先进集体进行表彰时,河南省退耕还林和天然林保护工程管理中心(以下简称退耕中心)被授予"退耕还林先进集体"称号。2007年省退耕中心被国家林业局授予"全国退耕还林先进集体"称号,2008年河南省林业厅被国家林业局授予"全国退耕还林阶段验收先进集体"称号。

一、工程实施情况

(一)任务和范围

2000~2009年,河南省共完成国家退耕还林工程计划任务101.28万公顷,其中退耕还林25.11万公顷,荒山荒地造林65.5万公顷,封山育林10.67万公顷。工程范围涉及全省18个省辖市的136个县(市、区),覆盖了全省85%以上的县级单位和90%的国土面积。其中退耕还林涉及 106 个县(市、区)、129.1 万退耕农户、488.9 万农民。

2008 年,按照国家发展和改革委、国务院西部开发办公室、财政部、农业部、国家林业局、水利部《关于做好巩固退耕还林成果专项规划编制工作的通知》(发改农经〔2007〕3636 号)要求,河南省编制了《河南省 2008~2015 年巩固退耕还林成果专项规划》,规划后续产业工业原料林和特色经济林 9 万公顷,林下种植 10.44 万公顷;规划补植补造面积 15.5 万公顷。另外,规划基本口粮田建设 5 560 公顷,农村能源建设沼气池 34.53 万口、节柴灶 7.09 万台、太阳能 12.15 万座,生态移民 4.28 万人。

(二)工程投资

1.工程直接投资

截至 2009 年底,退耕还林工程直接投资共计 78.48 亿元。

(1)国家投资。2000~2009 年国家已累计向河南省投入退耕还林政策补助资金 60.93 亿元,其中种苗和造林补助费 8.55 亿元,粮食补助资金和生活补助费 52.38 亿元。

(2)地方投资。包括地方各级财政投资和农民自筹两部分,共计 17.55 亿元。地方各级财政投资约 6.91 亿元,主要用于补助种苗费不足部分以及省、市、县三级林业部门的工作经费。农民自筹约 10.64 亿元,主要用于实施工程时的投工投劳。

2.巩固退耕还林成果专项规划投资

2008~2015 年巩固退耕还林成果专项规划中后续产业和补植补造两项子规划总投资 25.21 亿元。其中 2009 年投资近 4 亿元。

(1)国家投资。2008~2015 年巩固退耕还林成果专项规划中后续产业和补植补造专项资金 11.4 亿元。国家已经下达河南省后续产业和补植补造专项资金 2.8 亿元,2008 年国家下达河南省后续产业和补植补造专项资金 1.38 亿元;2009 年国家下达河南省后续产业和补植补造专项资金 1.42 亿元。

(2)地方投资。2008~2015 年巩固退耕还林成果专项规划中后续产业和补植补造两项子规划地方配套资金 3.6 亿元,农民自筹资金 10.21 亿元。其中 2009 年地方配套资金约 0.62 亿元,农民自筹资金约 1.92 亿元。

(三)造林质量

经国家林业局核查,2000~2006 年度河南省退耕还林面积核实率和核实合格率七年加权平均值分别为 99.0%、91.39%。

经省级复查,2007 年度和 2008 年度造林面积核实率、保存面积合格率依次为:100% 和 95.01%、99.57% 和 98.55%。

2008 年国家林业局华东林业调查规划院对河南省 2000~2003 年度退耕地还经济林和 2000 年度退耕地还林生态林共计 1.41 万公顷进行了阶段验收重点核查。核查结果为,2000~2003 年度面积保存率 99.4%,管护率 100%,建档率 100%,确权发证率 90.66%,成林率 82.2%。

2009 年省级复查结果的面积核实率为 100%,核实合格率为 99.5%。

(四)工程质量评价

河南省退耕还林工程已经实施了 9 年,依据年度县级自查、省级复查和国家核查结果以及平时调研情况,对工程实施作出以下评价。

1. 退耕还林地区域和地类选择符合规定

河南省 2000～2005 年共计完成退耕地还林任务 25.1 万公顷,共涉及 106 个县(市、区)。按区域分,其中安排在山区和丘陵区的有 68 个县(市、区)21.2 万亩,占总任务的 84.4%;安排在黄河故道严重泛风沙区和一般平原县的 38 个县(市、区)3.1 万公顷,占总任务的 15.6%。按坡度分,其中 15 度以上面积 11.49 万公顷,占总退耕地还林任务的 45.8%;15 度以下面积 13.62 万公顷,占总退耕地还林任务的 54.2%。选择退耕还林的土地都是粮食产量低而不稳、生态区位比较重要的坡耕地和沙化耕地。

2. 造林质量及管护情况良好

国家对河南省 2000～2006 年退耕还林工程造林质量核查结果为面积核实率 99%,核实合格率 91.39%;2008 年度、2009 年度国家对河南省补助期满退耕地面积进行阶段验收,重点核查结果为成林率 82.2%、管护率 100%。以上情况说明河南省退耕还林造林质量和管护情况总体良好。

3. 林权证发放率较高

截至 2009 年 12 月底,河南省退耕地发证面积 24.63 万公顷,发证率 98.1%;荒山荒地造林(包括封山育林)发证面积 65 万公顷,发证率 89.4%。河南省退耕还林确权发证工作总体较好。

4. 政策兑现到位

截至 2009 年底,河南省向退耕农户兑现粮食和现金补助共计 52.38 亿元。2005～2009 年,河南省对新安、洛宁等 12 个县 120 个退耕农户进行跟踪调查显示,农户对退耕还林政策兑现满意率达到 98%。

5. 档案管理比较规范

历年退耕还林工程管理实绩核查结果表明,各地退耕还林文件、资料整理归档符合规定,有专人负责档案管理工作,重点县有专门的档案室,任务小的县也有退耕还林档案专柜。

二、工程产生的效益

退耕还林工程在河南省实施 9 年来,取得了明显的生态效益、经济效益和社会效益。

(一)生态效益

1. 增加了森林资源

实施退耕还林工程后,工程区共完成造林面积 101.28 万公顷。截至 2009 年底,工程区新增有林地面积 82.45 余万公顷,全省森林覆盖率提高了 4.9 个百分点,局部地区森林资源更是大幅度增加。如天然林保护工程区是河南省退耕还林的试点和重点地区,由于大面积实施退耕还林工程,加上天然林保护管护,使工程区森林覆被率 10 年间提高了近 20 个百分点,森林蓄积增加了 225%。

2. 改善了生态状况

据 2009 年对新安等 12 个县监测结果,样本县扬沙次数 2001 年 5 次,2004～2008 年每年平均 2 次。在一些山区县,由于实施退耕还林工程,森林面积大量增加,生态环境明显改善,为野生动物的生存繁衍提供了良好的栖息环境。如南阳市列入国家保护的动物白冠长尾雉、黑鹳、红腹锦鸡、秃鹫、苍鹰以及斑羚、水獭、大灵猫、金猫等数量有所回升。丹江口库区、鸭河口库区、淮河源头等生态区位重要的地区,水土流失程度减轻。在河南省沙区,风沙危害程度与工程实施前相比明显减小,空气质量明显改善。昔日有"一场风沙起、遍地一扫光","大风一起刮到犁底、大风一停沟满壕平"的商丘市民权县、宁陵县、虞城县、梁园区等黄河故道沙区,如今已是"田成方、林成网、村镇犹如小林场"的粮食主产区。

3. 生态效益的量化评估

根据 2008 年国家林业局颁布的《森林生态系统服务功能评估规范》和专家、学者研究成果,利用物质量和价值量的评估方法,结合河南省退耕还林增加有林地面积 66.67 余万公顷等有关参数,对河南省退耕还林工程产生的生态效益评估结果为:其涵养水源、保持水土、固碳释氧、净化空气、保护生物多样性等年价值共计近 500 亿元。

(二)经济效益

据 2009 年对新安等 12 个退耕还林样本县监测结果,农村居民的人均纯收入 2001 年为 2 028 元,2007 年为 4 246 元,2007 年较 2001 年增长 109%。全省 2007 年农村居民的人均纯收入 3 852 元,样本县较全省平均水平高出 394 元。收入来源主要有以下几个方面。

1. 国家补助直接增收

截至 2009 年底,国家的政策性投资使工程区 129.1 万退耕户 488.9 万农民直接受益 60.93 亿元。9 年平均每户直接收益约 4 700 元,年均 470 元每户。

2. 富余劳动力务工收入

退耕还林工程的实施,使大量的劳动力从单纯的农业生产转移向育苗、造林、加工、营销、建筑、服务等行业。据 2006 年省发改委、林业厅、农业厅等 9 厅(委、局)调查统计,全省退耕还林户转移劳动力 79.5 万人,转移劳动力人均年收入 5 700 元。

3. 森林资源直接效益

据测算,河南省退耕还林工程形成的杨树、泡桐等速生丰产林约 33.3 万公顷,按照 10 年生每公顷出商品材 150 立方米计算,可出产木材 5 000 万立方米,按每立方米 500 元计,年价值 25 亿元。另外,工程形成干鲜果类经济林 13.3 万公顷,按每公顷每年平均收入 7 500 元,约折合价值 10 亿元。仅此两项,每年即可产生经济效益 35 亿元。

4. 林下经济效益

河南省不少地方在发展退耕还林林下经济方面已有成功经验,并已取得良好效果。新乡、濮阳以及商丘等地退耕农户充分利用林下资源养殖鸡、鸭、鹅等,不但使农户在短期内获得经济收入,而且促进了林木生长。截至 2008 年底,濮阳市林下经济规模发展到 7 333 公顷,实现总产值 3 亿多元,涉及林菌、林禽、林药等生产模式,形成了近期得利、长期得林、远近结合、林农牧协调发展的良好格局。

(三)社会效益

1. 增强了全社会的生态意识

通过实施退耕还林工程,广大干部群众进一步认识到了生态建设的重要性。目前,政府牵头,全社会办林业的局面在河南已经形成。2007 年,省政府印发了《河南林业生态省建设规划》,要求省财政每年拿出一般预算支出的 2%、省辖市财政拿出 1.8%、县级财政拿出 1%用于林业生态建设;郑州市财政近 3 年来,每年拿出 3.8 亿元,实施退耕还林工程,打造生态郑州。自 2006 以来,河南省的郑州、漯河、许昌、新乡分别获得"全国绿化模范城"和"国家森林城市"称号。

2. 促进了农村经济的发展

各地在实施退耕还林工程时,积极探索生态经济型发展模式,立足地方优势,发展特色经济,提高了林业产业化经营水平,促进了农村经济的快速发展。据 2008 年对新安等 12 个样本县监测结果,样本县农林牧渔业总产值 2007 年较 2001 年增长 119%。其中农业产值 2007 年较 2001 年增长 118.2%,林业产值增长 118.2%。农业与林业的产值增长速度持平,改变了以往林业产值增速远远低于农业产值的局面。

3. 确保了粮食的稳产和高产

退耕还林虽然减少了粮食播种面积,但退耕还林改善了农田生态环境,减少了水土流失,提高了土壤蓄水能力和土地的生产力。退耕还林改善了江河流域的生态环境,减少了旱涝等自然灾害的发生以及干热风天气对粮食生产的危害,为粮食生产的稳产高产创造了条件。如 2008 年,通过对新安县等 12 个样本县监测结果表明:2001 年,样本县粮食总产量 260.39 万吨。12 个样本县共计退耕还林 1 013 公顷,但 2007 年粮食总产量为 368.89 万吨,较 2001 年增长 41.7%。从全省粮食总产量上看,2000 年全省粮食总产量为 415.15 亿公斤,退耕还林 1.67 万公顷后,2006 年、2007 年和 2008 年三年,全省粮食总产量连续 3 年超千亿斤。

4. 壮大了林产品加工业

全省退耕还林工程建设中以杨树、刺槐、泡桐、楸树等为主的用材林基地已发展到 46.67 万公顷,干鲜果类经济林基地已发展到 13.3 万公顷,初步形成了以豫西苹果、豫东梨、豫南板栗、豫北豫西花椒、沙区大枣、沿黄及黄河故道区速生丰产林、城市郊区小杂果等七大基地,为林产加工企业提供了较为丰富的资源,并催生了一批新的林产品加工企业。如内乡天曼、宛城金品、社旗茂林、邓州北园等木材加工企业;南召华龙辛夷、唐河泰瑞栀子等林产化工企业。

5. 推动了旅游等相关产业的发展

退耕还林工程的实施,增加了森林植被,大大改善了生态环境,带动了生态旅游业的发展。如西峡县通过政府引导、企业主导、个人投资、部门配合的开发方式,依托退耕还林,在景区周围扩大林地面积,美化环境,使老界岭国家级自然保护区、石门湖、蝙蝠洞等名胜风景区游客人数和旅游收入明显增多。郑州市在城市周边地区相继建立了以大枣、樱桃、杏李、桃、石榴、葡萄等为主的小杂果生产基地,利用这些资源打起了"新郑市大枣一日游"、"二七区樱桃节、葡萄节"、"荥阳市石榴节"等旅游品牌,为退耕还林户增加了经济收入,也带动了当地经济的发展。旅游业的发展又带动了餐饮、运输等相关产业的发展。

三、主要做法

(一)加强领导,建立健全管理机构

河南省委、省政府高度重视退耕还林工作,2000 年 9 月成立了"河南省退耕还林和天

然林保护工程领导小组",省政府分管领导任组长,发改、财政、林业、农业、国土等部门主管领导任成员。2002 年 4 月,省编委批准成立"河南省退耕还林和天然林保护工程管理中心"(豫编[2002]22 号),负责全省退耕还林工程具体管理工作。中心现有职工 20 人,其中教授级高级工程师 2 人,高级工程师 5 人,工程师 4 人,助理工程师及其他管理人员 9 人。全省有 9 个省辖市成立了专门的退耕还林管理机构,其他 9 个省辖市有专职人员负责退耕还林工作。全省有 90 多个县成立了退耕还林管理办公室,配备专职人员负责退耕还林工作。

河南省退耕还林实行目标管理责任制,并建立责任档案。每年退耕还林任务下达后,省、市、县、乡各级政府层层签订责任书,把退耕还林建设任务纳入目标管理体系,进一步明确任务,落实责任,实行严格的目标管理。

(二)强化政策宣传和技术培训,为退耕还林实施打好坚实基础

做好政策宣传,是实施退耕还林工程的基础性工作。河南省从试点开始就狠抓政策宣传工作。一是工程管理人员深入农户进行宣传。二是印制宣传资料,分发到户进行宣传。2002 年,省林业厅印制 30 万份"退耕还林政策"宣传挂历;2004 年,省财政厅印制 100 万份"省人民政府致全省退耕还林农户的一封信";2007 年,省林业厅与省财政厅联合印制了"国务院完善退耕还林政策"宣传挂历 130 万份,分发到退耕农户。三是通过电视、广播、报刊等媒体进行政策宣传。2003 年以来,河南人民广播电台每年都举办"政府在线"栏目,省林业厅主要负责人亲自回答农民提出的问题,收到了良好的宣传效果。另外河南省各级林业、财政部门都向社会公布了退耕还林信访及政策咨询电话,并安排专人负责信访和政策咨询工作。

2000 年以来,河南省累计举办了 12 期省级"退耕还林培训班",培训技术骨干 2 000 余人。另外,发放技术资料 1.6 万册。全方位的培训和技术资料发放提高了工程区干部和技术人员的政策水平和业务水平,形成了省、市、县三级退耕还林管理队伍,为全面提高退耕还林工程建设质量奠定了基础。

(三)转换造林机制,加强监督检查

河南省在退耕还林工程造林施工方面,创新机制,鼓励各种社会主体跨所有制、跨行业、跨地区以资金、实物、技术、土地使用权、劳务入股等多种形式投入造林。同时,大力发展非公有制林业,积极推行和规范家庭承包、造林招标、投标、联户承包、股份合作和乡村等多种造林组织形式,形成以退耕还林工程为主体,义务植树、社会造林并举,全社会广泛参与的造林绿化新格局。三门峡、鹤壁、新乡、南阳、信阳、洛阳等市的县(市、区)改群众性集中会战为造林公司或专业造林队承包造林,实行公开招标投标和工程监理制模式,造林质量大大提高。

(四)加强退耕还林林地管护,提高林分质量和效益

河南省从退耕还林开始阶段就非常重视退耕还林地管理,主要采取了以下措施:一是以县级人民政府名义出台管护制度,落实管护责任。通过推行封山禁牧、舍饲圈养,防止牲畜啃咬践踏,依靠自然力量尽快恢复林草植被。二是禁止在退耕还林项目实施范围内复耕和滥采、乱挖等破坏地表植被的活动,防止边治理边破坏。三是由科技人员对退耕还林地的经济林进行全程指导与服务,并引入竞争激励机制,实行功效挂钩,使其早出效益,出高效益。四是加强防火和病虫鼠兔害防治工作。将退耕还林地的防火和病虫鼠兔害防治工作纳入当地森林防火和病虫鼠兔害防治体系,加强预测预报和预防,确保责任到人,措施到位,保证不出现灾情。为了巩固退耕还林成果,进一步加强林地管理,河南省林业厅出台了《关于加强退耕还林林地管理工作的通知》(豫林退〔2006〕213号)。

(五)深入调查研究,规范工程管理

河南省自退耕还林工程启动以来,组织省、内外调研10余次,为河南省退耕还林工程管理提供了科学的决策依据。2004年,省林业厅组织省辖市及退耕还林重点县人员深入退耕地块调查摸底,排查影响成果巩固的主要问题。2005年4月,省人民政府办公厅下发了《关于进一步巩固退耕还林成果的通知》,就补植补造、林权证发放、新造林地管理、技术服务等工作提出了明确要求,特别是对退耕还林地的征占用问题,河南省首次提出了"占一补一"政策。通过调查研究,河南省先后出台了《河南省退耕还林工程林木种苗招投标采购暂行办法》(豫林退〔2003〕276号)、《河南省退耕还林土地承包经营权流转有关问题的意见》(豫林文〔2003〕163号)、《河南省林业厅关于印发退耕还林有关问题处理意见》(豫林退〔2007〕263号)等一系列退耕还林工程技术和管理方面的规范性文件,使河南省的退耕还林工程沿着规范化、科学化的道路健康推进。

(六)认真编制巩固退耕还林成果专项规划,精心组织阶段验收工作

2007年《国务院关于完善退耕还林政策的通知》出台后,河南省按照国家发展和改革委等五部委的要求,在进行巩固退耕还林成果专项规划基本情况调查摸底的基础上,2008年,开展了巩固成果专项规划的编制工作。根据此项工作资金量大、涉及部门多、政策对林业系统限制较多的情况,组织召开了100多人的培训会,学习讨论有关办法、规定,同时又派出三个指导组,到重点省辖市和重点县进行指导。全省巩固退耕还林成果专项规划于2008年11月完成,其中补植补造和后续产业发展两项子规划安排总资金达11.4亿元,占全省巩固退耕还林成果规划国家总投资的49.7%。在国家还没有出台巩固退耕还林成果专项规划实施办法的情况下,河南省根据实际情况制定了2008年度补植补造和后续产业发展项目实施方案编制要求,对各地补植补造和后续产业发展进行了规范。目前,2008年巩固退耕还林专项规划后续产业发展和补植补造项目已经全部实施。

河南省高度重视退耕地还林阶段验收工作,2008年专门成立了由林业厅主管厅长任组长,厅有关处室、单位负责人为成员的阶段验收工作领导小组,全面领导、协调退耕还林工程阶段验收工作。在省级全面验收的基础上,2008年,国家林业局对河南省2.73万公顷的原补助到期面积进行了重点核查,结果表明,河南省2000~2003年退耕地还林的面积保存率、管护率、建档率、确权发证率、成林率高于全国平均水平。

(七)采取有效措施,确保资金兑付到位

把退耕还林政策补助资金兑现到位,取信于民,是确保退耕还林工程顺利实施的关键环节。在退耕还林补助资金兑现方面,主要做了以下工作:一是建立了退耕还林补助资金直补办公室(2004年建立,设在省财政厅),林业、财政两厅安排专人负责资金兑付工作。二是省财政厅和林业厅向社会公布了退耕还林补助资金兑现举报电话,确保农民及时反映问题。三是制定了《河南省退耕还林粮食补助资金兑现实施方案》,方案中制定了严格的兑现程序和操作办法,确保资金兑现到位。四是《国务院关于完善退耕还林政策的通知》出台后,为向退耕农户宣传政策,做好下一阶段兑现工作,印制 50 万份新的"农户手册",及时发放到原补助政策到期农户手中。五是实行"一折通"兑付办法。由财政部门通过农村信用社为退耕农户开设固定的补贴存款账户,退耕地验收合格后,补助资金直接转入到农户"一折通"账号,省去了中间环节。六是加强监督检查。每年第四季度,省财政厅和林业厅组织督查组分包到县级实施单位,对粮食补助资金、生活补助费等政策性补助兑现工作进行监督检查。

(八)畅通信访渠道,狠抓信访查处工作

河南省高度重视退耕还林信访工作,实行信访工作政府负责制,层层签订责任状。省退耕中心配备专职人员,负责退耕还林信访接待、查处工作,设立退耕还林信访专线,接受社会的监督。各省辖市和工程县也都按规定公布举报电话,指定专人负责信访工作。省林业厅出台了《河南省退耕还林工程信访工作规定》,对退耕还林信访工作进行了规范。对于重大信访案件,由省林业厅派出工作人员直接查处。对于信访频发,处理不力的地方,省林业厅进行通报,并对其下年度林业投资项目进行调减。工程实施八年来,省退耕中心共受理群众退耕还林信访(包括来电、来人、来信)520 余件,其中国家林业局转办 72 件,已全部按要求办理完毕。

(九)推广使用信息管理系统,提高档案管理水平

档案管理是退耕还林工程重要的基础性工作,做好退耕还林工程档案管理工作,对提高退耕还林工程管理水平,确保国家政策兑现到位具有重要作用。河南省退耕还林工程区的各级林业部门都建立了专门的档案室,并有专人负责退耕还林档案管理工作。为加快退耕还林信息化管理,河南省在推广使用国家林业局退耕还林管理信息系统的基础上,于 2004 年又自主研发了适合河南省实际情况的退耕还林资金兑付信息系统软件,已在全省范围内推广应用,信息管理系统的推广应用,使河南省的工程管理上了一个新台阶。2006 年 9 月,全国退耕还林档案管理培训班在信阳市平桥区举办,该区档案管理规范,退耕还林成效突出,受到全国各地学员们的一致好评。

四、问题与建议

(一)提高退耕还林补助标准

由于国家惠农政策的不断出台,种粮补助标准不断提高,退耕还林工程政策优惠已不明显,个别退耕户有复耕倾向,建议国家提高退耕还林补助标准。

(二)增加基层林业部门工作经费

县级林业部门开展退耕还林作业设计、检查验收及实施巩固退耕还林成果规划需大量的人力和财力,据测算,县级工作经费每公顷每年需 45～75 元。按国家要求各级工作经费由同级财政解决,但除个别财政状况好的县以外,大部分县没有退耕还林工作经费,造成负责工程实施的林业部门经费紧缺。建议国家在工程投资中增加基层林业部门工作经费。

(三)尽快出台征占退耕地、幼林抚育等相关政策

工程建设征(占)用退耕林地后,建议核减需补助退耕地面积,不再进行林地调整、变更,异地造林。鉴于部分退耕林地林木稠密,林木生长已经出现分化现象,林分生长受到

严重影响,建议国家林业局尽快出台在补助期内的退耕还林林木抚育间伐及采伐政策。

(四)协调出台巩固退耕还林成果专项规划实施办法

由于国家尚未出台巩固退耕还林成果专项规划实施办法,因而各地在项目实施过程中无章可循,且专项规划由多部门实施,建议国家林业局协调有关部门尽快出台巩固退耕还林成果专项规划实施办法。同时,对后续产业发展项目的建设内容进行扩展,允许开展林下养殖、开展中幼林抚育、低质低效林改造等。(省退耕还林和天然林保护工程管理中心)

第二十六节 天然林资源保护

河南省黄河中游地区天然林资源保护工程(以下简称"天保工程")自2000年实施以来,在国家林业局、财政部等有关部门的大力支持下,在省委、省政府的正确领导下,经过工程区各级政府和广大干部职工及林农的共同努力,工程建设进展顺利,取得了明显的成效。根据《国家林业局办公室 财政部办公厅关于要求对天然林资源保护工程实施情况进行全面总结的通知》(办计字〔2009〕39号)(以下简称"两办通知")要求,河南省林业厅、财政厅及时召开了由各工程实施单位有关人员参加的会议,传达了"两办通知"精神,并对有关表格的填写进行了讲解。各工程实施单位也立即召开了天保工程领导小组会议,部署有关事宜,责成有关单位按时上报有关资料。省林业厅、财政厅在收到各地上报材料后,立即组织有关部门对上报数据进行了审定,在此基础上,编制了河南省天然林资源保护工程实施情况总结。

一、工程实施情况

(一)基本情况

1. 工程实施范围及工程区概况

按照国家批复的《天然林资源保护工程河南省实施方案》,河南省天保工程区位于黄河小浪底水库大坝的上游,涉及三门峡市的湖滨区、卢氏县、灵宝市、陕县、渑池县、义马市,洛阳市的嵩县、栾川县、新安县、洛宁县、宜阳县、孟津县、伊川县、洛阳郊区和济源市,共15个县(市、区)。

工程区土地总面积252.07万公顷,其中林业用地面积131.94万公顷。在林业用地中,有林地61.77万公顷,疏林地5.88万公顷,灌木林地22.93万公顷,未成林造林地3.98万公顷,苗圃地667公顷,无林地37.3万公顷。工程区森林覆盖率24.51%。工程区有林地蓄积1 490.76万立方米,疏林地蓄积27.63万立方米。工程区林业系统在职职工5 310人,离退休职工969人。

工程规划建设任务主要是:对工程区内29.23万公顷天然林全面停止商品性采伐;对其他59.46万公顷人工林、灌木林、未成林造林地等,采取封山堵卡、个体承包等形式进行全面管护;规划在37.27万公顷无林地上营造公益林15.75万公顷,其中封山育林4.28万公顷,飞播造林11.47万公顷;妥善分流安置4 179名国有林业单位富余职工,其中转向森林管护276人、营造林106人,一次性安置3 149人,进入再就业中心244人,其他

404 人;做好工程区国有林业企业职工基本养老保险社会统筹工作。

工程的建设目标是:通过 2000 ~ 2010 年工程的实施,使河南省黄河中游地区的 88.69 万公顷森林资源得到切实保护,到 2010 年新增森林面积 15.74 万公顷,森林覆盖率由 24.51% 提高到 30.71%,增加 6.2 个百分点。水土流失面积逐渐扩大的趋势得到有效控制,使黄河中游天保工程区的生态环境得到较大改善。初步实现天保工程区人口、经济、资源和环境的协调发展。

2. 工程实施单位变化情况

工程实施后,洛阳市由于行政区划的原因,原洛阳市郊区被划分为洛龙、吉利、涧西、老城、瀍河、西工、高新等 7 个区,但工程建设任务及投资未变。

3. 工程组织管理情况

河南省委、省政府高度重视天然林保护工作,省政府常务会议专门听取了天保工程情况汇报,不定期召开会议研究解决天保工程的一些重大问题。省政府将天保工程列入政府督办内容,要求省林业厅年初上报工程实施计划,年中、年末汇报工程进展情况。省、市、县三级都成立了以政府负责人为组长的天然林保护工程领导小组,层层签订目标管理责任书,逐步建立和完善工程管理制度。2002 年 4 月,省编委批准成立了“河南省退耕还林和天然林保护工程管理中心”,负责河南省天保工程的日常工作。工程区各市、县也成立了专职的工程管理机构,选调年富力强的工程管理人员,配备了微机、电话、传真等必要的办公设备,并建立了健全的规章制度和完整的工程建设档案。

省林业厅和省有关部门出台一系列实施天保工程的政策,规范了工程建设的相关环节,确保了工程的顺利实施。如:《河南省黄河中游地区天然林资源保护工程实施意见》、《河南省林业厅关于认真执行〈河南省人民政府关于在河南省黄河中游地区全面停止天然林商品性采伐的通告〉的通知》(豫林天〔2001〕60 号)、《河南省黄河中游天然林保护工程县级实施方案编制技术细则》、《河南省黄河中游天然林保护工程区县级森林管护方案编制办法》、《关于做好河南省黄河中游天然林资源保护工程区森工企业富余职工分流安置工作的通知》和《河南省黄河中游天然林保护工程生态公益林建设县级年度施工设计编制办法》等。另外,各工程县(市、区)也结合实际,制定资金管理办法、承包管护办法、封山育林施工操作细则等,保证了工程管理的规范化、制度化。

(二)资金投入与管理情况

1. 资金投入与使用情况

河南省天保工程规划总投资 64 095 万元。其中:基本建设投资 17 259 万元(中央补助 13 877.2 万元、地方配套 3 381.80 万元),主要用于封山育林、飞播造林、种苗工程等;财政专项资金 46 836 万元(中央补助 37 462 万元、地方配套 9 374 万元),主要用于森林管护、养老统筹、政社性支出、富余职工分流安置和基本生活保障等。

工程实施以来,国家共下拨河南省天保工程资金 47 516 万元。其中,中央财政专项资金 33 558 万元、公益林建设等基本建设投资 13 958 万元;省、县财政配套资金 8 710.2 万元,其中,省财政配套财政专项资金 8 408 万元,栾川县财政配套基本建设资金 302.2 万元;另外,天保工程区国有林业单位自筹资金 12 928.81 万元。截至 2008 年末,河南省天保工程投入 69 155.01 万元。

截至 2009 年末,河南省天保工程累计使用资金 64 485.81 万元。其中,中央财政专项资金 31 188 万元,中央公益林建设等基本建设投资 12 950 万元,省财政配套财政专项资金 7 296 万元,地方财政配套基本建设资金 123 万元,天保工程区国有林业单位自筹资金 12 928.81 万元。

2. 工程资金管理情况

工程实施单位在工程建设中严格按照财政部《天然林保护工程财政资金管理规定》和财政部、国家林业局《重点地区天然林资源保护工程建设资金管理规定》的要求,合理使用和管理工程资金,做到单独核算、专款专用。同时,省林业厅和财政厅先后组织 19 次工程资金使用方面的调研和检查,对存在的问题,及时督促有关单位进行整改,有效地提高了资金使用效益。

3. 天保工程区森工企业(含国有林场等)金融机构债务处理情况

2005~2009 年,中国银监会和国家林业局分四批联合发文免除河南省天保工程区国有森工企业金融机构债务 5 694 万元,其中农行 4 877 万元,长城公司 817 万元。对免除农行的 4 877 万元债务,河南省农行实行的是停息挂账(没有核销),原因是国家财政部及其上级金融机构内部尚没有正式下发免除债务文件,基层农行待其内部免除债务文件到位后,方能给予办理;对长城公司的 817 万元,其中第三批 198 万元属于长城资产公司"捆绑"处理呆账拍卖给灵宝市波华商贸有限责任公司,该公司通过法院起诉程序,使三门峡河西林场偿还 198 万元,其他债务已核销。

4. 2004 年挂账处理的林业世界银行贷款到期情况

截至 2004 年 6 月 30 日,实行挂账处理的未到期债务本金为 3 151 233.58 SDR、3 387 539.73USD 和 4 573 333.96 元 RMB,合计人民币 61 250 962.57 元;2004 年 6 月 30 日至 2008 年 12 月 31 日,已到期挂账债务本息为 1 287 397.01 SDR、1 053 389.91USD 和 1 997 195.44 元 RMB,合计人民币 22 892 974.1 元;2009 年 1 月 1 日至 2010 年 12 月 31 日,到期的挂账债务本息为 451 216.13SDR、671 826.02USD 和 841 730.11 元 RMB;2011 年 1 月 1 日至 2020 年 12 月 31 日,到期的债务本息为 1 852 609.57 SDR、2 691 722.02USD 和 1 905 988.61 元 RMB,合计人民币 40 012 260.43 元。

5. 中央财政转移支付资金的到位与使用管理情况

天保工程实施后,为弥补河南省因实施天保工程而减少的地方财政收入,中央财政每年下拨河南省 2 736 万元转移支付资金。省财政根据各地地方财政减收额,及时将中央财政转移支付资金下拨各地。

(三)工程建设内容完成情况

1. 木材产量调减情况

《河南省人民政府发布关于在黄河中游地区全面停止天然林商品性采伐的通告》印发后,工程区各级政府采取一系列有效措施,全面停止了天然林商品性采伐。对确因重点工程建设、自然灾害等需采伐林木的,严格执行国家林业局单报单批的规定。为了管好天然林资源,全省先后开展"天保"、"春雷"等林业专项活动,严厉打击破坏森林资源的行为。同时,对辖区内所有木材交易市场和木材加工厂(点)进行了全面清理整顿,共取缔木材交易市场 21 个,关闭各类木材加工厂(点)584 个,有力地保护了森林资源。2004 年河南省开展天保区人工商品林采伐试点工作后,各工程县(市、区)认真执行试点工作方案,严格采伐环节管理。天保工程实施以来,与1997年商品材产量28万立方米相比,工程区累计调减商品材产量181万立方米。

2. 森林资源管护情况

建立了完善的森林资源管护网络。河南天保工程区人口稠密、林农交错、交通较为便利,各地根据森林资源分布情况及交通条件,确定了符合当地实际的管护方式。工程区共设站、卡273个,划分管护责任区1 648个,建成了以县天保办公室、县森林公安分局、资源林政股等单位为第一级,乡管护站(含派出所、警务区)为第二级,责任区护林员为第三级的三级管护网络,使天保工程的各项管护措施落到了实处。精心打造优秀的护林员队伍,精心选拔护林员。各地制定选聘办法,规定任职条件、资格和选拔程序,普遍采用村推荐、乡审查、县批准的程序选拔护林人员。目前,全省天保工程区共聘请天保工程专、兼职护林员3 968人。为使护林员成为合格的林业法律法规和林业政策宣传员、林业技术指导员、脱贫致富的带头人,各地工程管理部门将《中华人民共和国森林法》、《中华人民共和国森林法实施条例》、《森林防火条例》、《中华人民共和国野生动物保护法》等有关林业法律法规和林业新技术汇编成册,发放到每个护林员手中,定期组织护林员进行专业知识培训,全面提高了护林员的工作能力。为有效降低风险,河南省从2005年开始为全体护林员购买人身意外伤害保险,免除他们的后顾之忧。注重加强对天保工程森林管护人员的管理、监督和考核。各地相继出台了《天保工程护林防火检查站管理办法》、《天保工程护林防火检查站人员职责》、《天保工程资源管护人员责任目标及奖惩办法》、《天保工程护林员管理办法》、《天保工程护林员违章记分办法》等行之有效的规章制度,强化了护林员的动态管理。同时,各工程实施单位每年定期召开天保工程森林管护工作会议,对优秀护林员进行表彰,对不称职的公开辞退,大大提高了护林员的工作热情,增强了责任感,取得了明显的管护效果,历年国家林业局核查综合评定均为100分。

3. 公益林和种苗工程等建设情况

2000～2008年,国家下达河南省公益林建设任务共为12.45万公顷,其中封山育林9.97万公顷,飞播(直播)造林2.48公顷。有关工程县(市、区)按照省林业厅关于公益林建设县级年度作业设计的要求,认真编制年度设计方案,经省林业厅批复后,克服时间紧、任务重、资金不足等不利因素,采取措施,切实把握设计、种苗、施工、验收、报账等关键环节,按时完成了国家下达的公益林建设任务,并顺利通过了国家林业局的核查,各年度面积核实率和核实合格率均在95%以上。2006～2007年,及时开展了公益林建设"回头看"活动,对工程实施以来公益林建设情况进行了全面核查。通过强化管护措施、修复封禁设施、开展补植补造,保证了公益林建设质量。按照有关规定,2001～2003年,河南省实施的4.65万公顷封山育林和飞播造林计划面积已达到有林地标准,划归责任区森林管护人员进行管理。

同时,各地按照国家批复的实施方案,依托国有林业场圃建立骨干苗圃和良种采种基地,为林业重点工程提供了充足的良种壮苗,对新品种的引种、培育、优良品种的推广起到了积极的示范作用,提高了林业重点工程建设质量,拓宽了林业职工的就业和收入渠道。工程区共建母树林335公顷,采种基地417公顷,种子园134公顷,苗圃702.7公顷,配备苗圃喷灌设施 23 套。森林防火基础设施得到加强,建瞭望台(含检查站)161 座、隔离带446 公里、物资储备库 31 座,修道路 294 公里,购置设备 17 899 套、车辆 34 辆。建立林业新技术示范林 246.7 公顷,林业新技术推广林 246.7 公顷,林业新技术繁育苗圃 2 公顷。

4. 职工参加社会保险情况

按照国家的有关要求,针对工程区内一部分国有林业单位在职职工未参加养老保险社会统筹的问题,有关单位积极采取措施,主动与当地社保部门协商,有的单位由地方财政一次性补交欠款,有的单位采取分期补交的办法,妥善解决了工程区国有林业单位在职职工参加养老保险社会统筹和离退休人员基本养老金足额发放的问题。截至 2009 年末,在 2 428 名应参保的在职职工中,有 2 413 人参加了地方养老保险。2006 年,根据国家林业局、财政部《关于做好天然林保护工程区森工企业职工"四险"补助和混岗职工安置等工作的通知》(林计发[2006]92 号)要求,经多方努力,2 798 名应参加医疗保险的在职职工,有 2 759 人参加了地方医疗保险;2 516 名应参加工伤保险的在职职工,有 2 459 人参加了地方工伤保险;2 452 名应参加失业保险的在职职工,有 2 435 人参加了地方失业保险;2 442 名应参加生育保险的在职职工,有 2 385 人参加了地方生育保险。

5. 富余职工分流安置情况

天保工程实施后,河南省林业厅、财政厅及时下发了《关于做好河南省黄河中游地区天然林资源保护工程区森工企业富余职工分流安置工作的通知》(豫林天[2001]93 号)。各地根据通知要求,采取积极稳妥的措施,广开分流渠道,使富余职工的分流安置工作得以顺利进行。到 2009 年末,工程区国有林业单位累计分流安置富余人员 4 348 人。其中从事森林管护和营林工作的 648 人、其他 1 524 人,一次性安置 2 176 人。

(四)管理体制与机制改革创新情况

河南省天保区林地面积中,集体林地占 88%,所以集体林权制度改革是工程区机制改革与创新的重点。为认真贯彻中共中央国务院《关于全面推进集体林权制度改革的意见》,确保林改工作积极稳妥地推进,省政府把林改纳入年度目标考核体系,实行量化管理。市、县政府也逐级签订林改目标责任书,纳入政府年度目标管理;确定了"省统一部署,市加强指导,县(市)直接领导,乡(镇)负责组织,村组具体操作,部门搞好服务"的林改工作机制;省林改办还制定了林改工作细则,拟定了"调查摸底→公示定案→勘界确权→落实主体→申请登记→审核备案→颁发权证→建立档案"八步林改流程。目前,全省林改工作进展顺利,天保区 2003 万亩集体林地中,有 23.4 万公顷完成了确权发证工作。

二、工程建设取得的主要成效

河南省天然林资源保护工程实施十年来,基本上完成了规划任务,产生了良好的生态效益、社会效益和经济效益,被广大群众誉为"德政工程"、"民心工程"。省委书记徐光春2006 年在《河南林业信息》专刊第 13 期《河南省天然林资源保护工程成效明显》上批示:"天然林资源是人类宝贵的财富,河南省这些年来高度重视天然林资源保护和发展工作,取得了明显的成效。这是无愧于先辈,也无愧于后人,更有利于当代的一件功德无量的事情,希望在已有工作成绩的基础上,要依法保护,加大工作力度,使河南省天然林资源保护和发展取得更大成绩,造福于人民。"

(一)生态效益

通过实施天然林禁伐、人工林限伐,开展飞播造林和封山育林,加强森林管护等政策措施,工程区内森林资源得到了快速恢复,局部地区生态与环境有了明显改善,生物多样性得以恢复。

1. 森林资源迅速增长

由于采取了管护、封育、飞播等营造林措施,使工程区的森林面积和蓄积实现了双增长。据对 2007 年全省森林资源二类调查结果的统计,工程区的有林地面积达到 74.69 万公顷,比工程实施时的 41.18 万公顷增加了 81.37%,远远大于实施方案确定的新增森林面积 15.75 万公顷的目标;森林蓄积达到 4 855.18 万立方米,比工程实施时的 1 490.76 万立方米增加了 225.68%;森林覆盖率达到 44.45%,比工程实施时的 24.51%,提高了近 20 个百分点,比实施方案确定的增加 6.2 个百分点的目标多 13.74 个百分点,大大超过了规划目标。

2. 森林保持水土、涵养水源等效益显著

随着森林覆盖率的增加,水土流失面积逐年减少。工程区内的水土流失面积由 1999年的 119.84 万公顷减少到 2008 年的 75.87 万公顷。其中嵩县水土流失面积由 1999 年的 21.74 万公顷减少到 2008 年的 8.81 万公顷,减少 69%,输入河流的泥沙逐年减少。据《中国河流泥沙公报》公布的河南花园口水文控制站实测的黄河年平均含沙量数据,2007年为 3.13 公斤每立方米,2000 年为 5.05 公斤每立方米,减少了 1.92 公斤每立方米。同时,工程区的小气候得到改善,降雨量和空气湿度明显增加,局部地区地下水位抬高,一些干涸的山间小河开始出现水流,径流量也逐步增加,为发展小水电提供了可靠的水资源保障。据卢氏县水电部门统计,工程实施后,该县相继在洛河、老鹳河等河流上开发建成丹源、岭东、涧北等 13 座中小型水电站,新增装机 1.4 万千瓦。目前实现年发电量 2 630 万千瓦时,年直接收入 1 315 万元。

3. 生物多样性得到了有效保护

天保工程的实施,使工程区动植物生长环境得到有效改善,生物物种不断恢复和增多,多年不见的稀有植物种如红豆杉、连香树等在林区陆续被发现。同时由于生态环境的改善,为野生动物的生存和大量繁殖,提供了良好的栖息环境,红腹锦鸡、斑羚、麝、娃娃鱼等列入国家保护动物名录的珍稀动物种群和数量不断扩大。据栾川县 2008 年 9 月开展的野猪等野生动物调查统计,共发现野猪、草鹿、野鸡、蛇、羚羊、獾、豪猪、野兔、野猫、獐子、果子狸等 11 种动物的实体或痕迹。其中野猪有 6 328 头(其中实体 791 头,推算实体 5 537 头),草鹿推算实体 593 头,羚羊推算实体 1 186 头,獐子推算实体 198 只。

(二)经济效益

实施天保工程后,林区的经济主业由从事木材生产转为生态建设,非木产业如林下资源开发、养殖业、森林旅游业均得到了较快发展。

1. 森林资源净增长量折合的直接经济价值

据对 2007 年全省森林资源二类调查结果的统计,工程区的森林蓄积达到 4 855.18 万立方米,比工程实施时的 1 490.76 万立方米增加了 3 364.42 万立方米,按 65% 的出材率折算,

可增加商品材产量 2 186.87 万立方米,按每立方米 600 元计,价值 1 312 122 万元。

2. 工程区产业结构得到调整

通过实施天保工程,工程区经济结构渐趋合理。各地充分利用林区丰富的自然资源,调整产业结构,使工程区经济逐步从采伐和加工木材为主向发展森林旅游、制药和森林食品加工等方面转移,并呈现出良好的态势。在第一产业中,非木材林业产值逐年增加,据2007 年河南省林业统计资料,工程区非木材林业产值 327 075 万元,占工程区林业第一产业产值的 81.97%。第二产业结构也发生较大变化,木材加工及木、竹、藤等制品所占比例由 1999 年的 61.88% 下降到 2007 年的 40.4%。

3. 第三产业成为天保工程区新的经济增长点

实施天保工程后,工程区的群众抓住植被恢复、生态环境改善的契机,利用资源和景观优势积极发展第三产业,使工程区内以生态旅游为代表的第三产业开展得有声有色,经济效益年年提高。据不完全统计,林业系统旅游收入从 1999 年的 635 万元增加到 2007年的 57 541 万元,从事森林旅游及相关服务业的林业职工人数逐年增多,目前已占工程区林业系统在职职工的 39%。林区群众通过兴办农家宾馆、饭店等服务业,人均年收入大幅增加。其中栾川县依托丰富的生态旅游资源优势,开发培育了鸡冠洞、龙峪湾、老君山、重渡沟、养子沟、九龙山温泉、伏牛山滑雪场等 15 个景区(点),其中包括 5 个国家AAAA 景区、1 个国家级自然保护区、1 个世界地质公园、2 个旅游度假区,初步形成了集山水游、森林游、溶洞游、农家游、滑雪游、温泉游、民俗文化游和红色旅游等 8 大旅游品牌。2008 年全县共接待游客 321.6 万人次,旅游总收入 11.2 亿元,占 2008 年县国内生产总值 130 亿元的 8.6%。

(三)社会效益

10 年的天保工程使人们的生态保护意识大大提高,破坏森林资源的案件数量大幅度下降,林区社会稳定,林农增收明显,国有林业单位职工的社会保障得到完善。

1. 各级政府高度重视林业工作,加快了林业发展步伐

天保工程实施后取得的显著成效,提高了工程区内外广大干部群众的生态意识,辐射带动了周边地区的天然林保护。南阳、信阳、驻马店、焦作、新乡、平顶山等地纷纷出台政策,加强对天然林资源的管理,暂停天然林采伐,恢复森林植被。另外,郑州市市委、市政府三年来,每年从市级财政中拿出 5 亿元资金,用于打造"森林城市"。河南省政府规定,2008～2012 年期间,省财政每年拿出一般预算支出的 2%、省辖市拿出 1.8%、县级拿出1% 的资金用于"林业生态省"建设。同时,河南省区划界定国家级重点公益林 126.07 万公顷,天保区外 74.13 万公顷中已有 58 万公顷享受补偿,另有 32 万公顷省级公益林全部按国家重点公益林补助标准由省财政出资进行补偿。

2. 群众的生态保护意识增强,农村能源消费结构得到调整

天保工程实施后取得的显著成效,特别是生态旅游使林区群众收入得到较大幅度的提高,林区群众认识到保护森林资源就是保护自己的长期收入,乱砍滥伐等破坏森林资源的林政案件数量大幅度下降。同时林区群众也改变了主要依赖森林而获取能源的生活方式,响应政府号召,积极使用沼气等清洁能源。其中栾川县自 2006 年以来已累计建成户用沼气 28 728 座,各类沼气工程 110 余处,有 30% 以上农户使用上沼气。

3. 职工收入不断提高, 社会保障逐步解决

工程区国有林业单位通过采取发展森林旅游、培育林木种苗、鼓励富余职工参与退耕还林工程建设等措施, 使下岗职工重新获得就业机会, 收入逐年增加, 由 1997 年人均 4 325 元增加到 2008 年的 14 372 元。加之国家对职工参加五项社会保险进行补助, 使绝大多数林业职工参加了所在地的五项社会保险, 所有离退休人员基本养老金能够按时足额发放, 医疗费也得到了相应解决, 使长期困扰林业职工的养老问题得以解决。

三、工程实施中存在的问题

(一) 天然林保护与管理方面

1. 全面停止天然林采伐, 使部分地区农民有返贫现象

河南省实施天保工程后, 由于工程区全面停止了天然林商品性采伐, 使部分以采伐天然林或以天然林为原料种植食用菌为主要经济收入的农民没有了经济收入。虽然国家在工程实施中给予了一定的森林管护费, 核定标准为 26.55 元每公顷, 但受益者主要是森林管护人员, 绝大部分林农得不到应有的补偿。虽然, 地方政府和林业部门也采取了一些积极措施, 但由于河南省多数天保工程县都是国家级贫困县, 地方财力有限, 效果不明显。据嵩县林业部门调查统计, 1999 年, 全县以木材采伐、加工为主要生活来源的农民人口 99 737 人, 靠食用菌生产维持生计的达 5 万人; 2003 年, 全县以木材采伐、加工、食用菌种植为主要生活来源的农民人口仅有 5 650 人。天保工程实施后, 部分农民靠外出打工、做生意、经营经济林来弥补因禁伐造成的经济损失, 但仍有一部分农民因年龄大、没文化、无专业技能等原因而返贫。1999 年, 全县贫困人口 4.3 万人, 2008 年 9.6 万人。

2. 公益林建设任务结构不合理

河南省公益林建设任务中只有飞播造林和封山育林, 没有安排人工造林, 使部分立地条件较好、连片面积较小的宜林荒山, 不能享受天保政策, 影响了造林绿化进度。

3. 人均管护面积偏大, 影响管护效果

河南省天保区人口稠密, 林农交错, 交通便利, 林地比较分散, 特别是在浅山丘陵区, 林地更为分散, 按国家规定的人均管护 380 公顷的标准, 有的护林员一个人要管七八个行政村, 有的林地一周才能去一次, 管护效果较差。虽然河南省也根据实际情况降低了人均管护面积, 但由于管护经费的原因, 问题无法从根本上解决。

(二) 天保资金投入与管理方面

1. 森林管护费补助标准低

国家规定的人均管护 380 公顷、年人均 1 万元的森林管护费补助标准, 对于集体林区来说, 不太符合实际。由于河南省集体林区林地分散, 护林员巡山需自己配备通信和交通工具, 其费用也需要自己解决, 而其每月的管护补助最多也只有 500 元。另外, 近几年随着《中华人民共和国劳动法》和国家对农民工的重视, 长期聘用的农民护林员的"三金"问题, 劳动监察部门也常有过问。虽然河南省聘用的农民护林员称之为"兼职护林员", 其管护收入也称为"管护补助", 但无法长久这样下去。

2. 财政专项资金和公益林建设投资的补助标准低

国家制定的天保工程财政专项补助标准和公益林建设投资的补助标准, 是以 1997 年

的经济情况确定的。工程实施十年来,国家经济发展迅速,国民人均收入大幅提高,长期不变的工程补助标准,已经影响到了工程建设质量。

3.基本建设地方配套资金落实难

由于河南省属于欠发达省份,各级财政基本上都是"吃饭"财政,按照工程建设要求进行资金配套比较困难。虽然省财政在财力比较困难的情况下,积极支持天保工程建设,每年拿出近千万元资金,对工程财政专项资金进行了足额配套,但对基本建设投资无力再进行足额配套。

4.基层工程管理费没有来源

天保工程政策性强、建设规模大、经历时间长、项目内容多,管理任务繁重,必要的规划设计、技术指导、检查验收、资源监测、宣传培训等费用没有正常的资金渠道,直接影响了基层工程管理部门和管理人员的积极性,也引发了部分单位挤占工程资金的违规现象。

(三)改善林区民生方面存在的主要问题

1.离退休人员医疗费、遗属补贴、工伤人员抚恤金等支出没有资金来源

由于河南省国有林场全部是自收自支或差额补贴事业单位,离退休人员医疗费、遗属补贴、工伤人员抚恤金等支出依靠采伐木材收入来解决。工程实施后,林场没有了这部分收入,地方财政也无力解决,国家又无这一部分经费。为了林区社会稳定,林场只能靠贷款或挤占森林管护费和政社性经费来解决。

2.一次性安置职工重新就业比较困难

部分家在农村的一次性安置人员,回乡后无田可种。同时,由于其一次性安置后回到了农村,城镇居民医疗保险无法参加,农村合作医疗也因为其是非农业户口也不能参加。再者林业职工与社会交往较少,缺乏一技之长,一次性安置后,寻找新的出路时多数感到无所适从,重新就业比较困难。另外,由于其是一次性安置职工,无法享受下岗职工的一些优惠政策。目前,个别县(市)已出现一次性安置职工群访事件。

3.林区必要的基础设施建设缺乏资金来源

过去依靠木材生产收入而维持的森林抚育、林区道路养护、管护站点建设、森林病虫害防治、防火通信设施维修以及供电、供水等建设项目,因木材停伐,资金来源中断,不仅需要加强的得不到加强,而且原有的一些基础设施因年久失修正在逐渐失去作用。另外,相当部分林区职工生活条件得不到改善,仍居住在建场时修建的简易房,缺水断电,生活十分贫困。

四、工程后续政策建议

(一)对天然林继续进行保护的必要性

首先,天然林是巨大的生态系统,是丰富的物种基因库,其显著的综合功能是其他生态系统所不能比拟的。但是,森林生长周期长,天然林资源的恢复是一个长期而复杂的过程。根据林木生长的自然规律,10年的工程期限只能使森林资源得以暂时的修养生息,要建立一个健康稳定的生态系统,至少需要30年或更长时间。因此,要巩固和发展天保工程建设成果,必须建立天然林资源保护长效机制。其次,河南省天保工程区在后续产业的发展上,目前还处于起步阶段,规模较小,产值也不高,林农和国有林业职工的长远生计

尚未从根本上得以解决。若国家不对天保工程区内进行必要的"再投入",天保工程区内林业职工的生产、生活恐难以为继。继续实施天然林资源保护工程,也完全符合当前我国贯彻科学发展观,构建和谐社会的基本要求。其三,集体林区的天然林资源经过 10 年的休养生息,蓄积量大幅增加,近来,不断有人向工程管理部门咨询天保工程结束后包山采伐的可行性。另外,在河南省集体林区,群众有种植食用菌、烧木炭和卖坑木的习惯,产品销路很好,是群众脱贫致富的捷径。但这些发展项目均需要天然林资源作为原料,且一旦成规模发展,耗材量惊人。若放松管理,可能在两年内就会将 10 年的工程建设成效毁掉。因此,必须认真总结 10 年来天保工程建设的经验教训,修改完善有关政策,加大投入,继续对天然林进行保护。

(二)政策建议

1.建立天然林资源保护的长效机制

应尽快制定《天然林保护条例》,通过条例的实施,建立天然林资源保护的长效机制,依法保护天然林资源。

2.分类经营,提高管护费补助标准

(1)根据现有森林分类区划成果,实施分类经营。对生态公益林,国家应全部加以保护。另外,无论哪一级公益林,在森林所有者或经营者加强管护的基础上,应允许森林所有者或经营者按照重点公益林管理要求进行经营,获得一定的收益。

对商品林,应由林木所有者和经营者依法经营,维护其正当的经济利益。

(2)提高管护费补助标准。对纳入天然林保护范围的公益林,应参照国家重点公益林的管理办法,由中央财政按森林生态效益补偿标准安排补偿资金,由林权所有者或经营者从补偿基金中拿出管护费用,安排专职人员,采取有效措施加强管护。鉴于集体林部分管护难度大、林农收益少等原因,为提高管护效果,保护林农的合法利益,建议中央财政再给予 150 元每公顷的管护费补助,由县级林业主管部门,利用现有的管护体系按照国家重点公益林有关要求加强管护。

3.新增森林抚育和低产林改造项目投资

据最新二类资源调查结果统计,工程区森林资源林龄结构不合理,中幼林面积占86.2% ;同时,工程实施几年来,由于没有森林抚育投资,加之严格的禁伐政策,使工程区森林健康状况下降。尤其是大面积天然萌生的次生林,长期不进行抚育间伐,林分密度过大,不利于林木生长,易诱发病虫灾害和森林火灾。据嵩县林业局调查,该县幼龄林林分单位面积最高密度达到 4.5 万株每公顷,急需抚育间伐。建议国家能增加森林抚育投资,开展中幼林抚育工作,提高林分质量。根据《河南林业生态省建设规划》的单位面积投资标准,开展中幼林抚育需国家投资 2 250 元每公顷。同时,为规范管理,建议国家制定天保工程区生态公益林抚育间伐技术规程。

另外,河南省天保工程区现有林分以栎类和油松纯林为主,混交林所占比重偏低,只占 8.6% ,且林层单一,林分单位面积蓄积也较低,只有全国平均水平 78.06 立方米每公顷的 61.53% 。建议国家能增加低产林改造投资,开展低产林改造,提高林分质量。根据《河南林业生态省建设规划》的单位面积投资标准,开展低产林改造需国家投资 3 000 元每公顷。

4.增加一次性安置人员社会保障

工程区内的国有林场多处于深山区,当地就业门路少,当年的一次性安置人员目前多数未到退休年龄,大部分一次性安置人员处于失业状态,在安置费用完之后,陷入贫困。但由于种种原因,他们也无法享受城镇居民最低生活保障。建议将这些因天保工程陷入困境的一次性安置职工列入城镇最低收入保障范围,由政府发放最低生活保障费,并考虑一次性安置人员养老保险、医疗保险等问题,解除一次性安置人员的后顾之忧。同时,由中央财政或出台政策要求地方政府出资对一次性安置人员进行免费技能培训,为他们再就业创造条件。

5.强化工程"四到省"制度,进一步明确地方政府责任

虽然天保工程目前实行的是工程建设目标、任务、资金、责任"四到省"制度,但考核的仅仅是林业部门,与地方政府和其他部门关系不大,引不起政府的重视。从目前工程建设中存在的地方配套资金不到位、工程管理人员没有真正落实等问题中,可以看出工程"四到省"制度的执行力度不够。建议国家能考虑到林业弱势行业的实际情况,真正实行工程"四到省"制度,首先由国家或几个部委联合与省政府签订责任书,定期严格考核,公布考核结果,真正落实省级人民政府对本省(区、市)天然林保护负总责的制度,督促地方各级人民政府将天然林保护纳入当地国民经济社会发展规划中,切实加强领导,落实目标责任,确保工程建设目标任务的实现。(省退耕还林和天然林保护工程管理中心)

第二十七节　森林生态效益补偿

2004年12月10日,国家林业局召开电视电话会议,宣布中央财政森林生态效益补偿基金制度正式确立并在全国范围内实施,同年安排河南省首批重点公益林补偿面积36.67万公顷,2006年增加到58.04万公顷,2009年增加到88.99万公顷。紧随国家补偿之后,省级森林生态效益补偿工作也由点到面,逐步展开。2005年,河南省开始省级公益林生态效益补偿试点,试点面积1.33万公顷。2006年在试点经验的基础上,补偿面积扩大到8万公顷。至2008年,经省林业厅认定的32万公顷省级公益林全部补偿到位。目前,全省公益林补偿面积总计已达120.99万公顷,年补偿资金总额9 074万元。

6年来,全省共落实补偿资金31 343万元,惠及16个省辖市、72个县(市、区)、71个国有林场、9万多户林农。省、市、县建立了管理体系,并选拔聘用护林员8 000多名。补偿区内新建生物防火林带16万多米,改建生物防火林带12万多米,垒砌阻火墙3 000多米,维修道路60多公里,防治林木病虫害4.67多万公顷,中幼龄林抚育1.33万公顷,建立公益林防火及病虫害救治物资储备库3座、资源定位监测站6处,通过补植补造和封山育林增加有林地9.33多万公顷,公益林的生态功能明显增强,成为维护国土安全的重要屏障。

一、搞好区划界定,修正补偿范围

2004年,河南省申报重点公益林面积131.32万公顷,经国家林业局审核,最终认定了126.07万公顷。在此基础上,河南省林业厅于2006年制定了《河南省省级公益林区划

界定办法》，县级区划界定单位共申报省级公益林 148.29 多万公顷。省林业厅根据资源保护与经济发展并重的原则，最终认定了 32 万公顷。在补偿工作实践中，河南省林业厅还纠正了重点公益林区划界定错误，将平原地区多划、错划的 10 万多公顷调到山区漏划地段，确保生态地位重要地区的重点公益林优先得到补偿。

二、狠抓"两个落实"，编好实施方案

编制科学的县级森林生态效益补偿基金实施方案是合理使用补偿资金的重要依据，也是加强资金管理、贯彻落实《河南省森林生态效益补偿基金管理办法》的重要措施。为把中央和省级财政安排的补偿面积全部落到实处，各级管理部门和实施单位把《森林生态效益补偿基金县级实施方案》编报工作列入重要的议事日程，组织力量，在认真调查的基础上，严格按规定编报。各实施单位在编案中把好关键环节，严抓"两个落实"：其一是将补偿面积落实到山头地块，绘制出《公益林补偿面积小班分布图》；其二是将管护责任落实到人到户，在实施方案中明确反映补偿区内林权所有者及管护者的信息资料，以便补偿基金的兑现进行检查监督。

三、加强资源管理，夯实补偿基础

搞好公益林资源管理是实施森林生态效益补偿的前提。在资源管理工作中，河南省重点把好以下环节：

一是搞好管护工作。为使不同权属重点公益林的管护责任更加明晰，首先将管护合同细化为"两级两类"：一级合同为林业主管部门与所辖实施单位签订的管护合同，二级合同为实施单位与护林员或林农个人签订的两类护林合同。其次是选好护林人员。各实施单位普遍实行"村推荐、乡考查、县审定"的选聘制度，严格选拔护林员。同时，抓好护林员队伍建设。各实施单位结合当地实际，不断完善护林员选聘程序，加强职业道德教育、业务知识培训和护林绩效考核，及时撤换不称职、不合格的护林员，确保资源管护工作全部到位。

二是加强公益林建设。河南省将保护和发展公益林资源放在同等重要的位置来抓，在公益林区大力开展生物防火林带营造、林业有害生物防治、补植补造、抚育管理和基础设施建设，在登封、南阳、信阳还分别建立了公益林防火及病虫害救治物资储备库。公益林区的防灾控灾能力逐步增强，林分质量得以提高，生态效益愈加明显。

三是开展年度考核。每年年底，组织技术人员对各地的公益林资源管理情况和补偿基金使用情况进行检查验收并进行排序，以通报的形式发至各省辖市林业主管部门，对工作好的单位加以表扬，对存在问题的单位提出批评。

四、制定管理规范，加强业务培训

为搞好森林生态效益补偿工作，先后制定并进一步修订完善了《河南省森林生态效益补偿基金管理办法》、《河南省公益林管理工作年度目标考核办法》、《河南省公益林区划界定成果复查办法》等管理规定，规范了各地的管理行为。县级林业主管部门结合当地实际，纷纷细化了管护区划分、管护面积定额、具体补偿标准、补偿资金使用与管理、护

林员选聘与管理、管护绩效考核及奖惩措施等管理细则,自上而下形成了一套有机联系的公益林管理工作运行机制。为提升管理水平,省公益林管理办公室先后举办业务培训班10余期,培训基层管理人员2 000多人次。不少实施单位在"两个落实"工作完成后,也立即着手业务培训。如新县林业局、财政局联合举办全县公益林管理培训班,深入学习贯彻中央、省、县三级补偿基金管理办法和护林员管理办法,同时落实《新县公益林护林员考核及奖惩方案》《乡(镇)公益林管理日常工作制度》《乡(镇)公益林护林员例会制度》等实施细则。汝阳县在对525名护林员集中培训期间,主管副县长亲自动员,县林业局班子成员按各自分管业务当好教员,财政等有关部门的负责人亲临指导,新闻媒体跟踪报道,不仅产生了良好的培训效果,还在全县营造了浓厚的公益林保护氛围。

五、探索管理办法,提高管理水平

各地在公益林建设工作中,通过不断探索,已初步总结出一系列符合实际需要的管理办法。沁阳市林业部门和人事部门采用公开招录的办法,选拔了一支以大中专毕业生和退伍军人为主的护林员队伍,大大提高了护林员队伍的综合素质;桐柏县、林州市、董寨自然保护区建立有效的目标管理和责任追究机制,高标准营建森林防火林带和隔离墙;巩义市、卫辉市采取"白石封山,明确公益林管护区边界"的措施,提高了管护效果;汝阳县对护林员实行"一日一记录(《巡山日志》)、一月一例会、一季一培训、一年一评聘"的"八个一"管理制度,在个体林区推行"户户联保"互相监督、相互制约的机制,自上而下形成了"县有管理办法、乡有考核制度、村有村规民约"的管理模式。这些有效的管理办法和模式,有力地推进了公益林资源管理工作的制度化建设,提高了全省的公益林建设水平和管理水平。(退耕还林和天然林保护工程管理中心)

第二十八节　林业产业

新中国成立以来,随着社会进步和国民经济的持续发展,河南省林业产业从弱到强、从小到大、从传统到现代取得了十分显著的成绩。

1958年,河南省第一家锯材厂投产。1959年纤维板厂、栲胶厂、软木厂、松香厂、活性炭厂、木材水解厂相继投产,河南省林业产业迈出历史性一步。

1976年河南省较先进生产工艺的纤维板生产线投产,河南省林业产业具有规模化生产能力。

1997年,新乡平原人造板中密度纤维板生产线投产,河南省林业产业中有了达到国际水平的生产企业。

2006年,河南省焦作瑞丰、濮阳龙丰、新乡新亚三个林纸一体化企业建成投产,河南省木材加工业实现突破性进展。

改革开放30年,也是河南省林业产业快速发展的30年,全省林业系统积极适应社会主义市场经济的要求,把林业持续发展目标与整个国民经济发展战略相结合,解放思想、开拓创新,以市场为导向,以资源培育为基础,以改革为动力,以科技为支撑,不断提升传统产业,发展新兴产业,已初步形成了林木种植业、经济林培育业、种苗和花卉培育业、木材加工业、人造板制造业、木浆造纸业、林化产品加工业、森林旅游业、野生动物驯养繁殖利用等产业门类,林业产业已成为农民增收、脱贫致富,促进小康建设、新农村建设的重要内容。新中国成立初期全省林业产值不足 1 000 万元,1978 年达到 2.79 亿元,2008 年达到 527 亿元。2008 年全省来自林业一、二、三产业的收益为 461 亿元,每个农民来自林业的收入平均达到 762 元,提供就业岗位 274.37 万个。

一、河南林业产业发展取得的成效

(一)以森林资源培育为主的第一产业快速发展

一是速生丰产林基地不断壮大。为保护有限的天然林资源,同时又满足社会对木材的需求,从 20 世纪 70 年代起河南省就开始组织营造人工用材林。通过政府倡导、社会投资、利用外资等多种方式筹集资金,截至 2008 年底,全省速生丰产林面积达到 54.67 万公顷,其中企业自有工业原料林 8 万公顷。二是名特优经济林发展迅速。在保持苹果、茶叶、核桃、大枣等传统经济林产品优势的基础上,建设了一批高标准名、特、优、新经济林基地。2009 年底全省经济林面积已达 90 万公顷,经济林产量达 672 亿公斤。三是种苗花卉业蓬勃发展。全省林业育苗面积每年稳定在 2.67 万公顷以上,产苗 16 亿株。

(二)林产品加工业结构不断得到优化

一是林纸企业开工投产。规划建设的六大林纸一体化企业已有新乡新亚、濮阳龙丰、焦作瑞丰三家建成投产,年产纸浆 26.2 万吨。二是木材加工业产业结构优化,产品质量、档次不断提高,全省共有人造板、木制品等加工企业 14 000 余家,年加工木材 400 万立方米。三是经济林产品贮藏加工业增长较快。全省现有经济林产品加工企业 150 余家,果品采后商品化处理生产线 30 余条,浓缩果汁和红枣制品已成为河南省经济林加工制品中的拳头产品,"好想你"、"湖滨果汁"等品牌已在国内外享有盛誉。果品贮藏保鲜能力不断增强,全省现有规模以上果品贮藏库 60 座,高温冷库 1 500 座,年贮藏能力达到果品总量的 10%。贮运条件的改善,延长了经济林产品的销售时间,实现了果品增值。四是其他林特产品加工业茁壮成长。此类产品主要有森林药材、森林食品、松香等五大类 20 多个品种。森林食品采集加工已成为林区的一个重要产业,森林药材年产量达 20 万吨,产值 6 亿元。以森林药材为主要原料的西峡县宛西制药集团、周口辅仁药业集团、淅川县福森制药集团、新县羚锐制药集团等企业已成为当地经济发展的支柱产业。五是林产品市场流通体系初步形成。到2009 年,全省共有林产品批发交易市场近千个,其中林产品综合批发交易市场 100 多个,专业批发交易市场 500 多个,已成为林产品流通主要渠道和场所。

(三)森林旅游业已成为新的经济增长点

到 2009 年底,全省已建立国家级森林公园 30 处,省级森林公园 67 处,森林旅游景区达 102 处,形成了以太行山森林旅游区,嵩山森林旅游区,小秦岭、崤山、熊耳山森林旅游区,伏牛山森林旅游区,桐柏、大别山森林旅游区,黄河沿岸及故道森林旅游区和中、东部平原森林旅游区为主的七大森林旅游区,总面积 30 多万公顷。不仅促进了地方经济社会的发展,增强了林业发展的活力和市场竞争力,也为满足人民群众日益增长的生态文化需求作出了积极的贡献。2009 年,河南省森林旅游接待旅客达到 2 553 万人次,直接收入达到 5.57 亿元。

二、河南发展林业产业开展的主要工作

（一）理清发展思路、科学制定规划

1990 年河南省委、省政府批准实施了《河南省十年造林绿化规划（1990～1999 年）》，规划 10 年造林 133 万公顷；同年省政府批转了《河南省经济林十年发展规划（1990～1999 年）》，提出了大力发展经济林、帮助林农脱贫致富奔小康的目标；省林业厅制定了林产工业发展规划。2003 年《中共中央　国务院关于加快林业发展的决定》下发以后，河南省对全省林业资源、产业现状进行了详细调研，到产业发达省（区）进行了考察，提出了"建绿色中原、创效益林业"的发展战略；省政府印发了《绿色中原建设规划》，省林业厅、省发改委联合印发了《河南省林业产业 2020 年发展规划纲要》，省林业厅编制了《河南省速生丰产林基地建设规划》。规划到 2020 年全省林业总产值达 1 000 亿元，营造工业原料林为主的速生丰产林 72 万公顷，初步建成特色突出、布局合理、生态和经济效益显著的林业产业体系。2005 年经省编委批准，正式成立了河南省林业产业发展中心，各省辖市也分别成立了产业管理机构。2007 年 11 月，河南省人民政府结合河南省林业发展实际，印发了《河南林业生态省建设规划》，将林业产业划分为用材林及工业原料林建设、经济林建设、园林绿化苗木花卉建设、森林生态旅游设施建设等四大工程，作为全省产业建设的指导。

（二）优化产业结构、创建优势品牌

一是在种植业方面，优化品种、树种结构，指导林纸企业开展集约经营，发展自有原料林基地，已种植以杨树为主的企业自有原料林 8 万公顷；指导经济林生产企业按照无公害产品的技术标准生产，增加无公害产品、保健产品、优势产品的生产，建设了一批无公害产品、绿色产品生产基地，形成了灵宝 SOD 苹果、新郑红枣、信阳毛尖、长垣红提等特色优势产品。二是在加工业方面，重点抓产品质量提高、产品升级换代和市场占有率，引导企业创品牌、创名牌，丰富企业文化，塑造良好形象。新郑奥星公司依托当地红枣资源，开发出了枣干、枣片、枣粉等近 200 个品种，拥有专利产品 38 项，河南省高新技术产品认定 3 个，每年加工红枣 12 000 吨，产值 32 000 万元；木材加工方面，作坊式加工厂逐渐被淘汰，企业集群和引进的国内外大型企业逐渐增加，涌现出开封三环、焦作奥森、濮阳光明、邓州益嘉木业等一批大型加工企业；草浆造纸已被木浆造纸所代替。三是森林旅游方面，各森林旅游景区基础设施不断完善，快速道路框架初步形成，云台山、白云山、鸡公山、尧山、宝天曼等森林旅游景区成为全国森林旅游的知名品牌。为了扩大林业产业的影响，提高林产品知名度，省林业厅向社会推出了"河南省林产品十大品牌"、"河南省林产品知名品牌"。先后组织企业参加了"上海 2004 首届中国国际林业产业博览会"和"北京 2007 第二届中国国际林业产业博览会"，征集产品 80 个大项、200 多个品种，有 20 多项产品获奖。

（三）创新工作方法、优化发展环境

为加快林业产业的发展，省林业厅联合省发改委、财政厅、地税局等九部门制定了《加快林业产业发展的意见》，在政策、资金等各方面给予明确，省政府转发了该意见。省财政每年安排 2 亿元贴息贷款用于工业原料林基地建设；经积极协调，省建设投资总公司投资 8 亿元参与省重点林纸一体化工程建设。省林业厅在河南林业信息网上设立了林业招商网页，免费介绍林产品优秀品牌；制作了《河南林业产业》光盘，编印了《河南省林业招商项目手册》、《河南省林业产业工作手册》，免费向客商、林业企业和林农发放。省林

业厅出资订阅了《中国林业产业》杂志,赠阅给林业产业重点企业,使其及时了解产业政策和市场信息。2009年结合河南省企业服务年活动,对企业发展情况和发展环境进行调研,召开企业负责人座谈会,听取企业意见;针对金融危机对林业产业造成的影响,组织全省各级林业管理部门开展招商引资活动,从林业部门做起,优化投资环境。同时,2003年省林业厅研发了林业产业季度报表、年度报表应用软件,将产业发展情况综合分析报告,定期向全省林业系统以《内部情况通报》形式印发。制定了《河南省林业产值目标核查办法》,将林业产业发展情况和产值目标纳入各省辖市政府责任目标,引起各级政府和社会各界对林业产业工作的重视与支持,促进产业发展。

(四)树立发展典型、突出地方特色

一是林业部门根据自身业务工作、地方产业特点培育典型,比如鲁山县通过荒山拍卖,政策扶持,大户承包,形成了大面积连片高标准的林业园区;西峡县通过推广猕猴桃标准化生产,发展成为当地的支柱产业。二是通过产业调研、年度核查、工作会议等发现典型,总结典型。临颍县南街工艺品厂利用当地杂木资源,生产高档梳子、工艺品,通过文化和产品包装,产品附加值大大提高,产品在全国占有一定份额,小木料做出大产业。通过学习临颍的典型经验,洛阳市洛宁县引进了木制艺术镜框加工项目,产品全部销往国外,杨木价格加工前600元每立方米,加工为成品后6 000元每立方米,实现大幅增值。周口市商水县、郑州登封市开展了标准木的生产,带动了当地的林业市场。三是通过全省林业产业大会、年度产业工作会议、培训班、河南林业信息网等各种形式推广典型。目前河南省林业产业第一、二、三产业都有发展典型:如焦作、濮阳的工业原料林基地、濮阳的林下经济模式、宛西制药的中药材标准化种植、邓州的杨树经济、范县的木材加工、新郑的大枣加工、云台山的森林旅游等。

三、发展规划

河南地处中原,林地资源丰富,气候条件适宜,交通便利,随着人民群众对林产品需求的不断增加,林业产业发展潜力巨大。在产业发展方面将深入贯彻落实中央林业工作会议精神,不断优化产业结构,提升产业水平和林产品的供给能力,做优第一产业,做强第二产业,做大第三产业,逐步建立起优质高效的具有河南特色的现代林业产业体系,实现林业的多目标经营和多功能利用,最大限度地满足经济社会发展对林产品与服务的多样化需求。(林业产业发展中心)

第二十九节　　林业利用外资

一、河南省林业利用外资工作回顾

河南省林业利用外资工作始于1990年。近20年来,在省委、省政府的领导下,在国家林业局的大力支持下,先后引进实施了世界银行贷款"国家造林项目"、"森林资源发展和保护项目"、"贫困地区林业发展项目"、"林业持续发展项目"、日本政府贷款河南省造林项目、中德财政合作河南农户造林项目等六个大型林业外资项目,总投资18.8亿元

（人民币），其中引进外资合 10.8 亿元人民币，已完成造林 35.93 万公顷。

（一）世界银行贷款"国家造林项目"

该项目是河南省林业系统引进的第一个大型林业外资工程项目，于 1989 年签约，1990 年实施，1997 年全面竣工。项目贷款期 25 年，其中宽限期 8 年，还款期 17 年，全部为软贷款。项目共营造速生丰产用材林 4.23 万公顷，完成总投资 9 649 万元，其中世界银行贷款 579 万 SDR（合人民币 5 555.6 万元），项目共涉及桐柏、泌阳、汝南、武陟、温县、虞城、鹿邑、商水、淮阳、汝州、宝丰、叶县、鄢陵、平桥、浉河等 16 个县（市、区）和洛阳、三门峡、商丘、南湾等 4 个国有林场。

（二）世界银行贷款"森林资源发展和保护项目"

该项目于 1994 年签约，1995 年实施，2001 年全面竣工。项目贷款期 25 年，其中宽限期 8 年，还款期 17 年，全部为软贷款。项目共营造速生丰产用材林 2.93 万公顷，完成总投资 8 843 万元，其中世界银行贷款 422 万 SDR（合人民币 4 890 万元）。项目共涉及桐柏、泌阳、平桥、浉河、嵩县、洛宁、灵宝、卢氏、鲁山等 9 个县（区）。

（三）世界银行贷款"贫困地区林业发展项目"

该项目于 1998 年签约，1999 年实施，2005 年全面竣工。软、硬贷各一半，项目共造林 8.6 万公顷，其中用材林 5.5 万公顷，经济林 3.1 万公顷；完成总投资 3.9 亿元，其中世界银行贷款 988 万 SDR、1 242 万美元（合人民币 1.95 亿元）；共涉及宜阳、洛宁、孟津、鲁山、陕县、卢氏、确山、汝南、南召、淅川、西峡、商城、罗山、固始、新县、光山、浉河、荥阳、杞县、尉氏、获嘉、淮阳等 22 个县（市、区）。

（四）世界银行贷款"林业持续发展项目"

该项目于 2002 年签约实施，计划 2009 年竣工。项目贷款期 16 年，其中宽限期 7 年，还款期 9 年，全部为硬贷款，造林 6.31 万公顷。项目计划总投资 3.53 亿元，其中利用世界银行贷款 2 210 万美元（合人民币 1.8 亿元）。项目涉及新郑、开封县、偃师、沁阳、温县、许昌、长葛、襄城、鄢城、临颍、南乐、扶沟、鹿邑、商水、平舆、桐柏、社旗、邓州、息县、罗山、平桥、淮滨、淇县、济源市等 24 个县（市、区）。

（五）日本政府贷款河南省造林项目

该项目于 2006 年签约，2007 年全面启动实施。项目贷款期 40 年，其中宽限期 10 年，还款期 30 年，贷款利率为年利率 0.75%。该项目计划造林 19.47 万公顷，投资总规模 8.35 亿元，其中日方投资 74.34 亿日元（合人民币 5.43 亿元）。项目共涉及全省 18 个省辖市的 68 个县、7 个国有林场。

（六）中德财政合作河南农户造林项目

该项目于 2006 年签约，2007 年全面启动，计划总投资 1.2 亿元，其中德国政府赠款 600 万欧元（合人民币 6 000 万元）。计划营造林面积 3.3 万亩。项目区为嵩县、卢氏、鲁山、南召四个国家级贫困县。

二、河南省林业外资项目取得的成就

（一）通过引进外资开展项目造林，为河南省增加了后备森林资源，改善了项目区的生态环境

上述 6 个项目，河南省共计完成造林 35.93 万公顷，效益计算期内（16 年）共计可生产木材 7 950 万立方米,生产经济林 1 260 万吨,实现产值 815 亿元。项目的实施,使项目区 94 个县森林覆盖率平均增加个 2.7 个百分点,每年增加蓄水量 12 470 万立方米;减少水土流失 2 690 万吨。

(二)缓解了长期以来林业投入不足的矛盾

项目总投资 18.8 亿元,其中利用外资 10.8 亿元,外资利息低,贷款期限长,与林业生产的长周期相吻合。科学确定了单位面积的投资额,为生产高质量的木材和林产品提供了资金保障。

(三)科技与生产密切结合,提高了项目的管理水平

为了提高项目科技含量,将科研与生产紧密结合,每个项目实施期间,都成立由育苗、造林、经济林栽培、植保等方面专家、教授组成的专家支持组,设立项目科研推广课题,由省、市、县、乡林业技术人员共同组成科技推广支持体系,将最适用的优秀科技成果组装、配套,用于项目生产,提高项目的科技含量。几年来,累计推广林业先进技术成果 80 余项,根据调查,全省项目造林良种使用率为 96%,I 类林面积占 92.6%,平均保存成活率 94.7%,树高、胸径生长量达标率 89.3%。围绕项目造林,建立试验林 220 公顷、示范林 4 300公顷,获得省、部级科研成果 12 项,发表论文 60 篇。

(四)引进国外先进的林业生产管理技术,促进了全省林业管理水平的提高

在项目管理方面,学习国外一些发达国家的林业工程管理办法,执行了一套行之有效的经营管理模式,引进了"报账制"、造林模型、造林单价、社区评估等管理方式,使营造林工作数字化、科学化;建立了项目的八大支持体系:包括组织机构、种苗供应、科技推广、环境保护、质量监控、资金管理、计划调节、信息系统等,通过各个支持体系的运转,各级管理部门对项目的生产和财务状况及时了解,作出指导;项目造林还首次在林业工程中引入了信息管理系统,改林业生产粗放管理为信息化管理,为全省的林业管理提供了样板。

19 年来,河南省的林业项目因管理严格、质量高、效果好,多次受到省政府、财政部、国家林业局的表彰。在国家林业局组织的多次项目实施质量检查中,河南省均名列前茅,省林业厅项目管理办公室被国家林业局评为"世界银行贷款国家造林项目实施先进单位",被河南省财政厅和审计厅评为唯一的"全省外资项目管理先进单位"。

三、主要做法

(一)明确职责,确立切实可行的管理模式

从项目准备阶段开始,各级政府和相关部门就牢固树立"借得巧,用得好,还得起"的引资方针,按照"有效益、把项目做成财富,而不是包袱"的工作思路开展工作,组织林业、财政、计划等方面专家对项目可行性、区域、转贷模式、参与人的选择进行细致分析、反复论证,仔细讨论每一个可能遇到的细节问题,分别确定各级林业、财政部门的职责。同时,按照项目管理的有关要求,结合农户项目和林业生产实际,制定了一整套切实可行的林业项目管理模式,即:林业部门全面组织项目实施,财政部门负责债务和资金管理,信贷(贷款)资金通过财政逐级转贷,到县后由县林业局(或林业局、财政局联合)向用款人转贷;林业部门积极配合财政部门做好还贷组织工作。这样既确保了林业部门对项目实施的调控与指导,也体现出财政部门对项目资金管理的参与与监督。

(二)完善措施,健全管理体系

项目财务管理内容多、要求严、政策性强、资金量大。每个项目启动后,省林业厅利用外资项目管理办公室都要仔细学习项目贷款协定和财政部、国家林业局的有关规定,结合河南省实际,将各项管理规定细化,由省林业厅和财政厅联合制定项目的实施管理办法、《资金管理办法实施细则》、《提款报账实施细则》、《会计核算细则》。在实施管理办法中,就项目施工设计编制、县级自查、省级检查验收、造林模型等都作了详细说明;在资金管理办法实施细则中,对财务内部控制、信贷与配套资金支付范围、各级配套到位时限、管理费用、财务监督、会计档案、财务人员等内容作了详细规定;在提款报账实施细则中,规定了各级各部门的责任,报账与支付的程序,材料内容及要求等;会计核算细则详细地对每个科目进行说明。为保证资金不出现滞留、挪用现象,河南省林业外资项目要求各级各部门资金停留时间不能超过 5 个工作日,否则,将视为滞留,追究有关人员责任。

(三)加强培训,不断提高管理人员素质和管理水平

为了让基层工作人员全面掌握项目各项管理规程,采取"强化培训、紧密型管理"的方法,狠抓市、县项目管理人员的培训。一是集中培训。每年举行 4 次以上的项目生产和财务培训,要求市、县项目管理人员参加,让他们充分了解项目财务管理的各项规定,牢固树立"项目管理按办法来,而不是按过去经验来"的思想,力求杜绝项目管理工作的随意性。二是联合办班。财务管理方面与财政厅联合组织办班,项目决算方面与省审计厅联合办班。从业务上、制度上保证了项目实施的科学性、规范性。三是印发资料。林业厅项目管理办公室每个项目都要编印 2 000~3 000 套"项目工作手册",将培训教材、财务管理流程图制成拷贝免费发放至各项目单位,满足了工作需要。四是现场观摩。通过召开造林现场会、相互参观等形式,组织各项目县技术、财务人员,到项目管理好的单位,现场观摩和学习先进经验和具体做法,收效明显。五是专家指导。邀请省财政厅、审计厅财务专家,深入项目区巡回指导,现场办公,及时发现和解决项目财务管理工作中出现的难点问题,通过对年度报账和会计年报工作的考评,使河南省项目财务管理水平得到了普遍提高。

(四)完善转贷协议,明确各项目单位权利与义务

以合同的形式明确转贷(赠)各方权利、义务,增强责任心。为帮助基层完善贷款协议,省林业厅制定了基层协议样本,发放各县级管理部门,便于操作与政策落实,内容包括贷款资金、配套比例、自筹资金、还贷计划、技术标准、各方的权利与义务等。此外,各地在转贷过程中还采取了转贷合同公证、林权证抵押、现有林抵押、公职人员担保等方式,确保项目的还本付息。

(五)落实配套资金,确保项目顺利实施

自实施林业世界银行项目以来,林业厅项目管理办公室对落实配套资金工作十分重视,对所有世界银行项目配套资金一律全额落实。为落实配套资金,省林业厅将项目所需省级配套资金全部列入部门财政解决,1998 年以来,已累计为外资项目配套资金 16 859 万元。同时,根据外资项目报账制的特点,为了减少项目单位压力,保证项目正常进行,采取省级配套资金提前一年下达的做法。这样项目单位利用提前下达的配套资金,提前预备种苗、化肥,开展施工设计、人员培训,项目质量得到了保证。

(六)积极配合审计工作,认真整改提高

对于项目例行审计,要求各项目实施单位全力配合,积极向审计部门提供相关资料,主动接受审计。审计前及时与审计部门联系,请审计部门密切关注配套资金到位不及时、滞留报账回补资金等问题。对于审计中发现的问题,要求尽可能在审计期间完成整改。项目实施期间,河南省审计部门提出的意见95%以上在审计工作结束前完成了整改。对于审计中暴露的难点问题,一方面主动与有关部门协调解决;另一方面,及时发整改督查函,向有关市、县政府进行通报,督促整改。厅项目管理办公室还多次会同省财政厅贷款办公室、省审计厅外资处深入项目实施单位,现场办公,力求将暴露的问题解决在萌芽中。

(七)加强宣传,提高全社会对项目的认识

一是加强对领导的宣传,取得领导的支持;二是对项目区群众的宣传,使其主动申请参加项目;三是对社会的宣传,有利于项目林的保护。仅2005~2006年省林业厅就安排专项资金200万元设立项目管护宣传牌,明确责任单位、责任人,营造护林氛围,提高管护责任心。

(八)树立服务意识,为项目顺利实施创造条件

世界银行林业项目的财务管理极其细致,许多要求上报的材料都要涉及具体的用款人,有具体的要求,比如,工作量最大的报账、提款和转贷工作,须提供基层的施工合同、验收报告、结算清单、用工单据等大量的凭证,而基层项目单位人员素质参差不齐,感觉工作难度大。为了减少基层人员的工作量,厅项目管理办公室参照世界银行和财政部、国家林业局的要求,每个项目都统一印制了专用的报账表格和会计核算报表,基层只要按要求填报即可。为了解决没有SDR、美元、人民币三种货币记账本的难题,厅项目管理办公室专门设计了账簿格式,统一印制,发放到项目单位。此外,还统一印制了转贷合同样本、用工支出单制式样本等,便于乡、村规范转贷行为。(利用外资项目管理办公室)

第三十节　野生动物救护

一、发展历程

河南省野生动物救护中心(以下简称救护中心)是1995年12月经省机构编制委员会批准成立的省林业厅直属正处级事业单位,主要任务是承担全省陆生野生动物资源的调查任务,负责抢救、医治患病或受伤的重点保护野生动物,收容、救护、饲养非正常来源的珍稀濒危野生动物等。当时批复编制30名,其中领导职数3名,经费实行差额预算管理。后来,省编委于1999年5月增加事业编制1名,2000年7月增加事业编制1名,2003年3月1日增加事业编制4名。2003年6月,省编委批复同意救护中心经费供给形式由财政差额预算改为财政全额预算管理。同时,于2001年12月批准成立"河南省伏牛山太行山国家级自然保护区管理总站",挂靠在救护中心;2006年6月批复同意救护中心加挂"河南省野生动物疫源疫病监测中心"牌子,增加副处级领导职数1名。目前,救护中心编制36名,领导职数4名。

二、取得成绩

(一)扎实搞好基建工作

救护中心成立以来,广大干部职工发扬艰苦奋斗的精神,认真编制规划并积极组织实施,先后建成了猛禽馆、猛兽馆、珍鸟馆、猕猴馆、梅花鹿馆等集场、馆、笼舍为一体的动物场馆近3 620平方米,建起了建筑面积582平方米的动物医院和1 317平方米的综合办公楼,筹建了动物标本室,安装了视频监控系统等。

(二)积极开展野生动物救护工作

本着"积极救护,服务社会"的方针,救护中心广泛开展野生动物救护、收容、治疗、放生工作,先后救护收容野生动物活体、死体7万余只(头、条),其中国家一级保护动物588只(头、条)、国家二级保护动物1 373只(头、条)。对接收的伤病残野生动物及时治疗,精心护理,显著提高了患病受伤动物的治愈率;对恢复健康的野生动物及时组织放生,分别在郑州市森林公园、嵩山国家森林公园、薄山林场、黄河湿地、鲁山石人山自然保护区等地开展放生活动50多次,使救护的6.3万余只(头、条)野生动物重新回归大自然;对于不宜放生和珍稀濒危的国家重点保护野生动物采取分类圈养管理,场馆内现收容饲养有国家一级保护动物东北虎、金钱豹、丹顶鹤、黑鹳、梅花鹿以及国家二级保护动物天鹅、猕猴、秃鹫和红腹锦鸡、小熊猫、非洲狮等野生动物100余只(头、条),同时积极开展动物繁育规律研究,提高繁育水平,共成功繁育梅花鹿80只,猕猴15只。

(三)加强野生动物保护科普宣传工作

1.承办或协办大型宣传活动

在每年4月的"爱鸟周"和10月的野生动物保护宣传月活动期间,举行"关注鸟类保护自然"、"和谐社会　共享自然"、"繁荣生态文化　建设生态文明"等大型主题活动,利用展板、挂图、万人签名、散发宣传册和鸟类放飞仪式等开展形式多样、内容丰富的宣传,使数十万群众受到了生态文明知识教育。

2.积极配合新闻媒体做好宣传工作

救护中心先后被省级以上媒体采访、宣传、报道400余次,1999年在太行山救护国家一级保护动物金钱豹、在郑许高速公路救护国家一级保护动物虎,2001年在三门峡救护国家二级保护动物白天鹅,2007年在平顶山救护国家一级保护动物金雕、2009年在洛阳救护国家二级保护动物秃鹫等一些重大救护活动,被《河南日报》、《大河报》、《河南商报》、河南卫视、都市频道等多家媒体报道,在社会上引起反响,对河南省野生动物保护事业健康发展起到了很大的促进作用。

3.创建了河南野生动植物保护网站

2007年4月开通了河南野生动植物保护网,设立新闻聚焦、机构设置、法律法规、自然保护区、疫源疫病监测等9个栏目,及时将救护中心工作动态、科普知识及媒体有关新闻报道等在网上发布,便于公众查阅。

4.做好野生动物保护知识宣教工作

救护中心的宣教场所对社会开放,在每周二的社会团体开放日、每年的爱鸟周和野生动物保护宣传月活动期间,由专职科普人员义务对参观者进行系统讲解;同时,救护中心积极与河南农业大学、郑州师范专科学校进行交流合作,作为其教学实习基地,为其开展教学、科研和学生实习等工作提供便利条件。近年来,每年有上万人到中心参观考察。救护中心科普宣传教育工作先后受到前来调研、视察工作的原国家林业部副部长沈茂成、国家林业局副局长赵学敏、国家林业局纪检组书记杨继平、中国工程院院士李文华和副省长王明义等的肯定与表扬。2007 年 12 月被河南省科学技术协会授予"河南省科普教育基地"称号,2009 年 7 月被国家林业局、教育部、共青团中央联合授予"国家生态文明教育基地"称号。

(四)认真做好野生动物疫源疫病监测工作

救护中心高度重视疫源疫病监测工作,采取多种措施,确保工作正常开展。一是报请林业厅同意,2008 年 1 月成立了疫源疫病监测科,专门负责全省野生动物疫源疫病监测有关工作;二是认真做好疫源疫病信息收集及上报工作,共接收全省各地(市)疫情信息报告单 7.5 万余份,并按要求上报国家林业局和省高致病性禽流感领导小组办公室;三是加强疫源疫病监测值班工作,坚持 24 小时值班制度,密切关注全省疫情信息,并对全省各监测站值班情况进行电话抽查,督促各监测站做好值班工作;四是加强野生动物疫源疫病监测物资装备建设,2008 年建立了初检实验室、监测信息档案室、应急物资贮备室,对监控设备进行全面维护,提高了监测水平;五是加强监测工作制度建设,编制了《河南省野生动物疫源疫病监测中心建设方案》和《河南省野生动物疫源疫病监测中心应急预案》,制定了监测巡查制度、监测值班制度、信息报告制度、档案管理制度、监测员岗位职责等,使监测工作更加规范化;六是积极开展科学研究,2009 年承担省重点科技攻关项目《河南省黄河湿地野禽流感监测与动物流感间传播规律研究》,并承担《河南省陆生野生动物疫源疫病监测技术规范》标准制定项目,绘制了"河南省野生动物疫源疫病监测站分布及候鸟迁徙路线示意图",成立了由河南农业大学、河南省动物疾病预防控制中心、河南省野生动物疫源疫病监测中心等单位的有关专家和监测管理人员组成河南省野生动物疫源疫病监测防控专家咨询组,指导全省的疫源疫病监测防控工作,为做好监测工作提供有力的科技支撑。

(五)积极完成伏牛山太行山国家级自然保护区管理总站工作

一是组织专业技术人员到伏牛山、太行山自然保护区考察、调研,针对保护区的现状、存在问题分别撰写了《河南伏牛山国家级自然保护区调研报告》《河南太行山猕猴国家级自然保护区管理现状及对策》等调研报告,并就两个保护区的管理和发展问题专门向国家林业局保护司、林业厅党组、厅有关处室进行汇报和沟通;二是受林业厅保护处委托,完成了 16 个自然保护区管理局管理评估工作,撰写了《河南省林业系统自然保护区管理评估报告》并上报国家林业局;三是从 2008 年开始,承担对全省 25 个自然保护区基本数据年度统计与上报分析,并结合学习实践科学发展观活动对河南省自然保护区的现状进行调研,撰写的《河南省自然保护区发展对策调研报告》被省委深入学习实践科学发展观活动领导小组办公室评为优秀论文;四是组织编写了《河南省林业系统自然保护区科研监测实施方案》;五是承担了《臭椿良种选育及营造林技术研究与推广》日元贷款营造林项目研究课题;六是承担了"河南省伏牛山太行山国家级自然保护区管理总站山野菜加工项目"可行性研究报告的编制与建设工作;七是参与编制了"河南省野生动物救护中心二期工程建设可行性研究报告"和《湿地自然保护区工程项目建设标准》(DB41/T579—2009)。

(六)不断加强干部职工思想作风建设,积极开展文明单位创建活动

通过抓好思想建设、作风建设和道德建设,提高干部职工的综合素质,形成人人遵纪守法、文明诚信、爱岗敬业、团结协作、无私奉献的良好氛围,为各项工作的顺利开展打下坚实基础。救护中心先后被郑州市委、市政府授予"省会人居环境示范单位"、"市级文明单位"等荣誉称号;2008年11月14日被省委、省政府命名为2008年度"省级文明单位";20多人次被评为先进工作者、优秀党员和其他先进个人;中心支部连续多年被评为"五好"基层党组织。(野生动物救护中心)

第三十一节 机关服务

河南省林业厅机关服务中心是经省机构编制委员会(省编委豫编〔2000〕29号文件)批准,于2001年4月份成立的厅直属正处级事业单位。现有人员26人,内设办公室、房管科、综合科、财务科、车管科。机关服务中心自成立以来,在厅党组和主管厅长的正确领导和大力支持下,紧紧围绕林业厅中心工作开展机关后勤服务,通过全体干部职工的共同努力,取得了一定的成绩。

一、机关后勤工作回顾

(一)办公条件的改善

1.办公楼改造工作

机关服务中心刚成立时,厅机关还在2号办公楼与其他单位合并办公。办公环境拥挤,办公设施陈旧。为使办公环境有所改观,机关服务中心领导班子带领全体干部职工对原林业厅旧楼进行翻新改造。在施工中,服务中心严把质量关,严格控制费用支出,并开通了办公楼虚拟网电话,采购了办公楼和会议室配套家具,使林业厅机关于2002年10月1日顺利搬回新办公楼办公。

2.办公院改造工作

为使办公环境进一步得到完善,服务中心再接再厉,完成了办公区司机班车库的拆除、地坪清理、建筑垃圾外运工作,改变了办公区的整体环境;完成了办公区混凝土路面硬化工程,并对地下雨、污水管道进行了改造和清污,埋砌化粪池一个、改造化粪池一个,安装砌埋消防栓一个、雨污水井九个;完成了办公区自行车棚的改建和办公区机动车停车位的划线、合理布局工作,保证了办公区各种车辆的有序停放。

3.办公院绿化工作

完成厅40号院办公区和家属院的绿化工程,精心做好树木、花卉的养护、管理工作,使绿化成活率达到100%。为使办公楼爬墙虎绿藤分布均匀,花木生长旺盛,绿化效果更佳,服务中心派专人对40号院和厅办公院树木花卉进行科学、合理的管理和养护,对办公楼南楼北墙、8号楼东墙爬墙虎以及南楼雨篷上种植的长青藤进行多次修饰和固定,使40号院三季有花、四季有绿,改善了干部职工的办公环境,受到省直文明委的通报表扬。

4.公务用车管理

对厅机关增减车辆情况及时统计、汇总、审核。严格执行公务用车编制和配备标准，强化公务用车管理。及时淘汰、报废环保不达标、油耗高的车辆。近年来，共报废车况差、耗油量大、尾气排放超标的老旧车6辆，同时购置、更新10余辆厅级领导用车，使办公效率大大提高。严格执行公务车定点维修、定点保险，积极推广节油新技术，使用节油新产品，提高节油水平，使厅机关车辆购置与管理逐步规范化。注重司机业务知识的学习，不断强化安全意识，平时做好车辆保养，保持车辆的整洁卫生，树立服务意识，提高服务质量，保证领导工作用车。

（二）居住条件的改善

1.黄楼（6号楼）拆除工作

40号院的规划和建设，关系到省林业厅干部职工的切身利益。要想搞好庭院的绿化、美化、亮化工程，彻底改变家属院脏、乱、差状况，必须尽快将黄楼拆除。黄楼是省林业厅40号院综合治理工作的难点，严重影响该院的总体规划和开发利用。在拆除黄楼过程中，工作人员克服个别居住人员及外单位的阻力，紧扣有关政策和法律法规，搜集有关材料证据，同时积极到有关部门和单位进行协调，终于在2003年5月5日顺利完成了拆除任务，为省林业厅机关楼院的规划建设和文明单位的创建工作创造了有利条件。

2.2号住宅楼危楼拆除工作

40号院2号住宅楼属于郑州市督办的危楼拆除对象之一，也是省林业厅干部职工关注的热点问题。尤其2号楼拆除工作更牵动着广大职工的切身利益。服务中心把此项工作列为重中之重，抽调专人负责。首先是拆许可证的办理，经过与城市拆迁管理部门的反复协商和到金融机构做工作，最后以在本单位账户内监管20万元的结果完成了拆迁手续的办理任务。其次在拆迁施工中遇到"钉子户"的纠缠，致使拆除施工一度停滞。在厅领导和40号院广大住户的关注与支持下，服务中心党支部带领有关人员多次找住户沟通协商，做耐心细致的思想工作，采取有效措施，攻克了"钉子户"难关。其三是在施工中狠抓安全生产教育工作，提前在40号院多处张贴拆迁施工告示，提醒居民注意安全，同时在施工现场悬挂宣传横幅，采取安全防护措施，在施工场地狭小，周边住户、居民、车辆多的情况下，做到了安全生产、文明施工，顺利地完成了危楼拆除任务。

3.40号院的规划建设，关系到厅机关的整体形象和干部职工的切身利益

在40号院总体规划实施之前根据城市建设需要和"改善办公环境与改善居住环境并重"的原则，通过大量的工作，对40号院进行了分区整理，对地面实施了全面布局。完成了40号院住宅区大门改造、制作了精美的住宅区门卫房，同时完成混凝土路面和雨污水道的铺设工程；拆除了40号院临纬五路砖围墙，并设计、制作了以花岗岩毛石为基础的钢艺围栏工程；2004年1月在家属院新建一座美观、实用的彩色钢制自行车库；修通了家属院的混凝土路面和雨污水道，受到有关领导和大家的好评。

4.完成林业科学研究院4、7号楼分户房屋所有权证办理工作

产权证办理是住户非常关注的问题，因政策性强、程序繁杂，加上该两栋楼建设年代较早和管理人员更换，不少建设资料缺失，为办证工作增加了很大难度。在厅领导的支持和省直机关住房委员会办公室的指导下，首先找到了办理房屋所有权证所需的基本材料，并按照

规定,委托郑州市房产管理局对4、7号楼60套房屋进行了测绘丈量,绘制了该两幢楼分户平面图,计算出各户型的准确建筑面积、计价面积和公摊面积。其次详细收集住户信息,并委托天元房屋评估事务所对该两幢楼的建设年代、建筑结构、房屋朝向、设施设备、内外装饰等内容进行了评估,制定了房屋计价调节系数。同时按照房改政策和收集、制作的4、7号楼资料以及住户信息资料,计算出了各购房人的房改购房价格,并在厅机关、林业科学研究院、救护中心和住宅区进行了公示,之后对个别地方出现的错误进行了纠正,并将电子数据报省直机关住房委员会办公室核对备案。根据房地产产权产籍管理要求,制作了60套房的产权产籍档案。最后将全套资料报送省直机关住房委员会办公室。省直机关住房委员会办公室于6月26日正式受理了办证申请,并于7月20日给予了批复。现4、7号住宅楼房屋产权证已办理完毕,并发至各住户手中。

　　5.供暖改造工程

　　该工程是全厅干部职工十分关注的事情,关系40号院的规划建设、冬季供暖和文明单位的创建。服务中心把此项工作做为工作的重中之重。首先通过市场调研、对比后,向省直机关事务管理局提出供暖申请(河南省林业厅关于解决机关办公楼和职工家属楼采暖问题的函〔2003〕16号)。在事管局供热负荷基本饱和的情况下,经过努力争取,于2003年6月20日,正式签订了《供用热协议书》。为了加快供暖改造工作速度,选定既有较高设计水平又有垫资能力的施工队伍,自行设计、专家把关、选址建设。2003年7月9日热交换站建筑安装图纸、预算通过有关专家审核,10日正式开工建设,9月底土建部分全部完工。由于各项措施得力到位,设备质量过关,确保了冬季采暖,近几年供暖工作一直得到干部职工满意和厅领导的表扬。

　　(三)省级文明单位创建工作

　　为做好省级文明单位创建工作,营造良好办公环境,服务中心建立"一把手亲自抓,副主任重点抓,其他科室负责人协助抓"的领导格局。一是将工作任务分解到人,抓好落实,并将工作完成情况和参与创建文明单位情况列入年度考核体系,作为年度评先的重要条件;二是对办公区和住宅区的硬化、绿化、美化、净化、优化下工夫;三是制度建设,强化管理,起草了《河南省林业厅关于进一步加强办公楼院管理的通知》,对人员管理、设施管理做出进一步规范;四是与街道、社区积极协调,做好40号院内设施建设有关工作;五是严格卫生管理制度。按时组织检查办公楼院的卫生情况,清理卫生死角,使卫生保洁工作扎实到位;六是加强宣传力度,充分调动住户的积极性、主动性,使全体干部职工、住户统一思想,提高认识,掀起创建省级文明单位的热潮。2005年2月,省林业厅被评为市级文明单位。2006年服务中心多名人员被金水区委评为文明创建先进个人、卫生创建先进个人,省林业厅荣获区级创建全国卫生城市工作"流动红旗"单位。2007年10月,省林业厅被省委、省政府命名为省级文明单位。2008年度由于工作落实到位,林业厅被金水区花园路办事处评为"卫生创建先进单位"和"城市管理工作先进单位"。

　　(四)社会治安综合治理工作

　　为防止治安案件、安全事故发生,确保办公及职工生活安全,服务中心及时对监控录像与周界红外对射自动报警系统进行更新、安装,并按时组织全厅工作人员进行消防知识培训和灭火器的实际操作演练,尤其注重对保安人员综合素质的培训,要求管理人员和保安人员不定时对办公楼院及家属区进行巡查,确保监控报警系统、消防水路、电路、灭火器械保持良好状态。由于安全工作落实到位,多次受到厅领导和有关部门表扬。2003年省林业厅被评为花园路辖区先进单位。2005年省林业厅机关综合治理工作被花园路办事处评为三星级达标单位。2006年6月中旬,省委"平安河南建设"工作督查组对省林业厅贯彻落实《平安河南建设纲要(2006～2010年)》的情况进行了检查。检查组在听取汇报和查阅有关资料后,对林业厅的平安建设工作给予了充分肯定。2007年省林业厅社会治安综合治理工作被辖区评为"五星级"达标单位。2008年省林业厅被金水区评为"社会治安综合治理工作先进单位"。

(五)节约型机关创建工作

继续做好"节约型机关"创建工作。在认真学习提高思想认识的基础上,把"节约型机关"的创建工作落到实处。首先加大宣传力度,营造良好氛围。制作更换节约教育宣传栏版面,在电源开关、电梯入口处等比较醒目的地方张贴明显标志,倡导随手关灯,节约用水、用电,营造机关节约资源的浓厚氛围。其次建章立制,强化管理。修订完善了《办公楼管理规定》、《接待工作制度》、《车辆管理制度》、《卫生工作制度》、《财务管理制度》等,把建设节约型机关工作纳入了制度化、规范化的轨道。其三是改造设施,节约资源。对办公楼院及家属院老化水管、电线以及开关不灵等基础设施进行改造。其四是厉行节约,细节做起。倡导办公场所尽量采用自然光照明,杜绝白昼灯、长明灯。办公室、会议室夏季空调温度设置不得低于26摄氏度。及时更换高效节能灯具1 669个,据测算,节能灯具改造后,每年同比节约用电30%。2008年林业厅节能降耗工作受到省直节能工作领导小组的通报表扬,被评为先进单位。2009年林业厅节能降耗工作受到省节能工作领导小组的通报表扬,同年4月被省委、省政府机关事务管理局授予节能减排优秀单位称号。

(六)认真做好后勤保障、服务工作

1.认真做好会议服务工作

做到会议室清洁卫生,各种设施和用具完好,时刻处于备用状态。使每年厅机关举办的各类大小会议和活动350余次得到了保证。

2.认真办理有关证件和购票工作

积极为厅领导及相关处室的负责人办理省委、省人大、省政府进行工作的出入证件。为了保证厅领导和相关处室负责人外出工作,以及有关会议的需要,克服困难,购买机票、火车票等,确保工作所需。

3.认真做好简报的编写工作

为加大机关后勤宣传力度,使厅领导及全厅干部职工更深入地了解服务中心工作开展情况,服务中心及时将工作内容、进展情况,以简报形式向厅领导及全厅干部职工进行宣传,并根据不同时段为大家提供健康、节能、环保常识,促进了节约型机关、平安机关、文明单位创建工作。

4.认真做好各项后勤保障工作

认真做好供暖设备的维修保养、蒸汽流量表的校验,并按时、保质对办公区和家属区进行供暖;及时更换厅领导办公室、会议室、值班室等地方的饮用水,并做好卫生保洁、花草保养工作;完成厅机关文件、信函、报纸的收发工作。

5. 预防"非典"工作

2003 年"非典"疫情发生,为有效控制疫情蔓延,服务中心按照厅预防"非典"领导小组的安排和要求,及时为全厅职工采购发放预防"非典"药物,并在办公区和家属区进行每天消毒,大力宣传抗"非典"知识,同时坚持做好疫情日报告和零报告制度,确保工作的顺利进行。完善了办公区、家属区进出入管理制度。制作发放办公区、家属区预防"非典"出入证件 1 000 多份。对单位内部人员、车辆凭证出入,外来人员实行登记、量体温的进出入登记管理。由于措施得力,在花园路办事处预防"非典"督察小组的明查暗访中,林业厅受到了表扬。

6. 认真开展献爱心活动

2008 年 5 月 12 日四川省汶川县发生了 8.0 级地震,为帮助灾区分忧解难,发扬中华民族"一方有难、八方支援"的传统美德,服务中心全体干部职工在每月工资难以正常发放的情况下分别于 5 月 14 日、5 月 22 日、10 月 27 日三次向灾区捐款 19 610 元,服务中心工会委员会捐款 5 000 元。向灾区人民献上林业厅机关后勤人员的一片爱心。

7. 圆满完成奥运圣火在郑传递期间林业厅承担的各项工作

一是根据省委、省政府的要求,做好厅机关内部及周边的安全隐患排查,落实责任,督促整改,切实把问题消灭在萌芽;二是严防法轮功人员借机滋事;三是组织全厅 53 人到郑东新区火炬传递现场营造热烈气氛,稳定秩序,阻止冲击,防止恐怖活动和出现踩踏事件。由于组织得力,参与人员尽职尽责,使奥运火炬在林业厅负责路段安全、有序、顺畅传递,受到了郑州市有关领导的好评。

(七)提高党性修养,推进党风廉政建设

自全省开展"讲正气、树新风"到"讲党性、中品行、作表率"主题教育活动以来,服务中心全体干部职工从思想上高度重视,迅速形成学习热潮。中心支部严格按照要求积极认真组织开展学习,并于 2007 年 5 月 26 日组织党员到革命圣地西柏坡举行新党员入党宣誓、老党员重温入党誓词活动,努力做到"思想上高度重视、精力上高度集中、行动上高度统一"。并根据中组部提出的《关于进一步做好培养和选拔女干部、发展女党员工作的意见》精神,按照胡锦涛总书记提出的改善党员队伍结构,做好培养选拔女干部、发展女党员工作要求,认真贯彻落实,并取得明显成效。认真抓好党风廉政建设,严肃党纪政纪。规范党员联系群众的具体行为,增强廉洁自律意识,完善民主生活会制度,引导广大党员积极开展批评与自我批评,树立全心全意为人民服务的宗旨意识,使全体党员干部形成精诚团结、民主共事,风气正、干劲足、精神好、面貌新的良好新局面。

二、机关后勤工作展望

(一)改善住房条件,解除干部职工后顾之忧

加快 40 号院改造。当前和今后一段时间,服务中心将重点抓好大家反映强烈、要求迫切的住房建设工作,努力把好事办实,把实事办好,在法律和政策允许的范围内,用足用活有关政策,积极探索危旧房改造的新办法、新途径,争取有关单位和部门的支持,把关系干部职工切身利益的住宅建设变成现实。

(二)提高后勤工作质量,使机关后勤工作再上新台阶

新时期对机关后勤工作提出了许多新的要求,机关后勤工作的重要职责集中在"管理、保障、服务"上,涉及的领域多、专业范围广、服务面宽、工作难度大,建设一支政治强、业务精、作风正、特别能吃苦的干部职工队伍,显得尤为重要。今后要加强学习,教育和引导干部职工严格要求自己,讲纪律、守规矩、强化服务意识、转变工作作风,使后勤保障工作做得更细致、更扎实、更有效。(机关服务中心)

第三十二节　森林航空消防(林业信息化)

一、机构建设情况

2006 年春在《全国森林航空消防"十一五"及中长期发展规划》中,把组建河南省森林航空消防站纳入了总体规划。同年 12 月 13 日,国家林业局批复成立河南省新建森林航空消防站。2007 年底由河南省编制委员会以豫编办 62 号文件批准成立,2008 年 3 月正式组建并开展工作。

二、工作进展情况

(一)加快林业信息化,促进林业现代化

1. 林业厅机关信息化建设情况

2002 年,河南省林业厅建立了厅机关局域网,共建设节点 400 多个,配备了 4 台服务器、4 台交换机以及防火墙、路由器等设备。2003 年,开发并建立了河南林业信息网和河南省林业厅办公自动化系统。《河南林业信息网》创建六年来,在国家林业局大力支持下,坚持"宣传林业,服务社会,推进绿色中原建设"的办网思路,以政务公开和公共服务为重点,以创建省级行业一流门户网站为目标,科学设计,精心管理,努力提高网站建设质量,较好地发挥了宣传林业、服务社会、促进工作的作用,受到社会的普遍好评。据统计,网站共编发各类林业信息 9 万多条,工作日平均点击人数接近 2 000 人次,用户满意率达到 75% 以上。2005 年、2006 年、2007 年、2008 年在河南省省直机关门户网站评比中综合评分分别列第三名、第二名、第六名、第五名,受到省政府通报表扬;2006 年、2007 年、2008 年连续三年入选全国农业网站百强榜。

2. 全省政务专网及应用系统建设情况

2007 年初,河南省林业厅开始建设全省林业政务专网(即连接省厅与市县、运行各项林业电子政务和行业业务管理系统的主干网)。目前网络已覆盖全省 18 个省辖市林业局和厅各直属单位。林业政务专网利用省电子政务网电路进行建设,统一采用 VPN 电路,厅接入带宽 1 000 兆,省辖市林业局和厅直各单位接入带宽 10 兆。目前专网速度稳定,运行正常。2007 年 5 月开始建设全省林业视频会议系统,采用华为视频会议设备建成了覆盖全省 18 个省辖市林业局的视频会议系统,并与国家林业局视频会议系统实现对接。2007 年建成至今共召开视频会议 50 多次,系统运行稳定。2007 年 12 月,开始建设全省林业电子公文传输系统,省林业厅到省辖市林业局及厅直单位的林业电子公文交换

系统是基于林业政务专网的又一项重要应用,实现了厅机关和省辖市林业局公文、简报和信息等资料的无纸化传输。2008 年开始全省林业系统政务专网三级网建设,建设任务包括全省林业政务专网扩建、视频会议系统扩容、电子公文传输系统扩建和全省森林资源数据库建设四个项目。目前河南省林业信息化建设基本框架已经形成,政务专网、视频会议系统、公文传输系统、数据库硬件平台搭建等四个系统,已实现到县(市、区)的连接,18 个省辖市和全省设林业局的 125 个县(市、区)中,所有的省辖市和 124 个县(市、区)全部完工并顺利通过竣工验收。

3. 河南省森林资源数据库建设情况

2005 年底,河南省林业厅决定在全省开展森林资源二类调查,标志着河南省森林资源数据库建设全面启动。2008 年国家林业局将河南省列为全国森林资源数据库建设试点示范扩建单位。

(1)森林资源数据库试点示范项目建设任务。通过在试点示范单位搭建信息平台、构筑交换网络、实施规模运行,以“真用、实用、管用”为宗旨,构建河南省森林资源管理信息系统建设、运行、维护、管理的标准规范体系,配合国家林业局调查规划设计院完成全国森林资源管理信息化的标准体系建设,解决系统软件开发和系统应用中的实际问题,为河南省全面推广应用奠定坚实的基础。

(2)森林资源数据库建设进展情况。一是具备的数据,全省 1.5 万 DLG、DEM、DRG,SPOT5 卫星影像数据(2005～2007 年)89 景,全省各县(市、区)森林资源二类调查数据。二是基础地理信息软件,ArcGIS9.2 一套。三是应用系统,正在运行林木采伐办证管理系统、木材运输办证管理系统 。四是经费准备,建设所需资金已经拨付到省辖市、县(市、区),地方配套资金已解决。五是通过公开的方案征集,已经完成河南省森林资源数据库及应用系统建设方案制定和招标准备工作。

(3)拟或正在开展的工作。一是制定试点项目实施方案。根据国家林业局最新的《全国森林资源数据库试点示范扩建项目技术方案》要求,正在组织编制河南省实施方案。二是补充编制和修订完善技术标准及管理运行规范。配合国家林业局完成森林资源信息化标准体系建设工作,补充编制和修订完善技术标准。根据河南林业实际编制河南省有关标准和管理运行规范。三是搭建运行环境。拟搭建运行环境主要包括软硬件设备、网络设施、技术人员以及运行场所等,保障国家林业局对省和试点示范县的访问。四是标准化改造。拟按照国家林业局颁布的标准改造基础类、监测类、管理类、文档类和其他类 6 大类数据。五是开发应用系统、数据交换和信息服务体系接口。拟按照国家林业局新标准,与国家林业局衔接,采用国家公共应用系统,开发河南省应用系统、数据交换和信息服务体系接口,实现与国家林业局衔接。

4. 河南林业信息化建设的主要做法

(1)加强领导。省林业厅成立了河南省林业信息化建设领导小组,厅长任组长,各处室局和厅直各单位主要领导为成员,具体领导和负责全省林业系统的林业信息化建设工作。领导小组及时召开会议,研究林业信息化建设中的问题。组织编制了河南省林业信息化“十一五”发展规划,并经厅长办公会审核通过。规划“十一五”期间:基本建成基于互联网的省、市、县三级林业门户网站群(外网),增强各级林业部门的对外宣传和公共服务能力。初步建成连接省、市、县三级林业主管部门,集语言、数据、图像于一体的宽带综合业务网络体系(专网),为实现林业政务、业务信息化提供共享网络平台。完善厅机关与厅直单位的局域网络系统和办公自动化系统(内网),基本实现厅机关与厅直单位的互联互通及电子化办公。建立以林业地理信息系统为主体的林业信息化基础平台和森林资源、林业统计、工程项目等林业数据库体系,初步建成厅数据交换中心,为林业信息化应用系统的开发应用创造条件。初步建立起林业应急指挥(含森林火灾抢险、重大破坏森林资源与生态环境案件、重大有害生物灾害及重大野生动物疫情防控等)、森林资源和野生动物疫病疫情监测与管理、工程项目管理、林政资源管理、造林质量监测等应用系统和省厅到市局的视频会议、电子公文传输、IP 电话、网上行政审批等电子政务系统。初步建立较为完善的林业信息化和电子政务标准体系、管理制度及工作体系与运行机制。完善林业网络及信息安全设施和防范保障措施,确保不发生大的信息安全事故。

(2)加强管理,建立健全林业信息化队伍。林业信息化建设之初,河南省林业厅就把队伍建设放在首位来抓,成立了厅信息中心,从全厅抽调精干力量开展信息化建设。大多数单位配备了信息化专(兼)职工作人员,基本做到了事情有人管、工作有人干。建立完善了应用系统管理、网络安全、信息发布、保密管理等制度规定,逐步规范了信息化工作。为做好信息采集工作,河南省林业厅切实加强了林业政务信息员队伍建设,在全省省、市、县三级林业部门和主要林业企事业单位明确了信息员,建立信息采集和报送网络,定期培训,不断提高林业政务信息员的业务水平。

(3)加大投入。河南省林业厅不断加大信息化建设投资投入,逐步建成了全省林业政务专网、视频会议系统、电子公文传输系统,启动了森林资源数据库建设。

(4)创新林业信息化建设机制。为调动市、县两级开展林业信息化建设的积极性,加快林业信息化建设步伐,河南省林业厅采取省厅统一规划、统一标准、解决主体设备投资、补助市县设备投资和支付前三年线路租金、市县适当配套的办法,筹措林业信息化建设经费,较好地解决了林业信息化建设投资。在林业政务信息采集方面,坚持定期通报制度,每季度通报一次林业政务信息采用情况,表彰先进,通报落后,督促各地搞好林业政务信息采集工作。同时,加大奖惩力度,仅 2008 年底,河南省林业厅就表彰了 41 个林业政务信息先进单位和 78 个先进个人。

(二)航护工作坚持以"安全、高效、有序"为指导方针,积极开展各项工作

1.加强业务培训

森林航空消防科技含量高,业务技能要求严,森林航空消防站航飞的业务技能以及实飞经验还存在一定的不足,为提高全站人员的业务素质,自 2008 年 9 月 10 日开始,组织人员采取多种形式进行业务学习。10 月 25 日,由副主任孙银安带领一行 5 人,赴云南普洱参加了西南总站组织的为期半月的南方地区航空护林观察员和调度员的业务培训及实地操作训练。掌握航空消防飞行业务流程,航护知识和实际操作技能。

2.精心策划,科学巡护,突出重点,兼顾一般,适时吊灭

2008 年航护飞行自 11 月 12 日开航至 2009 年 2 月 20 日结束,历时 101 天,航期内共安排飞行 39 架次,107 小时 04 分,其中巡护 32 架次,实施火场侦察及吊桶灭火 5 架次。

本航期河南省可以飞行的航线共 5 条,基本覆盖河南省的主要林区。为了减少低效

飞行,杜绝无效飞行,在巡护中,重点飞行101、102航线和103航线所覆盖的重点林区,因此本航期内此三条航线的巡护时间占了总巡护时间的80%左右。本航期在巡护过程中,共发现火场17处。其中2009年1月21日,在执行105航线巡护中,从13点29分到14点15分的46分钟的时间内,在方城、鲁山一带飞行过程中连续发现8起火情,进行了拍照、摄像、GPS定位、联系地方防火部门等工作,这是河南航站开展巡护以来单日发现火情次数最多、时间最集中的一次,发挥了发现早、定位准、应对及时的积极作用。

在认真搞好正常巡护的同时,省森林航空消防站还和有关部门配合积极投入到实战灭火当中,先后多次在洛阳龙门山和嵩县陆浑水库进行吊桶洒水作业训练。通过训练,锻炼了队伍,发现了问题,积累了经验,为后来成功扑救火场奠定了良好的基础。春节期间,由于野外用火增多,森林火灾呈暴发态势,仅大年初一到初五,就先后飞行四个架次,其中两次参加了扑火实战。12月26日,洛阳基地在执行102航线的巡护任务过程中,在西峡县赵庄火场开展首次吊桶灭火作业,经过近5个小时的奋战,有效遏制了林火的蔓延。

2009年1月25日到28日,栾川县、鲁山县、南召县等地发生数起森林火灾,按照省护林防火指挥部办公室及林业厅的指令,航站安排直升机转战三地,详细侦察火场,并对鲁山县、南召县两地火场实施吊灭。1月28日,在对南召县赵家庄火场进行吊灭时,省护林防火指挥部办公室领导亲临火场,现场指挥地面扑救人员与直升机协同作战,大火于下午15时许被彻底扑灭。此次安排飞行3架次,飞行时间共计12小时21分,其中吊桶作业4小时16分,共洒水12桶,发现火场4处,侦察火场3次,地方领导空中巡视火场2人次。大火扑灭后,得到了省森林防火指挥部和省林业厅领导的肯定,受到当地人民政府和有关部门的好评。

3. 积极协调,增加巡护航线

在开航之前,根据河南省地形地貌特征和植被覆盖情况,在西南航空护林总站赴豫工作组的具体指导下,省森林航空消防站制作了2008年冬季航期航线图,初期仅有三条航线可以飞行,后经积极协调,在空十九师和民航局郑州空管分局的支持下,又增加了105航线和108航线,基本覆盖了河南省太行山、大别山、伏牛山、桐柏山等山脉的主要林区。

4. 积极筹备基地建设

洛阳机场是省森林航空消防站航空护林工作的中心场站。为了调度指挥畅通快捷,工作人员于2008年11月12日到达洛阳后,很快布置了一个40余平方米的调度指挥室,精心制作了涵盖河南省全境的二十万分之一消防指挥示意图以及飞行动态表牌和林火动态表牌,制定了各项规章制度,明确了岗位职责,为航护飞行做了充分的准备。

5. 与地方有关部门密切配合,积极开展防火护林宣传活动

对于森林防火工作,始终坚持打防结合、以防为主的方针,利用飞机配合地面宣传,对山区群众来说,方式比较独特,轰动效应很大。开展正常巡航期间,在保证安全的前提下,森林航空消防站积极配合地方搞好宣传工作,先后协助汝阳、嵩县、栾川等县林业部门开展宣传活动,投撒传单5万余份。

2009年1月15日上午,栾川县举办关于新修改的《森林防火条例》宣传活动,森林航空消防站洛阳基地的直升机配合,经省林业厅领导批准,在县城上空,重点林区及森林防火比较偏远的主要城镇乡村抛撒宣传材料3万余份。

6. 强化调度值班，及时上下沟通，准确发布航护信息

省森林航空消防站基地调度室严格实行 24 小时值班制度，航护期间，通过电话汇报、联系工作 300 余次，向领导和有关人员发送飞行工作信息 400 余条，通过网上发送电子邮件 100 余次，向西南航站报送飞行动态、日计划、周计划及 10 日工作小结 200 余次，编写林航简报 10 期，使所有信息都得到了及时快速处置。尤其是在火情频发的春节期间，调度室随时与空中、地面保持联系，并给主要领导发送信息上百条，为领导及时部署和科学决策提供了信息保障。

7. 领导重视，指挥得力，工作水平不断提高

2008 年航期内，河南省林业厅副厅长李军和西南航空护林总站副总站长史永林多次莅临省森林航空消防站洛阳基地检查指导工作。国家林业局西南航空护林总站副站长史永林、航护处副处长周万书看望并实地了解大家的工作与生活情况，对工作成效给予了充分肯定。

8. 整理各种资料，搞好归档工作

本航期内洛阳基地共填报、编写调度日志、电话记录、飞行日报、次日计划、周预报、林火动态等相关报表资料 300 余份，编写林航简报 10 期，采集了大量的图片、视频等资料，所有这些都翔实地记录了航期中航站基地的工作情况，也为以后的工作提供了参考依据，结航时已装订出 3 套 700 多页相关的数据资料。

9. 适时召开基地工作会议

为了更好的开展工作，理顺思路，洛阳基地根据不同阶段的工作特点及时组织召开工作会议十余次，分别针对不同阶段的问题进行了讨论和安排。（森林航空消防站）

第三章　省辖市林业工作六十年

第一节　郑州市

新中国成立60年来,郑州林业坚持国家林业建设方针,按照市委、市政府的战略部署,不断解放思想,锐意推进改革,郑州市林业建设取得了辉煌成就。全市林业建设逐渐由以木材生产为主向以生态建设为主转变,林业产业结构调整步伐加快,林业生产力与生态关系协调发展,全民义务植树运动深入开展,森林资源持续增长,林业产值稳步提升,林业管护机制逐步健全,生态环境日益改善。2007年,郑州市被全国绿化委员会授予"全国绿化模范城市"荣誉称号,"绿城"郑州更加名副其实。2008年,郑州市在成功创建全国绿化模范城市的基础上,又一举夺得2010年第二届中国绿化博览会的举办权,郑州绿化水平将再上新台阶。林业为郑州市经济建设和生态状况改善作出了重要贡献,对扩大环境容量,提高环境承载力,促进新阶段农业和农村经济的发展,发挥着越来越重要的作用。

一、林业建设指导思想有了一个大的转变

木材是经济建设的重要原材料,亦是日常生产、生活中不可缺少的物资,新中国成立后至改革开放初期,随着经济建设的快速发展,木材需求量大增。这一时期,林业建设指导思想主要以提供木材等林产品为主。20世纪90年代以来,随着经济发展、社会进步和人民生活水平的提高,社会对加快林业发展、改善生态状况的要求越来越迫切,林业在经济社会发展中的地位和作用越来越突出,不仅要满足社会对木材等林产品的多样化需求,而且要满足改善生态状况、保障国土生态安全的需要,生态需求已成为社会对林业的第一需求。党中央、国务院因势利导,于2003年及时作出了《关于加快林业发展的决定》,确立了以生态建设为主的林业建设指导思想。

市委、市政府在20世纪90年代中期即认识到了林业在改善生态环境中的重要作用,并着手进行林业管理体制与机制的改革。1995年11月,郑州市将林业工作从原郑州市农林牧业局分离出来,成立了郑州市林业局,并将其作为政府组成部门。2003年,市委、市政府作出了《关于加快林业发展的决定》,将郑州市林业建设指导思想正式确立为以生态建设为主,并把林业发展放在了更加突出的位置。《关于加快林业发展的决定》指出:在贯彻可持续发展战略中,要赋予林业以重要地位;在生态建设中,要赋予林业以首要地位;在建设全国区域性中心城市中,要赋予林业以基础地位。自此,郑州市林业建设开始了由以木材生产为主向以生态建设为主的历史性转变。市林业局及时解放思想,坚持以生态建设为己任,在市委、市政府的正确领导和林业建设资金的保障下,团结拼搏,奋发图强,全市森林资源快速增长,林业建设迈入了持续快速发展的新时期。

二、全市森林资源大幅增长

郑州地区地理位置优越,气候温和,雨量充沛,具有森林生长繁衍的有利条件,古代嵩山、邙山地区尽为森林覆盖。然而,随着历史变迁,由于毁林垦田、战争破坏、山林野火、盗砍滥伐等原因,森林逐渐消退。1972 年,全市有林地面积为 5.99 万公顷,到 1976 年,全市有林地面积仅为 5.65 万公顷,林木蓄积 176.8 万立方米。1982 年全市森林覆盖率仅为 14.8%。森林资源的缺乏,致使风沙侵袭、水土流失等危害频繁发生,严重影响了全市人民的正常生产生活。

改革开放以来,市委、市政府出台了"谁栽归谁有"等多项鼓励林业发展的政策,发动群众广泛开展了封山育林、荒山绿化、平原林网建设、防沙治沙等植树造林活动,同时家庭联产承包责任制的实行,也极大地调动了农民造林积极性,全市森林资源逐渐增长。到 1995 年,全市森林覆盖率达到 16.4%,林业用地面积 11.37 万公顷,有林地面积 5 047 公顷,活立木蓄积 407.6 万立方米。

1995 年郑州市林业局成立以来,加强了行业管理和指导,有力促进了郑州市林业的发展。全市林业建设突出重点工程,大力开展环城生态防护林、防沙治沙、通道绿化、退耕还林、淮太防护林、平原绿化等 13 项林业重点工程建设,到 2002 年,全市森林覆盖率达到 21.4%,林业用地面积 12.65 万公顷,有林地面积 8.88 万公顷,活立木蓄积达 569.9 万立方米。

尤其是 2003 年以来,随着林业建设指导思想由木材生产为主向生态建设为主的转变,全市森林资源进入快速增长的新时期。2003 年,市委、市政府确立了用 10 年时间,在城区周边新增 6.67 万公顷森林,把郑州建设成为"城在林中,林在城中,山水融合,城乡一体"的森林生态城市的奋斗目标,聘请国家林业局华东林业调查规划设计院,历时 1 年,高起点、高质量地编制了《郑州森林生态城总体规划》,并经过市人大表决通过,纳入城市总体规划一并实施,为森林生态城建设提供了科学依据。郑州森林生态城的建设范围是:以城区为中心的 2 896 平方公里的区域。建设期限是:从 2003 年至 2013 年。总体目标是:到 2013 年新增森林面积 16.67 万公顷,森林覆盖率稳定在 40% 以上。总体布局可概括为"一屏、二轴、三圈、四带、五组团"。"一屏"是沿黄河建设一道绿色屏障;"二轴"是以纵贯郑州南北的 107 国道和以横跨郑州东西的 310 国道为轴线,组织"西抓水保东治沙,北筑屏障南建园"的建设格局;"三圈"是以市区为核心,沿三条环城路营造三层森林生态防护圈;"四带"是沿贾鲁河、南水北调中线总干渠、连霍高速、京珠高速营造四条"井"字形防护林带;"五组团"是在城市近郊西北、东北、西南、南部和东南部,建设五大核心森林组团。总投资概算是 37 亿元。通过实施十大工程,把郑州建设成为现代化的森林生态城市。

为加快推进森林生态城建设,市委、市政府专门成立由市长担任组长的森林生态城规划建设领导小组,统一组织协调森林生态城建设。2004 年以来连续 5 年将"完成森林生态城工程造林 6 667 公顷",作为向市民承诺的十件实事之一认真办理落实。2006 年,决定用两年时间争创"全国绿化模范城市",同时把森林生态城建设作为全市经济社会跨越式发展的八大重点工程之一,强力推进。市林业局围绕森林生态城市的建设目标,及时制定了"西抓水保东治沙,北筑屏障南建园,三环以内不露土,城市周围森林化"的林业发展思路,并积极推进各项林业改革,以大工程带动大发展,每年造林 1.33 万公顷以上,同时强化森林资源管理,全市森林资源快速增长。经过不懈努力,全市累计完成森林生态城工程造林 6.67 万公顷,沿黄河大堤建起了一道宽 1 100 米、长 74 公里的绿色屏障,沿公路、铁路及主要河流建成了多道绿色长廊,在市郊的西北、西南分别形成两个 6 667 公顷的森林组团。据 2007 年森林资源初步调查数据显示,全市森林覆盖率达到 23.65%,林木覆盖率 30.49%(由于计算方式调整,林木覆盖率相当于原来的森林覆盖率),林业用地面积 22.95 万公顷,有林地面积 17.55 万公顷,活立木蓄积达 1 441.7 万立方米。

森林面积的大幅增加,为全市生态环境保护与改善发挥了重要作用。经科学测算,森林生态城范围内 2006 年度生态效益总货币值达 122 亿元,年吸收二氧化碳 123 万吨,释放氧气 46 万吨,涵养水源 4 800 万吨。2008 年度生态效益总货币值达 146 亿元。随着森林面积的增加,市区沙尘天气明显减少,优良空气天数稳步上升,2008 年达 325 天,创近年来最高;尖岗常庄水库水源涵养林区地下水位明显升高,部分常年干涸的溪流也有了流水,郑州市生态环境得到进一步改善。

三、全民义务植树活动深入开展

我国劳动人民自古以来就有在清明节前后植树的习俗。1979 年,五届全国人大常委会第六次会议决定每年 3 月 12 日为植树节,这也是新中国成立以来我国第一个植树节。1981 年,五届全国人大四次会议通过了《关于开展全民义务植树运动的决议》。1982 年 2 月,市政府向全市发出了《关于开展全民义务植树运动的通知》,并于当月成立了郑州市绿化委员会,历届绿化委员会主任均由市长担任。自此,一场轰轰烈烈的全民性植树活动在郑州市拉开了序幕。各级党政军领导每年均带头参加义务植树,机关干部、部队官兵、城乡居民等社会各界积极参与,多年来坚持不懈的植树活动,为全市城乡绿化建设作出了重要贡献。

在义务植树过程中,市林业部门逐渐发现大哄大嗡的义务植树组织管理模式存在一定的不足。虽然群众植树热情很高,但由于大部分群众缺乏正确的栽植技术,且后期浇水、抚育等管护工作不能及时跟上,致使林木成活率和保存率较低,群众形象地把这种现象称之为"年年种树不见树"。为了改变这一状况,市林业局不断解放思想,通过广泛调查,积极推进全民义务植树组织管理模式改革,并及时向市政府提出了建议。2002 年 11 月,市政府出台了《郑州市全民义务植树管理办法》,推出了"基地化运作、专业队栽植管护、多种形式履行义务"的义务植树新举措。即:以义务植树基地建设为重点,尽可能组织公民到基地履行义务,对于机关事业财政全供职工和其他不愿通过植树履行义务的公民,采取缴纳绿化费的方式,由专业造林队代为植树,包栽包活。该管理办法的出台,使义务植树管理方式由以政府号召为主转变为以行政执法管理为主,人民群众逐步树立起了义务植树法定性、强制性和义务性的意识,义务植树尽责率、造林存活率显著提高,带动了城乡绿化工作的发展。同时,还推出了"青年林"、"将军林"、"巾帼林"、"爱情林"等形式多样的植纪念树、造主题林活动,极大地激发了市民参与植树造林的积极性。近年来,全市参加义务植树人数每年达 300 多万人次,义务植树 1 000 万多株,林木成活率和保存率均达 90% 以上。

四、林业建设和投入主体进一步多元化

改革开放初期,由于经济建设的需要,林业实行木材生产为主的发展方针,社会各界对林业的生态功效认识不足,长期以来,林业建设投入多以群众自发造林为主。较为单一的建设投入机制致使林业建设投入长期不足,森林资源以及依托森林资源的各项产业发展缓慢。随着人们对林业生态效益、经济效益、社会效益"三大效益"认识的逐步深化,林业建设政府财政投入大幅增加,市林业局也及时向市政府建议出台了多项优惠政策,鼓励社会各界参与林业建设,政府、个体、民营企业等多元化林业建设和投入机制初步形式。

林业是一项重要的公益事业,且具有"多效性、长效性、迟效性",这就决定在林业生态建设中,政府应该居于主导地位。随着郑州市经济社会的发展,盛世兴林已在全市达成广泛共识,特别是 2003 年市委、市政府作出建设森林生态城市的决定以来,高起点、高标准编制了《郑州森林生态城总体规划》,并经市人大常委会审议通过,市财政投入逐年大幅增加,2003 年投入 3 000 万元,到 2008 年已达到了 2.5 亿元。同时,为了缓解集中投资对财政投入的压力,2006 年,市林业局立足林业可持续发展,积极创新投入机制,经市政府同意,决定向银行融资建设森林生态城。专门成立了"森威林业产业发展公司",由公司 2007 ~ 2010 年向银行贷款 8.7 亿元支持森林生态城建设,市财政还本付息,2007 年、2008 年分别落实贷款 2.2 亿元。2003 年以来,市本级财政投资和融资累计达 17.4 亿元,为林业生态建设提供了有力保障。

林业生态建设仅靠政府投入是远远不够的,还需要广泛动员社会各界以各种形式投资林业建设。为了鼓励社会各界参与林业建设,市林业局把发展非公有制林业作为加快林业发展的重要措施,按照"明晰所有权、搞活使用权、放开经营权"的思路,以搞好林业"四荒"治理开发为突破口,制定了一系列的优惠政策,逐步建立起一套既适应市场经济体制要求,又符合林业特点的管理体制。1994 年和 2003 年,先后两次出台了关于搞好宜林"四荒"治理开发加快造林绿化步伐的政策意见,在林地所有权不变的情况下,鼓励通过"四荒"承包、租赁、拍卖、股份合作等形式参与林业建设,经营期限最长可以达到 70 年。对参与林业生态建设的农民,享受不低于国家退耕还林补助标准的优惠政策,同时分工程、区域制定了不同的造林补助标准。在优惠政策的引导带动下,全市以个体为主的非公有制造林蓬勃发展,非公有制造林面积已占到郑州市有林地面积的 30% 以上。2008 年,党中央、国务院作出了《关于全面推进集体林权制度改革的意见》,进一步加强集体林权制度改革,市林业局已于 2007 年在新密市等地开展了试点工作,于 2008 年在全市全面铺开,并将于 2009 年底基本完成主体改革任务,此举将进一步调动各类主体参与林业建设的积极性,有效解放和发展林业生产力。

五、林业建设品位和造林质量明显提升

受经济利益的驱使,长期以来,群众自发造林一般以经济林和用材林为主,在政府组织造林前期过程中,受建设资金限制,造林树种一般也以杨树等用材林为主。较为单一的树种,不但容易引发大规模的森林病虫害,生态防护和景观效果也不好。同时,在政府组

织造林中,由于建设机制和管护机制不健全,造林成活率在相当一段时间内不尽如人意。

近年来,市林业局以加强林业生态建设为出发点,不断总结和吸取以前造林过程中的经验教训,同时参考其他先进地区林业建设的先进做法,逐步建立健全了造林和管护机制,林业建设品位和造林质量得到了明显提升。在近年来的森林生态城工程造林中,市林业局通过高标准的科学规划,在树种选择上突出了生态树种,增加了树种数量,加大了常绿树种在造林中的比例,并采用多树种混交的栽植模式,在科学防治森林病虫害的同时,也增强了生态防护功能及景观效果和品位。如在西南尖岗水库周边6 667公顷的水源涵养林建设中,规划了60余种树种,并采用了近自然式的混交造林模式,为广大市民营造了一个休闲观光的好去处。

在前期的林业建设方式上,多是以群众造林为主,不但栽植质量得不到保证,而且浇水、除草等后期管护也不到位,致使造林成活率较低。近年来,市林业局积极创新造林机制,在重点工程造林过程中,引入竞争机制,采用工程管理模式组织造林,实施了招投标造林、工程专业队栽植,不但降低了造林成本,而且包栽包管,大大提高了林木的成活率和保存率。市林业局还坚持"植树造林,水利先行",注重加强重点工程建设的水利设施配套,基本做到了林造到哪里,水利设施就配套到哪里。在造林时机上,变春季造林为一年四季造林,坚持植苗造林、直播造林、飞播造林、封山育林一起上,加快了造林绿化速度,提高了林业建设质量。

六、林业产业逐步发展壮大

按照国家林业局近年来关于建设现代林业的战略部署,现代林业包括完善的林业生态体系、发达的林业产业体系和繁荣的生态文化体系。然而,长期以来,由于森林资源总量不足,缺乏相应的政策扶持,郑州市林业产业发展一直相对比较落后。改革开放初期,林业产业主要以木材和果品生产为主,林业产值较低,1978年还不足2 000万元。

林业生态与产业两者相辅相承,缺一不可。林业生态为产业提供资源基础,而产业又为生态提供经济支撑。为了促进林业产业的发展,市林业局根据郑州市林业建设形势的发展,相继建议政府出台了促进林业产业发展的政策措施,特别是2004年,市政府出台了关于加快苗木产业发展的意见,批转了市林业局等部门关于加快林业产业发展意见,市林业局与市发展和改革委员会联合编制印发了《郑州市林业产业2020年发展规划纲要》,加强了对全市林业产业发展的行业指导、政策扶持和资金补助,全市林业产业逐步发展壮大。到2008年,全市林业产值已达到15.5亿元。2003年以来,全市苗木基地面积稳定在6 667公顷。依托传统果品优势,大力发展新郑大枣、荥阳河阴石榴,分别建设了两个533公顷的大枣和石榴种质资源保护小区,目前全市经济林总面积达到4.67万公顷,年产量达到20万吨。全市具有一定规模的林产品加工企业约110个,年产值52 340万元。新郑奥星实业有限公司生产的"好想你"大枣系列产品已成为国内名牌产品。郑州市东湖人造板有限公司生产的"老木牌"刨花板俏销国内各大城市。快速增长的森林面积也为生态旅游产业的发展提供了基础,依托森林的生态观光、林果采摘等各类风情游迅速发展,给经营者和当地群众带来了良好的经济效益。

七、森林资源管理机制日益健全

改革开放以来,随着郑州市林业建设力度的逐步加大,森林资源快速增长,相对于这种快速发展的形势,林木抚育、森林防火、病虫害防治、资源保护等后期管护任务异常艰巨。林业建设投资大、见效慢,若不重视建设成果的保护,稍有松懈,多年来的建设成果将毁于一旦。

市林业局根据资源管理工作的需要,及时建议市政府加大管理力度,加强林业立法、管理机构和队伍建设,全市森林资源管理机制日益健全。特别是近年来,郑州市坚持依法治林,先后出台了《郑州市全民义务植树实施办法》、《郑州市封山育林管理办法》、《郑州市生态林管理条例》、《郑州黄河湿地自然保护区管理办法》等地方性法规规章,为加强森林资源管理提供了法制保障。先后成立了护林防火指挥部、郑州市林业工作总站、木材检查站、林政稽查大队、森林公安分局及派出所、郑州黄河湿地自然保护区管理中心等资源管护机构;正在积极筹建森林防火远程指挥中心、林业有害生物防治中心、森林资源调查规划设计中心,具体负责全市森林防火、案件查处、植物检疫、病虫害防治等森林资源管理工作。目前,全市已成立 10 支专业森林消防队、15 支专业突击消防队和义务扑火队达 206 支,从业人员达 10 000 多人。近年来连续开展了飞机喷药防治林业有害生物等机械和人工防治工作,森林病虫害得到有效的控制。林业行政执法人员和森林公安队伍密切配合,专项行动与日常执法相结合,及时查处乱侵滥占林地、乱砍滥伐林木、乱捕滥猎野生动物等违法犯罪行为,有效地巩固了林业建设成果,维护了森林资源安全。

新中国成立 60 年来,特别是改革开放 30 年来,郑州市的林业建设取得了巨大成就,为全市经济社会发展作出了重要贡献。然而,相对于经济社会发展对林业的需求,郑州市林业建设还存在森林资源总量不足、林业产业发展滞后、生态文化不够繁荣等问题。2007年末,党的十七大提出了建设生态文明的奋斗目标,省委、省政府作出了建设林业生态省的战略决策,给郑州市林业生态建设带来了新的机遇,同时也提出了更高要求。市林业局将按照市委、市政府的总体部署,进一步解放思想,推进改革,团结奋斗,开拓进取,加快推进森林生态城建设,2009 年全面完成林木栽植任务,同时从 2008 年开始实施林业生态市建设,用 5 年时间完成林业生态建设总规模 19.94 万公顷,造林 11.27 万公顷,抚育和改造 8.13 万公顷,培育园林绿化苗木 5 393 公顷,使 12 个县(市、区)全部实现林业生态县,建成林业生态乡(镇)38 个、林业生态村 380 个、林业生态模范村 30 个,力争早日使郑州呈现"城在林中、林在城中、山水融合、城乡一体"的美丽画卷,为实现郑州经济社会跨越式发展,构建生态和谐郑州,全面加快郑州市生态文明建设作出新的努力和贡献。(郑州市林业局)

第二节　开封市

开封市位于河南省东部,地处黄河岸边,是我国著名的历史文化名城和旅游城市,辖兰考、杞县、通许、尉氏、开封县五县和龙亭区、顺河区、鼓楼区、禹王台区、金明区 5 区,93个乡(镇),2 376 个行政村,总土地面积 64.44 万公顷,总人口 497 万人,其中农业人口

401 万人。境内陇海铁路横贯东西,连霍、大广、日南三条高速公路及 310、106 国道贯穿全境。开封属于大陆性季风型气候,境内分属黄河、淮河两大流域,地下水位较浅,水资源丰富,全年降雨量充沛,适合多种树木生长。

新中国成立 60 年来,在历届政府的正确领导和大力支持下,经过全市人民的辛勤努力,林业事业取得了长足发展。目前,全市有林地面积 6.23 万公顷,其中用材林 3.99 万公顷,经济林 1.23 万公顷,"四旁"树木 8 962 万株;农田林网控制面积 34.07 万公顷,全市林木覆盖率 14.75%,活立木总蓄积量 688 万立方米,果品年产量 19 455 万公斤,2008年全市林业年总产值达 193 962 万元,基本形成了林木资源的培育、保护管理和加工利用协调发展的格局。

一、新中国成立前林业生产情况及自然环境特点

开封古称汴京、汴梁,由于背靠黄河,历史上深受黄河水患之苦。据历史记载,公元627~1949 年的 1 323 年间,黄河在开封境内改道 12 次,决口 1 297 次,泛滥 198 次,留下了连绵的沙丘、沙荒和大片的盐碱地。开封民众对栽树古有习惯,河流、岗丘、村边、宅旁植榆树、楝树、椿树、柳树、国槐,农田间栽植桑树、桃树、梨树、杏树等。民国以来,由于战乱、黄河水患、灾荒频繁,社会动荡,林木遭到严重破坏,大量树木被砍伐殆尽,许多宜林地成为不毛之地,城郊周围每到春季黄沙蔽日,使开封成为名副其实的"沙城",开封县、兰考大部分地区、杞县、通许北部、尉氏西部沙区,风起沙飞,压塌房屋,埋没农田,阻塞道路,淤塞河道,农作物保种不保收,产量低而不稳,人民生活极端贫困。新中国成立之初,全市林木覆盖率不足 4%。

二、新中国成立后 30 年,林业生产得到恢复和发展

新中国成立后,在党和政府的正确领导下,开封人民大力开展植树造林活动,积极恢复和发展林业事业。

1950 年市政府设立林业科,专门负责林业工作,国家先后在开封市沙区比较集中的地方建立了睢杞林杨、兰考仪封林场、尉氏林场、开封百合林场等,集中力量,治沙造林,全市营造了长达 100 多公里的豫东防护林带。20 世纪 50 年代农村合作化后,社、队建立苗圃场,专门从事林业育苗,同时宣传引导发动群众,进行公私合营造林和农户造林,至1954 年底共完成成片造林 1.18 万公顷,"四旁"植树 4 806 万株。1954~1958 年农业合作化期间,在国家造林的示范推动下,集体造林由点到面逐步推开,全市累计造林 2.49 万公顷,植树 12 400 万株,有效地防止了风沙危害,改善了当地生态环境。

1958~1961 年,在"大跃进"和三年困难时期中,由于"左"倾思想的影响,"盲目毁林开荒种地,加上大炼钢铁滥伐林木,全市人民经过多年奋战营造起来的豫东防护林和"四旁"树木遭到严重破坏。

1962 年,党中央发出了"大办农业"的号召,同年 8 月开封地区制定了《恢复和发展林业生产规划》,贯彻"国造国有、社造社有,社员房前屋后的零星植树归个人所有"的政策,积极发动社员家庭植树、生产队造林,有计划地发展营林,林业生产复现生机。按照国家"社社办林场","队队办林场"的要求,全市共建立了近千个队办林场,50 多个社办林场,

通过规划又建立了通许牌路林场、杞县崔林林场、兰考林场、开封县百亩岗林场、开封市林场等 5 个国营林场,两年内完成造林 4 万多公顷。1962 年底,县委书记的好榜样——焦裕禄来到兰考。他通过调查制定方针,在风口地带营造各种类型的农田防护林网,根据兰考泡桐枝大叶疏、干形好、根系发达的特点,大力发展农桐间作,取得了很好的防沙治沙效果。短短几年,全县农桐间作发展到了 4 万多公顷。农桐间作的成功经验很快推广到全国各地,成为平原农区农林间作的主要模式。

1963～1967 年,开封林业进入发展时期,党中央从三年困难时期的天灾和人祸中总结了经验教训,提出了"调整、巩固、充实、提高"的八字方针,及时采取了措施,划清国营、集体、个人林权界限,实行国队合作造林,社队集体造林;提倡采取两槐(刺槐、紫穗槐)上沙岗,榆树进村庄,杨柳栽路旁;用材林、防护林、经济林、条子林一齐上,乔灌结合,开展大规模的群众造林。尉氏县从 1963 年到 1966 年,绿化沙岗 472 个、沙丘 810 个,沙荒造林面积 1.57 万公顷。1966 年杞县北部沙区营造农田防护林带 99 条、绿化较大河流 8 条、公路 6 条,沙荒造林 3 467 公顷,农桐间作 3 333 公顷,"四旁"植树 200 万株。短短几年内,全地区流动沙丘基本被消灭,林业生产又得到了迅速恢复和发展。

"文化大革命"时期,由于强调以粮为纲,各级林业机构被撤销,分管林业的干部被下放,社队林场人员被解散,林业生产一度陷入低谷,林业资源得不到及时管护,毁林多于植树,全地区仅兰考、尉氏等地栽植了一些大枣、苹果等经济林。到 1976 年全市活立木蓄积量只有 172.3 万立方米。

三、改革开放 30 年,林业建设谱新篇

1978 年,党的十一届三中全会以后,各级林业机构重新建立,林业技术人员及时归队,揭开了林业建设的新篇章。植树造林、林业科技推广、林木资源的保护与管理等各项林业事业得到了长足的发展,开封林业进入全面振兴和发展时期。

(一)大力开展植树造林,提高平原绿化总体水平

平原林业是农业稳产高产的生态屏障。20 世纪 80 年代初,开封市各级党委、政府认真贯彻党和国家关于发展林业的方针、政策,认真组织广大干群,大力开展植树造林,开展了以营造农桐间作、农田林网、防沙治沙林为主的大规模的平原绿化工程。1983 年,全国第五次平原绿化会议在郑州召开,与会者参观了开封市尉氏县的防沙治沙和农桐间作。同时按照省委、省政府"三年卓有成效,五年实现平原绿化"的要求,开封市委、市政府作出了"一年准备,两年大干,三年实现平原绿化"的部署。利用广播、电视、报纸、出动宣传车等形式,大张旗鼓地宣传植树造林的意义,调动广大干群的植树积极性。认真搞好规划,层层分解任务。狠抓林业育苗,在全市实行乡政府包育苗面积,林业部门包技术指导,县政府包苗木销售;推广了泡桐火坑催芽、地膜覆盖育苗、麦桐套种育苗等技术,全市每年育苗面积达 6 667 公顷之多,为大力发展农桐间作打下了坚实的基础。经过奋战,尉氏县率全省之先实现平原绿化,兰考、杞县、通许、开封县于 1986 年,开封市郊区于 1988 年达到部颁平原绿化县标准。1988 年,开封市荣获全国平原绿化先进单位称号。

此后,根据省林业厅完善提高平原绿化水平的要求,全市开展查空补缺,狠抓县与县、乡与乡结合部等薄弱环节的造林绿化。1989 年,河南农大的两位教授到尉氏、通许县考

察农业,发现部分农田农桐间作过密,影响了粮棉产量。地方政府开展农业结构调整,一些地方因土地经营权的转移,林木采伐遭到严重失控,一度出现了乱砍滥伐现象,全市林业资源急剧减少,平原绿化严重滑坡,1990~1991年间,5县1区60%的农桐间作和40%的经济林被毁。林业部门通过调查统计,发现全市过密农桐间作只占间作面积的11%,及时向政府部门进行了汇报。为此,市委、市政府发出了《关于切实加强林木保护管理,坚决制止乱砍滥伐林木》的紧急通知,要求各县(区)有计划地组织对过密农桐进行合理间伐,并强调在土地调整期间各县(区)要注意保护林木资源,坚决制止乱砍滥伐,遏制了平原绿化滑坡,巩固了平原绿化成果。

进入20世纪90年代以来,市政府制定了《开封市1991~2000年林业十年发展规划》,通过调整林业结构,改变造林经营方式,确立了以主攻农田林网、农桐间作,巩固和发展农田防护林,以市场为导向,发展名、特、优、新经济林,建设绿色生态廊道。1995年以来,积极推进林业产权制度改革,调动了广大群众植树造林的积极性,带动全市的林业发展,再次掀起了植树造林的高潮。1991~2000年10年间,全市累计营造农田林网、农林间作31.6万公顷,完成防风固沙林2.39万公顷,发展经济林2万公顷,全市森林资源大大增加。

2001~2007年,是开封市林业的大发展时期。2001年,根据国家林业局对林业的重新定位及《河南省林业生态工程建设规划》的总体部署,结合本市实际,确定林业发展的指导思想为:以建设生态林业为目的,以实现平原绿化高级标准为目标,主攻农田林网,沙荒造林,调整林种、树种结构,大力发展经济林,提高经济效益,强化行政执法,培育和保护森林资源,最终建成比较完备的林业生态体系和比较发达的林业产业体系。2003年,中共中央、国务院出台了《关于加快林业发展的决定》,国家加大了对林业的投入,使开封市林业的发展实现了由过去以建设用材林为主防护林为辅,向以改善生态环境、营造生态林为主的转变;由过去的群众自发造林为主向政府项目工程为主造林的转变,实现了林业生产的大跨越。相继实施了退耕还林、淮河流域防护林、防沙治沙、通道绿化、环城防护林、外资造林、特色经济林等一批国家和省市级林业重点建设工程。"十五"期间,全市共营造片林2.02万公顷,仅2003年就造林9 433公顷,植树1 800多万株。全市5县5区全部达到了平原绿化高级标准,初步形成了较为完善的生态体系。

2007年,省委、省政府做出了建设林业生态省的重大决策。为加快开封市林业生态市建设步伐,市政府出台了《开封林业生态市建设规划(2008~2012年)》及《开封市生态建设管理办法》,提出了开封市林业生态市建设的总体目标:到2012年,全市新增有林地1.55万公顷,达到7.93万公顷,林木覆盖率达到22.73%,林业年产值达到33亿元。所有的县(区)实现林业生态县(区)。按照省委、省政府要求,全市5县5区全力开展林业生态县建设。一是成立了高规格的林业生态市建设指挥部;二是实行目标管理,把林业生态市建设列入政府目标考核体系,将植树任务分解落实到村组地块和路段;三是加大资金投入力度,并列入财政预算,实行专户管理;四是强化督察,市委、市政府组织督察组,定期在全市各县巡回督察,督察情况通报全市。经过努力,开封市林业生态市建设进展顺利,成效显著,2008年共完成造林面积1.89万公顷,2009年共完成造林面积1.36万公顷,均超额完成了省下达林业生态建设任务。目前,全市宜林荒地基本绿化,水土流失得到有效控制,绿化美化水平整体提高,基本形成了带、网、片、点相结合,层次多样、结构合理的林业生态体系。

(二)实施科技兴林战略,提高林业建设的科技含量

依靠科学技术,促进林业建设由传统林业向现代林业转变,是开封林业工作中的一个重点。市、县、乡都建立了林业技术推广站。林业科技人员坚持送科技下乡,每年定期开展林农技术培训,提高了广大农民的科技素质。从种苗入手,引进推广优良的林果新品种,先后引进了豫选、豫杂泡桐,中林46杨、欧美杂交杨107、108、2001、2025杨,三倍体毛白杨,豫楸1号,8048刺槐、刺槐优良无性系等20多个用材林新品种,引进红富士、新红星、嘎拉、萌苹果,京优、京秀、豫大籽、豫(1、2、3号)石榴,美国杏李,曙光、艳光油桃,晚秋黄梨,冬枣、梨枣,日本金柿等经济林新品种40多个。逐步建立和完善了开封县石榴基地,尉氏大枣、桃基地,通许早熟苹果基地,杞县柿子、李子基地,市区小杂果基地,兰考绿化苗木基地等经济林和绿化苗木生产基地。推广了ABT生根粉和GGR化学制剂在林业生产中的应用。推广了保护地栽培、果树早期丰产、果品套袋、全光雾扦插育苗、速生丰产林栽培等20多项新技术。开展了开封柳园口湿地资源调查工作,积极开展森林病虫害的预测、预报和综合防治工作,利用人工、化学、生物防治相结合,有效地防治了泡桐大袋蛾、泡桐叶甲、杨食叶害虫,使用飞机喷洒灭幼脲防治林木病虫害,使开封市林木病虫害防治率达到"一降三提高"的总体水平。开展了平原农区综合防护林体系建设、沙区农林牧复合生态系统、泡桐叶甲综合治理技术、杨树病虫害防治技术等8项科研项目的研究。全市科技成果转化率达35%,科技成果覆盖面达32%,林业科技贡献率达29%。

(三)发展林业产业,增强经济实力

新中国成立初期,很长时间内,开封市仅有少数几家木器厂,生产规模有限,产品品种单一。

改革开放以来,随着全市林木资源的增加,林产工业发展迅速。初步形成了木材加工、经济林果品生产、花卉苗木生产、森林旅游等产加销一条龙、农工贸一体化的林业产业新格局。全市现有速生丰产林6 667公顷,每年完成大田育苗800公顷左右,花卉栽培面积达到267公顷。建成了开封市国家级森林公园及汴西新区防护林带,目前已经对外开放,成为广大市民休闲旅游的胜地。

开封县于1994年投资2.7亿元建成了开封人造板集团,全套引进德国生产设备与技术,年产中、高密度高档板材3万立方米,中、高密度木地板800万立方米,及"菊花"牌系列中、高密度高档办公用具,成为开封市集木材加工、生产、销售、出口创汇于一体的大型企业集团。开封县人造板集团的发展,带动了全市木材加工业的发展。目前,全市现有中小型木材加工企业628户,年木材加工能力27.6万立方米,生产的人造板、桐木拼板、装饰材料、民族乐器、乐器音板畅销国内,远销日本、韩国、美国、加拿大等一些国家,形成了以开封县人造板集团、兰考三环木业公司为龙头的木材加工基地和以兰考固阳民族乐器厂、通许练城腰鼓厂为龙头的乐器生产基地。林产工业已成为开封市地方经济发展中的一项支柱产业。

2008年,全市林业总产值193 962万元,其中:第一产业产值126 875万元,第二产业产值54 585万元,第三产业产值12 502万元。

（四）加强林木资源管理，巩固造林绿化成果

伴随着我国法制化建设的步伐，开封市林业执法队伍不断壮大，全市现有林业执法人员 560 人，林业公安干警 59 人，乡村护林员 5 000 多人，专门负责林业行政管理与林业执法工作，形成了市、县、乡、村护林网络。一是以限额采伐为核心，始终严格征占用林地审批、林木采伐和木材运输管理，全市在兰考、杞县、开封县设立木材检查站 3 个。二是依法治林进程不断加强，强化了林木、林地的确权发证工作，组织开展了一系列林业严打专项斗争，每年查处多起各类林业违法案件，树立了林业部门的执法权威。三是市林业公安科升格为森林公安局，并在全市建立各级森林公安机构 13 个，打击林业犯罪的力度不断加大，全市林业资源得到了有效保护，市森林公安局荣立国家森林公安分局集体二等功，开封县林业派出所荣获省林业厅森林公安局集体三等功。四是加强林业有害生物防治工作，全市建立森林病虫害防治检疫机构 8 个（其中国家级标准森林病虫害防治检疫站 3 个、省级标准森林病虫害防治检疫站 2 个、国家级中心测报点 3 个），有害生物防治率达到 81.8%，森林病虫害成灾率低于省下达指标，实现了森防工作"一降三提高"的总体目标。五是加强了野生动植物资源的保护和管理，组织开展了一系列严打专项斗争，建立了开封市柳园口省级湿地自然保护区，保护面积达 1.61 万公顷，维护了全市的生物多样性和生态平衡。

（五）林业重点工程稳步推进，基础设施建设得到加强

确立了大工程带动大发展的林业发展思路，狠抓重点工程的建设与管理，确保了各项重点工程的顺利实施。2002 年以来，开封市相继实施了退耕还林工程、淮河流域防护林工程、防沙治沙工程等一批林业重点建设工程。其中：完成退耕还林工程 2.41 万公顷，防沙治沙造林 6 667 公顷，世界银行贷款工程造林 7 933 公顷，日元贷款工程造林 1.04 万公顷。

完成了开封市林业技术推广中心站及 5 个县级林业技术推广站建设，实施了国家林木种苗工程项目 3 个，先后建立了 9 个林业科技示范园，建立野生动物疫源疫病监测站点 8 个，购置了必要的教学、生产、试验设备。

四、积累的经验和存在的问题

（一）积累的经验

新中国成立 60 年来，特别是党的十一届三中全会以来，开封市的平原绿化事业取得了令人瞩目的成就，摸索出了符合本市实际的经验。

1. 认识明确、领导重视，是发展林业的关键

市委、市政府历来都十分重视林业工作，把造林绿化列入重要的议事日程。开封市、县、乡三级党委、政府对造林绿化工作认识明确、领导有力，坚持一级干给一级看，一届接着一届干，年年奋战抓造林，一张蓝图绘到底。实行四大班子包片，各级领导办绿化点，市直机关包村造林绿化责任制，积极推进林业产权制度改革，调动了全市广大干群和各行业各部门投资造林的积极性，保证了林业的持续稳定发展。

2. 落实政策，调动群众发展林业的积极性

党的十一届三中全会以来，开封市坚持不懈地贯彻执行"谁造谁有谁受益"的林业基本政策，不断完善林业生产责任制，调动了群众造林的积极性。在全市开展了"定权发

证"工作,保持了林权的长期稳定。为了大力发展农桐间作,开封市实行了"统一规划、树随地走、苗木自筹、谁造谁有"的政策;针对果树生产周期长的特点,市政府制定了"发展经济林,土地承包期30～50年不变,允许继承和转让"的政策;对于小片荒地,鼓励群众承包造林,限期绿化,使长期荒废的小片荒地得到利用;道路绿化上实行"集体投苗、统一规划、统一栽植、收益全部归个人"等政策,针对不同情况,采用不同政策措施,增加群众收入,提高了群众造林的积极性。

3. 落实资金和苗木,夯实植树造林的物质基础

资金和苗木是造林的基础,市、县有关部门想方设法,积极筹措资金,落实苗木。为了推动林业生态市建设,市、县(区)政府都建立了生态建设资金专户,按省政府要求落实造林资金,防止挤占、挪用、滞留林业建设资金。尉氏、开封县采取政府采购的方式,与育苗大户签订供苗合同,规定了苗木标准和价格,林业部门严格把关,不合格的坚决退回。杞县、兰考等县(区)都由林业局统一供苗,与供苗户通过不同形式签订了供苗协议,保证了苗木质量。

4. 依靠科技兴林,提高林业效益

开封市委、市政府非常重视林业科学技术及其推广工作,先后建立了林业科学研究所、林业技术推广站。十一届三中全会后,吸收大量有林业技术专长的干部充实到林业部门,形成了一个比较完整的集科研、推广、生产于一体的林业技术服务体系。林业专业技术队伍的不断壮大,对提高科学营林水平、推广应用林业新技术起到了巨大作用。造林树种选择采取"适地适树"的原则,总结出了一整套的宝贵经验。经过20多年的不懈努力,开封林业在科研和技术推广方面取得了很大成就,先后有十几项科技成果获省、市级奖励,多项新技术、新品种在全市推广应用,产生了显著的经济效益。

5. 加强资源管理,实行依法治林

为了稳定林业生产秩序、确保林业资源永续利用,开封市率先在全省实行了育林基金制度,征收的育林基金主要用于购买种苗、化肥、农药、育苗和林木病虫防治,实现"以林养林"。同时实行严格的林木采伐运输制度,要求采伐木材必须先由采伐单位写出申请,报林业部门批准并发给采伐证后方可采伐,无证采伐一律视为毁林,并依法打击木材黑市交易。

长期以来,开封市始终把林木管护放在林业工作的重要位置,常抓不懈。利用宣传车、广播、电视等各种形式,不断加强对《中华人民共和国森林法》的宣传,大造声势,强化爱林护林意识。随着林业生产责任制的落实,护林也普遍推行了"五定"责任制,即:定人员、定要求、定任务、定奖罚、定报酬,调动了护林员的积极性。由于健全了护林组织和护林制度,全市的林业生产秩序空前稳定,有效防止了重大毁林案件的发生。

6. 强化检查监督,严格检查验收

为了全面推动造林绿化工作,开封市委、市政府把林业建设任务纳入政府目标考评体系,严格考评、兑现奖惩。每年都成立专门的造林绿化督导组,市委、市政府有关领导、市农林局领导及有关技术人员参加督促检查,对督察中发现的问题,及时下发督办通知书,跟踪问效。同时各县(区)也都加大了检查验收力度。造林结束后,市农林局及时对造林完成情况进行了全面验收,分别对县(区)和工程进行排名,结果通报给市四大班子领导和各县(区)党委、政府。

(二)存在的主要问题

一是全市林业资源总量不足。人均有林地面积仅为 0.01 公顷,森林覆盖率较低,生态体系还不够完善,难以满足经济发展对生态环境质量不断增长的需求。二是生态环境脆弱,林业建设任务还很艰巨。全市沙化土地面积较大,风沙危害还没有根本治理。造林树种比较单一,林种结构简单,以幼、中龄林为主,单位面积蓄积量低,只有全省水平的一半。三是林业产业发展滞后。龙头企业少,带动能力弱。产品多是剥皮芯板、人造板等初级产品为主,产品附加值很低。四是经济林结构不合理。产品优质率不足 40% ,干鲜果品贮藏加工率不足 20% ,经济林产品加工率不足 10% 。五是林权制度改革需要深化。林木林地确权发证工作有待进一步加强;部分国有林场和国有苗圃体制转轨较慢,经营机制不灵活,经济困难;非国有制林业发展滞后,社会办林业,人人参与林业的氛围还没有真正形成。六是各级政府对林业的投入有待进一步加大。林业投入增长缓慢,林业投入在大农业中的份额明显偏低。由于市、县(区)财政困难,争取到的林业重点工程项目要求市、县地方财政必须配套的资金难以落实,影响和制约了林业的发展。(开封市农林局)

第三节　洛阳市

林业是生态建设的主体,是经济社会可持续发展的一项基础产业和公益事业。新中国成立之初,经济蓬勃发展,社会对林业的主导需求是木材,国家以木材生产为中心来组织林业工作。随着人们生活水平的不断提高和城市化进程加快,改善生态环境逐渐成为社会对林业的主导需求,特别是 1998 年洪灾之后,党中央、国务院对林业工作高度重视,林业的地位和作用更加突出,越来越受到社会的关注。由于洛阳地处黄河、淮河流域,山区面积大,自然条件恶劣,生态区位十分重要,发展和保护林业任务重,责任大,历届党委、政府都高度重视林业工作,在资金投入、政策扶持等方面不断加强,林业建设取得明显成效。目前,全市林业用地面积 5.29 万公顷,占国土面积 52.1% ,森林覆盖率 42.82% ,城市绿化覆盖率 45.6% ,绿地率 38% ,人均公共绿地达到 12.1 平方米。全市现有国有林场16 个,经营面积 9.13 万公顷,现有国家级自然保护区 2 处,省级自然保护区 1 处,国家和省级森林公园 14 个。经济林面积 10 万公顷,总产量 14 亿公斤。境内动物、植物资源丰富。据调查统计,全市共有维管束植物 2 308 种,198 变种,属国家一级重点保护的 3 种,国家二级重点保护的 18 种,省级重点保护的 36 种。野生动物资源丰富,全市拥有野生陆脊椎动物 365 种(另 9 亚种),占全国野生陆脊椎动物的 15.89% ,占河南省的 77.2% 。其中,国家一级保护野生动物 12 种,国家二级保护野生动物 58 种,占全国野生保护动物种数的 78.65% ;河南省重点野生保护动物 30 余种,占全省重点野生保护动物的 83.33% 。属于国家重点保护的有 16 科 20 种,其中一级保护的有 3 科 3 种;二级保护的有 13 科 17种;属于河南省重点保护的有 22 科 42 种。洛阳市共有鸟类 262 种,占全省的 83.17% 。非雀形目 146 种,雀形目 116 种,分别占全市鸟类总数的 55.73% 和 44.27% 。

一、生态建设

洛阳辖区表现为东、西、南、北中国自然地理分界线的十字交叉口。北边的黄河小浪底峡谷谷口是中国东部大平原与中国西部高地的分界点;南边伏牛山主峰一带是长江、淮河、黄河三大水系的分水岭,南暖温带与北亚热带的分界线;洛阳盆地南缘的嵩山是五岳之中。这种"天下之中"的中心位置使洛阳成为中国动植物汇聚的渊薮,经过漫长历史时期的融合,最终形成为中国野生动植物资源的发祥地。到了近现代,由于战祸连绵及其他人为因素的影响,林业资源严重破坏,1988 年森林覆盖率下降到了 23.6% 。20 世纪 90 年代初,洛阳生态环境日趋恶化:原始森林退缩深山,丘陵低山多已荒化,河流季节性断水,大气变浊,旱情加剧,环境严重污染,自然生态处于濒危状态。为解决生态危机,国家把改善生态环境作为基本国策,把林业定为生态环境建设的主体,上升到维护建设生态环境的战略高度,投巨资实施生态环境保护和建设的世纪工程。洛阳市委、市政府抓住这一千载难逢的历史机遇,争取国家建设项目和资金,以大工程带动大发展,掀开了洛阳林业建设的新篇章。

洛阳是一个山区大市,林业在整个国民经济发展中有着举足轻重的地位,为了展现古都洛阳的风采,把洛阳建设成为中西部地区最佳人居环境城市,历届市委、市政府对林业建设都非常重视,早在 1999 年,洛阳就提出了建设生态城市的构想。洛阳林业"十五"规划中提出了"坚持科学规划,区域布局,大力开展造林绿化活动,走以生态建设为主的林业可持续发展道路,营造良好生态环境,建设山川秀美新洛阳"的指导思想,并根据不同区域的自然条件和资源状况,将全市林业在地域上划分为山区、丘陵区、平原区、河库区、道路区、城市区等六个区域,分区制定了相应的林业发展模式。

改革开放初期,由于经济条件所限,低成本的飞机播种造林受到推崇。1979 年,全省开展飞机播种造林试验,栾川成为第一个试验区,当年投资 17.8 万元,飞播6 667公顷,成效良好,此后嵩县、洛宁、宜阳、伊川、新安等县相继开展飞播造林,每年完成造林面积6 667公顷。进入 80 年代,由于国家对荒山绿化的强烈愿望,市委、市政府更加重视林业工作,各级政府都把林业生态建设任务纳入政府责任目标。1990 年,洛阳市制定了十年造林绿化纲要,提出了"完善平原,主攻荒山"的林业建设方针。1994 年,省政府与洛阳市政府签订了造林灭荒责任书,要求到 1997 年洛阳市完成造林 13.33 万公顷,基本实现宜林荒山绿化。但是由于遭遇历史上罕见的大旱灾,造林地大部分又是干旱石质山区,造林成活率低,加上财政投入少,管护跟不上,因此造林保存率很低。经省政府验收,1994 ~ 1995 年,只完成造林 2.4 万公顷,占任务 7.47 万公顷的 32% ,栾川、洛宁、新安受到省政府通报批评,宜阳、洛宁、新安、偃师、伊川受到省政府的黄牌警告。1996 年,洛阳市委、市政府出台了《关于实施省委、省政府在全省开展造林绿化决战年活动的意见》,实施了"一帮一造林灭荒活动",即一个厂矿或科研院所义务帮助一个乡造一片林、灭一片荒。市区88 个厂矿、科研院所帮助对口县造林灭荒,从人力、物力、财力等方面给予支持。当年洛阳市共完成荒山造林作业面积 9.47 万公顷,汝阳、新安、宜阳、偃师、伊川 5 个县实现了灭荒达标,洛宁、栾川、嵩县完成省分配的灭荒任务,全市实现了年初确定的"甩掉黄牌夺奖牌"的目标。1997 年,洛阳市委、市政府出台了《关于在全市开展造林绿化攻坚年活动的通知》,把绿化达标作为全市农村工作的第一件大事列入重要日程,全市共完成人工造林面积 4.33 万公顷,造林灭荒工程通过了省政府的验收,被省委、省政府授予"全省荒山造林先进市"称号。

在造林绿化工程中,为解决资金不足问题,洛阳市开始引进并利用外资。1993 年,首次引进世界银行贷款,实施"国家造林项目";1995 年,引进第二期世界银行贷款,开始实施"森林资源发展和保护项目";1999 年,引进第三期世界银行贷款,在洛宁、宜阳、孟津三个县实施了"贫困地区林业发展项目";2002 年,又开始在嵩县、新安实施亚行贷款"豫西农业开发项目",在偃师实施世界银行第四期贷款"林业持续发展项目"。到 2005 年底,世界银行和亚洲开发银行贷款造林项目在洛阳市总投资达 9 029 万元,其中引进外资5 145.3 万元,地方匹配 3 883.7 万元,累计完成项目造林 1.93 万公顷。2006 年引进德元增款项目,总规划造林 8 000 公顷,总投资 3 000 万元。2006 年引进日元贷款造林项目,计划造林面积 14.4 万公顷,前四年造林、后两年抚育,项目总投资 4 735.5 万元。

1999 年,国家启动六大林业重点工程,洛阳市积极争取,相继实施了退耕还林、天然林保护、通道绿化、村庄绿化、城郊森林等重点工程项目。从 2000 年到 2005 年,全市共完成退耕还林 10 万公顷,争取中央和省级投资近 3 亿元。除了汝阳、偃师外,所有县(区)全部划入天然林保护范围,近 46.67 万公顷森林得到了有效保护。2002 年,为进一步加快生态建设步伐,洛阳市委、市政府启动了通道绿化工程和村庄绿化工程,4 年间共完成道路绿化 5 000 余公里,乡级以上道路绿化率达 95%,多数道路绿化中还配置了长绿树、观叶树、观花树。3 年完成了全市 2 996 个村庄的绿化任务,人均植树达到 15 株。在全面推进村庄绿化的同时,还高标准建设了一批村庄绿化示范村,如汝阳县云梦村,人均植树100 余株,村子周围能栽树的地方无一遗漏,栽树已成为群众公认的致富项目。

2007 年下半年,全省启动了林业生态省建设,各级财政加大了对林业的投资。按照规划,从 2008 年到 2012 年,洛阳市全市要完成山区生态林体系建设、农田防护林、生态廊道网络、城市林业、村镇绿化美化、林业产业以及森林抚育和改造八大工程,总造林规模40.09 万公顷,估算总投资 30.48 亿。在市委、市政府的高度关注下,在全市各部门的共同努力下,2008 年,全市共完成造林 5.6 万公顷,省、市、县财政投资近 3 亿,造林规模和投资力度达到了历史最高水平,基本形成了点、线、面相配套的绿化格局。

2001 年,洛阳市委、市政府从建设生态城市的总体要求出发,将建设森林城市列入重要议事日程,相继开展了一系列成周绿化工程和城郊森林公园建设工作。2001 年启动了周山绿化工程,2002 年实施了龙门山绿化工程,2003 年实施了小浪底绿化工程,2004 年建成了上清宫森林公园。2005 年以来,又不断巩固和完善以周山、龙门山、小浪底等为代表的 13 个城郊森林公园,补植树木十余万株,修建各类道路 200 余公里,13 个森林公园总面积达到 3 333 公顷。2005 年开工建设了面积 1.67 万公顷的北邙绿色生态屏障,在城市北部邙岭区域栽植各类树木 222.1 万株。2006 年启动了青山工程。经过近几年的发展,洛阳国土绿化呈现出由"由农村向城市、由近郊向偏远,由绿化向美化,由美化向净化"发展的良好态势,生态城市的蓝图已清晰可见。

二、资源保护

为管好森林资源,2001 年,洛阳市委、市政府制定了《洛阳市县(市、区)、乡(镇)党政领导造林绿化暨森林资源保护责任目标管理办法》,规定:"各级党委政府对本辖区内森林资源保护工作负总责,党政一把手为第一责任人,分管副职为直接责任人,林业局长为技术责任人;县、乡两级保护森林资源实绩记入党政领导干部政绩档案。"2002年,在市委市政府主要领导指示下,市政府举办了一期由各县(市、区)政府主管领导参加的林业政策法规培训班,系统学习林业方面的法律和政策,为依法治林工作打下坚实基础。

洛阳每年争取国家天然林保护工程管护资金1 000万元以上,为解决管护资金问题,聘请了近2 000名专职护林员对全市森林分片包干进行管护。同时对全市森林资源实行严格限额采伐政策,森林年采伐量从1991年的53万立方米降到目前的3.3万立方米,天保工程区林木采伐实行"一事一批"。

转移安置林业企事业单位人员2 300多人,转变国有林场以采伐木材为主的经营方式,开拓森林旅游业,发展第三产业,500多名林场职工投身森林旅游业,找到了新的生活门路;在深山区大力推广以沼代柴、以煤代柴,林区群众告别了放牧砍柴的传统习惯,积极栽培银杏、核桃经济林木,建育苗基地,并通过林下种药种草等找到了新的经济来源,减轻了资源消耗压力。森林防火工作从强化责任,构建全方位网络和提高快速反应能力入手,连续10年未发生大的森林火灾。

在生物多样性保护方面,洛阳也取得了不俗的成绩。1982年以来,经国务院和省政府批准,洛阳先后建成国家级自然保护区2处,省级保护区1处,受保护的国家级珍稀动植物达到20种。森林资源保护得到空前加强。市、县两级分别建立了林政机构,严格管理林木采伐;建立了森林防火指挥部,独立了护林防火指挥部办公室,完善了防火设施,严防死守,把火灾损失降到最低程度;建立完善了林业病虫害防治体系,使全市病虫害得到有效防治;成立了天然林保护工程领导小组,统一管护全市森林资源;建立了老君山、龙峪湾、龙池曼、青腰山、黄河湿地等不同类型的自然保护区,有效保护了重要的野生动植物资源。为保卫洛阳林业建设和森林资源,20世纪80年代建立了森林公安机构。2003年成立了洛阳市林业公安分局,2006年变更为洛阳市林业局森林公安局,林业公安派出所增至28个,林业公安干警增至464名。

三、产业发展

洛阳是一个森林资源相对贫乏的地区,同时也是一个生态脆弱的地区,林地生产力低,对森林生态效益的需求仍然是主导需求。在生态优先的前提下,洛阳走出了一条富民强林之路。

依托南部山区森林资源,洛阳市制定了旅游强市战略,并投入大量资金进行开发。1991年,在宜阳林场基础上,建起了全市第一家森林公园"花果山国家森林公园",当年游客逾10万人次。1992年、1993年,在五马寺、龙峪湾林场建立了白云山国家森林公园和龙峪湾国家森林公园。1999年,洛阳市委、市政府下发《关于加快旅游业发展的决定》,把旅游业作为洛阳经济增长的支柱产业,开展创建全国优秀旅游城市的活动,各级政府加大了对旅游业发展的扶持力度。据不完全统计,目前全市开发的森林公园和生态旅游区共计40余处,2007年共接待游客207万人次,门票收入1 580万元,综合社会经济收入12.3亿元。1997年开发的栾川重渡沟景区拥有家庭宾馆近百家,土特产商店40多家,从业人员400多人,2004年人均收入超过1万元,旅游旺季景区所需面粉、蔬菜、土鸡、鸡蛋等消费品本地供不应求,需要不断地从洛宁、嵩县调运,带动周边千余群众人均年增收1 000

多元。据测算,全市大约有5万农村人口在森林旅游资源开发带动下,增加了收入,摆脱了贫穷。

　　平原丘陵区大力发展经济林种植。中共十一届三中全会之后,随着农村家庭联产承包责任制的实行,全市26 293个果园建立健全了果树承包责任制。在林业等有关部门的努力下,不断健全和完善果树承包责任制,及时合理地处理好合同纠纷,大大调动了广大果农的生产积极性,果品产量和质量不断提高,经济效益逐步增加。1992年,市委、市政府下发了《关于大力发展经济林的决定》,把发展经济林作为农村发展、促进群众脱贫奔小康的一项刻不容缓的任务。1993年,市政府提出到20世纪末人均1亩园、人均超千元的目标。当年全市经济林发展超万亩的乡有4个,超千亩的村有5个,百亩园达613个。全市用于经济林的投入达1 300多万元,经济林建设取得显著成效。1994年,全市开展了经济林"百千万工程"(百亩园、千亩村、万亩乡)活动。1995年,全市百亩园达到490个,千亩村达到48个,万亩乡达到14个。

　　20世纪开展的"百千万工程"和2000年实施的"退耕还林工程"、2008年实施的"生态林建设工程",促进了经济林产业的健康发展,形成了洛阳市的四大经济林基地,即以洛宁上戈乡为中心的崤山苹果基地,以汝阳、嵩县南部、栾川县为中心的中药材基地,以栾川、嵩县为中心的干果基地,以洛阳市洛龙区为中心的时令鲜果基地。全市经济林面积达到10.65万公顷,产量达到4.0亿公斤,产值达到8.48亿元。

四、机制创新

　　"年年造林不见林"是群众反映强烈的问题,也是多年来困扰林业发展的老大难问题,洛阳始终在探索和实践问题的有效办法。

　　一是创新"周山模式"。2001年,洛阳市林业部门在组织实施周山绿化工程中,首次借鉴工业项目建设的经验,对绿化工程采取"法人承包、工程招标、施工监理、验收付款"方式实施,工程进度快,施工质量好,苗木保存率高,取得了显著成效,国家林业局局长周生贤视察周山绿化时称该办法为"周山模式"。此后全市80%以上的工程造林基本都采用"周山模式",经过实践又演化出了专业队造林、大户承包造林等方式。工程造林机制有效地提高了造林成效,几个重点工程的树木成活率和保存率均达到90%以上。二是全面推行专业队造林。洛阳市的荒山多为石质山,土壤瘠薄,加上降雨少,造林难度很大。近年来,洛阳市全面推行专业队造林,每到造林季节,各县、乡组织大量专业队上山造林。事先签订造林合同,提前进行技术培训,林业部门统一供苗,技术人员现场监督、指导。苗木栽上后,先期支付部分工程款,在确定树木成活后,根据成活株数兑现剩余工程款。这种方式将造林专业队的收益与造林成效挂钩,调动了专业队的积极性,造林成活率大幅度提高。

　　造林绿化是一项持久的、繁重的任务,仅靠国家投资是不够的,需要全社会的广泛参与。十一届三中全会以来,随着农村经济体制改革,林业个体经营的数量和规模逐渐加大,"八五"期间,全市户(家庭)办林场有21户,办场面积1 200公顷,农民自主经营的果园面积6 667公顷。1994年,栾川县庙子乡农民李随潮在卡房村高石窑承包荒山200公顷,育苗13公顷,栽植各种树木120公顷,市长张世军、市委副书记段运劳和省林业厅的领导先后到实地察看,在全市推广他艰苦奋斗、承包荒山绿化的经验。1997 年,皇中皇大酒店的经理黄利江,在新安万山湖风景区鹰嘴口购买荒山 353 公顷,经营使用权 60 年,栽植各种树木 300 余万株,是全市 20 世纪 90 年代购买荒山面积最大、投资最多的非公有制林业大户。十六大以后,随着非公有制经济的落实,非公有制企业不断扩大,华以公司、开天辟地公司、先农公司等非公有制企业相继成立,成为全市的龙头企业。1993 ~ 2000 年,洛阳、新安、汝阳、嵩县先后出台了拍卖"四荒"使用权的优惠政策,调动了农民承包经营的积极性,截至 2000 年底,全市个体造林共 69 956 户,面积 3.93 万公顷。2001 ~ 2003年,洛阳市全面实施退耕还林,实施"谁造谁有"政策,全市非公有制林业得到了蓬勃发展。除了国家实施的退耕还林、荒山绿化政策之外,洛阳各级政府在国家政策允许的范围内,制定了更加宽松优惠的政策,鼓励非公有制林业的发展。如嵩县规定,凡购买"四荒"的,购买时免交一切税费,对于一次性付款购买面积超过 33 公顷的,给予拍卖成交价20% 以上的优惠,最大优惠达 50%;购买"四荒"从事林业生产、兴办绿色企业的,5 年内免交林业特产税;同时规定,购买"四荒"的使用权、经营权期限一般为 50 年至 70 年,承包"四荒"使用权、经营权一般为 30 年,为非公有制林业发展经营创造了适宜的环境。

2003 年,洛阳结合国家政策,市政府出台了《关于加快洛阳林业发展的意见》,2004年又出台了《关于加快非公有制林业发展的意见》,对全社会参与林业建设提供了强大政策支持,大大提高了集体、个人、企业以承包、拍卖、租赁等形式参与林业的建设积极性。目前,全市非公有林面积达 12.33 万公顷,其中,7 公顷以上的大户有 170 多家。

为解决全民义务植树成活效果差的问题,洛阳市绿化委员会在总结经验教训的基础上,探索性地在全市开展了绿化捐款活动,市民出资、公司造林,取得了良好效益和社会反响。从 2001 年起,全市累计捐款 5 000 余万元。

数十年来,经过全市人民的共同努力,洛阳市林业工作取得了显著成效,得到了市民的肯定和上级的表彰。目前,洛阳林业用地面积、有林地面积、森林覆盖率、森林公园的数量和质量、列入国家和河南省重点保护的野生动植物种类等项目在河南省均名列前茅,洛阳国家牡丹园是中国第一个国家级花卉专类园。2006 年,在河南省林业厅组织的全省林业工作考核中,洛阳市名列 18 个省辖市之首;2007 年洛阳市林业局被人事部、国家林业局授予全国林业系统先进集体称号;2007 年度被市委市政府评为绩效考核先进单位。2008 年国家林业局和省人民政府联合举办的第八届中原花卉博览会上,洛阳市获团体综合布局金奖。自 2004 年以来,洛阳市林业局先后被市委、市政府授予全市创建国家卫生城市工作先进单位、新农村建设先进集体、全市招商引资工作先进单位等数十项荣誉。

2007 年 8 月,洛阳市委、市政府根据省政府关于建设"生态河南"、"锦绣河南"的战略部署,启动了大规模的林业生态建设工程,组织编制了洛阳林业生态建设 5 年规划,计划从 2008 年起,通过 5 年努力,实施 11 项生态工程,基本实现宜绿尽绿,打造生态宜居新洛阳。2008 年,洛阳市委、市政府召开全市动员大会,发动各级政府、社会各界投入林业建设,市、县两级财政按照当年财政一般预算收入的 1.8% 和 1% 投入林业生态建设,创下洛阳林业历史上财政投入之最,完成造林和森林抚育改造 5.6 万公顷,集体林权制度改革、林业生态县创建等工作扎实推进。最近,市委、市政府正在大力开展创建国家森林城市工作。

在建设生态城市道路上,洛阳人民矢志不渝,播种绿色,耕耘希望,续写着山川秀美、人与自然和谐的新篇章。(洛阳市林业局)

第四节　平顶山市

平顶山市林业工作,伴随着解放思想的步伐,深化改革,求真务实,开拓创新,落实科学发展观,逐步走上了一条快速发展的路子。建设生态文明这一重要思想的转变,受到各级政府和广大群众的高度重视,全社会办林业、全民搞绿化的理念深入人心。林业事业呈现出森林资源稳步增长,造林绿化取得阶段性成果,资源保护事业迅猛发展,林业产业初见成效,经济效益、生态效益和社会效益初步显现的新局面。根据全省2006~2007年进行的森林资源二类清查,全市现有林业用地24.29万公顷,其中有林地19.49万公顷,未成林造林地8 393公顷、宜林地3.23万公顷。全市森林覆盖率为24.98%,林木覆盖率26.89%,活立木蓄积697.8万立方米。林业为改善生态环境,增加农民收入,建设生态文明,全面构建和谐社会作出了重要贡献。

一、60年来林业发展取得的成绩

(一)森林资源持续增长

近年来相继实施了退耕还林、淮河流域防护林、通道绿化、环城防护林、外资造林等一批国家和省、市级林业重点工程,造林绿化步伐不断加快。2007年全市森林资源二类清查结果显示,目前全市有林地面积24.29万公顷,与1998年森林资源调查结果14.31万公顷相比,增长69.7%;活立木蓄积达到697.8万立方米,比1998年的417万立方米增长67.3%;森林覆盖率24.98%,比1998年的18.6%增加6.38个百分点,实现了森林面积、活立木蓄积、森林覆盖率"三增长"。

(二)区域生态明显改善

平原农田防护林体系基本形成。目前全市农田防护林面积达到9.09万公顷,占全市适宜林网面积16.07万公顷的56.4%。路、河、沟、渠绿化率达到78.5%;村庄绿化率36.6%,围村林、环镇林城乡绿化一体化效果日趋显现。10个县(市、区)中舞钢市、鲁山县、郏县、石龙区等4个县(市、区)实现省级林业生态县。叶县、卫东区已达到省级林业生态县标准,目前,正在等待省政府验收。

山区水土流失面积逐步减少。长期以来,全市坚持生态优先的原则,通过山、水、田、林、路综合治理,山区水土流失得到有效治理。据监测,原中强度水土流失地植被覆盖率提高20%以上,径流系数从0.2下降到0.1,河水含沙量由1.2公斤每立方米下降到0.4公斤每立方米。经过治理后的水土流失区气候环境得到明显改善,增强了抗御自然灾害的能力。

通道沿线森林景观初步形成。近年来,重点实施了郑南、郑石、洛平漯等高速,以及207、311等国道与主要河流两侧景观建设工程,环城生态防护林建设工程等,构筑了鲁平大道、平顶山市新区快速通道、叶舞路、许南路、平郏路、汝宝路等和以市区南北环为主的城市生态绿色走廊,初步形成了以高速公路、国道省道、县乡公路、主要河流、城市外围为重点的绿色通道景观框架。

(三)重点工程成效显著

据统计,2001~2009 年 5 月,全市共完成造林面积约 12 万公顷,年均造林近 1.13 万公顷。特别是省政府确定建设生态省的目标后,2008 年新造林 1.58 万公顷,2009 年截至 5 月新造林 2.3 万公顷,是造林速度增长最快的两年,也是造林成活率最高的两年。2000 年以来,相继组织实施了淮河流域防护林体系建设工程、退耕还林工程、高标准平原绿化工程、小型公益林建设工程、水土保持生物治理工程、通道绿化工程等一批国家和省级重点林业生态工程,山区、丘陵、平原自然植被初步得到恢复,有力地推动了平顶山市造林绿化事业的持续、健康发展。

(四)林业产业初见成效

全市经济林总面积达到 3.22 万公顷,年产干鲜果品 4 300 万公斤,建成一批以核桃、柿子、板栗、油桐、辛夷、花椒、小杂果为主的经济林基地;苗木花卉种植面积已达 600 公顷;建成以杨树为主的商品林基地 3 万公顷;建成和在建的国家级森林公园 2 处、省级森林公园 3 处、省级湿地自然保护区 1 处、市级森林公园 9 处,森林公园总面积 3.69 万公顷,占林业用地面积的 16.8%。全市以森林资源为依托开展生态旅游的景区发展到 20 余家,形成了以石人山、佛泉寺为主线,包含六羊山、城皇顶、画眉谷、叶县县衙、三苏坟、二郎山、风穴寺等众多景区的生态旅游大格局。2008 年生态旅游收入达到 2 882 万元,全市林业总产值首次突破 10 亿大关。过去,林业经济为"木头经济",主要依靠单纯采伐林木,不仅收入低且消耗资源大。改革开放以来特别是进入 20 世纪 90 年代后,全市不断调整优化林业产业结构,积极培育林下种植、小杂果、干果等产业基地,扶持行业协会发展,开拓销售市场,逐步走上了产业化发展道路,林业在全市国民经济发展中的比重不断上升。全市 2008 年实现林业总产值 10.88 亿元,是 1949 年林业总产值的 245 倍,是 1978 年林业总产值的 162 倍。

(五)森林资源得到有效保护

严格执行森林资源保护制度和破坏森林资源责任追究制度,全市部分区域实行禁伐,森林资源得到明显恢复和保护。取缔和关闭无证木材经营加工单位 32 家;乱砍滥伐、乱捕滥猎等破坏森林资源的行为得到严厉打击;连续 15 年没有发生重特大森林火灾,森林火灾受害率一直控制在 0.6‰以下;有害生物防治率达到 85% 以上;区划界定重点公益林 3.17 万公顷,其中国家级 1.51 万公顷、省级 1.66 万公顷,已得到补偿面积 1.51 万公顷;新增白龟山湿地自然保护区一处 6 600 公顷;野生动物保护与合理利用成效显著,野生动物数量急剧增加,群众保护野生动物的意识明显提高。

(六)基础设施建设得到加强

实施国家林木种苗工程项目 1 个(平顶山市林木良种基地),育苗 50 公顷;建森林防火物资储备库 5 座,拥有各类防火设施 20 座;建立野生动物疫源疫病检测点 22 个。

二、基本经验和做法

(一)政府支持是推动林业快速发展的关键

历届市委、市政府高度重视和支持植树造林、保护森林和改善生态环境工作。市委、市政府每年都要定期召开林业专题会议,研究部署植树造林、森林防火和森林资源管理等工作,并与各县(市、区)签订目标责任书,落实任务,落实人员,落实责任,确保各项林业建设任务圆满完成。市政府还根据形势发展需要,给政策、给资金、给人员,为全市林业发展创造良好发展环境和提供政策保障。

(二)依靠科技是加快林业发展的保障

科学技术是第一生产力。前些年因思想观念陈旧、生产方式经营落后,不注重科技在林业生产、经济林管理和森林管护方面的运用,导致造林成活率低、林产品产量低、森林管护效果不佳。近年来,平顶山市把林业科技始终贯穿于林业建设全过程,在造林方面推广使用了 ABT 生根粉、引进优质优良树种、地膜覆盖等技术,在经济林发展上加强了嫁接、修剪、施肥、防病虫等综合科管力度,在森林管护上配备使用了 GPS 定位仪,使造林成活率明显提高,经济林产量显著增加,森林火灾发生次数和损失程度明显降低。

(三)改革创新是加快林业发展的动力

前些年,因造林机制不活、权属不清、利益不明,绝大多数农民自主造林积极性不高,消极应付,导致年年造林不见林,严重制约全市林业快速发展。从 2000 年起,市政府紧密结合国家林业政策,紧抓退耕还林和天然林保护工程建设契机,按照工程造林标准实施造林,森林面积蓄积明显增长,为全市林业建设增强了后劲。2006 年以来,在全市开展的集体林权制度改革是继家庭联产承包责任制后的又一次农村重大改革,它以"稳定所有权,放活使用权,流转经营权"为核心内容,将集体林地、荒山以承包、拍卖、租赁等形式落实经营主体,真正实现"山有其主、主有其责、责有其利",确保山定权、树定根、人定心,充分形成了全社会办林业的良好氛围,进一步激发了林业发展的活力。

(四)基层建设是加快林业发展的基础

全市 10 个县(市、区)林业局原有干部职工平均文化程度低,林业技术无法得到有效推广,加上基础设施陈旧,办公环境较差,条件落后,严重影响了基层林业干部职工正常工作和生活。通过多年来的发展,目前,全市 6 个县林业局已全部实现独门独院,极大地改善了基层办公条件,为干部职工营造了良好的工作、学习和生活条件。

三、存在的问题

(一)思想不够解放,开拓创新意识不强

相关部门对林业的关注、重视、支持、参与程度还不是很高,部门办林业问题比较突出,林业的基础地位和公益性体现得不明显。林业部门的干部职工思想不够解放,创新意识、市场意识淡薄,林业单位和职工收入较低,生产生活条件较差。广大农民群众和林农对林业的认识不深,主动参与性不强,保护意识低,对林业资源的保护与利用缺乏全面科学的理解,林业的可持续发展难以实现。

(二)林业体制落后,技术力量薄弱

全市基层林业站承担着林业各项任务落实和执行的重要角色,受乡(镇)政府和林业局双重领导,管理不便、工作任务繁重,工作人员严重缺编,技术力量严重不足,林业实用技术推广有所滞后。

（三）森林资源总量不足，森林覆盖率较低

全市有林地面积 18.08 万公顷，人均森林面积 0.04 公顷，为全国平均水平的 1/5，占全省有林地总面积 289.2 万公顷的 6%；全市活立木蓄积量 434 万立方米，在 18 个地（市）中排名第 6 位；人均活立木蓄积 0.89 立方米，分别为全省、全国人均水平的 3/5 和 1/10；全市森林覆盖率为 22.98%，距实现国土安全需要达到的覆盖率 30%，仍有相当大的差距；森林资源分布极不均衡，森林整体功能脆弱，难以满足经济社会发展对生态环境质量的需求。

（四）林业产业发展缓慢，林业经济在国民经济中的贡献率较低

林业产业政策不活，林产品单一、林产品品牌意识不强，地方特色不明显，产业协会发展缓慢，抵御风险和灾害能力弱，产品的包装、加工、销售落后，产业链条短，产品附加值低，产业化程度不高，林农收入低，林业经济在市域经济中的贡献率不高。

（五）资金投入不足，支撑保障能力不强

林业投资主要靠国家和省级补助性投资，市、县两级财政投入十分有限，远不能满足市场经济条件下的造林成本需要，造林质量难以保证。林业科技成果转化率低，林业产业化水平档次低、科技含量不高，严重影响着林业工程建设质量和林业健康快速发展。

党的十七大确定了建设生态文明的目标，提出了科学发展观的发展思想，今后，平顶山林业部门要进一步解放思想，理清林业发展思路。继续深化改革，增添林业发展活力。着力加快林业产业发展，提高林农收入水平。重点强化森林经营，努力提高林地生产率。同时，增加资金投入，解决林业建设资金不足问题。抓住机遇，以实施林业重点工程和强化资源管理为手段，以努力构建三大体系林业为目标，着力建设现代林业，实现林业又好又快发展。（平顶山市林业局）

第五节　安阳市

60 年的栉风沐雨，承载着 60 年的林业辉煌。新中国成立以来，安阳市几代林业人用自己的智慧和汗水、忠诚和奉献，在豫北大地浓墨重彩地描绘了一幅幅波澜壮阔的绿色画卷，谱写了一曲曲播绿撒翠的瑰丽乐章，演绎了从"山荒印象"到"绿色主题"的艰辛跨越，铸就了一个又一个绿色丰碑。新中国成立前，林州市山区仅有林地约 3 333 公顷，内黄县有少量的枣林，其他地方均无成片的森林，全市森林覆盖率不足 2%。1985 年森林资源清查时，全市森林面积已发展到 5.36 万公顷，林木覆盖率达 12.7%，林木蓄积量 322 万立方米。1988 年至 2003 年，安阳林业进入了快速发展时期，经过 16 年不懈努力，全市有林地面积从 5.36 万公顷发展到 8 万公顷，活立木蓄积量由 322 万立方米提高到 362.8 万立方米，林木覆盖率由 12.7% 提高到 21.6%。根据 2004 年以来安阳市林业生产统计资料和 2006 年进行的二类资源调查数据显示，全市现有林业用地面积 19.77 万公顷，有林地面积 10.72 万公顷，林木覆盖率 25.4%，森林覆盖率 14.8%，活立木蓄积 646 万立方米；湿地面积 2.53 万公顷；主要野生动物 210 种，其中国家二级以上保护动物 39 种；干鲜果品年产量 40 万吨，林业产值 23.3 亿元。

通过全市人民的共同努力，安阳市的林业生态建设取得显著成效，区域生态状况明显改善。自然植被得到初步恢复,水土流失面积、强度和沙化土地面积逐步缩小,通道沿线森林景观初步形成,平原农区生态环境和城乡人居环境有了明显改善。林木、干鲜果品和花木三大资源优势显现,带动了生产、加工和经营,形成了三大产业链条,变成了部分乡村和相当农户的主导产业,在发展县域经济和农民增收方面发挥了重要作用,先后荣获"全国太行山绿化先进单位"、"全国森林防火先进单位"、"省级园林城市"等称号。内黄县、安阳县、滑县、汤阴县先后被省政府表彰为"全省平原绿化高级达标县",全市整体在全省率先实现平原绿化高级达标;林州市荣获"全国太行山绿化先进单位"、"全国造林百佳县(市)"、"全省山区造林先进县(市)"称号。2003 年,林州市林业局被省委组织部、宣传部、人事厅、精神文明建设指导委员会办公室联合授予"全省人民满意的公务员先进集体"称号,成为安阳市唯一获此殊荣的单位,被国家人事部、国家林业局联合授予"全国林业工作先进集体"称号;安阳县荣获"全省山区造林先进县(市)"、"河南省国土绿化十佳县"称号;内黄县荣获"全国生态示范县"、"全国乡(镇)林站建设示范县"、"全国绿色小康示范县"、"中国红枣生产龙头县"、"河南省造林绿化十佳县"称号,并率先创建成林业生态县,被省政府通报表彰;滑县荣获省级园林城市称号;龙安区龙泉镇被命名为"全国花木之乡"、"全国花卉重点花卉市场"等。现如今的东部平原林果飘香,林茂粮丰,生产发展,生态良好;西部太行山区松涛阵阵,林海茫茫,飞瀑流泉,鸟语花香,太行大峡谷、王相岩、石板岩等已成为著名的旅游胜地。

一、造林绿化成就巨大

(一)山区绿化

新中国成立以后,通过分山划界,各级建立林牧委员会,林业得以发展。20 世纪 50 年代初期,山区绿化以保护森林为主,个别地方也组织群众开展造林。1951 年 7 月,安阳专区首次召开大型林业会议,发动群众雨季植树合作造林。1952 年,山区积极开展合作造林,迈开了向荒山进军的步伐。当时的林县有荒山 10.67 万公顷,当年植树 4 924 公顷。1953 年,林县开展分山划界的工作,共建立林牧建设委员会 278 个,其中联村建立的委员会 34 个。14 个区中划出林地 5 933 余公顷,宜林地 1.07 万公顷,订立互助合作造林合同 5 000 余份,群众植树 14 万株,采集树种 10 余万公斤。从 1952 年到 1957 年,通过点播、撒播、植苗,山区累计造林 1.46 万公顷。1958 年,大炼钢铁运动使林业遭到严重破坏。有数据显示,仅林州当年砍伐成林树木 8 000 余万株。60 年代,山区造林绿化较大发展。这个时期在树种选择上,以侧柏、刺槐、花椒为主要造林树种,造林方式上由原来的点播、撒播为主改为植苗造林,政府号召群众大搞鱼鳞坑和水平梯田,大力植树造林。1960 年到 1966 年,山区累计造林 1.87 万公顷。石玉殿是这一时期闻名全国的林业劳动模范。他把毕生的精力都献给了山区的造林绿化事业,以非凡的业绩,先后多次被评为劳动模范,被誉为"全国植树能手"和"中国的米丘林",曾受到毛泽东等党和国家领导人多次接见。

70 年代,林业专业队大量兴起,在总结经验的基础上,安阳专区提出了"柏树盖顶,刺槐缠腰,山脚果树"的绿化方针,雨季栽植侧柏成为山区造林绿化的主要活动。1969 年到 1977 年,山区累计造林 4.13 万公顷。80 年代,山区造林进入一个全面发展的新时期。

1981 年,中共中央《关于保护森林发展林业若干问题的决定》颁布后,山区开展了稳定山林权属、划定自留山、确定林业生产责任制的林业"三定"工作。1982 年,全市划定自留山3.2 万公顷,责任山 7.47 万公顷。1983 年转变为"肥瘦搭配"的承包造林,当年,仅林县就有 8 万多农户踊跃承包治理荒山。林县山区经济"以林为主",并提出了"阳坡侧柏背阴松,山腰杂木刺槐林,沟沟凹凹桐杨树,梯田丘陵果树林"的绿化方针。1988 ~ 1993 年,围绕"完善平原,主攻山区"的林业建设方针,开展了大规模的荒山造林绿化活动。新植及补植补造共计 5.58 万公顷。其间,把造林绿化和群众脱贫致富紧密结合,在注重生态效益的同时,尤其重视造林的经济效益,大力营造经济林。在 1991 年安阳县的造林面积中,花椒、山楂、枣经济林面积占 50% 以上。造林种果富裕了一批乡村。林县任村镇的石柱村,400 多口人,在绿化 100 公顷荒山的同时,发展以花椒为主的经济林,林果业年收入达到 25 万元,人均 550 元。

　　1994 年 1 月,河南省政府作出了 4 年全面绿化宜林荒山的决定,并与安阳市政府签订了"山区造林目标责任书",随后,市政府与有关县(区)政府,县(区)政府同乡(镇)政府,乡(镇)政府同村逐级签订了全面绿化荒山目标责任书。市政府还专门成立了由主管副市长任指挥长、有关单位领导为成员的"安阳市荒山造林指挥部",采取市委、市人大、市政府、市政协主要领导包乡(镇),市直单位包村的办法组织造林。市委、市政府还规定,对荒山造林每年组织一次检查,凡如数完成年度任务者,给予奖励;完不成年度任务的,通报批评。连续二年完不成任务的,给予黄牌警告;到期仍完不成任务的,追究领导责任。各县、乡(镇)对村能否完成荒山绿化任务也都作出了奖惩规定。报纸、电台、电视台等多家媒体对 4 年全面绿化宜林荒山进行了报道。为了提高造林成活率,裸根苗采取"小坑直壁靠里栽"、栽前蘸浆、栽后压石保墒的方法,同时,大面积的采用容器袋苗造林,4 年间,累计完成荒山造林和补植补造 7.33 多万公顷。1998 ~ 2000 年,对林业的定位出现变化,由以产业为主转向以公益为主,林业建设突出了生态优先的特点,并由原来重面积、重数量转变为重质量、重成效,在造林绿化中,坚持按照造林技术规程进行管理和施工,使全市出现了一批已建和在建的高标准、高质量的造林绿化工程,新植及补植补造累计面积 4.67 多万公顷。2002 ~ 2003 年,国家六大工程之一的退耕还林工程在安阳市正式启动。截至 2009 年,河南省共安排安阳市任务为 3.08 万公顷,涉及安阳市林州市、安阳县、滑县、内黄县 4 个县(市)77 个乡(镇)1 407 个行政村,国家累计投资 12 445.64 万元,全市 76 871 户、263 938 个农民从中直接受益,有力地促进了农村产业结构调整。其中 2003 年度为 1 万公顷,被市政府列为本年度向全市人民承诺的十件实事之一,2003 年7 月底雨季造林结束时,任务已全部完成。

(二)平原绿化

　　安阳平原绿化从新中国成立后的"四旁"(宅旁、村旁、路旁、渠旁)植树开始。20 世纪 70 年代主要搞农田林网和农桐间作。1986 年,内黄县第一个达到了林业部规定的华北平原绿化标准,并获得证书。随后,其他县、区也都相继达到了林业部规定的华北平原绿化标准,获得证书。至 1987 年全市农田林网面积 6.67 万公顷左右,农桐间作面积23.33 万公顷。"四旁"植树存活 9 100 万株。1984 ~ 1986 年是全市农桐间作集中发展的时期,3 年间,全市营造农桐间作 22 万公顷,主栽桐树品种为"豫杂一号"。1975 年后,随着农田基本建设的开展,实行山、水、林、田、路综合治理,一些乡村农田林网建设渐具雏形。70 年代中后期,一些连片的大林网逐步形成,由单行式开始转变为双行,网格面积 13～33 公顷。1988～1990 年营建农田林网(农桐间作)3.33 多万公顷,平原绿化成果得到巩固。1990 年,所辖平原、半平原县(区)全部达到林业部颁发的平原绿化初级标准。1995 年,安阳市政府要求县(区)政府调整平原绿化规划,进一步提高平原绿化标准。

2004 年至 2008 年底,中央、省共投入安阳市林业项目资金已超过 2 亿多元,外资造林资金 1 600 万元,实施了太行山绿化、退耕还林、防沙治沙、外资造林等重点林业生态建设工程。全市共完成工程造林 3.13 万公顷,飞播造林 4 267 公顷,封山育林 3 333 公顷,完成义务植树 3 760 万株。此外,安阳市还实施了水土保持生物工程,投资 67 万元,造林 447 公顷。全市林木覆盖率由 2004 年的 21.6% 提高到 25.4%,活立木蓄积量由 469 万立方米上升到 646 万立方米。

(三)全民义务植树

1981 年,全国人大五届四次会议通过《关于开展全民义务植树运动的决议》,全市全民义务植树不断深入广泛开展,成效显著。1988～2003 年的 16 年间,全市累计参加义务植树达 2 985.2 万人次,植树达 10 289.48 万株。此后每年安阳市参加义务植树人次都在 200 万人次以上,每年植树均超过 900 万株。

安阳市全民义务植树工作取得的成就,得益于良好的方式和得力的措施。一是办好基地,加强管护。基地化是全民义务植树的关键。市、县(市、区)、乡三级都有自己的义务植树基地。安阳市直的齐村、林州市直的龙头山全民义务植树基地,被河南省绿化委员会评为全省"十佳全民义务植树基地"。各地采取各种措施,加强管护工作。市直机关彰武水库义务植树基地,由水库工程管理局安排专人 24 小时值班管护,杜绝了人为毁林、牛羊践踏等毁林现象发生。二是建立义务植树档案,加强义务植树管理。全市实行了全民义务植树登记卡制度,对全民义务植树活动进行备案。要求各单位适龄公民每人每年植树 3～5 棵,有特殊情况不能完成任务的按照规定缴纳义务植树绿化费。三是领导带头,率先垂范。在积极组织好造林绿化工作的同时,各级领导带头举办造林绿化点,经常到点上指导造林绿化工作的开展。每到植树季节,都要参加植树活动。全市各级党政领导干部每年造林绿化点保持在 320 多个,面积约 4.33 万公顷。

(四)林木种苗

安阳市光、热、水充足,适宜多种林木生长,林木种质资源比较丰富。2000 年之前,全市可采种且有一定产量的树种有 40 多个,年结实量 300 多万公斤,大量利用的有 20 余个。其中刺槐、白榆、侧柏、花椒均属优良种源区。林木种子主要以自采自育为主,每年根据育苗任务,采集所需种子,年消耗量在 200 吨左右,只有一小部分外销,绝大部分种子没有利用。安阳种苗生产原来集中在安阳市、内黄县、安阳县、汤阴县、龙安区等五家国有苗圃,以及林州市和安阳县西部山区的各个乡(镇)。20 世纪 90 年代以后,随着市场经济的逐步发展,私营个体场圃迅速发展并逐步取代国营苗圃成为苗木生产的主力军,种苗生产逐渐成为一个新兴产业。到 2000 年,全市种苗生产面积达 1 067 公顷,其中个体和私营苗圃 1 000 余公顷,培育繁殖的林木品种有 100 多个,总数近亿株。苗木除用于安阳本地造林绿化外,还远销河北、山西、内蒙古和河南省的新乡、焦作、许昌、漯河、鹤壁等地。每年根据育苗任务确定种子需求量,主要有林业系统组织采收、乡村集体采收、供销合作社收购等采收渠道。80 年代以来,林业育苗主要应用和推广了泡桐温床催芽,泡桐短根段育苗,桐农套种育苗,ABT 生根粉育苗,山楂快速育苗,容器育苗技术,核桃子苗室内嫁接、春季室外栽培技术,全日光照喷雾育苗,组培育苗等新育苗技术。采取核发种子生产许可证、种子经营许可证进行监控管理,对无证经营者进行了清理整顿,使林木种子管理工作逐步走上规范化、法制化轨道。

二、资源保护成效明显

(一)林地、林木资源保护

1985 年《中华人民共和国森林法》颁布实施,林木保护工作起步,以后随着《中华人民共和国森林法实施条例》、《河南省实施〈中华人民共和国森林法〉办法》等一系列法律法规的出台和林业产权制度、林地用途管理制度等法律制度的日益完善及林业执法力度的不断加大,安阳市林木、林地资源的保护管理工作也一步步走向了科学化、法制化的轨道。

1. 实行林木采伐限额管理制度

从 1988 年开始,安阳市每五年一次、连续四次开展了国家一类森林资源清查工作。在资源清查的基础上,本着林木生长量大于消耗量的原则,制定林木采伐限额,下发木材生产计划,控制林木消耗,确保森林资源稳步上升。

2. 林木采伐实行采伐许可证制度

国家依法征收育林费,专门用于植树造林。对于盗伐、滥伐林木及各种破坏林木的行为,依法严厉打击,情节严重的,要追究刑事责任。1989 年,安阳市政府发布了《关于采取有力措施迅速刹住砍伐风的通知》,当年处理群众来信 50 件,接待来访 45 人次,查处毁林案件 25 起。此后,市政府每年都以通告、通知等形式,加强"三夏"、"秋收"等季节的林木管护,不断加大对乱砍滥伐林木资源行为的打击力度。从 1988 年至 2000 年,全市各级林政部门查处的毁坏、无证采伐林木的案件达 600 余起,行政处罚近千人次。

3. 实行木材凭证运输制度

运输木材必须持有木材运输许可证,严禁无证运输。1989 年,安阳市在林县任村、安阳县漳河桥、内黄县城关镇等地设立了三个木材检查站,依法对过往木材运输车辆实施监督检查。1996 年,经河南省人民政府批准,安阳市在内黄县楚旺、安阳县水冶、林州市水车园、市区大碾屯和汤阴孙庄等地段设立了 5 个木材检查站。检查站的设立,对维护木材正常流通起到了有力的保护作用。据统计,仅 1998 年、1999 年两年,全市 5 个木材检查站检查登记过往木材运输车辆 29 700 辆,其中非法运输达 5 210 辆次,为国家挽回经济损失 41.7 万元。

4. 木材经营加工实施林业行政主管部门核发《木材经营加工许可证》制度

1989 年,安阳市召开了木材市场整顿工作会议,当年对 139 个木材经营加工单位核发了经营加工许可证。1999 年,安阳市林业行政主管部门再次组织了大规模的清理整顿,当年下发限期办证通知书 110 份,办理木材经营加工许可证 37 份。2000 年,《中华人民共和国森林法实施条例》颁布,结束了对非法经营加工木材行为处罚无据的历史。2002 年 7 ~9 月,安阳市根据国家四部委及省四厅局《关于开展木材(经营)加工单位清理整顿工作的通知》精神,全面开展了木材经营(加工)单位清理整顿工作。

5. 占用或征用林地实行用地申请制度

1998 年 8 月 5 日,国发明电[1998]8 号《关于保护森林资源制止毁林开垦和乱占林地的通知》下发以后,安阳市迅速展开行动,共清理出有悖于通知精神的文件 140 余份,清理非法征占用林地案件 502 起,占地 588 公顷,其中有林地 360 公顷,灌木林地 92 公顷,清理毁林开垦林地 5 838 起,占地 6 145 公顷。从通知下发之日起,全市冻结各类建设和非林业经营性征、占用林地审批,直至 2000 年 1 月 29 日《中华人民共和国森林法实施条例》颁布实施。1999 年,《河南省林地保护管理条例》的颁布实施,为林地资源的科学管理和保护提供了更加具体的法律保障。

(二)野生动植物保护

1. 保护野生动植物成为广大人民的共识

《中华人民共和国野生动物保护法》、《中华人民共和国野生植物保护条例》分别于 1989 年 3 月 1 日和 1997 年 1 月 1 日起施行,安阳市野生动植物保护工作也随之全面开展。每年的 4 月 21 日至 27 日为河南省"爱鸟周",10 月为"野生动物保护月",在此期间,全市每年都组织开展广泛的宣传活动,普及野生动物知识,宣传相关法规,提高了广大群众保护野生动物的意识。由社会各界群众救护的野生动物有 23 500 余只(头),其中既有国家一、二级重点保护野生动物,也有省重点保护的野生动物。

2. 依法打击各类破坏森林资源的违法犯罪活动

1987 年以来,各级林业主管部门对乱捕滥猎、买卖、贩运、无证驯养野生动物和非法经营野生动物及其产品的行为进行了严厉打击,强化了对国家珍稀野生动物的监督检查。1988～2000 年全市共放生各类野生动物 35 000 余只(条),没收各类野生动物制品 241 件。林业公安机关受理各类林业案件 2 819 起,查处 2 565 起,案件查处率 91%,其中刑事案件破获 125 起,治安案件查处 512 起,林业行政案件查处 1 928 起;处理打击各类违法人员 2 935 人次,收缴财物 120 余万元。从 1989 年成立森林公安至今,全市共查处各类涉林案件 6 800 余起,涉案人员 9 000 多人次,有效保护了安阳市林业生态建设成果。

(三)自然保护区、森林公园建设、公益林管理与保护

截至 2008 年 12 月,安阳市已批建国家级、省级、市级三级森林公园 12 处,总规划面积达 8 244 公顷。其中,国家级森林公园 1 处,即林州五龙洞国家森林公园,面积 2 525 公顷;省级森林公园 4 处,面积 2 121 公顷;市级森林公园 7 处,面积 3 531 公顷。2008 年度实现旅游收入 45.9 万元。2009 年,安阳市委、市政府决定用 3～5 年时间,建设红旗渠森林公园、龙泉森林公园、二帝陵森林公园。截至 4 月,红旗渠森林公园、龙泉森林公园各已新植树木 133 公顷,内黄县新植树木 39 公顷。建成省级自然保护区 1 处,即林州万宝山自然保护区,规划面积 8 667 公顷。

自 2004 年安阳市公益林管理工作开展以来,全市公益林区补偿面积不断扩大。2004 年落实国家重点公益林 8 733 公顷;2006 年增加国家重点公益林 1 733 公顷、省级公益林 2 753 公顷;2008 年增加省级公益林 1.76 万公顷;2009 年拟增加国家重点公益林 1.08 万公顷。截至 2009 年,全市已实施生态效益补偿的公益林区面积共有 3.08 万公顷,其中重点公益林区 1.05 万公顷、省级公益林区 2.03 万公顷。全市的森林生态效益补偿基金由

2004 年度的中央财政森林生态效益补偿基金 59 万元,增加到 2008 年度的 219.4 万元,其中中央财政森林生态效益补偿基金 74.6 万元、省级森林生态效益补偿基金 144.8 万元。5 年来全市公益林区共投入森林生态效益补偿基金 520.9 万元,公益林区建设项目开支共投入 211.07 万元,实施建设项目 19 个,其中建设生物防火林带 12 条,防火隔离带 2 条,建设防火墙 17 条(建设防火墙总长度 16 060 米),修建护林标牌 68 个、护林房 2 座。

(四)林业有害生物防治

认真贯彻执行《森林病虫害防治条例》《植物检疫条例》,坚持"预防为主、科学防控、依法治理、促进健康"的方针,狠抓森林病虫害防治目标管理,强化政府的行政行为,及时发布预测预报,大力推行"谁经营,谁防治"的责任制度及限期除治制度,依法开展森林植物检疫工作,有效防止林业检疫性有害生物的传播蔓延,保护全市林业生产的健康发展。1990～1991 年,所辖 4 县 1 市和郊区全部建立森林病虫害防治检疫站,2008 年全部建成省级标准森林病虫害防治检疫站。目前全市已初步形成了森林病虫害防治"一站三网"(森林病虫害防治检疫站,测报、防治、检疫网络)体系。1986 年,市站确定内黄、林州、郊区三个测报站为市辖中心测报站,分别承担用材林、生态林及经济林病虫测报任务。1999 年,内黄县被定为省联系测报站;2000 年,林州市被定为国家级中心测报点。全市已形成以国家级林州测报点、省级内黄测报点为龙头,辐射全市各县、乡(林场)、重点村(果园)测报站点的林木病虫害测报网络。据 1980～1981 年森林病虫害普查,安阳市区域主要森林病虫种类有 500 余种,发生、危害比较严重的害虫有 20 多种、病害 10 多种,年发生各类病虫害 3 万～3.33 万公顷,防治 2.33 万～2.67 万公顷。

20 世纪 50 年代,防治林木病虫害主要是发动群众捕捉幼虫、摘虫茧、除卵块等。60 年代至 70 年代,开始采用化学防治,主要对象是果园害虫,使用的主要农药是"六六六"、"滴滴涕"等。到 80 年代,人工防治和化学防治相结合,防治范围逐步扩大,防治对象由果园害虫扩大到各种用材林害虫,防治能力由新中国成立初期的 3 333 公顷增加到 5 333 公顷。90 年代,刺槐外斑尺蠖、木撩尺蠖、杨树食叶害虫相继大发生。在防治关键时期,市、县、乡各级政府及时下发文件,召开会议,安排部署防治任务,并在防治资金和物资上给予扶持。业务部门及时进行了虫情调查,发出病虫测报,开展防治技术指导,采取营林、物理、人工、生物、化学等多种措施进行综合治理。1988 年、1989 年、1995 年三次对内黄、滑县刺槐林食叶害虫进行飞机喷洒无公害药物防治,总计防治面积 1 万公顷。2002 年以来,多次对内黄县、滑县、安阳县、汤阴县、龙安区等地杨树食叶害虫进行飞机喷药防治,总计防治面积 2.93 万公顷,防治效果达到 95% 以上。2009 年,内黄县投入 24 万元资金,采用直升飞机喷药,防治春尺蠖 1 333 公顷。1998 年以来,林州市太行山油松林发生红脂大小蠹,造成大面积油松树生长衰弱甚至枯死,2000 年被国家林业局列为国家级重点工程治理项目。1992 年以来,实行森林病虫害目标管理责任制,对病虫害防治工作实行量化管理。全市每年由政府及林业局逐级签订目标管理责任书,实现政府和业务部门双线目标管理,做到层层有目标、年年有考核,调动了各级防治工作的积极性,实现了森林病虫害成灾率、防治率、监测覆盖率、林木种苗产地检疫率"一降三提高"的总要求,有效遏制了主要林木病虫害发生的势头。

1987 年以来,市、县森林病虫害防治检疫站技术人员积极开展林木病虫调查、观察、防治技术试验研究及推广工作。20 世纪 80 年代,对泡桐丛枝病、枣疯病进行了防治试验与推广,示范推广了根际注射药物防治泡桐大袋蛾,涂干、根埋药物防治榆兰叶甲等技术,毒草绳防治枣飞象、桃小食心虫综合防治技术。2000 年开始至今,按照国家、省森林病虫害防治检疫站的安排,开展了“国家级红脂大小蠹工程治理”工作。2001～2003 年 12 月,开展“安阳市杨树食叶害虫综合控制新技术研究与推广”,市森林病虫害防治检疫站参与技术推广工作,先后获得省政府二等奖、市政府一等奖和三等奖等多个奖项。1999～2000 年,在全市范围内进行了森林植物对象普查,基本上查清了全市森林植物检疫对象的分布状况、种类、密度和危害程度。2003～2005 年在全市开展林业有害生物普查工作,共调查标准地 44 个,调查林业有害生物种类 52 种,其中害虫 39 种,病害 6 种,有害植物 7 种,从外省传入 2 种。此次活动共采集标本 300 余套(只),拍摄照片 200 余张。

(五)森林防火

森林防火工作坚持“预防为主、积极消灭”的方针,大力加强组织体系建设、基础设施建设、防火责任制及火源管理制度,经过十多年的努力,逐步走上了正常化、正规化、科学化轨道。1987 年 10 月,市政府成立了“安阳市人民政府护林防火指挥部”,主管农林的副市长任指挥长,成员有市公安局、市气象局、市农林畜牧业局等 14 个单位,指挥部办公室设在市农林畜牧局。同年,林州市、安阳县成立了护林防火指挥部。1993 年 7 月,汤阴县人民政府护林防火指挥部成立。至此,从市、县到乡(镇)都成立了护林防火指挥部;村成立了护林防火领导小组,建立了森林防火组织指挥体系。1995 年 5 月,林州市依托企业、建立了两支专业森林消防队,共成立了 600 多个义务扑火队,9 000 多名义务扑火队员,形成了专群相结合的扑火队伍体系,加快了平原地区护林防火工作步伐。每年市政府对各县政府签订森林防火责任状,同时,县以下各级政府层层签订责任状,层层分解责任和任务,实行目标管理,把森林防火责任和任务落实到每个环节,每个山头、地段。对指挥部成员单位明确了森林防火职责,并实行指挥成员单位分乡包干责任制。1991 年 10 月,林州市和山西省的平顺县、壶关县成立了“林平壶边界森林防火联防委员会”,制定了联防章程,建立了联防组织。联防委员会每年召开一次会议,研究联防工作,使边界地区森林火灾多、案件查处难的状况明显好转。

1988 年以来,市护林防火指挥部办公室把每年的 11 月定为“森林防火宣传月”,年年都采取出动宣传车、撒传单、播录音、报纸刊登文章、电视、电台上做专题报道、书写标语等不同形式,广泛深入地宣传森林防火法规及有关知识。2003 年通过在电视台制作森林火险天气预报、印制森林防火知识问答等多种形式的宣传活动,在林区形成了浓厚的森林防火氛围,广大干部群众的防火意识明显提高。1989～1992 年期间建成瞭望台(哨)12 座,入山检查站 10 个,设置通信基地网 3 个,购置防火指挥车 4 部。1995 年以后,基础设施建设主要转向生物防火林带、防火墙阻隔建设工程,每年平均投入 20 余万元用于阻隔工程建设,平均每年完成 10 公里生物防火林带、10 公里防火墙。林州市生物防火林带工程作为河南省四个试点之一,多次受到省防火护林防火指挥部办公室的通报表扬。到 2008 年底,全市已营造生物防火林带 60 公里,营建防火墙 330 公里,巩固建立瞭望台 20 座、入山检查站 20 个、搪瓷标语牌 150 块。

三、产业发展势头强劲

长期以来,林业被定位为国民经济的基础产业,承担着向社会提供木材和其他林产品的任务。由于安阳林业资源匮乏,林业生产力水平低,林业产业发展缓慢。20 世纪 90 年代以来,除林果和农民栽植的林木由农民自己经营外,林业产业的经营主体主要有林业系统和其他一些部门的挂靠单位控制。后由于政府部门与企业的经营行为剥离,以及企业开发市场能力不强等原因,以林木资源及其产品为主要经营项目的企业尤其是挂靠政府部门的一些林产企业陷入困境,纷纷于 90 年代初倒闭。随着市场经济的不断发展和人民生活的不断提高,旺盛的市场需求为林业产业的发展提供了难得的机遇。1993 年 3 月安阳市林业局成立后,安阳林业产业坚持以市场为导向,以增资源、增活力、增效益为目标,开始进入了一个有序和快速发展的新阶段。到 1996 年,全市林产企业近 400 家,经营项目总数 23 个,并形成了一批具有龙头带动和辐射作用的企业,林业产业产值超过 8 亿元。目前,全市 19.77 万公顷林地和 1 000 多家林业加工企业每年可为农村劳力提供 20 多万个就业岗位,效益价值 12.37 亿元,林业已成为农村产业结构调整、促进农民增收、推进新农村建设的重要产业。全市农民来自林木、林果、花木三项的直接年收入平均已达 390元。林业产业安排社会就业的人数已达 20 多万人。林业每年向社会提供木材 96 万立方米,有力支持了全市经济建设和社会事业的发展。全市年产果品 40 余万吨,城乡居民年人均水果 37.5 公斤,远高于全国、全省的年均水平,改善了人民群众的膳食结构,提高了生活质量。

(一)林木生产

安阳可用于商品林开发的树种主要有泡桐、杨树和刺槐,面积约 3.33 余万公顷。其中刺槐约 4 000 公顷,泡桐约 667 公顷,杨树约 2.87 万公顷。刺槐主要分布于国营滑县林场、内黄鹤壁矿务局林场、漳河林场和林州西山。20 世纪 80 年代,全市泡桐面积约3.33 万公顷(农桐间作和道路),后因农桐矛盾突出,桐木价格低以及加工能力弱,泡桐面积迅速减少。从 1993 年开始,杨树逐渐替代泡桐成为安阳林木生产的主要树种。

(二)花卉生产

安阳花卉种植已有 1 700 多年的历史,安阳花卉生产以龙泉为最盛。但新中国成立前夕仅存 0.53 公顷。新中国成立后,花卉生产得到了迅速恢复和发展。1956 年,随着农业合作化运动,养花业由个体变为集体。“文化大革命”期间,把花卉生产作为资本主义进行批判,花卉生产又一次遭到了破坏。1978 年后,农业生产推行联产承包责任制,花农有了养花的自主权,养花专业户和联合体迅速发展。1988 年以来,安阳市郊区委员会、区政府以大力调整农业产业结构为动力,多渠道筹集资金,出台了一系列优惠政策和措施,推动龙泉花卉生产的开发。郊区农委、财政局、林业局、农业局、水利局、畜牧局、工商局等17 个单位采取不同形式在龙泉镇相继建立高效农业示范园,引进美国现代化自动温室技术和设备,建立高科技、高标准、高档次现代化温室 80 多公顷;龙泉镇建立了“公司 + 科技 + 农户”现代化企业“龙泉花木有限责任公司”,发展花卉面积 67 公顷多。在其带动下,花农种植花卉积极性空前高涨,花卉生产已涉及全镇 36 个行政村,生产经营面积连年成倍增加,建成大型国营、民营花卉龙头企业 30 多家。龙泉花木除满足当地(市)场需求外，还远销到山东、新疆、山西、甘肃、陕西、宁夏、天津、北京等省（市）。目前，龙泉已初步形成南北花卉交易、集散中心，年产值、交易额上亿元。经过多年的开发，到2009年，龙泉镇花卉苗木生产经营面积1 333多公顷，温棚1 000余栋、品种2 000多个，从业人员近2 000名，形成特色农业乡（镇），在全省花卉生产中占有重要地位，有"南有潢川、北有龙泉"之说。目前，全市花卉苗木种植面积1 733公顷，各类从事花卉苗木生产、园林绿化企业10余家，年产值1.5亿元，带动农户6 000余户。

（三）野生动物驯养

安阳市野生动物驯养繁育起步于20世纪80年代后期，发展高峰期是1994年前后。到2009年，全市共有野生动物驯养繁育场（企业）19家，全市驯养繁育的野生动物有10多种。驯养繁育的野生动物实行许可证管理制度，除少数投放本地（市）场外，绝大部分销往外地。

（四）林木经营加工及果品加工

2009年，全市有速生丰产林生产基地1.33万公顷，林木加工园区5个，各类木材加工企业1 000余家，年加工木材26万立方米，年产人造板8万立方米，年生产家具2万套，年产值4.6亿元，带动农户4.6万余户。全市现有经济林面积6.67万公顷，年产量40万吨，各类干鲜果品加工企业20余家，年产值8.8亿元，带动农户5万余户。

（五）百、千、万高效园区建设

2004年以来，全市新建百、千、万林业高效园区95个，其中百亩园61个，千亩方27个，万亩区7个，新增高效林果花木面积1.23万公顷，温棚杂果由不足67公顷发展到目前的313公顷，涌现出梁庄温棚千亩方、东风樱花百亩园、豆公林果万亩区等一大批精品高效园区，让群众看到了林业的比较效益，调动了群众发展林业的积极性。仅2008年就完成果实套袋面积1万公顷；完成高效林业开发4 007公顷。

四、林业改革扎实有序

（一）"四荒"拍卖造林体制改革

按照《安阳市人民政府办公室关于加快"四荒"造林体制改革的试行意见》（安政办〔2005〕7号），积极推进"四荒"造林体制改革，"四荒"拍卖承包造林取得显著成效。2004年至2007年，共完成"四荒"拍卖承包造林1.23万公顷，涌现出33公顷以上造林大户135户，其中67公顷以上大户42户。市政府三年奖励造林大户265万元，共拉动社会资金7 435万元投向"四荒"造林和农田基本建设。2008年，全市完成"四荒"拍卖承包造林6 200公顷，涌现出67公顷以上大户33户，33公顷以上大户48户，20公顷以上造林大户8户，7公顷以上大户34户。市政府提高奖补标准，对67公顷、33公顷、20公顷、7公顷以上大户分别奖补4万元、3万元、2万元、0.5万元，调动了广大群众投身"四荒"绿化的积极性。林州市大户石延喜，继2006年投资5 000万元建成建泰木业、2007年投资1 000万元绿化67公顷荒山后，2008年又投资3 500万元，承包667公顷荒山发展经济林。2008年，全市共拉动社会资金6 465万元投向林业事业和农田基本建设。

（二）集体林权制度改革

安阳市共有林业用地面积19.77万公顷，其中集体林地14.93万公顷，林木覆盖率

25.4%,森林覆盖率14.8%。全市林改涉及5县(市)、77个乡(镇)、1 961个行政村,25.7万户、97.6万人。2008年,安阳市政府将集体林权制度改革工作作为政府年度目标考核的重要指标,与各县(市)政府都签订了目标责任书。成立了由市长张笑东任组长的安阳市集体林权制度改革领导小组,统一领导林改工作。林州、滑县、汤阴、内黄、安阳县等有林改任务的县也都成立了由政府一把手任组长的县乡两级政府林改工作领导小组。为保证年度林改目标任务的完成,10月27日,安阳市人民政府召开了由各县(市、区)政府主管县长、林改办公室主任和市林改领导小组成员单位参加的"安阳市集体林权制度改革工作推进会",对林改工作进行了再部署、再动员、再强调,要求各地要抓住冬季农闲季节,外出务工人员返乡等有利时机,采取得力措施,全力抓好林改。林州市组织市政府、人大、政协有关领导和林业、财政等成员单位到江西遂川县考察学习林改经验;多次召开政府常务会议,研究制订林改工作方案,确定了"全面铺开、一乡一策、先易后难、分类实施"的工作思路;林州市财政先期拿出95万元保证林改工作顺利进行。汤阴县专门成立了县乡两级林改工作组,长期驻村指导林改。内黄县林业局抽调30余名技术人员,2～3人包一个乡(镇),配备专用车辆,直接深入到村组抓林改。到12月底,全市共成立各级林改领导小组1 245个,制订林改方案930套,印制各类表格12万份,技术培训2 153人次;全市14.93万公顷集体林地已有10.7万公顷落实了产权,进入登记发证程序,占总任务的71.6%。

五、科教兴林方兴未艾

积极落实"科教兴林"战略,广泛应用现有科技成果,提高林业建设科技总水平。围绕林木栽培、良种选育、干旱半干旱地区植被恢复、重大森林病虫害防治、防沙治沙、种质资源保存与利用、林火管理与控制、经济林产品加工等组织科技攻关,提高科技的贡献率,实施国家级、省级、市级林业科技项目200余个(项),选育、引进、推广林木良种160多个,获得国家、省、市级科技进步奖、星火科技奖等奖项80余项,三项造林技术列入国家推广的太行山十大造林技术。与中国林业科学研究院协作的ABT生根粉推广、ABT与GGR绿色植物生长调节剂推广、社会林业工程项目获国家科技进步二等奖,核桃新品种及丰产技术推广、欧美杨107号推广等获得省科技进步二等奖,山楂丰产栽培技术、容器育苗等获省科技进步三等奖,桑天牛、光肩星天牛综合控制新技术推广项目获省政府星火科技二等奖、省林业厅科技成果二等奖。杨树食叶害虫防治等获市科技进步一等奖。科技为林业建设提供了有力支撑,为农民增收和新农村建设作出了巨大贡献。

六、队伍素质不断提高

到2009年,全市林业系统有市管优秀专家7名,市级优秀青年拔尖人才13名。共有专业技术人员181人,占职工总人数780的23%,其中高级职称25人,占专业技术人员总数的13.8%;中级职称63人,占专业技术人员总数的34.8%。科技人员队伍,平均年龄35岁左右。林业科技人员在林业建设中深入农村开展科技咨询、科技服务活动,普及林业科技知识。由局高级工程师、专家带头,在林州东岗、龙安区龙泉镇、安阳县伦掌乡、内黄县豆公乡、汤阴县五陵镇等地开展技术承包、技术服务,取得良好的经济效益和社会效益。在每年造林关键时期,林业科技人员活跃在田间地头,指导林农生产,受到群众广泛欢迎。

60年来,安阳市林业实现了跨越式发展,一个绿色安阳、生态安阳、秀美安阳正展现在世人面前。但是,安阳市的林业发展也还面临着不少困难和问题。一是森林资源总量不足。全市活立木蓄积646万立方米,人均1.02立方米,只占全国人均活立木蓄积平均数9.52立方米的九分之一。全市林业资源每年可吸收二氧化碳约288.6万吨(相当于180.3万吨标准煤的二氧化碳排放量),远低于安阳市工业排放量。二是林业生态建设发展不平衡。汤阴县、城市四区林业生态建设严重滞后。三是林业生态建设标准不高。主要是全市主要道路和市区、县(市)城进出口道路绿化档次较低,部分县、区农田林网建设标准不高、空当较多。城市近郊没有建成一处森林公园、植物园和湿地公园。四是林业产业发展相对滞后。龙头企业数量少规模小,产业链条短,产品附加值低。五是林业投入不足,支撑保障能力很弱。因此,市委、市政府决定,按照十七大"建设生态文明"的新要求,深入贯彻科学发展观,认真落实省委、省政府建设林业生态省的决定精神,以创建林业生态县(市、区)、乡(镇)和园林城为载体,以项目建设为重点,以林业体制改革为动力,全市动员、全民动手、全社会参与,建设生态良好、秀美宜居的林业生态市。根据安阳市自然区域特征和林业现状,以"两区(山地丘陵生态区、平原农业生态区)、两点(城市、村镇)、一网络(生态廊道网络)"为总体布局,建设点、线、面相结合的综合林业生态体系。经过5年(2008~2012年)奋斗,总投资约18亿元,新增有林地3.87万公顷,全市有林地面积达到14.58万公顷;林木覆盖率增长5.22个百分点,达到30.62%,森林覆盖率达到20.02%以上,其中:山区森林覆盖率达到40%以上,丘陵区森林覆盖率达到25%以上,平原风沙区林木覆盖率达到30%以上,一般平原农区林木覆盖率达到18%以上。全市林业年产值达到46.9亿元,产业结构趋于合理。林业资源综合效益达到206.93亿元。所有县(市、区)建成林业生态县(市、区),80%的乡(镇)建成林业生态乡(镇)。全面建成高标准的农田防护林体系,基本建成秀美宜居的城乡生态环境体系,初步建成比较稳定的国土生态安全体系,使全市生态状况显著改善,经济社会发展的生态承载能力明显提高,基本建成林业生态市。2008年,全市共完成造林2.17万公顷,是省下达1.92万公顷任务的113.34%;完成森林抚育和改造2 867公顷,是任务的100%;新争取省级公益林补偿面积2.03万公顷;完成7公顷以上连片"四荒"拍卖承包造林6 200公顷,是任务的116%;林业年产值达到23.3亿元;森林火灾受害率控制在0.39%;全市没有发生大的森林病虫害,成灾率控制在了0.15‰,森林资源得到了有效保护。(安阳市林业局)

第六节　鹤壁市

鹤壁市的林业生态建设以生态文明为目标,在市委、市政府的亲切关怀和各级党委政府的高度重视下,坚持走建设生态、改善生态之路,在生态文明建设上进行了不懈的探索。"要坚持'两手抓',一手抓发展大工业,建设重化工业园区;一手抓发展大林业,建设林业生态园区,使两者同步规划、同步实施,让鹤壁的经济更加繁荣、山川更加秀美"。新一届市委、市政府领导上任伊始，就提出了明晰的发展思路。市委、市政府的决策为鹤壁人民描绘了一幅山川秀美、人与自然和谐相处的新蓝图。回顾60年来，鹤壁市林业工作坚持一手抓森林资源培育，一手抓森林资源保护，求真务实，真抓实干，全市林业建设取得了显著成效。

目前，鹤壁市林业用地面积6.4万公顷，全市保存林木资源面积5万公顷，其中生态防护林面积2.86万公顷，用材林面积3 267公顷，经济林面积1.82万公顷；保存农田林网和农林间作面积8.4万公顷；全市林木蓄积量113万立方米，林木覆盖率25.1%，林业总产值达4亿元；经济林总面积1.82万公顷，干鲜果品年产量6.4万吨；花卉苗木种植面积333公顷，年销售额1 500万元；生态旅游景区18处，其中省级森林公园2个（云梦山森林公园、黄庙沟森林公园）；实施国家林木种子工程项目2个；建立了2个林业科技示范园；建立扑火物资储备库6座，各类防火设施7座；建立野生动物疫源疫病监测站点5个，其中省级监测站1个（淇河野生动物疫源疫病监测站），市级站点4个（浚县白毛监测点、淇县黄洞监测点、山城区枫岭公园监测站、鹤山区黄庙沟监测点）。

自2004年以来，鹤壁市林业工作连续四年综合评价在全省处于先进行列；市林业局连续四年在全市年度综合目标考核中获得综合考核优秀单位和争取上级资金先进单位，为全市林业跨越式发展作出了积极贡献。

一、造林绿化工作

（一）荒山造林蓬勃开展

从20世纪90年代初开始，全市人民发扬艰苦创业的太行精神，在绵延60公里的西部山区拉开战场，开展了声势浩大的山区植树造林活动，形成了"十万大军战太行"的壮观场面，昔日的荒山秃岭，今日树木葱茏。省政府于1994年、1995年连续两年在鹤壁市召开了太行山绿化现场会，国家林业部于1995年在鹤壁市召开了全国太行山绿化工程建设现场经验交流会，对鹤壁市的经验和做法给予了高度评价，并在全国推广。省委、省政府授予鹤壁市"1995年度造林灭荒工作整体推进先进市"称号。1998年，鹤壁市全面完成了省政府下达的十年造林绿化规划任务，提前一年实现了全市灭荒。省政府授予鹤壁市"十年太行山绿化工程先进地（市）"称号，授予淇县、郊区"太行山十年绿化先进县（区）"称号。"十五"期间，鹤壁市大力开展了以退耕还林为主的荒山造林，山区造林取得了突破性进展。2004年，国家林业局授予鹤壁市"全国太行山绿化先进单位"称号。连续三年，淇滨区、鹤山区、山城区成功创建为全省林业生态县（区）。截至2006年底，全市完成退耕还林面积2.6万公顷（其中退耕地造林6 420公顷，荒山配套造林1.96万公顷）；完成太行山绿化工程1.4万公顷，全市共营造生态防护林面积2.86万公顷。

（二）平原绿化达到高级标准

1991年，鹤壁市被授予"平原绿化达标市"称号。"十五"期间，鹤壁市坚持水田林路综合治理，统一规划，严格标准，农果间作、林粮间作、农田林网和村镇林建设相结合，形成了田成方、树成网的农田绿化格局，初步建成了平原绿化网络体系，全市农田林网和农林间作面积达到8.4万公顷。平原农田防护林体系基本完善，淇县、浚县分别于2005年和2006年达到平原绿化高级标准。农田防护林体系有效改善了农业生态环境，增强了抵御干旱、大风、洪涝、干热风、冰雹、霜冻等自然灾害能力,促进了农业稳产高产。沙化耕地基本得到控制,生态环境明显好转,已成为粮食生产基地。

(三)防沙治沙稳步推进

鹤壁市沙区主要分布在浚县的善堂、王庄等乡(镇),沙区总面积3.6万公顷,沙化土地面积1.87万公顷。自实施防沙治沙工程以来,共投入防沙治沙资金1 090万元,治理荒沙1.33万公顷,其中造林1 000公顷,治沙造田1.23万公顷。在防沙治沙工作中,突出整地、造林、配套三个方面的工作,坚持防护林和经济林相结合,防护林以杨树、刺槐为主,经济林以枣树、苹果、杏、桃等为主,每13～20公顷为一网格,行间间作花生、红薯等低秆作物,每3公顷打一眼机井,实现了以水压沙、以树防风、生态效益和经济效益双丰收的目标。防沙治沙工程彻底改善了沙区的生态环境和农业生产条件,极大提高了农民收入。如善堂镇的郭坊村,治沙93公顷,打井28眼,植刺槐、毛白杨3万株,栽植大枣80公顷,在枣行间作花生,仅花生一项收入每公顷达6 000元以上,果品收入每公顷1.5万元以上,人均增收660元,其经济效益是治理前的8～10倍。

(四)通道绿化卓有成效

鹤壁市从2000年开始开展大规模通道绿化,全市通道总里程2 027公里,可绿化面积1 599公里,已绿化道路、河流等通道1 203.5公里,植树230多万株。京珠高速公路两侧建成了宽10～20米以上的绿化林带;107国道、大白线两侧建成了两侧各宽20～30米的绿化林带;新区北部建成了长6公里、宽100米的防护林带,筑起了城北的绿色屏障;大白线南段、京珠高速公路、107国道、鹤濮高速新区段两侧、新老区快速通道两侧的荒山荒坡绿化等重点工程已完成绿化。

(五)城市周边大环境越来越优美

鹤壁市圆满编制完成了《创建国家森林城市规划》和《林业生态市建设规划》,经过几十年的努力,全市生态环境明显改善。新城区形成了点成景、线成荫、面成林的绿化景观和带、片、网相结合的绿化体系,营造了良好的城市生态环境和优美的人居环境,获得了"中国人居环境范例奖"荣誉称号。

淇河两岸大力发展风景林、水源涵养林,营造绿色景观,形成了春夏繁花似锦、夏秋金果飘香、深秋红叶遍布、冬季绿意盎然的自然景观,正在成为鸟语花香的绿色生态河、旅游景观河。淇河两岸共造林624公顷,栽植各类乔木、灌木251万株,栽植芦苇蒲草174万株。新建寒坡湿地、淇水仙岛、贺家湿地、瀛洲春色、深林鸟语、白蛇遗踪、罗贯中隐居处、采摘园、天然太极图等9处自然、人文景观,为人们提供了一个良好的生态旅游、观光休闲场所。沿淇河两岸建成了乔灌花草相结合的绿化带,初步形成了淇河绿色生态观光长廊,吸引了众多游客前来休闲、观光、旅游。

(六)各项林业工程建设进展顺利

2001年以来,鹤壁市以太行山绿化、退耕还林、防沙治沙、平原绿化等为重点的林业生态建设工程稳步推进,共完成太行山造林绿化工程1.4万公顷,治理水土流失8 667公顷,防沙治沙1.33万公顷,其中造林1 000公顷,治沙造田1.23万公顷。完成退耕还林面积2.6万公顷,有效地增加了农民收入,改善了生态环境。建成平原农田林网3.23万公顷,农林间作6.26万公顷,保留"四旁"植树4 954万株,全市平原绿化实现了整体高级达标。

退耕还林工程稳步推进。2002~2008年,鹤壁市共完成退耕还林3.32万公顷(退耕地还林6 420公顷,荒山荒地造林2.68万公顷),其中人工造林2.29万公顷,封山育林3 933公顷。工程覆盖鹤壁市2县3区,涉及农户24 417户,634 766人。退耕还林工程在改善生态环境、增加农民收入方面发挥了巨大作用,为鹤壁市提前两年实现林业生态市奠定了良好的基础。生态环境得到明显改善:退耕还林造林面积全部成林后将增加鹤壁市林木覆盖率13个百分点。同时由于实施退耕还林,不少山区县森林面积大量增加,森林环境不断改善,为野生动植物的生存、繁衍提供了有利条件。在平原沙区,由于林地面积大幅度增加,生态环境得到明显改善,风沙逐年减少,粮食实现了稳产高产。淇滨区金山办事处蔡庄村,2002年以来实施退耕林地面积207公顷,该村被评为全市"生态文明村"和全国"绿色小康村"。全社会经济效益得到提高:经过实施8年退耕还林,鹤壁市共保存速生用材林面积17 854公顷,其中杨树1.23万公顷、刺槐920公顷、泡桐314公顷、楸树3公顷、其他4 317公顷;保存干果类经济林面积5 356公顷,其中柿树632公顷、大枣706公顷、核桃927公顷、板栗2公顷、花椒688公顷、其他2 401公顷;保存水果类经济林767公顷,其中苹果71公顷、犁58公顷、杏101公顷、桃309公顷、李170公顷、石榴42公顷、葡萄16公顷;保存其他树种面积5 267公顷。速生用材林成材后,每公顷收入按照12万元计算,可以增加收入214 720万元;干果类经济林进入盛果期后,每年每公顷可收入2.25万元,总收入达120 502万元;水果类进入盛果期后,每年每公顷可收入4.5万元,总收入可达3 461万元。许多村庄依靠退耕还林摆脱了贫困,走上了小康之路。鹤山区姬家山乡东齐村是西部边际一个典型的山区村,总人口1 005人,人均耕地0.05公顷。实施退耕还林工程以来,该村两委抓住机遇,积极组织、宣传发动,提出了"退耕惠农、兴林富农"的口号。在村委的组织发动和党员干部的带领下,该村2002年、2003年两年共实施退耕还林185公顷,其中坡耕地造林32公顷、宜林荒山造林153公顷。栽植香椿90万余株,目前香椿年产量达25万余公斤,人均香椿产量248.7公斤,产值400余万元,人均产值3 980元。该村人均收入由原来的780元增加到4 320元,成为远近闻名的小康村。2004年东齐村香椿被河南省认定为无公害产品生产基地。

新农村建设绿化显见成效。鹤壁市积极开展了林业生态示范村建设,努力建设了一批高标准林业生态示范村,达到了"村村树木环绕,村内绿树成荫"的效果。自2006年全市新农村建设启动以来,全市共确定71个新农村建设示范村,按照"生产发展,生活宽裕,乡风文明,村容整洁,管理民主"的总体要求,将村镇绿化作为一项重要工作来抓,市、县林业部门都建立了科技示范基地,积极开展技术攻关,使之成为引导农民致富的示范基地。

随着新农村建设进程的加快,村镇绿化的水平必将不断提高,围村林、街道绿化、庭院绿化和农田林网建设也将不断得到完善、提高。目前,建设了一批高标准林业生态示范村,市、县(区)林业部门重点完成了市县级21个、乡(镇)级50个村的新农村建设绿化工作,共栽植乔木11.9万株,花灌木3万株,初步形成了全新的绿化效果。善堂镇被河南省绿化委员会授予"河南省国土绿化模范乡(镇)"称号。目前,全镇植树400万株,以大枣为主的经济林2 667公顷,绿化通道230公里,农田林网6 667公顷,有林地3 100公顷,活立木蓄积量达到了 24 万立方米,林木覆盖率 32%,林网控制率 92%,镇区绿化率 40%,初步形成了以农田林网为主体、经济林为支撑、用材林为辅助的综合林网防护体系。

淇滨区金山办事处蔡庄村在由中宣部、中央精神文明建设指导委员会办公室、全国绿化委员会和国家林业局组织开展的全国"绿色小康村"的评选中,荣获全国"绿色小康村"称号。蔡庄村大力开展林业生态村示范建设,投资百余万元,新发展杨树速生林 120 公顷,新发展核桃、桃树经济林 20 公顷;村内道路、庭院绿化全部得到了绿化,全村林木覆盖率已达到 90% 以上,初步形成了以杨树用材林为主、以各种经济林为辅的林业产业经济模式,走在全市农村发展林业产业的前列,被誉为"鹤壁市林业生态第一村"。

(七)全民动员、全民参与造林绿化

在每年 3 月 12 日植树节来临之际,全市各级各部门广泛动员,抓住春季这一植树的大好时机,掀起全民义务植树的高潮。市委、市政府在快速通道两侧、淇河公园等地专门划定了义务植树基地,动员全市各行政事业单位、个人栽植"文明林"、"青年林"、"巾帼林"、"公仆林"、"记者林"、"长城林"、"思乡林"、"情侣林"、"状元林"等。市委、市政府于 2005 年,在全市广泛开展了新老区快速通道两侧荒山荒坡认养绿化活动,全市共有 100 多个单位、1.1 万人自愿认养绿化,收取认养资金超百万元,建成认养林 92 公顷,栽树 39 万株。

(八)实施飞播造林,加快山区绿化进程

鹤壁市飞播造林经过试验、总结、研究、推广,不断得到提高和发展,取得了令人瞩目的成就。自 1984 年实施飞播造林以来,共飞播造林 2.22 万公顷(其中人工撒播造林 3 982 公顷),其中淇县 1.72 万公顷,淇滨区 4 955 公顷。飞播造林加快了山区绿化进程。截至 2008 年,全市累计完成飞播造林面积 2.22 万公顷,其中成效面积 5 318 公顷,占山区人工林保存面积的五分之一,为山区森林面积和森林蓄积双增长作出了重要贡献。飞播造林有效改善了重点地区生态状况。多年来,通过开展飞播造林,有效增加了生态脆弱地区的林木植被覆盖率,促进了这些地区生态状况逐步好转,使昔日的荒山秃岭变成了满目青山,有效控制了水土流失,自然环境得到了有效改观。

二、林业产业工作

(一)林业产业迅速起步

全市各级按照林业结构调整的要求,积极加快林业产业化步伐,通过调整林业产业结构,积极探索林业产业化的路子,帮助农民走林工贸一体化,产供销一条龙和公司、基地加农户的道路。在林业产业建设上,一是加强领导;二是大力实施"林业高效开发园区"计划,进一步放宽林业政策,调动农民发展林业产业的积极性;三是创"精品工程",提高经济效益。在创办精品工程项目过程中,还积极支持兴办"龙头"企业,如裕丰果业发展有限公司是集高效林业示范基地和果品于一身的企业,不仅积极引进各种林果名优特稀新品种进行示范,而且在基地建设中,采用"公司 + 农户"的模式,在扩大基地规模的同时,给周边农民带来了显著的经济效益,为全市林业产业的发展起到了积极的作用。

重点开展了十大经济林基地建设,现保存各种经济林面积 1.82 万公顷,年产干鲜果品 6.4 万吨。全市每年育苗面积 333 公顷以上,产苗 3 000 万株以上。除浚县、淇县和淇

滨区苗圃场等三个国有苗圃外,还涌现出了裕丰果业等大批大中型骨干种苗民营企业,蜀龙花卉生产基地面积扩展到了 200 余公顷。全市拥有大型林果批发市场一处,木材经营加工企业 28 个,果汁、果茶、保健茶等生产加工企业 4 个。2008 年林业总产值达到了 4 亿元。

(二)森林旅游业异军突起

继鹤壁市成为全国优秀旅游城市之后,森林旅游业蓬勃发展。目前,鹤壁市拥有云梦山森林公园和黄庙沟森林公园等两处省级森林公园,正在建设中的淇河生态旅游长廊也将吸引更多的游人前来观光。据统计,全市每年森林旅游人数达到 120 万人次,收入 1 519 万元。

三、林业育苗和林业科技工作

鹤壁市林业育苗工作以国有苗圃、市中心苗圃、罗庄园艺场、淇苑农牧公司、鹤壁宝马集团、蜀龙花卉苗木公司为龙头,以国家、省林业科研院所为技术依托,下联专业育苗户、育苗农户,走"基地(公司)+农户"的发展道路,辐射带动,规模发展,积极扶持育苗大户,初步建起了育苗生产体系。全市有大型育苗基地 16 处,其育苗面积占总面积的 80% 以上。引进、推广新品种,实现良种化育苗。分别引进、推广了苹果、薄皮核桃系列、桃树系列、杏李系列等新品种,目前全市良种育苗使用率已达到 70% 以上。2008 年,全市林业育苗实际完成 563 公顷,完成容器育苗 545 万袋,总产苗量 6 203.6 万株。此外,全市各级林业部门坚持每年开展林木种苗质量抽查、执法检查和非公有制林木种苗发展情况调查等工作。

在工程造林和经济林建设中,重点推广了截干造林、抗旱保水剂应用、抗蒸腾剂应用、点播造林技术、果树密植早丰产技术等五项新技术,推广面积达 2 000 余公顷,造林成活率达 90% 以上,精品林成活率达 95% 以上。积极开展了林业科研推广和科技培训工作,引进、推广了爱宕梨、沾化冬枣、杏李、薄皮核桃、斤柿等优良经济林品种 100 多个;推广了营养钵育苗、苹果塑膜套袋无公害生产、太行山新品种新技术、107 系列速生杨等先进适用技术 15 项。引进芦竹、芦荻、红叶石楠、美国红枫等几十个造林新品种,每年新品种造林面积达 333 余公顷,市县两级均建立了林业科技示范基地。

2008 年,推广太行山抗旱造林技术 1 667 公顷,大机械整地技术在全市新老区连接带和杨树速生丰产林建设中全面推广,共造林 800 公顷。

几十年来,鹤壁市林业科技部门每年都要组织各级林业技术人员积极开展服务三农、送科技下乡等活动。林技人员下到田间地头,在现场指导技术、开展咨询服务、发放技术资料和林木科技手册。对重点乡(镇)、村林业技术员进行培训,每年受训人员达 500 人次,为林农解决了生产中的实际问题。以"211 工程"为载体,狠抓了科教兴林工作,建立林业科技示范县 1 个,建立林业示范乡(镇)5 个,每个乡(镇)建立林业示范村 10 个。

四、森林资源保护工作

(一)林政工作成效突出

加强林地林权管理工作,严格按照征占用林地有关法律法规,为京珠高速拓宽、石武客运专线、南水北调、煤化工项目等全市重点工程和大项目占用林地事宜提供调查、咨询、方案设计和报批等服务,既确保了全市经济社会建设的顺利开展,又保护了林地资源。全市各级严格控制采伐限额,执行林木采伐审批制度,对允许采伐的单位和个人、林业部门切实做到采前踏查、采中检查、采后验收制度。"十一五"期间,全市年森林采伐限额为23 282立方米,其中:淇县9 862立方米、浚县11 488立方米、淇滨区1 322立方米、山城区312立方米、鹤山区298立方米。2008年,全市实际采伐8 780.63立方米,其中:淇县6 113.49立方米、浚县1 851.8立方米、淇滨区810.42立方米、山城区0.8立方米、鹤山区4.12立方米。全市未发生超限采伐现象。

加大林地保护管理力度,及时确权划界,发放林权证,保护林农合法权益,同时加大野生动植物保护力度。加强公益林建设和管理工作,扎实做好公益林补偿制度实施工作。从2003年开始进行公益林界定工作,共界定公益林5.23万公顷,其中国家级重点公益林1.26万公顷,并且7 067公顷已得到补偿;省级公益林7 267公顷,全部得到补偿。2006年开展了建市以来首次森林资源二类调查工作。2008年开展了全国第七次森林资源连续清查工作。

(二)林业公安和森林防火工作常抓不懈

加强森林公安队伍建设。鹤壁森林公安机构最早成立于1989年,1995年组建市林业局公安科,2000年更名为市森林公安分局,2009年成立森林公安局,辖淇县、浚县两个森林公安局。

森林公安成立近20年来,共接警处警8 000余次,办理各类森林案件6 237起,为国家、集体和林农挽回经济损失近5 900余万元。多年来,各级森林公安深入开展了"集中打击破坏野生动物资源违法犯罪活动专项行动"、"严厉打击涉枪违法犯罪行动"、"林区禁毒专项行动"、"严厉查处破坏森林资源案件切实保护林农合法权益专项治理活动"、"飞鹰行动"、"猎鹰二号专项行动"和"中原绿剑行动"、"候鸟行动"等一系列林业严打专项行动,加大对毁林案件和非法占用林地案件的查处力度。市森林公安局在重点林区建立了9个森林公安警务区,在重点林区行政村和乡村林场都建立了护林组织,延伸了森林公安护林触角,维护了森林资源安全和林区治安稳定。

全市森林防火工作重点抓好以行政领导责任制为核心的各项责任制落实,制定了《全市森林防火预案》,市、县(区)在各个防火紧要时期都有针对性地进行部署和督促检查。加大森林防火宣传教育力度,加强森林防火基础设施建设,组建了多支森林消防队,完善了各项森林防火制度,狠抓了基础设施和队伍建设。全市共建森林防火宣传通道11条,设宣传牌580块、宣传碑150块。在市电视台天气预报节目里增加了森林火险等级预报,向市、县、区200多位指挥部成员、乡(镇)长的手机每周发送一次天气预报信息。严格火源管理,市、县(区)森林防火部门采取宁紧勿松、宁严勿宽、堵塞漏洞、消除隐患的措施,严格各项用火审批制度,并将景区森林防火工作纳入森林防火工作内容。60年来,全市没有发生一起大的森林火灾。

(三)森林病虫害防治工作强化目标管理

鹤壁市森林病虫害防治工作在强化目标管理的同时,推行森林病虫害限期除治制度,完善防治、测报、检疫三个网络,及时开展病虫害监测预报,适时开展森林病虫害防治,病虫害发生率控制在省下达的目标范围内。具体开展了松材线虫、杨树黄叶病等各种虫害的普查工作，开展了杨树食叶害虫、杨树蛀干害虫、槐树害虫、泡桐病虫害、红枣、苹果等病虫害的防治工作，并有效地提高了防治率。自 2006 年第一次实施飞防，鹤壁市连续三年开展飞机喷药防治病虫害，对危害较重的 107 国道、京珠高速、新区北部防护林等绿化树木进行了飞机喷药防治林木病虫害，每年防治面积达 1 333 余公顷，防治效果均达 95% 以上。2008 年首次发现并铲除了淇滨区大白线刘庄段路旁废弃院落内一处加拿大一枝黄花约 120 株。

（四）林业产权制度改革不断深化

成立了市集体林权制度改革领导小组，以主管副市长为组长，发展改革、监察、民政、财政、人事、国土资源、农业、林业、司法、法制、信访、档案、金融、保险等部门负责人为成员的集体林权制度改革领导小组，全面负责协调林改工作；林改小组下设办公室，设在市林业局，具体负责全市的林改工作。科学制订林改工作方案，印发了《鹤壁市人民政府关于深化集体林权制度改革的意见》。全市各级林业部门及有关乡（镇），通过悬挂过路横幅、墙体标语、印发宣传材料、召开乡村干部会、群众代表会等多种形式，宣传集体林权制度改革政策及目的意义，提高广大林农对林权改革的认识，营造全社会支持和参与林权制度改革试点工作的良好氛围。市、县（区）、乡政府通过召开动员大会，对林改工作进行动员部署。实行目标责任管理，市政府与各县（区）政府、县（区）政府与各乡（镇）分别签订了目标责任书，推动了林改工作的顺利开展。

全市积极开展了宜林"四荒"的拍卖、承包和租赁，制定了"四荒"拍卖承包的优惠政策，多次召开了宜林"四荒"拍卖、租赁、承包现场会和推介会，加大了"四荒"拍卖承包力度。全市原有"四荒"面积 3 万公顷，已承包拍卖 1.9 万公顷，均已造林绿化。涌现出众多的承包荒山、造林绿化典型和大户。全市原有"四荒"面积 2.97 万公顷，已承包拍卖的达 1.92 万公顷，均已造林绿化。其中承包造林 67 公顷以上的大户 11 个，33 ~ 67 公顷的承包户 77 个。

（五）开展全市古树名木普查与保护工作

鹤壁市位于豫北太行山东麓，历史悠久，境内名胜古迹荟萃，古树名木遍布全市。2001 年，鹤壁市组织人员对全市的古树名木进行了认真普查。普查人员严格按照《全国古树名木普查建档技术规定》操作，确保了普查数据的真实性。经过普查，全市共有古树56 株，其中以侧柏树为最多。古树多为明、清时期所栽；古树群 4 群，树种以枣树、侧柏为主。由于树木栽植年代久远，生长盛衰各异。经过整理，取得了古树名木的完整资料，有力地促进了对全市古树名木的保护和利用。

目前，鹤壁市建设林业生态城市已具备了较好的基础条件。森林资源迅速增长。过去 5 年，全市共完成营造林 3.6 万公顷，为营造林计划 2.2 万公顷的 168%，其中人工造林2.0 万公顷，是计划 0.8 万公顷的 235.34%；封山育林 1.6 万公顷，占计划 1.3 万公顷的 125%。

展望未来，林业生态城市的美景鼓舞人心，展现在全市人民眼前的将是：以城区和城郊绿化为核心的"城区绿岛、城郊林带、城外林网"等城市森林景观，以高标准绿色通道为骨架的道路水系防护林带，以新农村绿化美化为亮点的优美生活环境，以提高山区、丘陵、沙区绿化总量为重点的秀美山川，以农田林网为体系的田园风光，以建设"大组团、高效益"的速生丰产林和优质花果林为支撑的林业产业。鹤壁市将形成"高品位、近自然、多色彩、看不透、山清水秀、鸟语花香"的现代城市森林生态系统。实现城区园林化、郊区森林化、通道林荫化、农田林网化、乡村林果化的城乡一体化绿化新格局。

随着国家对林业生态建设的进一步重视，鹤壁林业正在迈入新的发展时期。全市林业战线的广大干部职工决心围绕建设"富裕、文明、和谐、生态"新鹤壁的奋斗目标，奋力拼搏，实干快上，为加快建设新鹤壁、中原崛起争先锋作出更大的贡献。（鹤壁市林业局）

第七节　新乡市

新乡市位于河南省北部，北依太行，南临黄河，紧邻省会郑州，是中原城市群及"十字"核心区重要城市之一。现辖 2 市、6 县、4 区及高新技术开发区、新乡工业园区和西工区，总面积 8 169 平方公里，人口 557 万，其中市区面积 425 平方公里，人口 100 万。山区占总面积的 18.6%，平原区占总面积的 81.4%。是国家卫生城市、国家森林城市、国家园林城市，全国创建文明城市工作先进城市，中国优秀旅游城市，城市综合实力百强市，中国金融生态城市，国家知识产权试点城市，中国中部最佳投资城市、中国民营经济最具活力城市，连续三年荣获"全国质量兴市先进市"，连续四届荣获"全国双拥模范城"。

新中国成立 60 年来，新乡市认真贯彻执行党的林业方针政策，大力开展植树造林和森林资源保护工作，林业生态建设取得了重大成就。目前，全市林业用地面积达 21.53 万公顷，有林地面积 14.28 万公顷，活立木蓄积量 841.1 万立方米，林木覆盖率 25.3%，城市建成区绿地率 33.64%，城市绿化覆盖率 36.05%，人均公共绿地面积 9.35 平方米，城市中心人均公共绿地 7.33 平方米。特别是近几年，林业产业发展迅速，全市林业总产值以平均每年 14% 以上的速度增长，新乡林业生态效益总价值达到 158.48 亿元。"半城高楼半城树，牧野无处不飞绿"。今天的牧野大地，无论行走在大街小巷、高速公路、河道渠旁，还是田间村头、黄河岸边、太行山上，那一株株苍翠的树木，处处绽放着绿色和生机，为牧野这片古老的大地增添了多彩多姿的诗意。

一、新中国成立前林业发展状况

新中国成立前，由于战乱及旧制度的局限，大面积森林、树木被毁，林业发展受到限制，生态环境严重恶化，自然灾害频繁发生。1910 年至 1949 年间，共发生旱灾、水灾 45 次，旱、涝、风、沙灾害达到每年两遇。气候恶化导致农业失去保障，广大农民处于贫困状态。1949年，全市有林地面积只有 2.5 万公顷，"四旁"树木 2 375.7 万株，活立木蓄积量 27.61 万立方米，林木覆盖率仅 4.1%。当时的太行山区一片荒山秃岭，仅剩少量的残次林；平原只有一些杨树、柳树等零星树木。风吹沙移，埋没农田，吞噬村庄，生态环境极其恶劣。

二、新中国成立 60 年来林业发展历程

新中国成立后，党和国家高度重视林业建设，制定政策，建立林业机构，采取措施保护和发展林业生产，经过 60 年的努力，新乡林业建设发生了翻天覆地的变化。可以分为六个阶段。

（一）1949～1957 年大发展时期

1949～1953 年，根据国家提出的"普遍护林、重点造林"的建设方针，新乡发布了"严禁烧荒烧垦、防止森林火灾的通令"，全面开展以护林防火为中心的护林运动。为保护国有荒山荒地，开展了分山划界和查荒活动，分清责任区，制定群众性的包干灭荒计划，奠定了山区、沙区林业生产基础。造林方面主要是季节造林，除了带有推动督导性质的公私合营林以外，私人互助造林占较大比重，占造林总量的 60%～70%。盛行小穴造林，成活率山区 50%～60%，沙区 20%～80%。1954～1957 年，按照国家"谁造谁有、伙造伙有、村造村有"的林业政策，确立了以营造水源林、防护林为主，结合用材林，重点培育经济林的方针，明确了以群众性合作造林为主的营林方向，按地区分别不同类型，坚持统一领导、综合规划、因地制宜、因害设防、综合利用、全面发展的原则，以生产互助合作为主，实行包工包产管理办法，依靠群众开展了大规模的黄河故道基干林、防风固沙林、水土保持林等造林活动，林业建设取得了较大成绩，林业收入在国民经济中所占比重不断提高。其主要表现是：

（1）山区、沙区部分地区，基本控制了水土流失和风沙侵袭，在抵御自然灾害，保障农业增产方面，发挥了初步作用。1957 年，全市有林地面积达到 4.74 万公顷（其中用材林 2.07 万公顷，防护林 1.89 万公顷，经济林 7 367 公顷，其他 467 公顷），"四旁"树木 6 729.8万株，农田林网 1.27 万公顷，活立木蓄积量 56.5 万立方米，木材采伐量 3.72 万立方米，林木覆盖率 9.4%。山区水土保持林和沙区农田防护林的发展，不仅保障了农业的丰收，而且扩大林地面积 2 万余公顷，扩大农田 3.33 万余公顷，保护风沙地 5 万公顷，控制水土流失面积 2.67 万余公顷，粮食单产由 1949 年的每公顷 150 公斤提高到 525～600 公斤。

（2）林业经济在农村国民经济中的比重逐年增长，达到 3%；林业多种经营收入逐年增加，群众生活水平得到初步改善。特别是山区林业收入最高的占总收入的 70.2%，出现了"人翻身、地翻身、荒山变成聚宝盆"，"栽上树、挡住风、柳林变银行、荒山变成粮食囤"的喜人景象。

（3）摸索了发展林业的经验。试验并成功推广了橡籽直播、平茬和刺槐、油松直播与苦楝农林混作直播等技术措施。应用了四面围攻、前挡后拉固定沙丘、营造主副林带改造沙荒、山区鱼鳞坑整地等造林技术。

（二）1958～1961 年大破坏时期

1958 年，第二个五年计划开始，由于国家经济建设指导的偏差，受"大跃进"、"大办钢铁"、"反右倾"等运动影响，林业工作在"高速发展、大栽多砍"的方针指导下，遭受了一次浩劫。林业生产出现了"二多二少"，即栽的多、活的少，砍的多、存的少。"一把锄头造林，千把斧子砍树，钢铁元帅升帐，大小树木遭殃"，上好的木材填进了炼钢炉和集体食堂炉灶，太行山成了荒山秃岭，黄河故道露出黄沙，大小树木荡然无存，造成了国家建设缺用材、工地盖房缺木材、群众做饭缺烧材、老人死了无棺材的严重局面。生态环境严重恶化，太行山区暴雨成灾，泥沙俱下，洪水泛滥，毁坏家园；平原地区旱、涝、风、沙灾害肆虐，人民生活极度困难。到 1961 年，全市只有林地 3.22 万公顷（其中用材林 1.6 万公顷，防护林 8 193 公顷，经济林 7 473 公顷，其他 513 公顷），比 1957 年减少 2 000 余万株；农田林网 4 667公顷，比 1957 年减少 8 000 公顷，比 1949 年还少 2 000 公顷；活立木蓄积量 33.78 万立方米,比1957年少23万立方米;木材采伐量6.82万立方米,比1957年多3万立方米;林木覆盖率6.7%,比1957年低2.7个百分点。

(三)1962~1966年恢复发展时期

1962年,国民经济进入调整时期,国家高度重视恢复和发展林业生产。新乡人民认真落实"国栽国有,社栽社有,队栽队有,合栽共有"的林业政策,加快植树造林步伐,营造大批国有林。山区因地制宜,引进油松、刺槐等先锋树种,创造了石质山区抗旱造林经验;沙区采取"贴膏药"、"扎针"的办法,固沙造林,保护家园;广大平原农区建设农田林网,林业生产出现转机。到1966年,全市有林地面积达4.34万公顷(其中用材林1.87万公顷,防护林1.36万公顷,经济林1.06万公顷,其他573公顷),"四旁"树木7 181万株,农田林网和农桐间作2.29万公顷,活立木蓄积量59.66万立方米,林木采伐量9.53万立方米,森林覆盖率9.1%。尽管经过几年恢复发展,仅仅恢复到1957年的水平,个别指标还低于1957年。可见,破坏是严重的,恢复不仅慢,而且代价巨大。

(四)1967~1978年停滞徘徊时期

1967年以后,国家提出"树成行,田成方,路林排灌电统一规划,综合治理,逐步实现农田林网化和大地园林化"的林业建设方针。但在"文化大革命"动乱中,政策摇摆不定,农民发展林业的积极性受到压抑,林业发展没有大的突破,一直处于徘徊状态。1978年,全市有林地面积4.44万公顷(其中用材林1.96万公顷,防护林1.36万公顷,经济林1.06万公顷,其他587公顷),"四旁"树木11 822.3万株,农田林网9.19万公顷。农桐间作2.5万公顷,活立木蓄积量174.17万立方米,木材采伐量18.9万立方米,森林覆盖率11.2%。这一时期的明显特点是,平原地区"四旁"植树、农田林网、农桐间作发展较快。

(五)1979~1999年持续发展时期

党的十一届三中全会以来,林业发展摆脱徘徊局面,进入持续稳定发展时期。20年来,新乡林业在各级党委、政府的正确领导下,针对旱、涝、风、沙、碱灾害频繁的实际,采取因害设防、因地制宜的方式,坚持治山治水相结合,水旱风沙治理相结合原则,以建设重点突出、布局合理、内涵丰富的林业生态体系为目标,以改善林业生产条件,改善生态环境,帮助农民脱贫致富奔小康为宗旨,先后启动了平原农田防护林建设、太行山绿化、黄河故道治沙造林、青年黄河防护林、经济林基地建设等林业工程,建设了两个国家级自然保护区、一个国家级森林公园、一个省级森林公园。建立健全了林政管理、林业公安、森林防火、森林病虫害防治、野生动植物保护等林木保护体系,造管并重,林业建设取得可喜成绩。平原地区8个县(市)、区实现了平原绿化初级达标,原阳县达到省定高级标准;黄河故道区1.8万公顷绿树锁沙魔,从根本上改变了沙进人退的状况;山区实现基本灭荒,全市建成5个经济林基地,果品年产达2亿公斤;林产工业从无到有,年产值达到4.4亿元。1999年,全市有林地面积达到8.87万公顷;"四旁"树木8 755万株,农田林网面积28.13万公顷,林木蓄积量325万立方米,森林覆盖率15.6%。改革开放以来,有林地面积、经济林、农田林网、活立木蓄积量、森林覆盖率等重要指标都得到大幅度提高。

(六)2000~2009年高速发展时期

进入新世纪,新乡林业以科学发展观为指导,大力实施平原绿化、太行山绿化、防沙治沙、退耕还林、通道绿化、凤凰山森林公园建设、公益林保护等林业重点生态工程,加快以

"六大基地、六大园区"为主体的林业产业发展步伐,积极推进集体林权制度改革,坚持依法治林,科技兴林,实现了森林资源持续快速稳定增长,为推进社会主义新农村建设、构建和谐社会和经济社会发展作出了积极的贡献。全市整体实现平原绿化高级达标,延津县、获嘉县、原阳县建成省级林业生态县;山区实现灭荒;2008 年成功创建国家森林城市、全省绿化模范市。建成国家级自然保护区 2 个(即:辉县太行山国家级猕猴自然保护区、豫北黄河故道鸟类国家级自然保护区),总面积 3.39 万公顷;省级森林公园 5 个(即:辉县白云寺省级森林公园、延津黄河故道省级森林公园、原阳博浪沙省级森林公园、新乡市凤凰山省级森林公园、卫辉跑马岭省级森林公园),总面积 1 万公顷。率先在全省建成市级森林病虫害检疫监测中心、林木种苗质量检验中心、野生动物救护中心、森林资源信息化管理中心,森林资源信息化建设被列为全国试点。原阳宏达木业公司光强牌人造板、黄河林业飞航牌地板、河南省亿隆高效农林开发有限公司苗木被评为全省"十大"知名品牌,长垣县宏力高科技农业发展有限公司荣获"全国经济林产业化龙头企业"。年均争取林业项目资金超过 1 亿元。2004~2008 年连续 5 年获得全省目标管理优胜单位称号,连续5 年获市委、市政府目标管理优秀单位称号,森林防火工作连续 3 年在全省通报嘉奖,飞防工作连续 4 年位居全省前列。

三、新中国成立 60 年来取得的主要成就

经过 60 年的发展,新乡林业建设取得了巨大成就。主要表现在九个方面。

(一)森林资源稳步增长

2008 年底,全市林木覆盖率达到 25.3% ,活立木蓄积 841.1 万立方米,分别是新中国成立初期的 6.17 倍和 30.46 倍,是改革开放初期的 2.26 倍和 4.83 倍。特别是 2003 年以来,依托国家、省重点林业工程项目,全市成片造林面积达到 11.21 万公顷,水系绿化2 042.3 公里,绿化率达 95%;县乡级以上道路绿化 1 970 公里,绿化率达 95.2%;农田林网建设面积 32.1 万公顷,控制率达 93.8%。建成林业生态文明村 1 474 个。全市每年义务植树 1 200 万株以上,尽责率达 92% 以上。

新中国成立 60 年来新乡市有林地、林木覆盖率、林木蓄积量变化情况一览表

截至年份	1949	1957	1966	1978	1999	2009
有林地面积(万公顷)	2.5	4.74	4.34	4.44	8.87	14.28
林木覆盖率(%)	4.1	9.4	9.1	11.2	15.6	25.3
林木蓄积量(立方米)	27.61	56.5	59.66	174.17	325	841.1

(二)生态效益显著增强

全市森林年涵养水源总量 2.49 亿立方米,相当于地方中小型水库总库容 2.5 亿立方米的 99.6%;全市森林每年减少土壤流失量 410 万吨,每年释放氧气 146.78 万吨,通过光合作用每年固定二氧化碳 170.1 万吨;全市森林每年吸收二氧化硫、氟化物、氮氧化物等有害气体 1 308 万公斤,增加空气负离子 737.12 亿个;全市森林资源年增加农作物产量35.4 万吨,林茂粮丰、山清水秀的宜居环境已经形成。

(三)林业产业发展迅速

新乡市拥有太行山区、黄河故道区和黄河滩区,优越的区位优势和多种自然地貌为发

展林业产业提供了良好的便利条件。一是建立六大经济林基地。建成长垣县6 667公顷苗木基地,获嘉县3 333公顷花卉基地,封丘县1.33万公顷金银花基地,延津县2万公顷速生丰产林基地,沿太行山1.8万公顷经济林基地,卫辉市667公顷鲜桃基地。二是建立六大生态园区。建设和完善辉县白云寺国家森林公园、凤凰山省级森林公园、延津县黄河故道省级森林公园、原阳县博浪沙省级森林公园、卫辉跑马岭省级森林公园、新乡县古固寨生态园区,以森林公园、自然保护区为重点的森林旅游业异军突起,森林旅游年收入3 000万元。三是全市林业每年向社会提供木材50多万立方米,年产林果产品18.66万吨,农民林业收入年均达到585元,有力地支持了全市经济建设和社会事业的发展。四是全市11.2万公顷集体林地和900多家林产加工经营企业每年可为农村劳力提供18.9万个就业岗位,创造价值22.6亿元,林业已成为调整农村产业结构、促进农民增收、推进新农村建设的重要产业。获嘉史庄镇获得"全国花木之乡"称号,封丘县获得"全国金银花之乡"称号。

(四)生态文化日益繁荣

突出抓了以关山、万仙山、八里沟、百泉园林、潞王陵、比干庙等为主的森林旅游,大力发展生态游、乡村游和山水游,举办槐花节、桃花节、金银花节、玉兰节、连翘节、药交会;积极开展以老爷顶、白云寺、西莲寺、大佛寺为代表的道教、佛教文化与生态文化的融合与研究,大力发扬郑永和、吴金印、张荣锁艰苦奋斗、自力更生、绿化荒山、造福百姓的"太行精神";广泛开展栽植"三八林"、"八一林"、"共青团林"、"公仆林"、"民兵林"等纪念林活动,开办凤凰山森林公园建设纪念碑廊、南太行风景画展、陈庄花卉展、森林旅游文化产品展、林产品交易会等,建立了10个生态科普教育基地、5个生态文化知识教育基地、4个生态文化展览馆,形成了我市人文文化、历史文化、自然文化与生态文化的有机结合。

(五)科技支撑作用强大

累计推广林业新技术、新成果159个,造林良种率达到85%以上;建立各类民间林业协会7个,壮大了全市林业科技队伍;建成省级示范园区1个、市级16个、县级12个。坚持开展"科技活动周"和常年送科技下乡活动。2005年以来,年均举办林业技术培训50多期,培训林农6 000多人次,开展技术咨询5 000余人次,很好地解决了林业技术棚架问题。

(六)资源保护成效凸现

严格控制采伐限额,凭证采伐率、办证合格率均在95%以上;完成市级森林资源信息化管理系统建设,受到了国家林业局、省林业厅的肯定。通过实施综合治理,林业有害生物成灾率下降到4.2‰,种苗产地检疫率达到82%,启动了飞机防治森林病虫害工程,连续四年飞防超过4万公顷。建立了全市野生动物救护中心,加强了湿地管理和自然保护区建设。森林公安机构得到加强,多次组织涉林严打活动,构筑了有效预防、控制和打击犯罪的铜墙铁壁。始终坚持"预防为主,积极消灭"的方针,狠抓森林防火工作,全市未发生重大森林火灾。

(七)国家森林城市创建成功

按照徐光春书记"要坚持环境保护先于一切,不断加强林业生态建设,使之与经济社会发展相适应"的指示精神,新乡市委、市政府把创建国家森林城市、建设林业生态市作为改善生态环境、增强城市可持续发展能力的一项重要举措,大力改善城乡生态状况,促进城乡绿化一体化发展,形成了城区园林化、郊区森林化、通道林荫化、农田林网化、乡村林果化的城乡生态建设一体化新格局,"让森林走进城市,让城市拥抱森林"的理念得以实现,人与自然和谐、森林与城市相融发展的良好局面已经形成,2008 年 10 月中旬顺利通过了国家森林城市验收,验收组高度评价新乡市成功探索出了一条具有黄河流域平原地区特色的城市森林建设之路。2008 年 11 月中旬,在全国第五届广州森林论坛年会上,被全国绿化委员会、国家林业局授予"国家森林城市"称号。

(八)凤凰山生态修复效果显现

新乡市北部凤凰山原是河南省建材生产基地,由于多年来无序、过度开采,致使凤凰山生态环境日益恶化。2005 年底,市委、市政府决定将凤凰山建设成为省级森林公园,作为可持续发展的一项奠基工程和造福子孙后代的福祉工程,并制订了总面积 180 平方公里的建设规划。采取"政府主导、全民动员、市场运作、机制创新、义务植树"的运作模式,重点实施 50 平方公里核心区域。三年来,累计投入近 2 亿元,完成植树 2 072 万株,治理整顿污染企业 256 个,如今集生态、旅游、休闲、观光、科普为一体的森林公园已见雏形。2009 年市委、市政府又启动了凤凰山省级森林公园建设新的三年规划,力争通过 3 年建设,全面完成矿区生态修复任务,建成新乡市后花园。

(九)集体林权制度改革全面推进

各级政府和林业部门认真贯彻《中共中央　国务院关于全面推进集体林权制度改革的意见》和《中共中央关于推进农村改革发展若干重大问题的决定》精神,进一步解放思想,从早期的获嘉县东浮庄村集体林权制度改革开始,到全省林改试点县辉县市的树立,全市林改工作以点带面,全面推动,快速开展,圆满完成了集体林权制度改革任务。截至 2008 年底,全市 3 571 个村(其中 202 个村是城中村),已有 3 369 个村全部进行了集体林权制度改革,林改面积 10.19 万公顷,占集体林地面积 11.25 万公顷的 90.6%,林改回笼资金 9 695 万元,发放林权证 2 751 个。2009 年,全市正在大力推进林改配套改革,建立了辉县市、延津县林业要素市场,同时在规范林木流转秩序、开展林权抵押贷款、建立林业专业协作组织、提高林业生产组织化程度等方面进行探索。

新乡市林业建设得到了上级的充分肯定,先后获得"国家森林城市"、"全国造林绿化先进单位"、"全国绿化先进城市"、"全国义务植树先进单位"、"全国林业产业突出贡献奖"、"全国关注森林活动组织奖"、"黄河故道防护林建设先进单位"、"河南省绿化模范市"、"河南省山区灭荒先进单位"等省级以上荣誉 23 项。

四、取得的经验和存在的问题

从新乡市 60 年林业发展的历程看,林业的兴衰主要受六个因素的影响:一是社会稳定程度;二是国家的林业政策;三是政府的重视和资金投入;四是群众的绿化意识;五是林业法律法规体系建设;六是社会经济发展。只要社会稳定,领导重视,林业政策符合实际,法规健全,资金投入到位,社会经济发达,群众绿化意识高,林业就能持续发展,反之,林业就出现滑坡。但是六个因素是互相联系的,只有同时具备这些条件,林业才能得到持续快速健康发展。多年的惨痛教训也告诉我们,林业事关国民经济稳定、农业发展和生态环境的改善,事关经济和社会可持续发展,必须摆到重要位置,大力发展,常抓不懈。

尽管全市林业生态建设取得了显著成效,但是对照"发展现代林业、建设生态文明、促进科学发展"的总体要求,对照建设社会主义新农村、建设和谐社会的要求,还有不小差距,仍存在不少问题,主要表现在:全市生态系统还较为脆弱;林业多种功能拓展还不够广泛;经济社会发展与森林资源保护管理的矛盾依然突出等。

(一)森林资源总量不高

据 2006 年二类调查结果,新乡市有林地面积在全省 18 个市中列第 9 位,人均有林地面积 0.02 公顷,比全省人均少 0.01 公顷,森林覆盖率在全省排名第 10 位,林业用地面积占全市土地总面积的比例只有 22%。因此,全市林地资源总量不足,难以满足经济发展对生态环境质量不断增长的需求。

(二)生态环境仍较脆弱

风沙、洪涝、干热风仍是影响新乡市农业生产的主要自然灾害,每年均有不同程度的发生,黄河与太行山区水土流失仍然严重。全市有林地以纯林为主,混交林比例偏低,结构简单,林分龄组结构不合理,幼、中龄林面积偏大,近、成、过熟林资源严重不足。虽然新乡市近年来不断加大林业生态建设力度,生态环境有了较大改善,但山区还有 2.25 万公顷立地条件差、绿化难度大的宜林荒山荒地,是多年造林绿化剩下的"难啃的硬骨头",平原区还有 7.44 万公顷沙化土地,特别是 1.12 万公顷宜林沙荒地急需治理。

五、新乡林业发展前景展望

展望新时期的林业建设,新乡市将按照《中共中央　国务院关于加快林业发展的决定》、《河南省林业生态建设规划》、《新乡市林业生态建设规划》要求,坚持以科学发展观为指导,认真贯彻落实党的十七大提出的"加强生态文明建设"的战略部署,按照"发展现代林业,建设生态文明,促进科学发展"的总体要求,把改善生态环境、建设绿水青山作为经济社会发展的主要内容,立足处于黄河流域、绝大部分区域是平原的市情,加快培育森林资源,深化集体林权制度改革,壮大林业产业,繁荣生态文化,打造具有黄河流域平原地区特色的林业生态市,促进林业又好又快发展,着力把新乡建设成为集山、水、园林于一体的国家生态城市。

依据《新乡市林业生态建设规划》,利用 2008~2012 年的 5 年时间,建成完备高效的农业生产生态防护体系、城乡宜居的森林生态环境体系、持续稳定的国土生态安全体系,使全市的生态环境得到显著改善,经济社会发展的生态承载能力明显提高,初步实现生态新乡目标。到 2012 年,全市新增有林地 2.63 万公顷;森林覆盖率增长 3.21 个百分点,达到 17.68%(林木覆盖率增长 4.14 个百分点,达到 29.44%),其中:山区森林覆盖率达到 40% 以上,丘陵区森林覆盖率达到 25% 以上,平原风沙区林木覆盖率达到 20% 以上,一般平原农区林木覆盖率达到 18% 以上。林业年产值达到 40 亿元,林业资源综合效益价值达到 224.83 亿元。80% 的县(市)实现林业生态县。

一是坚持把改革创新作为林业发展的根本动力。努力做到"三要"、"三树立"。"三要"就是:一要深刻把握科学发展观对林业工作提出的新要求,着力推进林业实现科学发展;二要以集体林权制度改革为突破口,加快构建保持林业全面、协调、可持续发展的现代林业体制机制,为林业发展注入新的活力;三要用发展的、联系的、全面的观点来推动林业发展,既要努力实现林业又好又快发展,又要服务大局,着眼于推进经济社会科学发展。"三树立":一是树立市场观念,充分发挥市场在配置和调节林业要素资源中的基础性作用;二是树立现代林业观念,不断开发和提升林业的多种功能,满足社会对林业的多样化需求;三是树立生态文明观念,倡导和教育全社会树立崇高的生态道德观,推动生态文明建设。

二是坚持把兴林富民作为林业科学发展的根本宗旨。兴林是林业发展之本,富民是林业发展之基。只有兴林,才能发挥林业巨大的经济效益,让务林人致富;只有富民,才能调动人民群众发展林业的积极性,更好更快地促进林业科学发展,实现生态受保护、农民得实惠。

三是坚持把建设生态文明作为林业科学发展的战略目标。林业是生态建设的主体,是生态文化建设的重要载体,实现生态良好是建设生态文明、促进科学发展的物质基础,建设生态文明是人类追求经济社会永续发展的崇高目标,也是发展现代林业、促进科学发展的最终目标。加强生态建设,维护生态安全,是林业部门最主要的职能。

四是坚持把统筹林业协调发展作为落实科学发展观的重大举措,着力抓好"四个"统筹。一是统筹城乡林业建设,实现城乡绿化一体化的新发展;二是统筹林业一、二、三产业发展,实现林业生态建设的新跨越;三是统筹森林资源保护与利用的发展,实现林业生态、经济、社会效益的新增长;四是统筹林业生态文化与地域文化的发展,实现林业生态文明建设的新突破。

植树造林,绿化家乡,是造福子孙后代的伟大事业;改善生态环境,实现人与自然和谐,是实践科学发展观的应有之义。加快现代林业发展,建立较为完备的林业生态体系、发达的林业产业体系和繁荣的生态文化体系,为新乡人民打造一个生态良好、人与自然和谐的美丽城市。(新乡市林业局)

第八节　焦作市

焦作市位于河南省西北部,北依太行,南临黄河,与河南省会郑州一衣带水。复杂多变的地理环境和温和湿润的气候条件,使这里的各种动植物资源十分丰富,共计有高等维管植物1 440种、115变种(变形),隶属于159科685属。已知兽类动物7目17科31属,鸟类17目39科100属。改革开放30年来,全市林业部门发扬艰苦奋斗的优良传统,动员和组织全市人民大力造林,全力护林,使全市的林业面貌发生了喜人的变化。先后荣获"全国太行山绿化先进单位"、"全国林业系统'四五'普法先进单位"、"全国'绿盾'行动先进集体"、"全省森林病虫害防治工作先进单位"、"全省资源林政管理先进单位"、"全省省辖市林业局年度目标管理优秀单位"等多项荣誉称号。可以说,林业的大发展为建设富裕文明开放和谐的新焦作奠定了坚实的基础。

一、焦作林业30年回顾

30年的栉风沐雨,承载着30年的林业辉煌。30年来,焦作务林人用心血和汗水、忠诚和奉献,浓墨重彩地描绘了一幅绿色怀川的壮美画卷,演绎了从"黑色印象"到"绿色主题"的艰辛跨越,铸就了一个又一个辉煌。回顾全市林业30年的发展历程,大体可以划分为三个阶段:第一个阶段是调整阶段,时间为20世纪80年代。这一阶段,面对行政区划调整、森林资源不清的现状,为使林业建设走上振兴轨道,全面开展了林业区划工作,下大力气澄清了资源家底,确定了"主攻平原,全面推进,积极培育森林资源;整顿林业生产秩序,加强'三防'(防止森林火灾、防止乱砍滥伐、防治病虫害)体系建设,有效保护林木"的指导思想。经过三年的努力,全市平原绿化达到部颁标准,山区造林稳步开展,林木破坏、损害势头得到遏制。第二个阶段是强力发展阶段,时间为90年代。这一阶段,为适应国民经济发展,全市林业建设围绕国家"增资源、增效益、增活力"和"绿起来、活起来、富起来"的林业建设总目标,认真贯彻市委、市政府"完善平原,主攻山区,开发滩区"的方针,采取多种强力举措,使平原绿化进一步巩固和提高;山区造林采取人工造林、飞机播种造林、封山育林等多种造林模式,提前一年实现了省政府确定的基本灭荒的目标,创造了建市以来山区绿化最为辉煌的成绩;黄河滩开发,沿黄三县营造速丰林有了良好的开端;林政管理、林业公安、森林防火、病虫害防治诸方面,走上了规范化、制度化的轨道,森林资源得到有效保护。第三个阶段是超常规、跨越式发展阶段,时间为2000年至今。这个阶段,按照林业"生态立市、生态富民"的总体建设目标,全市以营造5.33万公顷工业原料林基地、1.33万公顷沿山经济林基地为主线,先后实施了退耕还林、太行山绿化、通道绿化、平原绿化、北山绿化、防沙治沙等一系列林业重点工程建设,实现了森林资源总量的快速增长。同时,森林资源保护取得长足进展,林业执法体系更加完善,林业分类经营、自然保护区建设均取得显著成效。林业产业从小到大,从大到精,以焦作瑞丰、孟州奥森、温县惠森、沁阳华兴、解放宏森等为龙头的林产企业发展迅速,森林旅游业异军突起,林业产业出现了良好的发展态势,初步形成了"生态促进经济、经济反哺生态"的可喜局面。经过这三个阶段的持续发展,全市林业不断发展壮大,造林绿化成效显著,森林资源持续增加,体制改革实现突破,林业结构渐趋合理,"三防"体系日臻完善,林农收入不断增长,林业的生态、经济、社会三大效益得到了充分发挥。主要体现在以下五个方面。

(一)造林绿化成效显著,绿色焦作初具规模

30年来,焦作林业在市委、市政府的正确领导下,在上级林业主管部门的大力支持下,通过全市人民的共同努力,取得了辉煌成果。林业占国民经济的比重不断增加,林业在贯彻可持续发展中、在生态建设中、在全面建设小康社会、加快推进现代化进程中的地位不断提升。特别是进入20世纪90年代以来,市委、市政府审时度势,结合全市"北山、中川、南滩"地貌特征实际,作出了一系列重大决策和部署,将区域林业的发展纳入经济社会可持续发展全局,突出生态建设,整合林业项目,构建新时期林业跨越式发展的崭新平台。围绕这一目标,全市全党动员,全民动手,先后组织实施了工业原料林基地、北山绿化、退耕还林、平原绿化、通道绿化、太行山绿化、防沙治沙、飞播造林、封山育林等一系列林业重点工程建设,森林资源总量快速增长,全市林业用地面积、活立木蓄积量、林木覆盖率分别由1987年的7.9万公顷、130万立方米、13.9%增长到现在的11.33万公顷、355.8万立方米和28.2%,为焦作整体实现由"黑色印象"到"绿色主题"的转变起到了不可替代的作用。

1. 工业原料林基地初具规模

工业原料林基地自 2000 年建设实施以来,经过全市人民共同努力,到 2008 年底,已完成造林 3.33 万余公顷,沿黄河滩区绵延百余公里,不仅成为一道亮丽的风景线,而且区域生态环境得到了极大的改善。昔日黄沙漫卷、遮天蔽日的黄河滩区,变成了现在的绿色林海,农业生产条件也得到了明显改善。基地建设成就引起了全省乃至全国的关注,前来参观、考察的各界人士络绎不绝。2002 年 2 月,国家林业局局长周生贤专程莅焦考察基地建设情况,对焦作的工业原料林基地建设作出高度评价,并专门安排国家林业局速生丰产林建设办公室有关领导实地考察,总结经验在全国推广。2005 年 9 月,全国重点地区速生丰产林工程建设现场会把焦作工业原料林基地作为这次会议的唯一考察点,包括国家林业局、国家发改委领导在内的全国各地 150 余位与会人员参加了考察,对工业原料林基地建设的规模之大、标准之高、质量之好给予了充分肯定和高度评价。

2. 北山绿化成效显著

北山绿化工程(一期)从 2002 年起至 2004 年结束,经过 3 年艰苦卓绝的奋战,共完成植树造林 485 公顷,栽植各类苗木 96.95 万株,成活率达到了 90% 以上,且长势良好,大部分地段已经成林。工程的成功实施,使焦作城区北部生态环境得到了明显改善,昔日的荒山秃岭已被满山绿色盎然所代替,项目成果已成为展示区域经济、环境和资源协调发展的重要窗口,对焦作乃至全省的生态保护活动产生了极其深远的影响。同时,北山绿化大规模、高标准的工程造林措施,创造了太行山造林史上的奇迹,这一做法受到了国家林业局、省林业厅和有关领导的充分肯定。

3. 平原绿化实现全市整体高级达标

平原地区通过实施工业原料林基地、防沙治沙、绿色通道等工程,全市沟河路渠得到了全面绿化,农田林网得到了完善提高。仅"十五"期间,全市就完成通道绿化 1 370 公里,"四旁"植树 3 500 万株,沟河路渠绿化率达到了 95% 以上,林网控制面积 16 万公顷,林网控制率达到了 92.3%。2004 年,全市整体实现了平原绿化高级达标,成为全省较早整体实现高级达标的地(市),受到了省政府的表彰。

4. 退耕还林稳步推进

焦作退耕还林工程自 2002 年开始实施,到 2008 年底,已完成造林面积 3.16 万公顷,其中退耕地造林 6 933 公顷,荒山荒地造林 2.29 万公顷,封山育林 1 733 公顷,国家累计投入资金达 13 429 万元。由于退耕还林及其配套工程的实施建设,全市 2 万余公顷宜林荒山荒地得到了治理,水土流失控制面积显著增加,在控制面积中,土壤平均侵蚀模数每平方公里下降 100 吨。目前,退耕还林工程区水土流失情况不仅有了较好改善,随着林龄的增长,森林的调节气候、净化空气、保持水土、美化环境等多种功效也将会更加明显。

5. 山区造林进展顺利

通过在焦作北部太行山区实施太行山绿化、市区北山绿化、封山育林、飞播造林等工程,山区贫瘠荒凉的面貌得到了较好改善。特别是 2000 年以来,全市先后完成国家级重点工程太行山绿化工程 8 487 公顷,市区北山绿化 652 公顷(含二期),封山育林 1.41 万公顷,飞播造林作业面积 1.57 万公顷,有效播区面积达到 1.07 万公顷。

(二)体制改革实现突破,多元化林业机制基本形成

30 年来,焦作林业部门在工作上大胆实践,积极主动探索加快林业发展的有效机制,不断深化营造林体制改革,林地流转取得了重大突破,出现了流转形式多样化、投资结构多元化、造林主体民营化的良好局面,社会反响好,基层热情高,各地拍卖、承包、股份合作等多种形式的营造林机制得到了充分发展。一是切实落实"谁造谁有、合造共有"的林业政策,建立新机制,发展新模式,明晰林业产权,总结推广了租赁、托管、退耕还林后承包托管认领等多种造林管护模式,极大地调动了社会各界参与林业建设的积极性。二是放宽政策,创新机制,把发展民营林业作为进一步解放生产力,加快造林绿化步伐的主要措施来抓,市委、市政府先后出台了《关于加快林业发展的意见》和《关于建设林业生态市的意见》,采取领导推动、政策调动、典型带动、服务促动等办法,鼓励和支持民营林业的发展,极大地推动了全市林业建设的快速发展。目前,全市平原区非公有制造林所占比重已由"九五"末的5%上升到现在的85%以上,民营林业户达到4.6万个,其中治荒面积67公顷以上的林业大户达到14个,成为推动焦作林业快速发展的主要力量。

(三)林业结构调整渐趋合理,产业化开发成效明显

30 年来,特别是在"十五"期间,全市林业以建设工业原料林基地、沿山经济林基地、发展森林旅游业为重点,对林业结构进行了大幅度调整,有效地提高了林业的经济效益,林业的社会总产值在农业社会总产值中的比重逐年增加,2008 年达到 14.126 亿元。通过调整林种结构,全市防护林、用材林、经济林合理配置,初步形成了"山上防护林、山下经济林、农田防护林、滩区用材林"的生态经济型林业新格局。工业原料林基地建设硕果累累,由此引进投资上亿元的焦作瑞丰、孟州奥森等林产工业企业就有10余家,并催生了林草、林药、林经、林牧等一批新兴产业。种苗、造林、抚育、采伐还为农民提供大量就业岗位,带动了加工设备、包装、运输、销售等行业的迅速发展。据统计,目前直接从事工业原料林基地建设的就有6万余人,间接带动13万劳动力从事相关产业,农民每年人均增收达到了200元以上。沿山经济林基地建设,也由原来的1 333余公顷发展到1万余公顷,全市干果产品产量达到了67.3万公斤,鲜果产值达到1.9亿元。同时,森林旅游业异军突起,焦作、修武、博爱三个森林公园和沁阳白松岭自然保护区生态旅游年接待游客人次、门票收入屡创历史新高,仅2008 年一年,全市森林旅游产值就达到了2 987万元。焦作林业产业建设步入了前所未有的良好发展时期。

(四)"三防"体系日臻完善,森林资源保护全面加强

一是在资源林政管理方面。严格执行林木限额采伐、凭证采伐、木材凭证运输、凭证销售、征占用林地审核审批等各项制度,建立林木采伐、运输、经营加工等工作台账,从源头上制止乱砍滥伐、非法运输、非法占用林地等行为,较好地实现了永续利用的林业建设目标。同时,根据国家林业局、省林业厅的安排部署,扎实做好国家、省重点公益林管理工作,截至2008 年已累计落实中央财政森林生态效益补偿基金674.48万元,省重点公益林补偿资金33.53万元,管护责任全部落实到了单位和个人。

二是在森林防火方面,从抓宣传、堵火源、搞联防、明责任、强队伍入手,在防火特险期昼夜巡逻,死看硬守,见烟就查,见火就抓,尤其是市政府护林防火指挥部出台《关于处理森林火灾事故的应急预案》以后,各项防范措施更是得到了有效落实。30 年来,全市没有

发生一起重特大森林火灾事故,森林资源安全得到了有效保护。1997年,市护林防火指挥部被省人民政府评为"森林防火先进集体";2002年,被国家林业局评为"全国森林防火先进单位"。

三是在林业有害生物防治方面,坚持"预防为主、综合治理"的方针,从强化种苗检疫、加强预测预报、培育抗虫树种、彻底根除隐患四方面入手,全市动员,全民动手,对林木病虫害进行综合防治,圆满完成了林业有害生物防治的目标管理任务。特别是1999年以来,全市以杨树食叶虫害为重点,连年组织大会战,通过采取飞机防治与地面人工补防相结合的措施,有效地控制了虫情蔓延,使全市林木病虫害成灾率下降到4‰以下,防治率提高到82%以上,监测覆盖率提高到87%,种苗产地检疫率提高到82%,实现了"一降三提高"的总体目标。

四是在野生动植物保护方面,始终坚持宣传与治理并重的方针,利用每年"爱鸟周"、"野生动物保护宣传月"等活动宣传野生动植物保护等有关法律法规,提高全民保护野生植物的意识;加大野生动物监管和查处力度,坚决杜绝乱捕滥猎、违法经营加工野生动物行为发生,仅"十五"期间就查处各类破坏野生动物案件86起,查获各种野生动物1 000余只;配合高致病性禽流感防控工作,进一步完善焦作市野生动物重大疫病应急预案,在全市设立七个监测点,建立健全了各项制度和应急机制;加强自然保护区建设,新增两个国家级自然保护区——河南太行山国家级自然保护区、河南黄河湿地国家级自然保护区,经营总面积达2.47万公顷,占全市土地总面积的6.2%,并新建了2个市级和3个县级管理局。

五是在打击破坏森林资源违法犯罪行为方面,先后开展了"天保行动"、"中原绿剑2号行动"、"中原绿剑3号行动"、"严打整治行动"、"候鸟行动"、"候鸟2号行动"、"春季林业严打专项斗争"、"绿色风暴行动"、"绿盾行动"、"绿盾2号行动"等多项林业严打斗争,严厉打击了林业违法犯罪行为。1996年至2008年,全市共办理各类林业案件2 618起,挽回经济损失539万元,有效地保护了全市森林资源安全。1996年,林业部授予焦作市林业公安"全国林业系统严打先进集体";1999年,河南省综合治理委员会授予"全省林业严打先进单位";2000年,河南省林业公安处记"集体三等功"一次;2002年,国家林业局授予"'三项教育'先进集体"。

(五)林业队伍得到巩固,精神文明建设喜结硕果

在加强物质文明建设的同时,把加强精神文明建设当成一项重大的战略任务,坚持"两手抓,两手都要硬"的方针,植树育人相结合,使林业系统精神文明建设取得显著成绩。一是抓作风转变,牢固树立"机关就是服务,服务就是效益,效益就是为民"的思想,在林业系统全体干部职工中实行了联系县、乡、村林业生产责任制和承包重点工程、重点项目工作责任制,生产季节除值班人员外,其他人员都在生产一线蹲点包片,为基层和农户提供苗木、信息、技术等全程服务。二是抓制度建设,先后出台了《焦作市林业局机关工作人员行为规范》、《焦作市林业局限时服务制度》、《焦作市林业局政务公开制度》、《焦作市林业局廉政监督十项制度》、《焦作市林业局"三重一大"监督管理制度》等一系列规章制度,使全市林业系统的精神文明建设和机关管理走上了系统化、规范化和制度化的轨道。三是开展多种形式的学习教育活动,提高干部职工整体素质,尤其是全市效能革命活动开展以来,通过开展改善机关运行机制、深化效能革命、创建"五型"机关、保持共产党员先进性教育等活动,不断提高工作创新能力,强化服务群众意识。通过这些措施,全市林业系统形成了班子强、人心齐、风气正,工作上你追我赶、人人争先的崭新局面。2005 年,在省政府纠风办组织的全省行风问卷测评活动中,焦作林业以 89.45% 的满意率荣获群众对省辖市政府部门满意度总评排名第一的好成绩。

二、焦作林业未来展望

党的十七大报告首次把"建设生态文明"纳入全面建设小康社会的奋斗目标,不仅反映了全国人民的共同心声,也显示出党中央对生态建设的高度重视。为深入贯彻这一精神,省委、省政府提出用 5 年时间建立林业生态省。与此同时,焦作市委、市政府积极响应省委、省政府号召,认真编制了《焦作市林业生态建设规划(2008~2012 年)》,将全市林业建设在地域上按"三区"(山地丘陵生态区、平原农业生态区、黄河滩区)、"两点"(城市、村镇)、"一网络"(生态廊道网络)进行总体布局,构筑点线面相结合的综合林业生态体系,这不仅充分体现了实现科学发展、和谐发展的信心和决心,同时也为焦作林业未来的发展指明了方向。

(一)指导思想

以邓小平理论和"三个代表"重要思想为指导,全面贯彻落实科学发展观,深入贯彻《中共中央　国务院关于加快林业发展的决定》,坚持以生态建设为主的林业发展战略。以创建林业生态县为载体,充分利用现有的土地空间,加快造林绿化步伐,大力培育、保护和合理利用森林资源,发挥森林资源在降耗减排中的重要作用,为促进焦作人与自然和谐、建设社会主义新农村、实现走在中原崛起前列作出新的贡献。

(二)总体目标

到 2012 年末,全市要完成新造林面积 4.15 万公顷,林网控制率达到 95% 以上,林木覆盖率达到 31.2%,活立木蓄积量达到 580 万立方米;所有的县(市)建成林业生态县,初步实现林业生态市;林业产业得到大发展,总产值比现在翻一番,达到 28 亿元以上;全民生态文化知识得到普及,生态文明观念在全社会牢固树立。

(三)八大工程

一是山区生态林体系建设工程 2.11 万公顷,二是农田防护林体系改扩建工程 7 167公顷,三是防沙治沙工程 2 980 公顷,四是生态廊道网络建设工程 7 973 公顷,五是城郊森林及环城防护林带工程 2 620 公顷,六是村镇绿化工程 3 187 公顷,七是林业产业工程8 393 公顷,八是森林经营管理工程 4.17 万公顷。同时,全面启动焦作城区北山绿化二期工程和西部森林生态园项目建设,力争用 5 年的时间使现有的北山绿化区域面积增至1 333 余公顷,最终形成一道长 22 公里、宽 200~1 500 余米、功能完备的大型绿色生态屏障和天然超级"氧吧",并在城郊西部建成集多种功能于一体的万亩森林生态园区。

(四)工作重点

一是以实施"生态焦作"战略为契机,完善林业生态体系建设。不断加大林业工程项目建设力度,切实搞好退耕还林、太行山绿化、防沙治沙和水土保持等林业重点工程建设,以此带动全市林业生态建设向纵深发展。围绕社会主义新农村建设,扎实抓好围村林、行道树、庭院绿化美化,推进城乡绿化一体化进程。通过森林城市、绿化模范城等创建活动,采取平面绿化与立体绿化相配合,绿化与美化相结合,城区与郊区相衔接,加强环城防护林、城区绿化、通道绿化等建设。按照《河南省创建林业生态县实施方案》要求,加快推进林业生态县建设,通过培育生态产业、生态文化,带动生态文明、乡风文明建设。二是以优化产业结构布局为途径,加快林业产业体系建设。积极扶持林浆纸一体化项目,尽快实现焦作瑞丰纸业年产 15 万吨木浆的建设目标。同时,以孟州奥森、温县惠森等板材加工企业为龙头,通过招商引资、嫁接改造等方式,带动全市板材及木制家具加工业快速发展。按照区域化布局、集约化管理、规模化发展的要求,加快推进工业原料林、名新特优经济林、竹制品、野生动物驯养繁殖等林业产业基地建设。坚持"民办、民管、民受益"的原则,建立和规范林业协会、中介机构等经济合作组织,鼓励林业龙头企业与农户建立网结型联结,增强农户抵御市场风险的能力。通过完善焦作、修武、博爱、孟州等森林公园和沁阳白松岭生态旅游区总体规划,加大项目建设和招商引资力度,促进森林旅游业健康、持续发展。三是以深化林权改革为动力,推进林业经营管理体系建设。进一步明晰林业产权,依法保护森林、林木、林地所有者和使用者的合法权益。在明确权属的基础上,鼓励各类社会主体通过公开竞标、承包、租赁、协商、转让、拍卖等形式参与林木、林地权属的流转。鼓励外商和非公有制企业通过收购、兼并、控股、参股等形式参与国有林业企业的改制、改组和改造,吸引市内外各种社会主体投资发展林业。认真落实国家重点公益林补偿制度,实行森林分类经营,逐步放宽对速生丰产林等用材林的采伐管理,真正实现还山、还林、还利于民。开展"林业规划活动"试点工作,让林业经营者参与林业经营方案编制的全过程,使他们在作业设计、树种选择、种苗选择、抚育采伐方式、采伐数量和时间的确定等各个环节拥有充分的发言权,以促进森林资源经营决策管理的科学化、民主化。四是以实现生态富民目标为重点,稳固林业服务体系建设。强化服务职能,充分发挥林业在统筹生态建设与经济建设协调发展方面的优势,树立生态富民服务理念,巩固发展"群众得实惠、林业得资源、社会得生态"的林业建设新格局。制订和完善森林资产评估和流转办法,盘活森林资源资产,促进林业生产经营健康持续快速发展。全面构筑林业"三防体系",通过强化林业有害生物综合防治、资源林政信息化管理、森林防火基础设施建设等,确保林业生态建设安全。同时,严格按照"三基"工程建设有关要求,着力加强森林公安队伍建设,严厉打击各类涉林违法犯罪活动,巩固生态文明建设成果。加大科技服务和林业技术培训力度,努力提高涉林人员务林技能和科技素质,并通过积极发展林业专业合作组织,不断完善社会化服务体系,规范林产品和林业生产要素市场,促进生态建设与经济建设的协调发展。五是以发展繁荣森林文化为载体,全力推进生态文明建设。倡导人与自然和谐相处的生态文明理念,通过加强森林文化基础设施建设,大力开发森林文化产业,努力构建主题突出、内容丰富、贴近生活、富有感染力的森林文化体系。抓好自然保护区、森林公园、森林博物馆、森林标本馆、林业科技馆、城市园林等森林文化设施建设,保护好旅游风景林、古树名木和纪念林等,不断积累弘扬生态文明的物质载体。通过发展花文化、竹文化、生态旅游文化、湿地文化、野生动物文化等,拓展生态文化产业发展领域,不断丰富生态文明建设的内容。充分利用文化平台弘扬生态文明,通过多种文化形式,普及生态和林业知识,增强全民族生态忧患意识、参与意识和责任意识,最终使每个公民自觉投身生态文明建设。

30 多年来,焦作务林人用勤劳的双手和辛勤的汗水谱写了一曲曲壮丽的英雄赞歌,以"绿了青山白了头"的奉献换来山山岭岭,绿野茫茫,赢得了全市环境资源丰美。如今,站在新起点上的焦作务林人正和全市人民一道,按照建设生态文明总要求,紧紧围绕市委、市政府建设林业生态焦作的战略部署,以不断创新的追求,奋力推进"林业二次创业",开创"生态林业、开放林业、诚信林业、效能林业"新格局,把一个山更青、水更秀、林更茂、果更丰的绿色怀川呈现给世人,以铸就更为辉煌的丰碑。(焦作市林业局)

第九节　濮阳市

濮阳市位于河南省东北部豫鲁冀交界处,1983 年建市,现辖濮阳、清丰、南乐、台前、范县和华龙区 5 县 1 区,并设有两个省级开发区即濮阳经济开发区和濮阳工业园区,84 个乡(镇、办事处),辖区面积 4 188 平方公里。总人口 361 万。2008 年全市生产总值 657 亿元,财政一般预算收入 25.3 亿元,城镇居民收入 12 731 元,农民人均纯收入 4 065 元。

濮阳地处黄河下游北岸,境内黄河干流长达 167 公里,黄河滩区面积 443 平方公里。据考证,自公元前 602 年至 1948 年,黄河在濮阳境内共决口 88 次,大的改道 8 次,致使境内沙丘连绵,沙地遍布,全市有各类风沙化土地 9.13 万公顷,其中流动、半流动沙丘 4 333 公顷,固定沙丘 1.26 万公顷,沙改田 8.37 万公顷。"堵住窗、关住门,一年吃沙一脸盆",流传在黄河故道的这句顺口溜真实地记录了当年风沙灾害给群众造成的生活之苦。

建市以来,濮阳市始终高度重视造林绿化,全市人民大力开展植树造林、防沙治沙,努力改善生产条件和生存环境,林业生态建设取得了巨大成就。目前,全市有林地面积发展到 10 万公顷,是建市之初 2 307 公顷的 43 倍,林木覆盖率由建市之初的 7.4% 提高到27.3%,"十五"以来年均递增 1 个百分点。农田林网控制率和路沟渠绿化率达到 90% 以上,活立木蓄积超过 700 万立方米,林业产值达到 23.5 亿元。在此基础上,濮阳市先后荣获"六城二奖"(国家卫生城市、国家园林城市、全国文明城市创建工作先进市、中国优秀旅游城市、国际花园城市、国家历史文化名城、中国首届改善人居环境范例奖、迪拜国际改善居住环境良好范例奖)和"全国造林绿化十佳城市"、"全国绿化先进集体"等多项荣誉奖项。濮阳市林业局先后荣获"全国营造林工作先进单位"、"全国林业系统先进集体"等荣誉称号。

一、建市以来林业发展历程

(一)加强林业重点工程建设,森林资源培育取得显著成绩

自 1983 年建市以来至 21 世纪初,在市委、市政府的正确领导下,经过全市上下的共同努力,全市林业建设围绕改善生态环境,促进经济和社会可持续发展的目标,按照"完善林网抓死角,整体推进抓提高,突出重点抓精品,实现城乡绿化一体化"的工作思路,以平原绿化防护林工程、退耕还林工程、防沙治沙工程、绿色通道工程、村镇绿化工程、以中原绿色庄园为代表的林业精品工程等为重点,以结构调整为主线,以科技兴林和依法治林为支撑,加快建立完备的林业生态体系和发达的林业产业体系,显著改善了农业生产条件和城乡人居环境。2007 年以来,濮阳市以科学发展观为指导,提出了发展现代林业,建设生态文明,推动科学发展的目标,编制并启动了林业生态市建设规划(2008 ~ 2012 年),确

立了用 5 年时间基本建成林业生态市的奋斗目标,濮阳林业开始步入科学发展新阶段。围绕建设现代林业,以生态文明为核心价值,以现代林权制度为体制基础,着力构建高效、多能、可持续的林业生态产业体系。在林业生态工程上,重点抓好农田防护林体系改扩建工程、防沙治沙工程、生态廊道网络建设工程、城市林业生态工程、村镇绿化工程、森林抚育和改造工程等六大工程;在林业产业工程上,重点抓好用材林及工业原料林为主的种植业。

1. 平原绿化水平显著提高

全市已建成标准化农田防护林网 22.67 万公顷。1988 年,全市实现平原绿化初级达标,被国家林业部授予"全国平原绿化先进集体"荣誉称号。2004 年底,全市 5 县 1 区全部实现平原绿化高级达标。截至 2008 年,全市农田林网控制率、路沟渠绿化率、林木覆盖率分别达到 90%、90%、27.3%。围绕国家、省、市林业重点生态工程建设,近年来全市完成工程造林 8.67 余万公顷。

2. 大力实施防沙治沙工程

濮阳市共有各类风沙化土地 9.16 万公顷,其中流动、半流动沙丘 4 333 公顷,固定沙丘 1.26 万公顷。近年来,全市共营造防风固沙林 1.33 余万公顷。以治沙造林为基础,在城区西部黄河故道沙区,规划建设了中原绿色庄园、濮上园,建成了一处面积近 400 公顷,集生态保护、园林观赏、休闲娱乐、观光旅游、林业科技示范、科普教育等多功能于一体的综合性林业园区。

3. 大力推进生态廊道工程

自 1999 年冬季以来,在全市范围内大力实施绿色通道工程建设,共完成生态廊道绿化 4 000 多公里,初步形成以铁路、公路、河渠(堤)绿化网络为骨架的绿化新格局。

4. 积极实施退耕还林工程

退耕还林工程是国家实施的六大林业重点工程之一,该工程的实施,对改善生态环境,调整农业经济结构,增加农民收入,促进经济和社会可持续发展具有重要意义。濮阳市积极争取国家退耕还林任务。2002~2003 年,省下达给濮阳市退耕还林 1.55 万公顷,涉及全市 5 县 1 区,由于政策宣传到位,组织得力,群众退耕还林积极性空前高涨,超额完成了两年的退耕还林任务,质量指标位居全省工程县前列。截至 2008 年,濮阳市完成省下达的 4.19 万公顷退耕还林任务,其中退耕地造林 4 667 公顷,荒沙荒地造林 3.72 万公顷。据核查统计,全市退耕还林造林成活率及保存率均在 90% 以上,经省林业厅复查的面积核实率和合格率均达 95% 以上。

5. 抓好城市生态防护林工程

1997 年冬至 1998 年春,为配合濮阳市创新中国成立家园林城市,启动了濮阳市城市大环境绿化工程。工程范围位于城市总体规划红线外侧 3 公里以内,涉及市区、濮阳县、清丰县 3 个县(区)、10 个乡(镇、办事处)、117 个行政村,总面积 1.47 万公顷,共植树 55.5 万株,新建农田林网 8 667 余公顷,完善农田林网 2 400 公顷,绿化路沟渠 85 条,长 400 公里,建成了环城市高标准绿化带。2001 年冬季,市委、市政府为创建生态市和国际花园城市,在城市西部营造生态防护林带,完成成片造林 213 公顷,2008 年又在城市近郊营造片林 320 公顷,形成万亩森林景观。

6.林业生态县创建和村镇绿化工程成效显著

濮阳县、南乐县、范县分别于2006年、2007年和2008年成功创建为省级林业生态县,林业生态县创建工作走在了全省前列。大力实施村镇绿化工程,林业生态村和绿色家园创建工作稳步推进,以行政村为单位,以围村林建设为重点,广泛开展村庄绿化、美化、净化活动,努力改善农村人居环境。2000年以来,全市共建设近1 000个林业生态示范村,涌现出濮阳县西辛庄村、范县毛楼村、南乐县徐庄村、清丰县染村等一批村庄绿化的好典型。

(二)实施科技兴林,构建和夯实林业科技支撑体系

1.依靠科技进步,建设现代林业

(1)大力引进林业新技术、新成果。建市以来,全市共组织实施各级、各类林业科技推广项目100余项,其中国家级4项,省级16项,市、县级80余项,共引进主要优良造林树种、品种、无性系60多个;推广林业新成果、新技术80多项,共取得各级各类科技进步推广成果58项,其中国家级2项,省级6项,市级50。近年来,每年推广普及新技术、新成果超过12项,科技成果进步贡献率35%以上;开展以科技兴林示范工程为主体的各级示范基地建设,建科技兴林示范乡4个,示范村32个,示范户164个;先后建立了台前县侯庙镇速生欧美杨繁育基地、高新区优质小杂果科技示范园及观光旅游果园。

(2)加大科技培训力度,提升林农科技水平。从单一的技术下乡培训,发展为集"专业培训、科技下乡、印发技术资料图书、科技110、广播热线、电视报纸、信息网络"等多形式于一体的技术培训服务格局。据统计,全市平均每年开展送科技下乡活动10次,涉及县、乡、村50余个;每次印发科技资料5 000余份,图书超过1 000册;张贴宣传标语200条以上,科普挂图20多幅;举办各级科技讲座、科技培训班50余期,播放VCD科教专题片120余篇片,培训林业职工、林农达2万多人次。同时借助濮阳林业信息网,开辟林业实用信息专题,及时发布林业实用技术信息,每季度平均发布林业实用信息20条以上。

2.狠抓种苗生产,推动林业发展

(1)大力引进新良种,为造林绿化提供良种壮苗。建市之初,濮阳市树种单一,主要以毛白杨、兰考泡桐、国槐、柳树、扁核酸枣等乡土树种为主。2003年至2008年间,全市累计引进林果新良种100余个,平均每年引进林果新良种15个以上,培育用材林、经济林良种壮苗6 600万株以上。引进推广的用材林新良种中,在濮阳市表现突出的有107、108杨、泡桐、毛白33、豫刺1号刺槐等。对引种栽培4年生的良种,进行调查测定,在同等条件下与原有品种比较,其材积生长量最大可提高45%,平均提高15%,每公顷新增效益平均7 500元以上。一般造林良种使用率由5年前的31%提高到现在的60%,重点工程造林良种使用率由不足70%提高到了90%。在经济林方面,引种推广的凯特、金太阳杏,系列甜柿,烟富1号、滕牧1号苹果,早丰王、中华寿桃、京玉、早玫瑰葡萄、黄金梨、丰水梨、梨枣、冬枣、杏梅等新良种均发挥了良好的经济效益。

(2)全面做好林木种苗服务工作,为现代林业建设奠定坚实的基础。逐步提高林木种苗生产的专业化、集约化程度,为种苗产前、产中、产后提供了良好服务。近年来,全市平均每年发放宣传资料1 000份以上。在苗木生长期间,林业技术人员就肥水管理、病虫害防治、间苗等方面深入田间地头进行技术指导。在苗木销售期,安排专人通过热线电话和网络及时向苗木生产者、经营者、用户提供供求信息,以实现我市种苗合理调配。自

2007年,濮阳市在全市范围内大力推行"订单育苗"制度,确保林业重点生态工程造林所需苗木的质量。

(3)狠抓种苗执法,认真开展种苗质量检验。近年来,濮阳市不断加大林木种苗执法力度,对违法生产、经营和使用苗木的单位和个人进行严厉打击,依据《中华人民共和国种子法》严肃查处。据统计,截至2008年底,全市苗木生产、经营单位林木种苗生产许可证、经营许可证办证率达到80%以上,苗木质检率、林木种子标签使用率也有较大提高。

3.加强经济林基地建设,提高林农收入

(1)因地制宜,规模发展。建市之初,濮阳市经济林生产落后,全市种植面积不超过1 333公顷,且品种单一、产量不高、质量较差。经过不断的探索发展,现已形成了南乐县张果屯万亩优质苹果生产基地、南乐县西邵乡万亩优质红杏生产基地、濮阳县千亩冬枣科技示范基地、城市近郊小杂果生产基地等经济林产品生产基地,全市经济林面积近1.13余万公顷。在新品种方面,引进了红将军苹果、早丰王桃、沾化冬枣、安哥诺李子、凯特、金太阳杏等50多个新品种,经济林良种使用率达到90%以上。

(2)大力发展保护地栽培,实现反季节果品生产。2000年以前,濮阳市反季节果品生产基本上没有发展,果品产值较低,经济效益不高。近年来,市、县(区)政府高度重视林业科技发展,大力发展保护地栽培果品生产。据统计,到2008年底,全市发展保护地栽培大棚2 000余个,面积133公顷以上。大棚水果反季节上市,价格较高,以南乐县谷金楼乡大棚"99—1桃"为例,平均每公顷产量3.75万公斤以上,反季节销售价格8元每公斤,每公顷效益超过30万元。

(3)推广林果新技术,生产无公害果品。近年来,濮阳市针对一些果园长期粗放管理、滥施化肥和剧毒、高残留农药,果品质量不高的现状,大力推广新技术、新成果。如人工授粉、疏花蔬果、摘叶转果、果实套袋、使用反光膜;应用生物源无害制剂农药;合理修剪、科学施肥、灌水等,大大加快了无公害果品生产进程。据统计,2008年全市无公害果品生产面积已达到3 333公顷,每公顷平均果品产量3万公斤,平均每公斤增值0.6元。

(三)林业产业体系逐步发展壮大

"十五"以来特别是近几年来,市委、市政府把加强林业建设作为贯彻落实科学发展观、建设生态文明、推进社会主义新农村建设、实现富民强市的一项重要举措,纳入全市社会发展和经济建设的总体规划,坚持走生态建设产业化、产业发展生态化的路子,以资源培育为基础,拉长产业链条,坚持用多目标经营壮大林业,一、二、三产业协调发展。2008年全市林业总产值达到23.54亿元,比2007年增长30%;全市农民人均纯收入4 065元,其中林业收入842元,占农民收入的比重达到20.7%。在第一产业方面,大力发展速生丰产林、经济林和林下经济。目前全市速生丰产林面积达到9.33余万公顷,每公顷年生长量21立方米以上,年增值近千元;经济林面积达到1.13余万公顷,每公顷收入4.5万多元;林下经济目前已发展7 333公顷,年产值超过5亿元,每公顷收益在4.5万元以上。"十一五"期间,全市计划发展到2万公顷,通过科学规划、创新机制、培强龙头、壮大基地、强化科技支撑,促进集约发展,形成"公司+协会+基地+农户"的经营格局,林下养殖和特色种植成为主导生产模式,力争每公顷年均收益达到7.5万元,使其成为转移农村劳动力,增加农民收入的新兴支柱产业。2008年林业第一产业实现产值13.6亿元。在第二产业方面,大力发展林浆纸板业。市委、市政府把林浆纸板业确定为全市八大支柱产业之一,把林纸一体化作为濮阳市实施"以工兴市"战略确定的一项重点建设项目来抓,培育了以濮阳龙丰纸业为代表的一批龙头企业和林木加工群体,拉长了产业链条,形成了小产品、大市场,小资本、大聚集的若干特色板块经济。龙丰纸业一期工程年产 10.8 万吨杨木化机浆,25 万吨轻量涂布纸已建成投产,共累计生产风干纸浆 31.4 万吨,高档文化用纸 66 万吨,销售收入达 12.83 亿元。目前全市林纸、林板等林木加工企业达到 1 200多家,其中投资 1 000 万元以上的 10 余家,年加工能力达到 180 万立方米。2008 年林业第二产业实现产值 9.47 亿元。

在第三产业方面,大力发展森林休闲旅游业。森林资源是旅游业的重要基础,濮阳市大力发展森林旅游业,建成多处集生态保护、园林观赏、休闲娱乐、观光旅游、林业科技示范、科普教育等多功能于一体的综合性林业园区,建立了一批生态文化教育基地。在城区西部黄河故道沙区上,以治沙造林起步,建成了占地近 400 公顷的中原绿色庄园、濮上园,开创了全国治沙造林的典范,现已成为国家 AAAA 级生态旅游景区,打造了濮阳城市名片,提升了濮阳的综合竞争力;范县依托黄河滩区的自然景观和民俗风情,规划建设了毛楼生态旅游区;濮阳县利用历史文化建设了省级张挥森林公园;南乐县在县属马颊河苗圃筹建了马颊河林业高效示范区。森林旅游业的不断发展既收到保护环境之生态功效,又得到发展旅游经济之便利,同时带动相关商业、服务业的发展,不断满足社会对林业的多样化需要。全市森林旅游业年接待游客 110 万人次,2008 年实现收入 0.47 亿元。

(四)加强森林资源保护与管理

1. 病虫害防治工作

(1)加强测报工作,准确预测主要森林病虫发生动态,为开展防治提供技术支持。测报工作是森林病虫害防治的基础性工作。为了搞好本市主要森林病虫害全年发生趋势预测,每年的冬春季节,濮阳市都进行越冬前、后期病虫情调查,对全市全年主要林业有害生物的发生趋势进行预测。在病虫害发生期,发生防治情况按每月为单位进行调查统计,力求掌握虫情发生动态,及时发布森防信息指导防治。2000 年濮阳市完成了对森林植物检疫对象的普查工作,摸清了全市域内森林植物检疫对象的种类和分布范围,绘制了《濮阳市森林植物检疫对象分布图》;2002 年 9 月,在全市范围内对桑天牛、光肩星天牛、春尺蠖、杨扇舟蛾等杨树害虫进行了一次全面细致的专项调查;2003 年 10 月至 2005 年 2 月底,全面开展了林业有害生物普查工作,获取了全市主要林业有害生物的发生动态、危害程度、发生面积、分布范围等宝贵资料,拍摄有害生物数码相片 1 000 多张,采集制作常见林业有害生物标本若干套;2008 年 9 月,又开展了美国白蛾、苹果蠹蛾、枣食蝇、松材线虫病、杨树黄叶病等检疫性林业有害生物专项调查工作。

(2)坚持"预防为主,综合治理"的基本方针和"谁经营,谁防治"的责任制度,实行限期除治,积极做好防治技术服务。在做好测报工作的同时,濮阳市根据森林病虫害发展动态,提出具体防治措施,指导相关单位进行防治,并对防治情况进行严格检查验收;对未防治或防治不达标的,下达限期除治通知书,要求责任单位或个人进行限期除治;逾期仍不防治或防治不达标而导致森林病虫害蔓延造成损失的,给予相应处罚。

(3)及时发布信息,广泛宣传森防工作和科学指导防治。市森林病虫害防治机构充分发挥《森防信息》的宣传功能,及时整理总结本地主要森林病虫害的发生趋势预测、动态分析、防治方法、当前工作重点及先进典型事迹,利用网络和邮寄方式,及时向各级林业部门,尤其是市、县两级党委、政府主管领导和社会各界通报森防工作形势。据初步统计,近年来全市每年森林病虫害均得到有效控制,防治率均高于71%,监测覆盖率均在80%以上,产地检疫率均高于75%。

2. 资源林政管理工作

1983 年建市之初,全市林业资源非常薄弱,林木覆盖率不到 8%。在市委、市政府的重视领导下,全市人民大搞植树造林运动,经过 5 年的努力,林业得到了迅速发展。1988年林业资源清查结果,全市林木蓄积量达到281.1 万立方米(全市人均0.95 立方米),林木覆盖率达到了13.5%,形成了网、带、点、片相结合,多数种、多林种配置的平原绿化新格局。随着濮阳市林业的迅速发展,森林资源总量逐渐增多,对资源林政管理工作要求越来越高。由于建市初期没有设立资源林政管理机构,资源林政管理工作严重滞后,不适应林业发展的要求,为了加快林业建设步伐,规范资源林政管理工作,经市编委批准,于2002 年8 月正式成立濮阳市林业局资源林政管理科,从此,濮阳市资源林政管理工作逐步走向规范化管理。

(1)抓好源头管理,切实把限额凭证采伐落到实处。一是严格执行采伐限额制度,根据省厅木材生产计划指标,及时分解下达各县(区)木材生产计划,确保年采伐限额的有效执行。二是严格落实凭证采伐各项管理制度,切实提高凭证采伐率和办证合格率。普遍实行"伐前踏查、伐中监督、伐后验收"的工作方法,明确证件签发责任,采伐证从 2007年起实行微机输入打印,规范采伐证签发,建立林木采伐台账,提高发证水平。三是及时掌握林木采伐动态。深入县(区)对林木采伐有关情况进行检查监督,掌握信息,纠正偏差。四是根据近两年来速生丰产林生长特点,通过审批管理,合理引导采伐,制订控制树木生长期采伐和对速生丰产林逐步实行间伐作业管理工作方案。

(2)强化林地林权管理,严防林地资源非法流失。近年来,濮阳林业部门进一步强化林地林权管理,切实把保护林地的各项措施落到实处。一是强力推进集体林权制度改革工作,先后召开全市林业部门林权制度改革工作会议及全市加快推进集体林权制度改革会议,并及时成立督导组,深入各县(区)督导林改工作。目前,全市共确权发证5.8 万公顷。二是切实加强征占用林地的管理。进一步健全征占用林地审核审批规范,对确需使用林地的依法严格审核程序,切实履行好法律赋予的职责。2006 年在全市深入开展了林地管理自查自纠活动,有效促进了林地的保护管理。据统计,2000 年以来,全市共向省林业厅申报征占用林地面积201.16 公顷,征收森林植被恢复费1 257.32 万元。

(3)加强木材流通管理,强化木材经营加工运输监督检查。一是多方宣传,进一步向广大林农宣传凭证运输制度。二是严格落实凭证运输的各项管理制度,切实提高凭证运输率和办证合格率。2006 年起,出省木材运输证、省内木材运输证先后实行了微机输入打印。三是经省政府批准在我市设置木材检查站 3 个,分别为濮阳县前赵屯木材检查站、范县北杨铺木材检查站、南乐县乔崇町木材检查站。同时,继续开展了木材经营(加工)单位的清理整顿,进一步健全木材经营加工单位档案。

(4)搞好资源核查,提高监测水平。2006 年10 月起,濮阳市全面启动森林资源规划设计调查工作(即二类调查)。此次调查工作调查项目多,内容丰富,科技含量高,是濮阳市首次开展此项工作。为此,濮阳市林业局成立了全市二类调查工作领导小组,下设办公室、技术组和质检组,组建了 238 人的调查队伍,当年 12 月底前全部完成外业调查任务。同时,分别完成了 2003 年、2008 年及以前(每五年一次)全国森林资源连续清查工作任务,得到了国家林业局华东林业调查规划院及省林业厅的一致好评,2008 年被省政府评为全省森林资源连续清查工作先进集体。2007 年 8 月 3 ~ 8 日,国家林业局华东林业调查规划院对范县 2006 年度林木采伐限额执行、征占用林地管理情况进行了专项核查,核查结果为优秀。

(5)提高服务效率,优化林业环境。以高效、便民为宗旨,建立和完善林业行政主动服务工作机制,推行服务承诺制和一站式办结服务,将审批项目名称、依据、申请条件、数量、审批程序、审批时限、收费标准等全部予以公示,林政管理人员坚持做到服务“一口清”,严格按服务流程办事,为林农、林企提供高效、便捷的优质服务。

(6)野生动物资源保护工作。建市初期,濮阳市没有设立野生动植物管理机构,对全市野生动植物资源掌握不清,野生动植物保护管理工作相对落后。1997 ~ 1998 年,按照省林业厅统一的安排部署,濮阳市开展了野生动植物资源调查工作。通过野生动植物资源调查工作的开展,进一步掌握了全市野生动植物资源情况,为濮阳市野生动植物保护工作的开展奠定了基础。为加强野生动物保护宣传工作,1996 年,经市民政局批准,成立了濮阳市野生动物保护协会。为适应近年来林业发展形势,进一步加强濮阳市野生动植物资源保护与管理工作,2005 年经市编委批准,成立濮阳市林业局野生动植物保护科(与资源林政管理科合署办公),野生动植物管理工作逐步走向规范化。一是广泛开展宣传活动,进一步增强全市广大干群野生动物保护管理法律意识。以每年 4 月 21 ~ 27 日“爱鸟周”和 10 月“野生动物保护宣传月”活动为契机,加大宣传力度,突出宣传效果。近年来,分别与共青团市委、濮上生态园区管理局、市人民广播电台、濮阳职业技术学院及市直部分学校联合举办“爱鸟周”活动;每年 10 月“野生动物保护宣传月”活动期间,围绕宣传保护野生动物在社会经济可持续发展中的作用和提高广大群众防范野生动物疫源疫病的意识这一主线,开展了丰富多彩、形式多样的宣传活动。二是抓住关键环节,落实好野生动物保护管理的各项法律制度。定期对全市动物园、驯兽团、动物表演团等野生动物驯养繁殖单位进行检查监督,及时纠正不规范经营行为;进一步做好野生动物救护工作,近年来共救护鸟类 500 余只,其中国家重点保护野生动物 20 余只。三是强化责任,完善体系,搞好野生动物疫源疫病监测工作。全市共设置野生动物疫源疫病监测站点 7 个,其中省级监测站点 1 个、市级监测站点 1 个、县级监测站点 5 个。各监测站点划定责任范围和重点监测区域,科学合理地设置观察点,巡查路线和监测样地,初步形成了覆盖全市主要鸟类活动区域的野生动物疫源疫病监测体系。四是森林公园、自然保护区建设取得新突破。经省林业厅批准,分别于 2001 年成立濮阳县张挥省级森林公园,2002 年成立范县黄河省级森林公园。经省政府批准,2007 年 11 月成立濮阳县黄河湿地省级自然保护区,区内已知脊椎动物 208 种(鸟类 162 种,兽类 20 种,两栖类 9 种,爬行类 17 种),其中一级保护动物 8 种(大鸨、白尾海雕、金雕、白肩雕、玉带海雕、白鹤等),二级保护动物 30 种(大天鹅、小天鹅、黄嘴白鹭、乌雕鸮、白额雁、灰雁鸮等),属河南省重点保护的鸟类 23 种(灰雁、苍鹭等),列入中日候鸟保护协定的鸟类18种(中白鹭、豆雁、赤麻鸭等),列入中澳候鸟保护协定的23种(琵嘴鸭、白腰杓鹬、普通燕鸥)。

3.林业公安工作

1983年建市之初,全市林业资源非常薄弱,随着林业的迅速发展,林权纠纷、乱砍滥伐、哄抢盗伐、故意毁坏林木的案件时有发生。1988年5月20日,市林业局向市人民政府提交了《关于要求建立林业公安队伍的请示》。1996年3月,市公安局、林业局联合下文,对濮阳市林业公安机关的性质、任务、职责权限、管理体制等有关问题作出了明确规定。2002年,全市林业公安机构全部更名为森林公安机构,市林业公安科更名为濮阳市森林公安分局,同时纳入地方公安序列,称濮阳市公安局森林公安分局。2006年3月,更名为濮阳市森林公安局。森林公安队伍的建立,揭开了濮阳市依法治林的新篇章。

(1)全市森林公安机构的装备建设得到了长足的发展。濮阳市林业公安建立之初,装备建设几乎为零。处于"办案靠步行、信息靠信函、鉴定靠求人"的状况,而且武器、警械缺乏,严重影响了办案效率和办案质量。据查阅有关资料,1991年4月,全市7个森林公安机构共有警车6部、三轮摩托车2辆、两轮摩托车2辆、对讲机4部、手枪5支、警棍3支、手铐25副,没有独立的办公办案场所。随着林业公安队伍的逐步建立健全,林业公安装备建设有了长足发展。截至目前,全市森林公安机构共配备警用车辆18辆,手枪18支,固定电话27部,传真机7部,计算机21台,各森林公安机构均接入公安通信网络,并制作有公安网页,森林刑勘箱10个,摄像机5部,照相机8部,对讲机、警绳、警棍、防弹衣、头盔、手铐等若干。全市有5个森林公安机构实现了单门独院办公,办公办案条件得到了极大改善。装备建设的快速发展,为林业公安业务工作的开展提供了强有力的后勤警务保障。

(2)全市森林公安机构打击和防范涉林违法犯罪的能力得到了极大的提高。一是严厉打击涉林违法犯罪。濮阳市始终坚持"严打"方针,紧紧围绕保卫森林资源安全,维护林区治安稳定,保障林业生产顺利进行这一中心任务开展工作。相继组织开展了代号为"中原绿剑1号"、"中原绿剑2号"、"中原绿剑3号"、"候鸟1号"、"候鸟2号"、"绿色风暴"、"春雷行动"等林业严打专项整治活动。同时针对濮阳市近几年退耕还林、治沙造林、通道绿化、速生丰产林基地建设等林业重点工程新栽幼树多,乱砍滥伐林木、故意毁坏幼树,私拉乱运、非法运输、木材外流严重等特点,以及"三夏"期间和收秋种麦时期因机械作业、焚烧秸秆等人为毁坏树木等情况,组织全市森林公安机关开展有针对性的打击防范工作。据统计,自1990年以来,全市森林公安机关共查处盗伐滥伐林木、故意毁坏幼树、非法占用林地、乱猎滥捕、非法收购销售野生动物等各类涉林案、事件3 516起,收缴木材3 984.24立方米,查获国家和省重点保护野生动物66 200余只(头),处理违法犯罪人员4 872人次,为国家、集体和个人挽回经济损失5 000余万元。二是大力加强防范网络建设。建立了护林联防小组2 000余个,拥有护林人员5 680余人。同时,建立了一支林区治安"耳目"和治安信息员队伍。2005年,按照省森林公安局建立森林公安警务区的统一部署,制定了《濮阳市森林公安机关警务区建设工作实施方案》。截至目前,全市共建立警务区10个,加大了宣传力度,延伸了工作触角,加强了情报信息工作,对发生的涉林案件及时查处,有效提高了防范打击能力。三是全市森林公安队伍建设得到了有力的加强。始终坚持从严治警方针,按照革命化、正规化、现代化、军事化的建警原则,对民警队伍实行严格管理、严格训练、严格要求、严格纪律,积极参加上级机关组织的各类政治、业务培训班,相继组织开展了执法大检查、作风建设评议、贯彻落实"五条禁令"、"从严治警,执法为民"教育整顿、"学长霞、铸警魂、树形象"、纠正立案不实、大练兵等一系列教育整顿和练兵活动,有效地提高了队伍的整体素质和战斗力,提高了执法能力和执法水平。加强行业内部反腐纠风工作,加强精神文明建设和宗旨意识教育,进一步改善和密切了警民关系,增强了队伍的凝聚力和战斗力。先后被省社会治安综合治理委员会授予"全省林业严打斗争先进单位",被省林业厅、省公安厅授予"全省林业公安十年全面建设先进单位"等荣誉称号,并荣立集体三等功一次,被国家林业局、公安部、国家工商行政管理总局、海关总署授予"全国飞鹰行动"先进集体荣誉称号。

二、主要做法

(一)深化认识,落实责任,切实加强对林业生态建设的组织领导

一是不断深化认识。濮阳市历来有重视林业的优良传统,随着经济社会的不断发展进步,林业的地位和作用日益凸显。十七大以来,按照"建设生态文明"的新要求,对林业重要性、特殊性和发展规律的认识进一步深化,市委、市政府要求全市各级党委、政府必须把林业放到更加重要的位置,采取更加有力的措施,形成更加强大的合力,取得更加扎实的成效。二是配强领导力量。市委、市政府成立了市林业生态建设领导小组,由市长担任组长,市委副书记任第一副组长,四大班子有5位市级领导任副组长,市直相关部门主要负责人为领导小组成员,各县(区)都相应成立了领导组织和工作机构,为林业生态市建设提供了坚强的组织保证。三是严格落实责任。全市林业生态建设实行各级行政首长负责制,明确各级政府一把手是第一责任人,分管副职是具体责任人,市长与县(区)长签订5年的任期目标责任书,分管副市长与副县(区)长签订年度目标责任书,严格督导,严格考核,建立林业生态档案,作为干部政绩考核的重要内容和任用的重要依据,有效增强了各级领导干部的责任感和紧迫感。四是开展竞赛活动。2006年以来,全市组织开展了"森林杯"竞赛活动,市委、市政府每年评选表彰2~3个林业生态建设先进县(区),10~15个先进乡(镇),30~50个绿色家园示范村,分别给予10万元、5万元和1万元的奖励。对作出突出贡献的先进个人予以表彰奖励。同时对因工作不力造成严重损失的进行责任追究,激励先进,鞭策后进,形成了凝心聚力、争先恐后的生动局面。

(二)因地制宜,发挥优势,积极探索平原林业发展新模式

在林业发展的基本思路和总体要求上,坚持从本地实际出发,因地制宜,发挥优势,科学规划,创新发展。

1.把握平原林业特点

濮阳是一个典型的平原农业市,发展现代林业必须立足于平原特点。①平原农区是粮食主产区,承担着维护国家粮食安全的重要职责,平原林业发展的规模和模式必须着眼于稳定粮食生产,保护和提高农田生产力。②平原农区人多地少,集体土地已全部承包给农户,土地经营的自主权在农户,农民是林业发展的主体。农田造林绿化必须充分尊重农民的意愿和利益,调动农民的积极性必须着力提升现代林业对传统种植业的比较效益。

③平原农区有开展农林复合经营得天独厚的自然优势。在沙化农田推广农林复合模式，构建稳固高效的农田防护林体系，实现林茂粮丰，可以兼顾国家粮食安全和木材安全，最大限度地提高农田综合效益，促进农民增收。④在郁闭半郁闭林地，利用广阔林地空间和林荫优势，发展林下养殖和林下种植，实行林农牧复合经营，使之优势互补，循环相生，是大幅提升林业综合生产力，推进农业集约化和产业化的可靠途径和理想模式，若正确引导，科学发展，平原林业会比山区更有作为，发挥更大效益。

2.处理好三大关系

一是生态与富民的关系，通过大力发展优质高效林业，在改善生态中增加农民收入，调动广大农民植树造林的积极性；二是种树与种粮的关系，通过构建稳固高效的农田防护林体系，有效减少风沙干旱等自然灾害，提高农田生产力，实现林茂粮丰；三是生态与产业的关系，通过加快森林资源培育，为林产品加工业提供充足原料，同时，依靠加工业发展促进资源培育。

3.优选发展模式

立足当地实际，濮阳市把发展现代林业的基本模式确定为：以生态文明为核心价值，以现代林权制度为体制基础，着力构建高效、多能、可持续的林业生态产业体系。现代林业要求必须牢固树立人与自然和谐的重要价值观，充分发挥林业在生态文明建设中的基础作用，使林业更自觉、更有效、更全面地服务于生态文明建设。发展现代林业，必须加快推进林权制度改革，实现林地使用权和林木所有权的财产化、资本化，建立健全现代林权制度和经营管理制度，为现代林业建设提供体制机制保障。平原地区发展现代林业，必须符合高效多能可持续的目标要求。所谓高效，就是要通过实施科技兴林，推动集约化经营和产业化发展，大幅提升现代林业对传统种植业的比较效益，提高林业对农民增收和GDP增长的贡献率。所谓多能，就是要始终坚持以生态为主的林业发展战略，充分发挥林业巨大的生态功能、社会功能、经济功能和文化功能，不断满足社会对林业的多样化需求。所谓可持续，就是要按照现代林业发展的客观要求，讲实际，谋长远，打基础，攻难点，使濮阳林业走上一条基础坚实、技术先进、经营集约、机制优化、保障有力的永续发展道路。

（三）复合经营，拉长链条，系统构建林业产业体系

一是大力推广复合经营。近年来，濮阳市努力改变以往单一的造林和营林模式，推广复合经营模式，强调新造速生丰产林要采用2米×8米或2米×10米以上小株距大行距的农林复合模式，致力于林茂粮丰。在已郁闭或半郁闭的林地开展林下种植、养殖等林农牧复合经营。二是拉长产业链条，做强做大林业。目前林业产业链条主要有四个：①速丰林基地和林果业。目前基地规模已达9.33余万公顷，杨树速丰林每公顷年生长量在21立方米以上，年增值近千元，林果每公顷年收入在4.5万元以上。②林浆纸板加工业。作为龙头企业，龙丰纸业一期工程年产10.8万吨杨木化机浆，25万吨轻量涂布纸已建成投产，二期工程计划年产20万吨浆、50万吨纸，正在抓紧筹备。全市林产品加工业超过1 200家，2009年产值有望突破40亿元，成为全市重要支柱产业。③林下经济。目前已发展7 333公顷，年产值超过5亿元，每公顷均收益在4.5万元以上。"十一五"期间，全市计划发展到2万公顷，要通过科学规划、创新机制、培强龙头、壮大基地、强化科技支撑，促进集约发展,形成"公司+协会+基地+农户"的经营格局,林下养殖和特色种植成为主导生产模式,力争每公顷年均收益达到7.5万元,使其成为转移农村劳动力,增加农民收入的新兴支柱产业。④森林休闲旅游业。森林资源是旅游业的重要基础,濮阳市的绿色庄园、濮上园、张挥公园、毛楼生态旅游村等都是在治沙造林基础上形成的景区、景点,计划重点规划建设黄河湿地自然保护区和黄河故道森林休闲区,形成两条林业精品观光旅游线,充分发挥林业在繁荣生态文化中的基础作用,不断满足社会对林业的多样化需要。

(四)政府主导,多方筹措,完善林业建设投资机制

坚持政府主导和市场调节相结合的原则,按照"政府为主导,群众为主体,全社会共同参与"的思路,多渠道筹措资金,推进林业生态市建设。一是不断增加政府投入。市政府印发了《关于"十一五"期间50万亩速生丰产林基地建设意见》《关于开展速生丰产林基地建设"森林杯"竞赛活动意见》,决定自2006年起,市财政连续5年每年投入500万元,建设速生丰产林基地50万亩。2008年是林业生态市建设起步之年,市委、市政府印发了《关于建设林业生态市的意见》《林业生态市建设规划》等重要文件,市、县(区)两级严格按照省政府"市级投入不低于本级财政一般预算支出的1.8%,县(区)级不低于1%"的要求,签订责任状,把林业生态市建设资金纳入各级财政预算,按时足额到位。2008年,市级林业生态建设投入4 300万元,县(区)级投入3 800万元。2009年,在全球金融危机蔓延、财政收入困难的严峻形势下,市、县(区)财政将力保林业生态建设投入不低于2008年水平。二是动员部门行业力量投资林业建设。市政府与市交通、公路、河务、农业、水利、城建等有关部门签订了林业生态建设目标责任书,组织相关部门行业发挥各自职能优势,积极投资造林绿化。据不完全统计,近年来,有关部门行业多方筹资2 000余万元用于道路、河渠、堤坝、农业综合开发、土地复垦整理等造林绿化。三是深化林权制度改革,拓宽融资渠道。对新植林木及时确权发证,规范林权流转,促进林地使用权和林木所有权的财产化、资本化,实现了林权可流转、可入股和可抵押贷款。提倡公用地绿化权拍卖,鼓励大户承包造林,引导企业进军林业,濮阳县徐镇镇将路沟渠等农田公用地段绿化权拍卖,获得拍卖资金100多万元用于造林;南乐县元村镇西审什村,采取大户承包造林方式,治沙造林80多公顷;高新区赵庄张留彬2009年承包沙荒地造林47余公顷,成活率达到100%;南乐县锦泰亨林牧业开发有限公司利用林权抵押贷款420万元用于林业产业发展;清丰县胜佳公司在古城乡、大屯乡等地,承包沙荒地造林200余公顷。

(五)依法治林,加强保护,保障林业生态安全

一是加强森林病虫害防治工作。市政府制定了《濮阳市重大林业有害生物灾害应急预案》,坚持"预防为主、综合治理"的方针,强化预测预报、检疫、防治网络体系建设,提高林业有害生物预测预报水平与防控能力,市财政每年投入200多万元用于林木病虫害防治工作。特别是2008年9月美国白蛾从山东接壤地区传入台前、范县等地,造成部分林木受害,市委、市政府高度重视,立即安排部署防控工作,积极采取有力措施,最大限度压低虫口密度,降低来年发生基数。市委、市政府成立了美国白蛾防控工作指挥部,市委副书记盛国民任政委,副市长郑实军任指挥长,各县(区)、有关部门主要负责人为成员,统一协调、指挥、督导美国白蛾防控工作。市政府印发了《关于进一步加强美国白蛾防控工作的意见》,召开会议动员部署,落实责任,细化目标,科学防控,努力确保有虫不成灾、疫情不扩散,控制和消除虫情危害,保障全市生态安全。二是重视护林防火工作。认真落实森林防火行政领导责任制,健全森林火灾预防和扑救体系,市政府制定了《濮阳市森林防火抢险应急预案》,每年列支 30 万元专门用于护林防火,加强基础设施和装备建设,提高预防和扑救能力。三是加强森林公安队伍建设,严肃查处涉林违法案件。加强森林公安队伍正规化建设,提高装备水平、业务素质和办案能力,严厉打击乱砍滥伐林木、乱垦滥占林地、乱捕滥猎野生动物等涉林违法犯罪。近年来,共查处各类林业案件 800 余起,有效保护了森林资源安全。

三、取得的主要成效

随着现代林业建设的深入实践,全市林业生态体系不断完善,林业产业进一步壮大,生态文化体系更加繁荣,林业的生态、经济、社会、文化等多项功能得到全面发挥,实现了生态效益、经济效益和社会效益的有机统一。

(一)生态效益

近年来,濮阳市以国家、省、市林业重点生态工程为基础,以道路、河流等生态廊道建设为骨架,以推行小网格造林和农林复合经营为重点,点、片、网、带合理布局,水、田、林、路综合治理,加快治沙造林建设步伐。2003 年以来,全市林地面积以每年约 1.33 万公顷的速度增加,森林资源也随之大幅增长,生态环境明显改善。一是防风固沙、改良土壤,提高了农田生产力。通过治沙造林,以前的流动和半流动沙丘得到固定,有效遏制了风沙危害,大风日数减少 47.8%,风沙日数减少 69.7%;通过建设完善农田林网,改善了农田小气候,空气质量明显提高,空气相对湿度提高 0.8%,严重影响小麦产量的干热风基本消失,有效保护了粮食生产。据调查,从 2004 年到 2008 年,全市造林规模由 2.6 万公顷扩大到 9.53 万公顷,夏粮总产从 114.6 万吨提高到 144.5 万吨,夏粮单产从每公顷 5 955 公斤逐步提高到 6 750 公斤,连续 5 年稳产高产,全市农村呈现一派林茂粮丰的繁荣景象。二是美化了城乡面貌,改善了人居环境。在城市巩固提高了"六城二奖"创建成果,在农村大力实施绿色家园行动计划,近千个村实施了村镇绿化工程,300 多个村达到市定绿色家园创建标准。据省环保部门空气质量监测,濮阳市空气质量一直位居全省前列,全年二类以上好天气达到 336 天,被誉为"人居佳境、中原绿洲"。三是扩大了环境容量,提高了经济发展的环境承载力。全市年林木蓄积生长量达到 150 万立方米,吸收二氧化碳 270 万吨,释氧 240 万吨,通过森林碳汇实现间接减排,减轻了经济发展的环境压力。四是增加了生物多样性。无论是城市还是农村,都有成群的野鸟在林中栖息繁衍。据调查,全市分布野生动物和鸟类约 45 科 203 种,成为龙乡大地的一道亮丽风景。

(二)经济效益

近年来,濮阳市坚持第一产业、第二产业和第三产业齐头并进,协调发展,系统构建林业产业体系。2008 年,全市林业总产值达到 23.54 亿元,农民人均纯收入 4 065 元,其中林业贡献 842 元,占农民收入的比重达到 20.7%。在第一产业方面,重点抓好了速生丰产林基地、林下经济、林果业和育苗业四条线。目前全市速生丰产林面积达到 9.33 余万公顷,每公顷年生长量 21 立方米以上,年增值近千元;林下经济已发展 7 333 公顷,年产值超过 5 亿元,每公顷均收益 4.5 万元以上;经济林面积达到 1.13 余万公顷,林业育苗、花卉面积 2 000 公顷,每公顷收入 4.5 万多元。2008 年实现产值 13.6 亿元。在第二产业方面,培育了以龙丰纸业为代表的一批龙头企业和林木加工群体,目前全市林纸、林板等林木加工企业达到 1 200 多家,其中投资 1 000 万元以上的 10 余家,年加工能力达到 180万立方米。2008 年实现产值 9.47 亿元。在第三产业方面,大力发展森林休闲旅游业,建成了中原绿色庄园、濮上园、濮阳县张挥森林公园、范县毛楼生态旅游村等景区、景点,年接待游客 110 万人次,2008 年实现收入 0.47 亿元。

(三)社会效益

林业生态建设促进了人与自然、人与社会和谐。一是增加了就业渠道。杨树速丰林种植及林纸、林板加工业的发展,吸纳农村剩余劳动力 15 万人。林业的发展也带动了交通运输业的发展,全市有 5 000 多辆机动车从事林纸林板运输。林下经济的快速发展也给富余劳动力的转移提供更加充足的空间。二是促进了森林旅游业的发展。中原绿色庄园、濮上园、范县毛楼生态旅游区、濮阳县张挥公园等都是以造林绿化为基础建设的,已成为我市重要的旅游景点,吸引了数万游客前往观光旅游,成为了濮阳市的名牌,提升了区域综合竞争力。三是弘扬了生态文明。通过开展群众性爱绿护绿、爱鸟护鸟、保护古树名木等社会公益活动,广大市民逐步树立了人与自然和谐相处的生态价值观和环境道德观,全社会生态文明意识普遍增强。

四、未来展望与措施

要发挥好林业在生态文明建设中的基础作用和引导作用,力争经过今后 5 年的艰苦努力,全面建成稳固高效的农田防护林体系,基本建成秀美宜居的城乡生态环境体系,初步形成结构优化的林业产业体系,使全市生态环境质量显著改善,生态承载能力明显提高,全社会生态文明意识普遍增长,基本建成林业生态市。

加快造林绿化步伐,使全市造林规模达到 13.33 万公顷,其中片林面积(含农林复合、环城围村林带)发展并稳定 10.67 万公顷,农田林网折合面积约 2.67 万公顷。到“十二五”末,全市林木覆盖率达到 30% 以上(其中森林覆盖率在 25% 左右、农田林网折合绿化率 6% 左右)、城市(含县城)建成区绿化覆盖率达到 35% 以上、村镇林木覆盖率达到 40%以上。农田防护林网控制率达到 95% 以上,路河沟渠绿化率达到 95% 以上。主要生态廊道实现乔灌花草合理搭配,落叶与常绿有机结合,形成秀美田园生态景观。

提高林业生态承载能力,年林木蓄积生长量超过 200 万立方米,年固定二氧化碳 360万吨,释氧 320 万吨。到“十二五”末,全市林木总蓄积达到 1 100 万立方米以上,固碳总量 2 000 万吨以上,根除风沙和干热风危害,生态稳定性持续增强,林业生态效益年价值在 70 亿元以上。

壮大林业生态产业规模,拉长产业链条。作为基础链条和第一车间,杨树速丰林每公顷年生长量要达 21 立方米以上,增值超过 1.5 万元;杨木制浆发展到 25 万吨以上,木浆造纸力争发展到 50 万吨以上;优先发展密度板、胶合板、杨木地板业、木材综合加工能力达到 300 万立方米以上,加工业产值达到 80 亿元以上,成为河南省最大的林浆纸板生产基地和木材集散地。

大力发展林下经济,要科学规划、合理布局、培育龙头、集约发展,形成“公司＋协会

＋基地＋农户"的经营格局,林下养殖和林下种植规模发展,每公顷年收益在 4.5 万元以上。到"十二五"末,全市林下经济稳定发展到 2.67 万公顷,使其成为转移农村富余劳动力,增加农民收入的新兴支柱产业。

繁荣生态文化,弘扬生态文明。不断丰富和创新义务植树形式,适龄公民尽责率达90% 以上;各县(区)至少规划建设一处森林公园(林果观光园)或自然保护区,开辟一处生态文明教育基地,每年至少开展一次大型生态公益性活动。广泛宣传林业法规和生态知识;市绿化委员会定期评选颁发市绿化奖章,大力培植先进典型,使全社会生态文明意识明显增强。

以"改善人居环境,共建生态文明"为主体,深入开展生态文明创建活动。到"十二五"末,所有县(区)要全部建成林业生态县(区),50% 以上的村镇要达到绿色家园绿化标准。濮阳市作为区域性中心城市要大力营造城郊森林和湿地,争创国家森林生态城市,不断提升市民生态文明素质和城市魅力,生态文明建设力争走在全省前列。(濮阳市林业局)

第十节　许昌市

许昌市位于河南省中部,是中原城市群核心城市之一。现辖 2 市(禹州市、长葛市)3县(许昌县、鄢陵县、襄城县)1 区(魏都区),总面积 4 996 平方公里,总人口 456.4 万。新中国成立 60 年来,许昌的林业建设伴随着共和国的成长壮大得到了长足发展。

1949 年以前,许昌地区所辖 18 个县(市)仅有天然次生林和小片人工林 1 240 公顷,"四旁"树木 344 万株,活立木蓄积量 20.3 万立方米,林木覆盖率为 2.1% ,林业总产值166 万元。由于林木资源贫乏,生态失去平衡,水土流失严重,风、沙、旱、涝等自然灾害频繁,粮食单产只有 946.5 公斤每公顷,人民生活十分困苦。

新中国成立后,在各级党委、政府的正确领导下,许昌林业开始走向发展之路。1950年 2 月,中央林垦部召开了第一次全国林业会议,提出了"大力造林、普遍护林"的方针。同年 5 月 16 日,中央人民政府政务院发布了《关于全国林业的指示》,并在此基础上制定了"国造国有、村造村有、谁造谁有"的林业政策。许昌通过宣传贯彻,把群众性的植树造林运动推向了一个新高潮。至 1953 年,开始实施发展国民经济的第一个五年计划,许昌林业生产得到稳定发展。1954 年,全区进行林业区划与山区生产规划,采取国家造林、民造公助、公私合营等形式,狠抓林业重点项目建设。在西部山区营造水源涵养林、用材林和经济林,在东部沙区营建农田防护林,使全区植树造林运动既轰轰烈烈,又扎扎实实。特别是 1956 年至 1957 年农业合作化高潮时期,广大群众更是积极投入植树造林运动。全区 260 多万人参加造林,成立青年造林突击队 5 352 个,营造了 2 500 多个"青年林"。郏县大桥农业社组织 32 人的青年突击队,长期吃住在山上,挥汗耕植,把全社荒山变成了枣树坡。许昌地委机关干部开展绿化全市活动,8 天栽树 17 190 株。截至 1957 年底,全区保存造林面积 8 067 公顷,是新中国成立初期的 6.5 倍;"四旁"植树 3 900 万株,林木覆盖率达 4.1% 。

1958 年"大跃进",刮起了"共产风",土地合并归集体所有,一家一户的个体耕种转为生产队、大队集体经营,零星植树变为有计划统一栽植,开始建立了社办苗圃。1959

年，为贯彻中央和省委"全党全民办林业"的方针，全区造林声势浩大，建立了3个国营林场、4个园艺场、9个苗圃，有林业职工1 088人，办林业学校42所，在校学生4 424人，社队办林场257人，场员18 005人，基本上实现了社办林场化。但由于"左"倾思想泛滥，加上大炼钢铁，大办"公共食堂"，薪炭柴需求量大，树木被砍伐殆尽，林业遭到严重破坏。同时，由于新栽幼树只栽不管，保存率很低。到1961年，全区大面积造林只剩下4 667公顷，"四旁"植树1 200万株，比1957年减少三分之二，使全区林业濒临毁灭边缘。鄢陵县的马栏公社社郎大队只剩下6棵树，前程大队仅剩21棵。树木减少，沙区防护林被破坏，干热风、沙碱自然灾害加重。据1962年调查，全区风沙灾害袭击麦田3万公顷，减产1 000多万公斤。鄢陵县沙区的洪沟大队麦播面积108公顷，实收69公顷，每公顷单产只有285公斤，全大队总产是1957年有防护林时粮食产量的28%。从全县来看，1957年有沙碱地面积3 667公顷，1961年扩大到6 687公顷，增加53.3%，全县因灾废弃耕地142公顷，人民生活受到严重影响。

　　1962年以后，中央纠正"左"的错误，国民经济实行"调整、巩固、充实、提高"的方针，全区林业又开始迈向蓬勃发展之路。通过宣传贯彻执行党中央、省委、省政府"以社队集体造林为主，以国营造林为骨干，积极发展国家与集体合作造林，并鼓励社员个人植树"的方针，在全区范围内划分林权，颁发林权证，调动了广大群众植树造林的积极性。坚持把沙区造林列为全区林业工作重点，集中人力、物力、财力，大打造林绿化歼灭战。仅两年时间，即营造防护林5 333公顷。1964年造林的重点转向山区，大搞油桐、麻栎直播造林，积极营造刺槐、侧柏等水土保持林，并充分利用野生资源，积极开展酸枣嫁接大枣的群众运动，两年时间造林6 667公顷。同时，狠抓"四旁"植树，绿化地、县、社三级公路2 000多公里，栽树500多万株，使全区主干道路全部实现绿化，5条较大河流两岸植树600多万株。到1966年春，全区造林面积达到8 000公顷，"四旁"植树6 500万株，产值700万元，林木覆盖率达到7.3%，超过1957年的绿化水平。特别是地处黄泛区的鄢陵县，1963年在省沙区造林大会以后，确定县北的沙区为治理重点，以公路、河渠为线，以宅旁、村旁为面，实行点、线、面相结合，由点到面逐步铺开。经过6年的努力，1969年全县"四旁"栽满了树，被国务院表彰为"全国平原绿化的一面红旗"，人民日报发表了"迅速发展林业的榜样"等重要文章。当年10月11日，林业部、商业部在鄢陵召开全国农村植树造林、增柴节煤现场会，总结交流经验，大大促进了全区林业生产的发展。1970年后，许昌林业建设由"四旁"植树向农田林网化方向发展。1973年，许昌地委在襄城县召开了农田林网化现场会，将营造农田林网作为农村基本建设的重要内容，把全区的林业建设推向了新的高潮。林网建设由原先的一个大队或一个公社，发展到几个公社、一个县，甚至几个县连片造林。截至1974年底，全国除台湾省外，其余各省都组织来许昌鄢陵参观林业建设，参观人数达27万多人次。据1976年全区森林资源调查，大面积造林1.33万公顷，平原实现林网化面积37万公顷，占适宜营造林网面积的75%，"四旁"植树1.6亿株，活立木蓄积量218.8万立方米，林业产值2 263万元，林木覆盖率16.6%，农作物增产5%～25%，许昌到处呈现出一派林茂粮丰的新景象。

　　1977年，林业部在许昌召开了第一次全国平原绿化现场会，许昌被列为全国最早实现平原绿化的先进地区，并在北京展出发展林业的事迹。上海科教电影制片厂曾来拍摄过《农田林网好处多》的科教电影片,在全国放映。鄢陵县在"四旁"实现绿化以后,积极向农田园林化发展,全县 6.18 万公顷耕地营造成 7 312 个方格田,被誉为全国的先进典型,林业成就 4 次在北京展出。

1979～1982 年,许昌林业再次遭到破坏。由于土地实行家庭联产承包制,而林业生产责任制不清,造成了集体林木的大量砍伐。据 1982 年全区林业资源清查,许昌"四旁"树木仅剩下 5 974 万株,比 1976 年减少 62.7%;农田林网仅剩下 10.8 万公顷,减少 74.5%,林木覆盖率下降至 10.56%。

1983 年以后,许昌林业再创辉煌。许昌地委、行署多次召开会议,总结经验教训,决心把植树造林作为实现经济翻番的突破口来抓。1983 年 3 月 8 日,在禹县召开了各县(市)政府主要领导参加的林业会议,行署专员提出"3 年恢复林网,5 年基本绿化荒山"的要求。当年完成育苗 6 400 公顷,冬春植树 3 200 万株,恢复完善农田林网 11.47 万公顷,发展农桐间作 12 万公顷。禹县创出了当年育苗、当年植树 862 万株,一年实现平原绿化的奇迹,为全国高速发展林业生产闯出了一条新路,受到中央领导的赞扬,省委、省政府颁发嘉奖令预以通报表扬。为改善大农业生态条件,1988 年许昌启动了农业综合开发项目,实行水、田、林、路综合治理,并把林业摆在了突出位置。全市林业部门按照现代化林业的框架,打破村、组界限,以 13 公顷左右的网格标准,统一规划。主干道路栽杨树,田间林网栽泡桐,沟、渠发展优良乡土树种,建设规范化的农田林网。1990 年,全市成片造林保存面积达到 2.52 万公顷,"四旁"植树 4 600 万株,活立木蓄积量 230 万立方米,林木覆盖率 15%,林果业年产值 8 500 万元。平原绿化取得了突破性进展,农田林网与农林间作面积达到 21.81 万公顷,林网间作控制率达到 90% 以上,初步形成以点、片、网、带相结合的农田防护林体系。1990 年,全市达到林业部颁布的平原绿化初级标准,跨入全国平原绿化先进地(市)行列。

1991～1995 年,许昌林业辉煌与滑坡相伴。主要成绩,一是在全市营造了一批高标准、高质量的农田林网;二是在林种、树种结构调整上有所突破,特别是经济林有较大发展,引进了一批名、特、优、新品种和用材林树种,且集中连片形成规模;三是林政管理、资源保护工作有所加强,建立健全了林政管理机构;四是全民义务植树活动开展得更加广泛深入,全民绿化意识进一步提高,初步形成了全社会办林业、全民搞绿化的局面。存在的问题:一是由于农村土地调整频繁,致使一些林木被砍;二是成材林过量采伐而更新补造跟不上,出现大面积"空当";三是一些地方管护不力,执法不严,偷砍滥伐林木案件时有发生。到 1995 年,全市大面积造林保存面积 2.77 万公顷,干鲜果品年总产量 16 100 吨,活立木蓄积量 330 万立方米,林果业年总产值 1.25 亿元。农田林网及林粮间作面积却由 1990 年的 21.81 万公顷下降到 14.4 万公顷,林网间作控制率由 90% 下降为 61%,"四旁"植树由 4 600 万株减少到 3 000 万株,林木覆盖率由 15% 下降为 12.6%。禹州市因平原绿化滑坡严重,1995 年 2 月 16 日受到省委、省政府黄牌警告。

为遏制平原绿化滑坡现象,1996～1998 年,许昌连续 3 年在全市范围内广泛开展了造林绿化"决战年"和"攻坚年"活动。实行党政领导造林绿化目标责任制,落实"一把手"工程;党政机关承包荒山造林绿化,许昌市直 70 多个党政机关一年筹措资金 40 多万元,支援禹州对口单位搞荒山造林;平原重点抓好县、乡主干道路、铁路沿线、大型骨干林网建设及城镇绿化,发展"林业窗口工程"和"基地林业";实施科教兴林;深化林业产权制度改革,强力推行宜林"六荒"拍卖;全面开发荒山、荒滩、沟、河、路、渠,大力发展林果业,有效而快速地增加了林业资源。1997年1月,许昌市被省委、省政府授予"全省荒山造林绿化先进市"光荣称号。同时,全市平原绿化工作也创出了佳绩。1996年,鄢陵县人民对全县1.33万公顷沙荒地和1万公顷盐碱地又掀起新一轮治理高潮,并取得显著成效。沙区林木覆盖率提高到15%以上,粮食每公顷产量由原来的3 000公斤猛增到1.13万公斤,林果业年产值4 000万元,人均纯收入由1995年的500元提高到2 600多元。特别是发展"莲鱼共养"的刘庄村,1997年人均收入达4 000元以上。同时,鄢陵的花卉发展也突飞猛进,成为我国长江以北最大的花卉苗木产销基地。1996~1998年,许昌市林业局连续3年被省林业厅评为"先进地(市)林业局";全市先后有5位同志荣获"全国绿化奖章",有26位同志荣获"河南省绿化奖章";长葛市被全国绿化委员会授予"造林绿化十佳县市"称号,禹州市磨街乡、许昌县椹涧乡先后被全国绿化委员会授予"造林绿化十佳乡"称号,禹州市褚河乡岳庄村、许昌县蒋李集镇寇庄村荣获"全国造林绿化千佳村",全市有9个村被省绿化委员会授予"河南省造林绿化百佳村";驻许54642部队、许昌市水利局、许昌市公路总段、许昌市武警支队分别被省绿化委员会授予"河南省部门造林绿化先进单位"称号。

　　进入新世纪后,许昌林业进入了新的发展局面。全市林业工作在市委、市政府的领导和省林业厅的指导下,以邓小平理论和"三个代表"重要思想为指导,认真贯彻落实十六大和《中共中央　国务院关于加快林业发展的决定》精神,根据河南省《绿色中原建设规划》,紧紧围绕中心工作,服务全市经济发展大局,以建设国家农业科技园区为载体,以花卉苗木基地建设、退耕还林工程、平原防护林体系建设、绿色通道建设和城乡绿化一体化为重点,继续加大招商引资力度,注重科技兴林和造林机制创新,加强森林资源保护。许昌林业在社会各界广泛参与和大力支持下,经过全市上下的共同努力,造林绿化工作取得了显著成效。造林面积逐年增长,资金投入不断增加,林业的生态效益、经济效益和社会效益不断提高。

　　"十五"期间,全市累计投入林业建设资金5.65亿元(其中林业项目资金1.78亿元,民间投资3.87亿元),是"九五"期间投资总额2.47亿元的2.3倍;花卉苗木面积由"九五"末的6 667公顷发展到现在的3.33万公顷,年均增长30.8%;新增大面积造林2.51万公顷,造林绿化面积达6.33万公顷,林业用地绿化率达79.2%;新增通道绿化长度663公里,通道绿化总长度达1 528公里,绿化率达96%,高出"九五"末40个百分点;农田林网面积达到28.07万公顷,林网控制率达到91.5%,比"九五"末提高了8.5个百分点;全市林木存量达到1.58亿株,花卉苗木存量7.5亿株;林木覆盖率由16.7%提高到20.86%,增加4.16个百分点,城市绿化覆盖率达39.1%,城市人均绿地面积9平方米;2005年全市林业总产值达到28亿元,为2000年10.5亿元的2.7倍,年均增长21.7%。

　　2006年,许昌市把建设"生态许昌"纳入"十一五"发展规划,并围绕这一目标,提出以创建国家森林城市为载体,以创促建,加快林业生态许昌建设步伐。市委、市政府成立了高规格的创建国家森林城市指挥部,市长任第一指挥长,市委副书记任指挥长,有关市领导和市林业局局长任副指挥长,市直24个有关单位负责人为成员,并在市林业局设立了创建国家森林城市指挥部办公室。

创建工作开展之后,在国家林业局和省林业厅的大力支持与指导下,许昌根据自身特色,充分发挥比较优势,提出了"以生态树品牌、以生态促发展、以生态促和谐"的发展战略,把创建国家森林城市作为落实科学发展观、构建和谐社会、改善人居环境、提升城市品位、优化投资环境、增强城市竞争力的有效载体,通过科学规划,合理布局,增加投入,全民参与,积极探索黄淮平原地区城市森林建设的新模式,努力改善城乡生态环境,促进城乡绿化一体化发展,城市绿化和林业生态建设取得了显著成效,形成了以森林为主体的功能完备的城市生态系统。至 2007 年 4 月,许昌市城市绿地总面积达到 1 364 公顷,人均公共绿地 9.3 平方米,建成了 200 多公里的城市生态防护林体系。农村突出农田林网建设重点,结合农业综合开发项目进行农村生态保护建设。全市农田林网面积达 28 万公顷,林网控制率达 91.5%,6 个县(市、区)全部达到河南省平原绿化高级标准。路网按照城乡贯通、村镇相连的要求,对全市乡(镇)以上道路进行全面绿化,对 G311 和 G107 两条花木长廊进行完善提高,形成了特色鲜明的生态景观林带。广筹资金,按规划对禹州市森林植物园、禹州市大鸿寨森林旅游景区、襄城县紫云山森林公园、鄢陵国家花木博览园 4 个森林旅游景区进行续建和改扩建,使其不断完善提高。其中,禹州市大鸿寨森林旅游景区被国家林业局批准为国家级森林公园。通过连续举办 8 届中原花木交易博览会,促进了花木产业迅速发展,全市初步形成了以 G311 为轴线、鄢陵县—许昌县—魏都区连片发展的花卉苗木产业格局,面积达到 5 万公顷,拥有 4 大系列、2 400 多个品种,成为全国最大的花木生产和销售集散地。"全国花卉生产示范基地"、"全国重点花卉市场"和"中国花木之乡"这三张名片更加闪亮。市区林木覆盖率达 33.5%,城市建成区绿化覆盖率达 42.68%,城市郊区林木覆盖率达 26.48%,基本形成了以 4 万公顷花卉苗木为基础,以 2 000公里通道绿化为骨架,以 28 万公顷农田林网为脉络,以沟、河、路、渠、村庄"四旁"和宜林荒山绿化为重点的林网化、水网化、路网化的森林城市框架,呈现出"城区绿岛、城郊林带、城外林网"的城乡一体的森林景观。

2007 年 4 月 8 日,许昌市顺利通过了国家森林城市专家组的考察验收;2007 年 4 月 26 日,全国绿化委员会、国家林业局联合发文正式授予许昌市"国家森林城市"称号;2007 年 5 月 9 日,在第四届中国城市森林论坛上,全国关注森林活动组委会主任、全国政协副主席张思卿亲自向许昌市颁发"国家森林城市"荣誉奖牌;2007 年 7 月 5 日,河南省林业厅印发了《关于对许昌市林业局的通令嘉奖》,并颁发奖金 50 万元;2007 年 7 月 6 日,许昌市人民政府印发了《关于对市林业局的嘉奖令》;2007 年 7 月 10 日,许昌市召开创建国家森林城市表彰大会,中纪委驻国家林业局纪检组长杨继平,国家林业局新闻发言人、宣传办公室主任曹清尧应邀出席会议并讲话,省林业厅副厅长弋振立到会祝贺。市政府印发了《关于表彰全市"创森"工作先进集体和先进个人的决定》,向作出突出贡献的市林业局和 5 个"创森"工作优秀单位、6 个"创森"工作先进单位颁发奖牌和奖金 21 万元,并对 106 名"创森"工作先进个人颁发了荣誉证书。2007 年 7 月 18 日,河南省人民政府对许昌创建国家森林城市工作给予了通报表彰。

创建国家森林城市成功后,为了进一步巩固、完善、提升创建成果,许昌市根据《河南林业生态省建设规划》,结合许昌实际,制定了《许昌市林业生态许昌建设规划》,并提出力争提前两年完成建设任务。2008 年和 2009 年,许昌全市上下团结一致,奋力拼搏,每年造林面积均在 2 万公顷以上,创建森林城市成果得到全面巩固完善提高,林业生态许昌建设得到快速推进。至 2009 年 4 月,全市林业用地面积达 11.2 万公顷,已绿化 9.4 万公顷,绿化率达 84.4%,林木覆盖率达 27.2%,生态环境得到显著改善。

新中国成立 60 年,60 年巨变。许昌林业工作在各级党委、政府的正确领导下,许昌市人民年年植树、岁岁添绿。如今,昔日光秃的荒山绿了,经济活了,农民富了;一望无际的平原中田成方、林成网、沟河林成带。蓬勃发展的许昌林业象征着许昌的未来和希望,郁郁葱葱的农田林网和一条条防护林带像绿色的长城守护着广袤的良田,繁荣的城镇。但是许昌绿化的脚步没有停歇,许昌人民仍在不停地向许昌大地播撒着绿的生机与活力,一座绿色之城、生态之城、文明之城正在中原大地上崛起。(许昌市林业局)

第十一节 漯河市

漯河市位于河南省中部,伏牛山东麓平原与淮北平原交错地带,属暖湿性季风气候,四季分明。境内土壤有砂质、壤质和胶质三种类型,以壤质土壤为主,肥力水平较高。河流为淮河流域沙颍河水系,淮河两大支流沙河、澧河贯穿全境并在市区交汇,滨河城市特色明显。

漯河 1948 年设立县级市,1986 年升格为省辖市,2003 年被列入中原城市群,2004 年 9 月再次进行行政区划调整,现辖临颍、舞阳两县和郾城、源汇、召陵三区及一个省级经济开发区,总面积 2 617 平方公里,总人口 257 万。

漯河城乡绿化事业随着经济体制改革的深化和社会主义市场经济的建立和完善,逐步发展壮大,初步实现了林业发展由单纯地服务于粮棉油生产的边缘地带向培育林业产业体系,促进经济社会可持续发展的历史性转变,投资方式实现了由政府单一投资向社会多元投资的转变。截至 2009 年,城区园林绿地总面积达到 1 833.1 万平方米,公园绿地面积 664.5 万平方米,城市绿化覆盖率 41.7%、绿地率 35.3%,人均公共绿地面积 14 平方米,全市森林覆盖率达到 26.2%,形成了以城市为中心,以通道绿化为纽带,以森林公园、游园、小城镇绿化为靓点的城乡绿化新格局。先后获得"河南省造林绿化最佳城市"、"国家园林城市"、"中国人居环境范例奖"、"全国绿化模范城市"等多项称号。

一、城乡绿化建设发生翻天覆地变化

1949 年新中国成立之初,漯河为少林地区,林业建设基本一片空白,随着经济社会发展,逐步从无到有、从小到大发生了翻天覆地的变化。1958 年,漯河人委制定了《漯河市关于开展绿化运动的规划》,明确了两年内造林 2 公顷(果木),植树 15 万株的发展目标,推动了全市林业发展。改革开放之后,漯河市革委在 1981 年印发了《关于立即制止乱砍滥伐树木和开展冬春植树造林工作的意见》,全面落实林业生产责任制,建立采伐更新审批制度,进一步规范了林业建设。1986 年漯河升格为省辖市之后,特别是进入新世纪以来,漯河市委、市政府一直把城乡绿化建设作为推动经济社会可持续发展的一项战略举措来抓,林业建设得到了突破性进展。

(一)资源总量显著增长

1986年建市之初,漯河市林木总株数4 017万株,经济林种植面积1 834公顷,有林地面积1.05万公顷,林木覆盖率为10.5%,全市林木蓄积量为110.5万立方米。1990年全市林业资源调查统计,全市有林地面积达到1.15万公顷,林木覆盖率提高到12%,活立木总株数达到4 896万株,林木蓄积量达到112万立方米。1998年,漯河市开展第四次全国森林资源连续清查工作,林木覆盖率达到11.61%,活立木蓄积量为119.2万立方米,林木总株数达到4 800万株,有林地面积达到2.13万公顷。2001年组建漯河市林业园艺局以来,逐年加大生态林业建设力度,截至2009年,全市有林地面积达到7.07万公顷,森林覆盖率达到26.2%。

(二)平原绿化成效显著

漯河市属典型的平原农区,林业生产重点是抓好平原绿化工作。长期以来,以实施水田林路综合治理,建设高效综合防护林体系一直是平原林业生产的重要目标。1986年,全市林网控制面积仅有76.15%,林木覆盖率10.5%,全市仅有舞阳县实现了平原绿化初级达标。为此,市委、市政府提出用3年时间全面实现平原绿化初级达标的目标,在全市掀起了造林绿化活动的高潮。1989年,市政府专门制定下发了《关于今冬明春林业生产的意见》(漯政[1989]69号)文件,将林业生产工作进行了详细安排,下达了各县(区)、各乡(镇)的造林任务。1990年2月2日,市政府又专题召开市长办公会,对1990年春季造林工作进行研究布置。1990年3月5日,市委、市政府在临颍县召开平原绿化现场会,四大班子16名领导中,有13位参加了会议,市委书记李长铎、市长鲁茂升亲自到会安排平原绿化工作。1990年,临颍县、郾城县顺利通过部颁平原绿化初级达标验收。经过历届党委政府的不懈努力,漯河市于2004年全市整体实现了平原绿化高级达标。目前全市林网控制率达到95%以上。

(三)林业产业蓬勃发展

在生态建设快速发展的同时,漯河市的林业产业也得到迅猛发展。新中国成立以来,全市林产品加工企业从无到有,逐步形成了杜曲镇、北舞渡镇、裴城镇、青年乡等木业加工小区,培育了林板加工龙头企业;休憩果园、生态森林游园建设初见成效,建成了沙澧河游览区、开源森林公园、南街村热带植物园等六个森林旅游景点,年接待游客100多万人次。林业已经成为农村发展的一项重要产业。

(四)资源保护日益加强

1986年区划时,林木资源保护与管理工作主要依靠市、县两级林政管理人员,管理方式重点是加强了对林木采伐限额指标的控制。1989年,全市组建44个乡(镇)基层林业工作站,林木资源保护和管理也逐渐引向深入,变被动管理为主动管理,加大了对各类林业案件的查处力度。仅1989年,全市发生各类林业案件152起,查处了124起,结案率达到81.60%。同时,在对全市35个乡(镇)基层林业工作站考核中确定了36名专职人员,对11名不符合该工作岗位人员调离了工作岗位。到1990年,全市共建立各级护林队伍1 150个,护林员多达4 700人,使资源保护和管理工作不断得到加强,形成了"村村有人管,段段有人看"的良好局面。1990年,全市发生毁林案件122起,查处93起,结案率达到77%,林木保存率达到87%以上。

1998年恢复了漯河市林业局,并增设了公安林政科,各县相继成立了林业派出所。1998年,市政府又专门下发了《关于加强林木资源管理工作的通知》,严格了林木采伐审批程序,按照省定限额采伐指标从严控制。

2001年机构改革组建漯河市林业园艺局以后,成立了漯河市森林公安分局、园林监察大队等专业队伍,加大了综合执法力度。市政府先后出台了《关于实行造林绿化责任追究制的规定》《关于加强林业和园林绿化资源保护管理工作的通知》《漯河市义务植树实施办法》《漯河市城市绿化管理实施细则》等文件。市绿化委员会出台了《关于加强对古树名木保护管理工作的通知》,加强了对古树名木的保护工作。全市通过不断加大城乡绿化行政执法的力度,依法加强了对林地、绿地和古树名木的保护和管理,严厉打击各种破坏森林资源的违法犯罪行为。加强了护林防火、森林病虫害防治检疫及野生动植物保护工作,先后于2008年、2009年开展了两次飞机防治森林病虫害,保护和巩固了城乡绿化成果。

(五)科技水平不断提高

自1986年到2009年,共开展各类技术培训2 200多期,培训人员累计达22.5万人次,印发技术资料7.5万余份,引进推广了适宜漯河市生长的用材林、经济林树种、品种100余个,示范推广新技术50余项,林业科技的推广应用加快了林业事业的发展。在用材林、绿化树种方面采用的ABT生根粉技术、机械挖坑、地膜覆盖及二次造林技术等,一方面提高了造林成活率,另一方面大大提高了树木年生长量,取得了较好的经济效益。先后有多项科研课题受到市级以上奖励,其中"河南省泡桐两种烂波病的病源发病规律及防治技术研究"获林业部科技进步三等奖;"ABT生根粉应用推广"获中国林业科学研究院推广奖;"葡萄优良品种引种栽培技术研究与示范推广"获河南省科技进步二等奖;"河南省苗木标准化"获省林业厅三等奖;"河南省臭椿种质资源及其优良类型选择和繁殖技术研究"获省科技进步二等奖;"漯河市蜈蚣渠流域黄淮海林业综合开发研究"获省黄淮海平原农业综合开发技术进步奖。

(六)城市面貌变绿变靓

1986年漯河市建市之初,园林绿化基本处于空白状态,市区仅有7.1万平方米的绿地,绿化覆盖率仅为11%,人均公共绿地面积也只有0.7平方米。"晴天一身土、雨天踏泥泞"是当时漯河市区的真实写照。漯河市委、市政府带领全市人民在加快经济发展的同时,高度重视园林绿化工作,在城市核心区以沙澧河生态景观带建设为中心,精心实施以"沿河布绿、围桥造景、设景建园、开辟绿洲"为主要形式的绿化美化工程,建成沿河游园24处,新增绿地面积200公顷,形成以滨水绿化为主体的城市绿地系统框架,让广大市民拥有了更多休闲娱乐的好去处。大力实施森林进城、森林围城,入市口绿化美化改造、沿街整治等重点城市园林生态工程,按500米的服务半径规划建设了中银广场、老虎滩公园等87处游园绿地,城市主干道体现生态景观道路特色,呈现一路多景,大力开展果树进城和桃花工程,种植观花挂果的柿、梨、桃、石榴、枇杷等优质果树,形成了"四季有花、三季有果、花果飘香"的美丽景观,城市面貌和生态环境得到明显改善。

(七)积极服务新农村建设

为充分发挥林业园林事业在新农村建设中的作用,漯河市以创建"林业生态县、生态林业示范乡(镇)、生态林业小康村活动"为载体,围绕建设社会主义新农村的目标,科学制定了《漯河市生态林业小康村建设规划》和试点村的详细规划,制订不同的村镇绿化方案:对经济条件较好的一类村庄,建设生态景观村庄;对经济条件较好的二类村庄,规划建设生态经济型村庄;对经济基础较差的三类村庄,规划建设生态防护型村庄。村镇公共绿地、生产绿地、风景林地的建设和街道绿化由乡(镇)人民政府负责;居住小区绿化由开发建设单位负责;庭院绿化由房屋所有人负责绿化。积极为村镇提供绿化规划设计和技术服务,帮助协调林业项目,扶持发展林业特色产业,绿化美化村庄环境。建设了胡桥、庙赵、梨园周等一批生态良好、村容整洁、富裕文明的社会主义新农村。

二、积极改革创新,保障城乡绿化事业持续发展

(一)创新产权明晰的林权机制

漯河市城乡绿化事业的快速发展,根本动力是不断深化体制改革和机制创新。在惠农均利的基础上,充分挖掘农村四荒、沟河路渠等土地资源,深化集体林权制度改革,大力推行大户承包造林、公司造林、股份制造林,扩大了造林绿化主体,拓宽了林业投资渠道,提高了造林质量,有效保护了森林资源,涌现出了张放红、张振乾等一批造林大户典型,取得了兴林富民的明显成效。2003年以来,全市发展非公有制林业25万余户,造林面积达到6.57万公顷,占全市林地总面积的93%,融合社会资金11亿元,占林业建设总投入的96%,走出了"政府得绿、社会受益、个人得利"的多赢发展路子。国家林业局宣传办公室主任、新闻发言人曹清尧,国家林业局林改办公室副主任江机生先后到漯河市调研林权制度改革工作,对漯河市多种形式造林和"惠农均利、让利于民"的做法给予了充分肯定。省林业厅、省政府先后于2008年在漯河市举行了全省集体林权制度改革座谈会,副省长刘满仓对漯河市林改工作给予了高度评价。新华社、人民日报、中央电视台等13家中央新闻媒体对漯河市林改的做法和经验进行了集中宣传报道。

(二)创新城乡绿化投入机制

漯河市属于中西部经济欠发达地区,城乡绿化工作又是一项非常重要的公益事业,仅仅依靠政府投入,财力有限。为保证城乡绿化健康快速发展资金保障,市政府出台了《漯河市国家森林城市和林业生态市建设奖惩办法》,积极探索建立政府投入为主、社会投入为辅的城乡绿化建设投入机制,通过认建认养绿地,拍卖游园冠名权等多种融资方式筹措绿化建设资金,鼓励党政机关、企事业单位、社会团体、个人积极出资认养绿地。目前,中国银行、双汇集团、烟草公司、银鸽集团等16家企业取得了游园冠名权;城市多条景观道路采用BOT模式,转让项目开发权或经营权,为绿化建设增强动力和活力。

(三)创新全民参与的社会共建机制

市政府将每年的3月定为全市义务植树活动月,全市各级领导干部带头参与,率先垂范,推动了全民义务植树活动的深入开展。推进义务化管护,完善落实门前公共绿地、林木分包管护责任制,发挥共青团、妇联等组织的作用,建立爱林护绿志愿者队伍,组织青少年、离退休老干部义务监督管护,城区240株果树被结对认养。共青团组织实施了"护绿使者服务行动",向全市青年朋友发出了"相约碧水蓝天,共建绿色家园"的倡议书,营造"青年林"、"成长林"。妇联组织开展了春蕾护花保果"春华秋实"认养活动,关心爱护绿

色生命,争做"植绿、护绿、爱绿、兴绿"的绿色文明倡导者和实践者。在社会共建过程中,积极运用创建载体,提高全民参与意识,特别是 2007 年,市委、市政府作出创建国家森林城市的决定,动员全市上下开展"创森"工作,在全社会营造了积极参与城乡绿化建设的浓厚氛围。

三、机构沿革情况

自建省辖市以来,漯河林业系统先后经历五次机构变革。

区划调整后,漯河市升格为省辖市。1986 年 5 月 29 日成立了漯河市林果处(对外挂漯河市林业局的牌子,副县级),隶属于漯河市农村经济工作委员会,下属单位有林业技术推广站、市苗圃场及市林产品公司。林果处内设森保科、种苗科、造林科、经济林科。各县均设立有林业局,1988 年开始在乡(镇)增设林业基层工作站。

1992 年,漯河市被河南省政府确定为经济改革综合试点市,在全省率先进行了大胆的机构改革。在这次改革中,按照事业单位运营、企业化管理的模式,"林果处"改名为"漯河市林业总公司(正县级)",属独立核算单位,内设资源开发科、技术服务科、多种经营科(挂林政科的牌子)和办公室,总公司下属有林业技术推广站、苗圃场、林产品公司。各县(区)林业主管部门实行拨致贷,乡(镇)林业基层工作站全部下放,林业生产也全部按照市场经济的模式来运行。

1995 年 10 月,"漯河市林业总公司"更名为"漯河市林业技术推广总站(副县级)",隶属于市农林局,内设办公室、林政科、业务科和经营服务科,下属单位有苗圃场和林产品公司。各县分别成立了林业技术推广总站。

1998 年,"漯河市林业技术推广总站"更名为"漯河市林业局(副县级)",内设办公室、植树造林科、公安林政科,下属单位有市林业技术推广站、市森林病虫害防治检疫站、市苗圃场。

进入新世纪,随着城市化进程的不断加快和城市建成区面积的逐步扩大,市委、市政府根据漯河地域较小、地势平坦、人口稠密、交通便捷等基本市情,依托淮河流域的最大支流沙、澧两河横贯全境并在市区交汇等诸多优势,确立了"突出滨河城市特色,培育绿色文化景观,统筹城乡一体绿化,建设生态宜居名城"的工作思路。为强化管理职能,整合人力技术资源,2001 年,市委、市政府将农村造林绿化和城市园林绿化管理职能合并,组建了"漯河市林业园艺局(正县级)",统筹城乡绿化工作,打破了城乡二元结构制度性障碍。从管理体制上,改变了过去城建部门管城市,林业部门管农村,城市、农村绿化规划不协调、管理职能交叉的现象。在机构设置上,城乡绿化规划、设计、施工、管理、监督各项职能健全,协调一致,同步发展。在全国范围内较早构建起了统筹城乡绿化一体化的管理格局,有力推动了城乡绿化事业的又好又快发展。目前机关内设办公室、人事科、计划财务科、城市绿化规划设计管理科、城市绿化建设管理科、植树造林科(项目办)、资源林政法规科(野生动物保护科)、纪检监察室、绿化办、高工室,局属单位有园林管理处、森林公安局、人民公园、园林监察大队、林业技术推广站、森林病虫害防治检疫站、绿化工程处、苗圃场、城乡绿化设计院。(漯河市林业园艺局)

第十二节　三门峡市

三门峡市位于河南省西部,豫、晋、陕三省交界处,是伴随着万里黄河第一坝的建设而崛起的一座新兴工业城市。全市国土总面积 10 496 平方公里,现有人口 223 万,属全国生态环境重点治理区域,"五山四陵一分川"的地貌特征,决定了林业在三门峡市社会经济中具有重要的地位和作用。

一、十年播撒,赢得山清水秀、绿满崤函

1998 年,在中国林业的发展史上是一个值得纪念的年份。这一年发生的特大洪涝灾害,引起了全国上下巨大的震惊和深思。高瞻远瞩的党中央向全国发出了"保护生态环境、加快林业发展"的伟大号召,中国林业的发展迎来了一个新的春天。

市委、市政府紧跟党中央的步伐,把绿化三门峡作为一项长远的战略任务,强调要把林业作为生态文明建设的主体和社会经济可持续发展的基础做大、做强。全市林业战线广大干部职工紧紧抓住历史赋予的好机遇,坚定地贯彻落实中央和省委、市委、市政府的战略部署,锐意改革、开拓创新,在三门峡这块广袤的大地上,开始了声势浩大、波澜壮阔的美化山河播绿崤函的活动。

与 10 年前相比,三门峡林业用地面积由 60.2 万公顷提高到 68.5 万公顷;森林面积由 37.25 万公顷提高到 46.38 万公顷;森林覆盖率由 35.49% 增长到 46.73%;林木蓄积量由 1 060.6 万立方米提高到 1 832 万立方米;林业产值 10 年由 13.51 亿元攀升到 36.65 亿元,增长率达 171.3%。

10 年来,三门峡市林业建设累计投入资金 8.7 亿元,林业用地面积、森林面积、森林覆盖率、林木蓄积量、林业总产值,分别比 10 年前增长 13.8%、24.5%、31.7%、72.7% 和 171.3%。如今全市森林资源年综合效益价值达 455.44 亿元。

二、改革创新,促进林业发展又好又快

思路决定着出路,出路决定着面貌。市林业局新一届领导班子,根据三门峡市实际,果断地提出了以发展现代林业为主线,以提高质量效益为中心,以市场为导向,以科技为先导,实施工程带动战略,坚持改革开放,坚持生态效益、经济效益和社会效益相统一,创新发展机制,努力实现新世纪林业又好又快发展的工作思路。

为了提升全市的绿化速度,三门峡市坚持改革创新,多策并举,多轮驱动。坚持人工造林,同时正确处理林牧关系,在全市坚决实施封山育林和飞播造林,三管齐下。目前全市累计人工造林 17.07 万公顷,封山育林 4.32 万公顷,飞播造林 5.27 万公顷。积极转换思维,大胆突破春季植树这一传统模式,改变过去的春季一季植树造林为春季、雨季、秋冬季全年植树造林,拓宽植树造林时空。认真贯彻落实《全民义务植树条例》,实施全民动员义务植树。全市每年平均义务植树 872.3 万株,义务植树尽责率达 93%。

按照国家林业建设的大布局,坚定不移地实施工程带动发展战略。全市累计完成退耕还林工程 10.48 万公顷;天然林保护工程管护森林 48.5 万公顷;建设市级以上森林公

园和自然保护区 11 处；建设以速生杨、速生刺槐为主的速生丰产用材林基地 1.82 万公顷。

坚持实施重点区域突破，围绕通道绿化，河道绿化，城郊大环境绿化，环村绿化等重点区域，精心规划、精心部署、精心落实、强力突破。全市累计完成铁路、各级公路、河渠堤防等通道绿化 3 343 公里，三河两岸、南山北岭绿化 1 000 公顷，环城围村绿化 1.07 万公顷。

坚持发展非公有制林业，通过承包、租赁、拍卖、联营等形式，坚持发展非公有制林业，通过承包、租赁、拍卖、联营等形式，鼓励引导各种非公有制主体跨所有制、跨行业、跨地区开发"四荒"，发展林业。截至 2007 年底，全市非公有制林业经营户 5 万多个，管护面积 4.33 万公顷。单人承包造林面积最大的达 2 000 余公顷，全省第一。

为了提高造林质量，三门峡市从改革体制机制入手，实现了三项实践创新。一是积极引进市场因素，建立招投标机制，实施公司造林、专业队施工，把造林成活率与利益挂钩，造林成活率由过去的 30% 提高到现在的 87%。二是建立谁造、谁有、谁受益机制，不栽无主树、不造无主林，实现造管护一体化。三是建立林业精品工程制度，倾力提高人工造林精品工程率。全市林业精品率达 42%。

科学技术是第一生产力。三门峡市坚持实施科技兴林战略，先后引进、推广国内外新项目、新品种 80 多个，完成科技攻关项目 70 多项，解决了一大批林业发展技术难题，推动了林业又好又快发展。全市林业科技推广覆盖面达到 70%，科技成果转化率达到 35%，科技进步贡献率达 40%，位居全省前列。先后获得梁希林业科技奖、国家林业局科技推广成果奖、河南省科技进步奖、三门峡市科技进步奖等 19 项荣誉。

发展林业产业，关系着林业建设的生命力。三门峡市始终把大力发展林业产业作为一个着力点，在三个层面上不懈地努力。一是因地制宜、适地适树、集中连片、成规模地建设和发展各具特色的林业产业基地。目前全市已形成以卢氏为主的核桃基地，以灵宝为主的苹果、大枣、杜仲基地，以陕县、义马为主的小杂果基地，以渑池为主的花椒基地，以湖滨、陕县、灵宝沿黄滩涂为主的速生杨基地等 10 个重点产业基地，总面积 10.53 万公顷，年产值 16 亿元。其中苹果、核桃产业基地的面积和产量均为全省第一，并在全国享有很高的知名度。二是紧紧抓住林业资源丰富的优势，拉长产业生产链条，大力发展林产品加工业。目前，全市共有大型木材加工、果汁加工等林产品加工企业 13 家，年产值 13 亿元。其中果品加工为全国三大加工基地之一。三门峡湖滨果汁有限责任公司生产的"湖滨"牌浓缩果汁荣获"河南林产品十大品牌"称号。三是积极促进以生态旅游为主的生态文化的发展，为发展现代林业注入新的活力。三门峡市先后兴建了国家级森林公园 4 处、省级森林公园 4 处、市级森林公园 2 处、国家级自然保护区 2 处，总面积 6.76 万公顷，占国土总面积的 6.4%。同时以此为依托，积极开发以生态旅游、森林探险、休闲度假、科学考察、科普教育等为主要特色的生态旅游服务产业，促进了生态文化的繁荣和发展。甘山、玉皇山、亚武山、燕子山、鼎湖湾等已成为靓丽的旅游风景点。

三、养护并举，确保森林资源安全

"三分造、七分管"，三门峡有关部门深知加强森林资源保护的重要性，因此 10 年来，一直坚持一手抓培育、一手抓保护，"两手抓、两手硬"。

充分利用报刊、电台等各种宣传媒体,传单、板报、标语、宣传画等各种宣传形式,植树节、湿地日、"爱鸟周"等各种节日,知识竞赛、案例宣讲等各种活动,向全社会大力宣传保护森林资源的作用和意义,大力宣传《中华人民共和国森林法》等各种涉林法律法规,大力宣传市委、市政府加强森林保护的规定和要求,在全社会形成了关注、爱护、支持林业的浓厚氛围。

林地是林业发展的根基。为了保护林地安全,三门峡市严格征占用林地和林木采伐限额审批,合理开发利用林地林木资源;加快林权证的发放,保护林农的合法权益;加强森林资源清查,为制订林业发展规划提供科学依据;加大林业执法力度,依法治林更趋规范和深入。

三门峡市始终坚持把森林防火放在第一位,警钟常鸣,常抓不懈,按照"预防为主"的方针,加强森林防火制度建设、基础设施建设,加强各项防火措施的落实,制订防火应急预案,确保了 10 年来基本没发生大的森林火灾事故。

三门峡市始终坚持把严厉打击各种涉林违法犯罪、维护林业治安的有效手段不断强化。10 年来,连续不断地开展了"中原绿剑行动"、"天保行动"、"候鸟行动"、"春雷行动"、"绿盾行动"、"绿色风暴"等一系列专项斗争,侦破各种涉林案件 2 万多起,惩办各类犯罪人员 5 000 多人,为国家挽回经济损失 5 000 余万元,林区治安效果显著。

森林病虫害是无烟的火灾。为了加强对林业有害生物实施有效的监控,三门峡市狠抓防控基础设施建设、有害生物监测预报、检疫及防治等关键环节,大力推广生物制剂等无公害防治,大面积实施飞机防治,有效控制了疫情的发生和发展。全市无公害防治率达 74% 以上,明显高于全国 59% 的防治水平。

在国有林场和自然保护区建设方面,三门峡市也取得了突破性的进展。截至 2009 年,全市 6 个国有林场共兴建了 4 个国家级、2 个省级森林公园,总面积达 5.25 万公顷,占全市土地总面积的 5.3%;黄河湿地和小秦岭两个自然保护区全部晋升为国家级,总面积达 436 平方公里,占全省 8 个国家级自然保护区数量的 1/4,较 10 年前增加 84.56%。

四、众志成城,争创国家级森林城市新殊荣

任何事业的发展,都离不开支撑和保障体系的建设。为了促进林业实现又好又快发展,10 年来,三门峡市林业部门机构建设进一步健全,市森林公安局、湿地管理处、市司法鉴定所、市林业规划院等一批新的机构的建立和健全,使全市林业工作更加规范、扎实、有效。林业工作者队伍不断地壮大,为林业的发展增加了新的活力。森林公安队伍从无到有,茁壮成长。全市 240 名林业公安干警,成为维护森林安全的一支重要力量;一批有理想、有抱负、有业务能力的应届大学生走上了全市各个林业岗位,林业战线的队伍结构、知识结构得到了较大改善,思想水平、文化水平、业务水平得到了大幅度提升;受聘于林业一线的 1 500 多名护林员和巡护员遍布全市各个林业重点区域和地段,确保了全市森林防护和野生动植物保护工作的到位和落实。三门峡市林业局 9 层 8 000 多平方米林业科技服务中心的建设,标志着全市林业基础设施建设跨上了一个新的台阶。

林业的大发展,离不开林业队伍素质的大提高。10 年来,三门峡市林业系统坚持开展讲学习、讲政治、讲文明、讲正气、讲廉政、讲奉献的活动,全面提升了林业工作队伍的素

质,爱岗敬业精神、无私奉献精神、吃苦耐劳精神和求真务实精神,已深深扎根在每一个林业干部职工的心中。三门峡市林业局也被授予省级文明单位荣誉称号,实现了物质文明和精神文明双丰收。

10 年的努力拼搏,三门峡市林业从河南省林业大市阔步迈入了河南省林业生态强市行列;10 年的迅猛发展,三门峡市林业提前 3 年超额完成了《三门峡市全面建设小康社会规划纲要》目标,森林覆盖率高居全省第一,退耕还林等 15 项工作多次受到河南省政府和省林业厅的表彰,多年被评为全省林业工作优秀单位。2008 年,三门峡市被河南省绿化委员会授予"河南省绿化模范城市"荣誉称号。

未来的林业发展,三门峡市将按照市委、市政府《林业生态建设规划》的要求,以发展现代林业为主线,朝着"3 年建成林业生态市、争创国家级森林城市、构建人与自然和谐社会"的目标努力。(三门峡市林业局)

第十三节　南阳市

南阳市地处河南省西南部,秦岭东延部分伏牛山南坡、汉水以北,总面积 2.66 万平方公里,辖 10 县(西峡、淅川、内乡、南召、桐柏、方城、镇平、唐河、社旗、新野)2 区(卧龙、宛城)1 市(邓州市)。南阳是一个林业大市,全市林业用地面积 109.4 万公顷,占全市总面积的 41.3%,占全省林业用地面积的 1/4 强;其中有林地面积 92.27 万公顷,森林覆盖率 34.51%,活立木总蓄积量 2 525.25 万立方米,占全省的 1/5。全市共有高等植物 3 200 多种,占全省总数的 80% 以上;全市共有木本植物 1 000 多种,其中用材树种 300 多种,经济树种数百种,国家和省重点保护树种 40 多种;鸟类 213 种,占全省总数的 71%;兽类 62 种,占全省总数的 86.1%;两栖类动物 14 种,占全省总数的 73.7%;爬行类引种占全省总数 83.8%。国家和省重点保护动物、植物 80 种。国家级自然保护区 3 个,省级自然保护区 3 个,保护区面积 14.26 万公顷;国家级森林公园 2 个,省级森林公园 6 个,总经营面积 1.31 万公顷。新中国成立 60 年来,南阳广大干群大力发扬艰苦奋斗的创业精神,大力开展植树造林活动,林业建设虽经 1958 年大炼钢铁、伐木烧炭、"文化大革命"十年浩劫、乱砍滥伐山林等影响,但仍取得了辉煌成就。回顾新中国成立以来南阳林业发展,大体可划分为七个阶段。

一、发展历程与取得的成就

(一)1949～1957 年

新中国成立后,恢复生产、发展经济成了首要任务。南阳行政公署根据党中央、国务院关于"保护森林并有计划地发展林业"的政策方针,采取有效措施,动员和组织群众普遍保护森林、开展重点植树造林,并逐步建立了专门林业机构。起初,由南阳行政公署建设科负责林业生产建设。1953 年夏,行署设立林业科,主抓林业生产。随后又在郊区桑园建立了南阳地区林业技术指导站,负责全区林业生产技术工作。西峡、淅川、内乡、南召、方城、镇平、桐柏等山区县相继设立了林业科,平原县明确由建设科兼管林业生产工作。1951 年春,设立南阳第一个国营林场——国营桐柏林场。1952 年秋,设立国营西峡林场。随后,又增设黄石庵、五岳庙、万沟、烟镇、乔端、马道、荆紫关、大寺等国营林场。林业机构的逐步建立,为有领导、有组织地开展林业生产和林业发展奠定了基础。

(二)1958~1961年

自1958年开始,以"大跃进"、"共产风"为标志的"左"倾思潮在全国泛滥,也影响到南阳林业战线,使林业建设遭受重大损失。首先是"大炼钢铁"、"大办食堂",虽然当时提出的口号是"大砍大栽",但实际上是只砍不栽。其次是三年困难时期,山区出现大量毁林开荒,平原"四旁"林木也被砍伐殆尽,出现了鸟雀到电线杆上筑巢的现象。据记载,仅1958年一年南阳就毁掉森林21.33万公顷,砍伐"四旁"树木270万株,折合林木蓄积450多万立方米。新中国成立后刚刚恢复发展起来的林业生产,在这一时期遭受了重大挫折。

(三)1962~1965年

三年自然灾害后,党中央提出了"调整、巩固、充实、提高"等八字方针,农业生产得以迅速恢复和发展。林业生产也随之进入再发展阶段。继地区林业局成立之后,各县也先后成立了林业局或农业局,主管林业生产。这一时期,在各级党委、政府的正确领导下,在地县林业主管部门的具体指导下,按照中央1961年6月发布的《关于确定林权、保护山林和发展林业的若干政策规定》(简称"林业18条"),坚持"谁种谁有"的原则,实行"国造国有、社造社有、队造队有、社员个人栽植的零星树木归社员个人所有"的政策,大大激发了基层和广大干群植树造林的积极性。一是开展了规模工程基地造林,如唐河县西大岗营造了大面积的油桐经济林;方城、社旗两县在南阳东北部营造了宛东防护林。二是大力兴办国队合作林,1962~1965年,国家投资约300万元,在南阳、方城、社旗、新野、邓县、内乡、镇平等县营造国队合作林3万公顷,建立国队合作林场440个。由于成绩显著,受到省林业厅的表扬。林业部也曾派工作组到南阳总结经验。三是大力兴办社队林场,各地普遍采取"造上一片林,留下几个人,建成一个场"的办法,社队林场蓬勃发展,最多时期社队林场达2 000个,专业人员达1万多人。

(四)1966~1976年

"文化大革命"时期,由于自上而下处于动乱状态,中央的林业建设方针、政策得不到贯彻执行,加之林业机构不稳定,地、县林业主管部门一度被撤销,林业行政和技术干部绝大部分改行转业,乱砍滥伐森林和林木成风,毁林开荒无人制止,致使森林资源再次遭到严重破坏。尤其是国有林和国队合作林损失更为严重,20世纪60年代初大规模营造的合作林仅余6 667多公顷。

(五)1977~1994年

十一届三中全会后,党中央、国务院把造林绿化作为基本国策,制定颁布实施了《中华人民共和国森林法》、《关于保护森林发展林业若干问题的决定》等一系列林业法律法规和政策,林业生产得到迅速恢复和发展,南阳林业进入全面振兴和发展时期。

一是积极推行林业经济体制改革。1981年,南阳地区按照中共中央、国务院发布的《关于保护森林发展林业若干问题的决定》精神,从1981年9月至1983年5月,在全区开展"稳定山林权,划定自留山,确定林业生产责任制"的林业"三定"工作。通过林业"三定",稳定了林区秩序,调动了群众植树造林的积极性,恢复发展了林业生产。1982年,全区完成大面积造林3.96万公顷,是计划3万公顷的132%;1983年全区完成人工造林

4.67 万公顷,是省人工造林计划 2.73 万公顷的 170.7%。二是开展了林业区划和灭荒造林规划工作。1981~1985 年,以县为单位,开展了森林资源调查和林业区划工作,摸清了林业资源家底,制订了区域林业发展规划,为全市林业发展提供了科学依据。1992 年,省委、省政府与南阳地区签订造林灭荒责任状,要求全区 1997 年全部消灭宜林荒山。1993 年,全区 13 个县(市、区)开展了宜林荒山调查,同时编制了《南阳地区 1994~1997 年灭荒造林规划》,为完成与省政府签订的目标任务和加快山区造林绿化步伐奠定了技术基础。三是组织开展了大规模人工造林和飞播造林。人工造林 55.33 多万公顷,飞播成林面积 5.33 万公顷。1986 年,南阳地区行政公署提出了"两年实现平原绿化达标,山区 10 年基本完成荒山植树造林任务"的目标,当年完成造林 5.07 万公顷。1987~1990 年,全区坚持"山区、平原一齐抓,同时上",突出抓好平原绿化达标、十大林业基地、山区抓一批重点乡(镇)、封山育林四个重点工作,4 年累计完成造林 16 万公顷,营造农田林网 28.6 万公顷,促进了造林绿化工作的开展。1991 年,经省林业厅验收,全区实现了平原绿化初级达标,广大平原地区初步形成了点、片、网带相结合的综合农田防护林体系。1991 年,西峡、淅川等 6 个山区县启动实施了长江中下游防护林体系建设工程,全区以"长防林工程建设"为龙头,突出抓好容器育苗、伏天整地和雨季造林三个关键环节,推动荒山造林绿化工作的开展,三年造林 8 万公顷。四是划定自然保护区和森林公园,开展生物多样性保护和加强资源保护管理。1988 年,划定国家级自然保护区 1 处,保护面积 9 267 公顷;1992 年,林业部批复建立国家森林公园 1 处,经营面积 1.13 万公顷;1993 年,省林业厅批复建立省级森林公园 2 处,经营面积 8 333 公顷。五是大力开展各级党政领导办绿化点,各级各部门包绿化和全民义务植树活动,作用很大,成效显著。六是开展打击各种破坏森林资源的违法犯罪活动,有效地保护了森林资源,使森林资源保持稳定增长。据调查,到 1993 年,全地区林业用地面积达到 93.13 万公顷,其中有林地面积 55.33 万公顷,无林地面积 30 万公顷,森林覆盖率 23.75%。

(六)1994 年 7 月至 2003 年

1994 年 7 月,南阳撤地设市后,在全市各级党委、政府的高度重视和正确领导下,南阳林业战线广大干部职工用辛勤的工作和汗水,在南阳大地上谱写了辉煌的绿色篇章,林业工作取得了显著成绩。

一是以长江中下游防护林、退耕还林、世界银行造林等为重点的林业生态工程建设成效显著,造林绿化工作取得重大突破。9 年累计完成大面积造林 37.4 万公顷,森林面积由 1993 年的 55.33 万公顷增加到 74 万公顷,森林覆盖率由 23.75% 提高到 32.59%,活立木蓄积由 2 348 万立方米增加到 2 522 万立方米,实现了森林面积、森林覆盖率、活立木蓄积量同步增长。1995 年,山区绿化取得重大突破,桐柏、西峡、唐河 3 县实现了基本绿化宜林荒山的目标,其中桐柏县、西峡县提前一年基本灭荒,受到省政府表彰奖励。1996 年,全市组织开展造林绿化决战年活动,继续搞好灭荒造林工作,当年完成造林 3.6 万公顷。经省林业厅验收,内乡县按期完成基本灭荒任务;南召、淅川、镇平、方城 4 县提前一年实现灭荒。据统计,桐柏、西峡、唐河、内乡、南召、淅川、镇平、方城等 8 个县累计完成荒山人工造林 9.63 万公顷,飞播造林 2 万公顷,封山育林 3.7 万公顷。同年,南阳市被省委、省政府授予"全省荒山造林绿化先进市"称号。二是平原绿化完善提高步伐加快。

1996 年,全市平原绿化出现下滑态势,1997 年,市委、市政府及时提出了"完善山区,决战平原"的林业工作方针,下发了《关于搞好平原绿化决战的意见》、《关于对乡(镇)平原绿化进行考核的通知》等重要文件,明确了检查验收标准和考核奖惩办法。每年对平原绿化进行检查验收,市政府进行通报。各平原县(市、区)以农业示范方林网建设和通道绿化工程为重点,累计完成农田林网植树 11 599.2 万株,开创了平原绿化二次创业的新局面。1997 年以来,各县(市、区)认真贯彻市委、市政府平原绿化工作精神,加强领导,落实政策,转换机制,严格奖惩,平原农田林网建设进展较快。2002 年,全市农田林网控制率达到 78.9%,新野、宛城、镇平三个县(区)和新野县王集乡等 53 个乡(镇)达到部颁平原绿化初级标准。三是林业产业结构调整健康发展。全市累计发展以猕猴桃、辛夷、山茱萸、桐柏大枣等为主的经济林 12.43 万公顷,以杨树为主的速生丰产用材林 6.4 万公顷。建设南召辛夷玉兰油提取等 682 家林产品加工企业,拉长了产业链条。森林生态旅游快速发展,累计直接收入达 6 843 万元。四是依法治林工作成效显著,建立健全了林政管理、林业公安、森林防火、林木病虫害防治检疫、野生动物保护等管理机构。9 年累计查处各类林业案件 9 600 余起,挽回经济损失 3 600 多万元,林木采伐量连年控制在国家下达的限额指标以内,森林火灾和林木病虫害损失持续稳定下降。

(七)2003 年至今

2003 年以来,南阳市林业步入持续快速发展时期。2003 年,市委、市政府下发了《贯彻落实〈中共中央 国务院关于加快林业发展的决定〉的实施意见》和《绿色南阳建设规划》。2004 年,市委、市政府下发了《关于搞好平原丘陵区造林绿化的意见》,以建设"生态大市、绿色南阳"为目标,3 年内全市每人每年植树 10 株,到 2007 年全市新植树 3 亿株,新造林 20 万公顷。2007 年,省政府提出利用 5～8 年时间,建成林业生态省。市政府历时半年编制并下发了《南阳市林业生态建设规划》,明确提出经过 5 年(2008～2012 年)的奋斗,高标准绿化南阳大地,建成山川皆绿、森林绕城、林网如织、碧水蓝天、经济社会生态承载能力明显提高、人与自然和谐发展的新南阳。2008 年,根据中共中央、国务院《关于全面推进集体林权制度改革的意见》,市政府下发了《南阳市深化集体林权制度改革实施方案》,全市利用 2 年时间,完成以明晰林地使用权和林木所有权、放活经营权、落实处置权、保障收益权为主要内容的集体林权制度改革任务。全市各地以科学发展观为指导,以林业生态市建设为重点,积极创建林业生态县,强力推进集体林权制度改革进程,林业建设成效显著。

一是森林资源持续增长。2003 年以来,组织实施了退耕还林、长江淮河防护林建设等国家林业生态工程和山区生态体系、生态廊道网络建设等一批省级林业生态工程,全市累计完成造林 41.33 万公顷,其中完成重点工程造林 31.73 万公顷,山区水土流失得到控制,面积逐年减少。新建和完善农田林网 30.67 万公顷,完成林网植树 8 600 万株,2006 年全市提前一年实现平原绿化高级达标,农田防护林体系基本建成。全市高速公路、国道、省道、县乡道两侧基本得到绿化,通道绿化景观效益日益显现。全市有林地面积由 2003 年的 74 万公顷增长到 92.67 万公顷,森林覆盖率由 32.59% 提高到 35.71%,生态状况得到进一步改善。二是林业产业稳步推进。全市新发展名优经济林 6 万公顷,总面积达到 30 万公顷,总产量达到 7.7 亿公斤,产值 17.9 亿元;发展以杨树为主的速生丰产用材林 10 万公顷,总面积达到 18.67 万公顷;发展以月季、玉兰为主的苗木花卉 840 公顷,总面积达到 3 107 公顷。林产品加工业初具规模,初步形成了木材、果品、林化、林药四大林产品加工体系,加工增值能力明显提高。目前,全市林产品加工企业达到 850 家,年加工木材 31 万立方米、中药材 3 万余吨。依托森林资源,全市建立国家级森林公园和自然保护区 4 处、省级森林公园和自然保护区 10 处,生态旅游景区 20 余处,年均接待游客 200 万人次以上,旅游业年收入 1.5 亿元以上。2008 年全市林业产值达到 60.27 亿元,位居河南省 18 个省辖市的首位。三是集体林权制度改革全面展开。在总结试点工作经验的基础上,全面启动了集体林改工作。各县(市、区)积极行动,制订方案,明确任务,扎实推进,取得了阶段性成效。据统计,2008 年平原县(市、区)已基本完成明晰产权、确权发证的改革任务,镇平、方城两个半山区县已完成林改任务的 80% 以上,山区县已完成林改任务的 60% 以上。四是科技兴林成效明显。2003 年以来,继续深化与中国林业科学研究院等科研院校的科技合作,全市先后引进名特优新林果新品种 50 多个,推广林业新技术 20 余项。组织实施国家"948"项目 7 个,市以上重点科技项目 10 个,省市林业科研项目 13 个。全市工程造林良种使用率达 85% 以上,林业科技成果转化率达 48% 以上,林业科技进步贡献率达到 40% 以上。南阳市被中国林业科学研究院确定为全国唯一一个市级"科技兴林示范市"。五是资源管护不断加强。2003 年以来,全市累计查处各类林业案件 9 829 起,处理违法犯罪分子 9 862 人,案件查处率达到 95% 以上。林木凭证采伐率、办证合格率达到 98% 以上,征占用林地审核率达到 93%,森林、林木年采伐量控制在省政府限额指标以内。森林火灾受害率控制在 0.33‰以内,林木病虫害成灾率控制在 7‰以内,有害生物防治率达到 85% 以上。近年来全市没有发生重大毁林、乱占林地和破坏野生动物资源案件,没有发生重大森林火灾和林木病虫害,森林资源得到有效保护。建立省级以上自然保护区 8 处,面积达 12.47 万公顷。全市区划界定公益林 34.4 万公顷,其中纳入国家重点公益林补偿面积 24.27 万公顷,纳入省重点公益林补偿面积 4.33 万公顷。

二、主要措施

多年来,全市各地采取有效措施,推动林业持续健康发展。一是加强组织领导。南阳历届党委、政府都十分重视林业工作,把林业作为改善生态环境,促进农村经济发展,加快农民脱贫致富的重要产业来抓。市政府每年都要签订保护和发展森林资源目标责任书,年终考评,兑现奖惩。市政府每年都要下发文件,对平原绿化等林业工作进行通报。各地也普遍采取签订目标责任书、制定奖惩措施等办法,做到了领导、目标、责任、措施四到位。二是创新造林机制。各地制定优惠政策,采取拍卖、租赁、承包、股份合作等多种形式,鼓励各种社会主体跨所有制、跨行业、跨地区投资林业建设,促进非公有制林业发展,非公有制造林呈现良好发展态势。2008 年,全市非公有制造林累计达到 15.08 万公顷。三是加大科技投入。各地把科技作为促进林业发展的第一生产力来抓,实施科技兴林,抓好科技培训和技术创新,大力引进推广林果新品种和实用新技术,加强与中国林业科学研究院的科技合作,提高了林业科技含量和水平。2008 年,全市林业科技成果转化率达到 48%,科技成果推广覆盖面达到 35%。四是强化资源管护。认真贯彻执行《中华人民共和国森林法》、《中华人民共和国野生植物保护法》等林业法律法规和政策,切实做到依法治林。

积极组织开展林业严打专项整治活动,严厉查处各类破坏森林资源案件。坚持不懈地抓好森林防火和林木病虫害防治工作,有效地保护了森林资源。(南阳市林业局)

第十四节　商丘市

商丘位于河南省东部,是黄淮冲积平原的一部分,1997 年地改市,辖 6 县 2 区 1 市,占地面积 10 704 平方公里,其中耕地 64 万公顷。60 年来,商丘林业建设由小到大,有弱到强,由点到面,由低级到高级,由粗放管理到科学经营,走过了艰辛历程。

一、艰难起步,奠定绿化基础

黄河像一条黄龙从西到东在商丘境内流淌了 669 年,其间多次决口,至清咸丰五年(1855 年)在兰考境内改道东北入渤海,留下了 5 大沙系,全长 189 公里。每逢冬春之际,风起沙扬,“黄龙”滚滚,摧毁庄稼,埋屋填井。在新中国成立前的 30 多年中,民权县曾经有 17 个村庄被黄沙吞没,宁陵县大沙河沿岸 20 多个村庄被迫迁徙,睢阳区、梁园区、虞城县的多个村庄被埋没吞蚀。加上军阀混战,土匪横行,风沙灾害,许多地方竟成了不毛之地。1938 年 5 月商丘沦陷,日本侵略者大肆砍伐树木,掠夺木材,几年之后,广大农村难寻合抱之木。至新中国成立前,仅有小片林 2 000 公顷,零星树木 2 100 万株,林木覆盖率 2.7%,有 3.93 万公顷沙荒地,8.67 万公顷泛风耕地,13.33 多万公顷间歇性风沙地,13.33 多万公顷盐碱地,豫东大地,一派荒凉凄惨景象。历史上的商丘“无岁不赈、无地不灾”,风沙、干旱等自然灾害严重威胁着农林业生产和人民生活。

新中国成立后,农民积极性提高,植树增多。1949 年 12 月河南省人民政府决定营造豫东防护林带,商丘是重点造林区之一,相继拨付小米、小麦 17.5 万公斤,豫东沙荒管理处同时进驻商丘,接管了原国民党军官田友旺在睢、杞县交界处开办的“田家园子”,建立了河南省第一个国营林场——睢杞林场。在当地党和政府的领导下,老一代林业工作者魏泽囚、段忠温、王子蘅等带领人民开始了第一次创业。1953 年商丘专署成立林业科,同时撤销豫东沙荒管理处,采取了国营、公私合作和农户造林等多种所有制形式。在造林设计方面,有单行柳、固沙林网、片林、沙丘造林和林带。1952 年永城县政府接收了芒山林场,1953 年民权、宁陵、商丘县、虞城县设国营林场,其后管理体制频繁变动,到 1978 年稳定至今。现有国有林场 7 处,其中市属 1 处,县(市、区)属 6 处,总经营面积 8 333 公顷。先后在国有林场本着先易后难的办法,营建防风固沙造林,至 1953 年开始重点封禁沙丘,逐步完成骨干林带的建设,全长 175 公里。以后在巩固成绩、提高质量、稳步推进的原则下,组织群众合作造林,向零星沙荒进军。1957 年统计,累计造林保存面积 1.19 万公顷,防护面积 4 万公顷,形成了功能基本完备的林业生态屏障。与此同时,农村植树日益增多,全市共有造林面积 1.72 万公顷,农条间作 4 000 公顷,零星树木 2 300 万株,林木覆盖率达到了 5.5%,生态状况逐步好转。据当时的调查,1953 年在平均树高 1.7 米的林网内播种农作物,一般可全苗。1955 年对 4 000 公顷有林带防护的沙地调查,增产粮食 330 万公斤。1957 年流沙基本被控制,沙区增产粮食 2 500 万公斤。加上其他农业措施,1958 年全市粮食总产提高到 98 950.5 万公斤,比 1950 年增加 30.2%,农民生活初步得到改善。

限于当时的条件,固沙造林主要选用旱柳、欧美杨,加上立地条件较差、病虫害严重,形成了大面积的低产林。1956年农业合作化高潮时期,广大农村树木入社作价偏低,有的甚至没有兑现,砍伐量迅速增多。1958年实现人民公社化,打乱了林权,"大跃进"、炼钢铁、办公共食堂、搞工具改革,需要木材、烧柴,大量砍伐林木。采用"大兵团作战"、"放卫星"的形式植树造林,甚至大规模地搞"大树搬家",植树造林多未成功。之后,群众砍树渡荒,林木破坏严重。三年困难时期过后,片林仅保存9 467公顷,其中固沙林6 000公顷,活立木剩下1 400万株,出现了许多光秃秃的村庄。特别是林带受到破坏,风沙再起,1961年5县沙区社队播种小麦17.67万公顷,翌年绝收3.2万公顷。民权县土山寨大队,一场大风填平7眼井,掩埋房屋数十间,每人只收小麦1公斤,以至以后数年间,农民一直过着贫困的生活。

在贯彻国民经济"调整、巩固、充实、提高"方针的同时,1961年6月中共中央颁发《关于确定林权、保护山林和发展林业的若干政策规定(试行草案)》,即"林业18条"。全地区执行"国造国有、社造社有、队造队有、社员补植的零星树木归社员个人所有"的政策,促进了林业的恢复和发展。1962年4月,省政府在民权县召开座谈会,研究恢复防风固沙林问题。8月省委召开全省沙区地(县)委书记会议,部署沙区造林。全区沙荒地划定了国有林地和社队林地,以国营造林为主,县社合作造林和集体造林相结合,到1965年基本完成防风固沙林的恢复营建工程。在连年风沙等自然灾害十分严重的情况下,1963年10月商丘地委决定,沙区实行"以林为主、条子领先"的方针,在泛风耕地以及低洼旱涝的盐碱地栽植白蜡、杞柳、圣柳和紫穗槐,开展生产自救,改变自然和经济面貌。到1965年农条间作面积达3.13万公顷,是规模最大的时期,条子年产量1 397万公斤。沙区农村,人人动手,户户编筐,增加了收入,缓解了灾情。

1966年开始"文化大革命",党政机关受到严重冲击,领导干部受到严重摧残,林业发展曾一度减缓。但1967年9月23日,中共中央、国务院等联合发出《关于加强山林保护管理,制止破坏山林树木的通知》起了重要作用。特别是1975年整顿农业,促进了林业发展。"备战、备荒"的号召为发展林业提供了较好的契机,广大党员、干部和群众,在十分困难的条件下开展植树造林,使林业保持了较好的发展势头。集体苗圃在当时有很大的发展,60%以上的大队建立了苗圃。1970年社队苗圃达1 743处,育苗5 667公顷,占育苗总面积的73.3%。1964年焦裕禄带领兰考人民植桐治沙的事迹发表以后,商丘各县开始搞农桐间作试点,到1968年发展到2.23万公顷。1969年以后,面积继续扩大,一些公社宜桐耕地全部实行农桐间作,1974年间作面积11.73万公顷,有了初步规模。是年,商丘地委决定,发展多种经营以棉、油、猪、桐、桑为重点,并对全区的宜桐面积进行了调查,农桐间作进入区域性连片发展阶段,成为泡桐的重要产区,蓄积量16.2万立方米。1975年3月,省外贸局、农林局在民权县召开了全省桐木出口会议。1977年12月18日,《人民日报》报道了商丘地区实行农桐间作取得林茂粮丰的消息。1978年10月在印尼首都雅加达召开的第八次世界林业会议上,我国代表介绍了河南商丘农桐间作的情况。农桐间作在改善生态环境的同时,经济效益也很可观,民权程庄公社到1977年三年间伐泡桐2.4万株,收入175万元。从1966年开始对日本出口桐原木,到1978年共出口原木达11.1万立方米。1977年和1978向山东、山西、河北、江苏、天津等省(市)提供泡桐种根

3 060万根。泡桐科研工作也十分活跃,中国林业科学研究院朱肇华、陆新育,河南农学院蒋建平等常驻商丘,经广大林业科技工作者的努力,取得了泡桐催根育苗、地膜覆盖育苗、麦茬移栽育苗、泡桐苗木生长期观测、农桐间作效益观测、带叶植桐、泡桐接干、新品种培育和引进等多项成果。1977年国家农林部委托商丘举办10省140人的泡桐育苗培训班。1978年珠江电影制片厂在本区摄制《泡桐》科教片,使商丘走在了泡桐生产的前列。1977年9月国家农林部在河南许昌、商丘召开了华北、中原地区平原绿化现场会,即第一次平原绿化会议。1978年全市有林地面积2.2万公顷,农桐间作23.25万公顷,农田林网18.73万公顷,村镇林6.73万公顷,农条间作1.53万公顷,活立木2.6亿株,立木蓄积量276.9万立方米,林木覆盖率16.6%,生态环境的改善促进了农业的发展,粮食总产量达到了16.5亿公斤。但在"文化大革命"中,县社合作造林和社队造林破坏殆尽,国营林场也受到很大损失,营造的农田林网和村镇林几乎全部选用大官杨,密度过大,虫害严重,形成了大面积的低产林。

二、风雨兼程,铸就林业辉煌

党的十一届三中全会以后,农村实行土地联产承包责任制,林业生产责任制没有及时跟上,田间树木,主要是农桐间作和农田林网,大都是"先分树,再分地",树木的所有者和土地的承包者不相一致,面积锐减,1982年农桐间作下降到11.53万公顷,农田林网下降到5.71万公顷。1981年9月省委、省政府根据中共中央、国务院《关于保护森林发展林业若干问题的决定》,提出稳定林权,划定自留山,确定林业生产责任制(林业三定)的具体规定,商丘地委、行署印发了《关于落实林业政策,建立林业生产责任制的意见》。根据上级指示精神,在总结经验、学习先进单位经验的基础上,1984年地委、行署进一步提出"统一规划,树随地走,谁种谁有,允许继承"的政策,并延长了土地承包期,稳定了人心,提高了广大群众植树造林的积极性。

在建立林业生产责任制期间,1982年省政府决定营造黄河故堤青年防护林,并在商丘相继召开了誓师和命名大会。翌年春,10万青年经过一个多月的奋战,营造了150公里长面积达667公顷的防护林。1984年商丘地委、行署决定把搞好林业生产作为振兴经济的突破口。早春,地、县(市)主要领导参观学习了禹县的经验,开展了大规模的育苗活动,完成育苗8 867公顷,是育苗面积最大的年份。夏季在林业区划的基础上,全面进行了植树造林规划设计。秋季以及翌年春,党政军民齐发动,大搞植树造林,营造农桐间作、农田林网52万公顷,绿化河、渠、道路3.5万公里,植树5 000多万株,加上原有树木,基本建成了带、网、片、点相结合的农田防护体系。之后,又抓了53个后进乡(镇)的林业建设和部分地段的补植。选用树种主要是泡桐、沙兰杨、I-72、I-69杨以及少量的乡土树种。1985年1月31日,河南省委、省政府向商丘颁发嘉奖令;3月8日国务院副总理、中央绿化委员会主任万里和参加第四次绿化委员会全体会议的委员到商丘视察。经过检查验收,1986年5月国家林业部在商丘召开八省、市平原绿化现场经验交流会,会上授予商丘地区和各县、市"达到平原绿化标准"证书和"全国平原绿化先进单位"奖牌,商丘市率先实现了平原绿化达标。在此前后,有87个省、地(市)、县单位的8 000多人到商丘参观学习,15个国家和地区的林业专家学者到此考察。

　　1988 年调查,有林地面积 2.07 万公顷,农桐间作 35.13 万公顷,农田林网 21.4 万公顷,农条间作 1.84 万公顷,村镇林 6.87 万公顷,活立木 2.3 亿株,立木蓄积量 676 万立方米,林木覆盖率 13.3%。生态环境明显得到改善,"干热风"基本被控制,大面积的沙荒、盐碱地被垦为良田,促进了农业的高产稳产。但这一时期的植树造林有些地方树种单一,病虫害严重,部分农桐间作密度较大,产生了农林争地的矛盾。

　　随着社会主义市场经济体制的建立,林业生产出现了一些新情况和新问题。20 世纪 90 年代初,开展了围村林、过密林、低产林的改造,完成改造面积 3.2 万公顷,提高了林分质量。积极调整林种、树种结构,经济林面积由 3.07 万公顷发展到 1994 年的 10 万公顷,提高了经济效益。为了适应土地承包经营体制,农桐间作面积相对减少,农田林网面积相对增大。从 1994 年开始,全面开展了平原绿化的完善提高,以扭转平原绿化的滑坡。商丘行署印发了平原绿化完善提高实施方案和奖惩办法,建立了年度目标责任制,开展了平原绿化"决战年"、"攻坚年"活动,至 1997 年完成植树 4 333 万株,填实农田林网、间作空当 20 万公顷,调整补植面积 16.67 万公顷,各县、市从总体上都达到了平原绿化指标,绿化质量进一步得到提高。1998 年在新的《中华人民共和国森林法》颁布施行之际,广泛进行了宣传贯彻,组织了游行宣传活动,开展了《森林法》知识大奖赛,印发了大批宣传材料,使《中华人民共和国森林法》深入人心,林业建设全面走向了法制化的轨道。林政管理进一步加强,严格控制资源的过度消耗,积极采取了保护野生动物措施。全市 6 个木材检查站都达到了规范化的标准,1 个林业公安科、14 个林业公安派出所都完成了标准化建设。认真维护林业的正常生产秩序,各县(市、区)都实现了乡级林业站合格县达标,全市共建 193 个乡级林业站,在组织基层林业生产,开展林木资源保护管理,推广林业实用技术方面发挥了重要作用。

　　1998 年,市委、市政府提出了实施以"攻坚工程、窗口工程、精品工程"为主体的"跨世纪绿色工程"战略,以生态环境建设为中心,以完善提高平原绿化整体水平为重点,以创河南省平原绿化先进市为目标,积极调整林种、树种结构,全面推进林业产业化,努力实现林业生态效益、经济效益和社会效益的协调统一。一是攻坚工程,主要是把林网空当面积大、农桐间作破坏严重的 30 个乡(镇)列为完善平原绿化的重点乡(镇),组织群众打攻坚战,以此带动面上的平原绿化完善提高工作。二是窗口工程,以"两纵"(京九铁路、105 国道)、"两横"(陇海铁路、310 国道)及沿线乡(镇)绿化为重点,带动沟、河、路、渠的绿化。三是精品工程,全市筛选确定 25 个造林先进乡(镇)为"高标准平原绿化示范乡(镇)",进行科学规划,高标准栽植,以此为样板,辐射带动全市平原绿化上台阶。

三、科学发展,建设生态文明

　　1999 年 3 月河南省人民政府专门在商丘召开绿色通道现场会,对商丘的平原绿化工作给予了充分肯定。按照《河南省县级平原绿化高级标准》的要求,全市各级党委、政府都把高标准平原绿化作为农村工作的一项重要任务来抓,主要领导每年冬春造林季节都积极组织召开动员会、现场会、促进会,带头包绿化点,到植树造林现场参加义务植树,深入造林第一线进行督促指导。各级林业部门充分利用报纸、电视、广播等媒体,大力宣传高标准平原绿化的重要意义和各项林业法规政策,鼓励引导广大干群积极参与高标准平原绿化工作。建立义务植树基地,营造纪念林,组织部队、机关、团体、企事业单位开展庭院绿化,大力推进由部门办林业向社会办林业的转变。通过开展高标准平原绿化,坚持不懈地大抓植树造林,营造以通道绿化、"四旁"植树和以点片带网相结合的农田林网、农桐间作为主的高标准综合农田生态防护体系,为全市农业生产构筑了良好的生态屏障,充分发挥了林业在保障农业稳产高产方面的重要作用,有效改善了农田小气候,创造了较好的农业生态条件。昔日风沙危害较为严重的民权县、宁陵县、睢县、梁园区、睢阳区、虞城县等黄河故道沙区,经过近些年坚持不懈的植树造林、防沙治沙,风沙危害次数连年减少,农业生产稳定,呈现了林茂粮丰的喜人景象。

2002 年 5 月,商丘被国家林业局授予"全国平原绿化先进单位"称号。国家林业局副局长李育才两次专程来商丘视察林业工作。同年 6 月,国家林业局又组织 30 余名司局级干部来商丘市考察高级平原绿化、资源保护和防沙治沙等工作,对商丘市在林业方面的做法、取得的成效和经验,给予充分肯定和高度评价。

2003 年 6 月 25 日,《中共中央　国务院关于加快林业发展的决定》出台,这是林业建设史上一个新的里程碑。是年 12 月 16 日,胡锦涛总书记视察了商丘豫东花卉组培基地等,对商丘处处可见的茂密树木印象深刻,鼓励要好好干,带动更多的农民脱贫致富。乘盛世兴林东风,商丘全面加强林业生态和产业化建设,取得了显著成效,每年植树都在3 000 万株左右。退耕还林国家补贴的政策的落实,进一步激发了农民植树的积极性,城乡一体化绿化步伐加快,涌现出了一批园林式生态村镇,乡(镇)绿化覆盖率达 35%、村庄绿化覆盖率达 42%。

2005 年 6 月,商丘市被中宣部、国家林业局确定为"全国防沙治沙典型示范区",《人民日报》等多家新闻媒体赴商采访报导;7 月,商丘市人民政府通令嘉奖商丘市林业局。全市连续 4 年平均每年造林 6 667 公顷以上、植树近 3 000 万株、每年森林覆盖率提高近一个百分点。2005 年 9 月,全省林业生态建设现场会在商丘召开,与会代表参观了宁陵的万亩梨园、农条间作和夏邑的农田林网、村庄绿化,以及梁园区的黄河故道生态防护林。同年 10 月,全国黄河故道防沙治沙现场经验交流会在商丘举办,柘城县率先在河南省达到林业生态县建设标准,通过省级验收,商丘市林业局被授予"全国绿化先进集体"荣誉称号,市政府给予市林业局通令嘉奖。2006 年,由市林业局组织,在全市开展了古树名木普查工作,全市现有古树名木 3 236 株,分属 16 科 24 种,对其中 50 株代表株登记造册建立档案,并编写了《商丘古树名木》一书。2007 年,编制完成了《商丘林业生态市建设规划》,规划提出:经过 5 年(2008～2012 年)的奋斗,巩固和完善高效益的农业生产生态防护体系,基本建成城乡宜居的森林生态环境体系,初步建成持续稳定的国土生态安全体系,使全市的生态环境显著改善,经济社会发展的生态承载能力明显提高。全市林业生态建设总规模 14.9 万公顷,林木绿化率达到 33% 以上,林业年产值达到 59.59 亿元,林业资源综合效益达到 311.72 亿元。所有县(市、区)建成林业生态县,商丘市建成林业生态市。是年,宁陵县举办了第四届梨花节和首届梨果节,金顶谢花酥梨和中红杨在中国国际林业产业博览会上获金奖。

2008 年,林业生态市建设正式启动,全市把林业生态市建设作为推进林业跨越发展、建设生态文明的重要任务,大力实施林业生态和林业产业工程,积极开创全市动员、全民动手、全社会广泛参与的良好局面。至 2009 年,全市完成造林 3.73 万多公顷,创历史新高。集体林权制度改革积极稳妥推进,第七次森林资源连续清查工作顺利通过国家验收,夏邑县、梁园区顺利通过省级林业生态县验收。全市城区绿地率达到 33.3%,绿化覆盖率达到 35.36%,人均公共绿地面积达 9.16 平方米,城市郊区森林覆盖率达 48.24%,通道绿化率 98% 以上。6 月召开的全国平原林业建设现场会上,陶明伦市长代表商丘市政府作典型发言。10 月通过"河南省绿化模范城市"验收。市林业局获"省级文明单位"称号。2008 年、2009 年连续两年春节过后第一个工作日,市委、市人大、市政府、市政协四大班子领导带头,机关干部参与,全市动员,市、县、乡三级联动,开展大规模义务植树活动,全面推进了商丘林业生态市建设,开创了商丘林业发展的新局面。

60 年来,商丘由一个资源匮乏的极贫地区,变成了一个林业资源大市,泡桐蓄积量、酥梨产量位居河南省首位,被誉为"泡桐之乡"、"酥梨之乡"、"平原林海"。坚持"生态优先、产业跨越",使商丘走上了"生产发展、生活富裕、生态文明"的发展道路。目前,全市有活立木 2.9 亿株,立木蓄积量 2 115 万立方米,林木覆盖率 28.6%,林业总产值达 40 亿多元,林业已成为商丘农村经济发展的重要支柱产业。(商丘市林业局)

第十五节　信阳市

信阳位于豫南大别山脉北麓,淮河干流上游,豫、鄂、皖三省结合部,是革命老区之一。1998 年撤销信阳地区,建立地级信阳市。现在全市辖 8 县 2 区,780 万人口,总面积182.93 万公顷。信阳兼具江北山地和淮南水乡丰富多彩的地貌形态。桐柏山脉逶迤西来,大别山脉蜿蜒东去。淮河以南,层峦竞秀,垄岗相间;淮河以北为一片缓缓舒展的辽阔平原,与中原大地紧紧相连,山区和丘陵占全市总面积的 75.4%。全市地处北亚热带向暖温带过渡地带,土壤肥沃,光、热、水资源丰富,森林植物种类繁多,生物资源丰富,已查明境内现有高等植物 189 科 2 000 多种,占河南省同类总科数的 95%;动物 2 031 种,占河南省种类的 83%。

一、新中国成立后 30 年

历史上的信阳是一个森林茂密、生态系统优良的好地方。据史书记载,直至西汉时期,仍处处皆为原始森林所覆盖。"走进大别山,百里不见天",是那时的真实写照。此后,随着历史变迁,森林也逐步演变。由于过量采伐、战乱频繁和外国入侵者大肆掠夺,至新中国成立前夕,原始森林已所剩无几,天然次生林也仅剩约 40 万公顷。

新中国成立后,恢复生产,发展经济成了首要任务,信阳林业也进入了新的发展时期。全区实行普遍护林,大力造林育林,合理采伐利用,有计划地发展林业。尤其在毛泽东主席"植树造林、绿化祖国"伟大号召的鼓舞下,各级政府认真贯彻"谁种谁有"的国家政策和"民造公助"的林业方针,有力地调动了全区干部群众发展林业的积极性。1949 年至1978 年间,全区不仅相继建立了 9 个国有林场,而且建立了 4 000 多个社队林场,专业劳力近 5 万人。尤为突出的是,1973 年至 1976 年,当时的地区革命委员会在信阳林业建设史上首次采用大规模人力工程造林的办法,发动几十万群众在山区、丘陵大力营造杉木用材林基地和板栗、油茶经济林基地,总面积达 6.67 余万公顷,不仅将林业建设推向了高潮,而且为后来林业事业的全面发展奠定了良好的思想、技术和物资基础。

新中国成立以后的前 30 年中,信阳的林业建设也遭受过不少挫折,出现过失误。其中,大的失误有 3 次。第一次是 20 世纪 50 年代后期的滥伐森林,全区动员几十万人上山砍树,以钢为纲,烧炭炼铁,致使信阳森林资源遭到毁灭性破坏。第二次是 60 年代至 70 年代的以粮为纲,毁林开荒,在山上种粮,森林植被遭到破坏,自然生态失衡,水土流失加剧,青山绿水变成了穷山恶水。第三次是 80 年代初期,一些地方在开展稳定山林权属、划定自留山、确定林业生产责任制工作时,没有从林业生产的实际出发,机械地照搬农业大包干的做法,不仅分了荒山,而且将有林山也大部分或全部分掉,结果出现了"荒山分而不治,林山分了就砍"的局面,不仅没有推动林业生产的发展,反而使信阳林业再次遭到严重破坏。这些失误和挫折,导致信阳林业在较长时期内一直未能摆脱在低谷中徘徊的局面。

二、改革开放 30 年

1979 年,中国共产党十一届三中全会的决定如浩荡东风,吹绿了大别山的山山水水,信阳的林业建设开始焕发新的生机。为加快林业生产发展,信阳历届党政领导班子不断总结历史经验教训,逐步探索符合信阳实际的林业发展新路子,陆续出台了一系列林业改革与发展的政策和措施。首先,理顺生产关系,完善和提高林业生产责任制,坚决纠正林业"三定"中发生的偏差。本着宜统则统、宜分则分、统分结合的原则,从产权制度上对林业生产体制进行逐步改革。在坚持林地所有权和林地用途不变的前提下,采取承包、租赁、拍卖、转让、合资、合股、合作等形式,实行多层次开发,多元化投入,推动林业生产发展。其次,结合实际情况,提出了"三个转变"和"三个转移"的基本思路。"三个转变"是:造林育林由单纯依靠集体转变为个人、集体、国家一齐上;林业事业由造林为重点转变为以营林为基础,采育结合,综合经营,全面发展;林业经济由封闭式的产品生产,转变为开放式的商品生产。"三个转移"是:在抓好南部山区林业的同时,尽快向中北部转移,做到山区、丘陵、平原一起上,全方位发展林业;在抓好用材林生产的同时,迅速向发展经济林转移,实行用材林、经济林、薪炭林、防护林一齐抓,协调发展林业;在搞好一般造林的同时,向重点工程转移,努力抓好林业基地建设,点面结合发展林业。其三,因地制宜,优化林业生产布局。根据全市既有山区、丘陵、垄岗,又有平原和洼地的实际,实行因地制宜,适地适树,分类指导。即:南部山区以封为主,封、管、造并举,大力发展以杉木为主的速生用材林和以板栗、银杏为主的经济林;中部丘岗区坚持以造为主,造管并举,营造以湿地松、火炬松为主的用材林和以油桐、银杏为主的经济林;北部平原农区以"四旁"植树为主,大力营造以池杉、水杉、落羽杉和杨树为主的农田林网、路渠林带和速生丰产林,同时逐步将经济林引入到平原绿化中去。

每当一条新的发展路子探索出来后,市、县、乡各级党政领导班子都要把林业列入重要议事日程,认真研究,狠抓落实,一任接着一任干,不断加强对林业工作的领导。一是层层建立目标责任制,签订目标责任书,将造林绿化的责任落实到各级党政领导的肩上。二是领导带头植树造林。市、县、乡三级党政一把手和分管领导都包山头办绿化点。1994

年,这一做法又扩大到市、县两级党政军领导和市县直属部门的一把手。三是采取"三集中"、"四统一",即集中领导、集中劳力、集中时间和统一规划、统一标准、统一行动、统一检查验收的办法,年年发动全市人民群众,夏季冒高温酷暑,冬季顶严寒冰霜,开展大规模造林整地运动,翌年春组织专业队栽树。四是注重科技兴林。全市市、县两级都建立了林业科学研究所和林业技术指导站,配备一大批林业科技人员,大力开展林业科研活动,普及林业科学技术,解决林业生产中的技术难题,使林业生产质量在 1989 年至 1993 年间,连续 5 年蝉联全省第一,受到省林业厅表彰。五是加强资源林政管理,严厉打击乱砍滥伐林木、乱侵滥占林地、乱捕滥猎野生动物行为,狠抓森林病虫害防治和护林防火工作,保护造林绿化成果。六是以山区基本灭荒和平原初级绿化为新起点,及时开展以建立比较完备的林业生态体系和比较发达的林业产业体系为内容的林业第二次创业,将造林绿化的重点由过去的大面积荒山造林和农田林网初级标准建设转向灭荒扫尾、退耕还林、低值林改造、"绿色走廊"、城镇绿化和平原绿化高标准建设,提高整体造林绿化水平。同时,积极调整林业产业结构,除在全市范围内广泛开展林业"绿色富民"活动,继续发展速生用材林和高效经济林外,还大力发展以林产工业为内容的第二产业和以林产品市场建设、森林旅游业为内容的第三产业。七是全力开展淮防林、山区综合开发、世界银行贷款三期林业项目、全市"绿色走廊"、"京九绿色长廊"等大型重点生态工程建设以及具有信阳特色的新县"四万一百"工程、商城"888"工程、淮滨六千万杨树工程、平桥和浉河两区环城高效林业工程等林业精品工程。

十年树木赖众力,赢得硕果满山峦。在全市人民群众的共同努力下,信阳林业迎着改革开放的东风,终于走出了低谷,步入迅速发展的轨道,实现了初步腾飞。

平原绿化,是信阳林业腾飞的一个重要标志。淮河沿岸的息县、淮滨两个平原县和潢川、固始两个半平原县,从 1989 年冬开始,按照省委、省政府关于平原绿化达标的要求,在基础差、起步晚、时间紧的情况下,发动群众,苦战 3 个冬春,均提前或如期达到了原林业部颁发的平原绿化初级标准。1992 年,息县又成为全省第 4 个平原绿化高级达标县,此后,淮滨、固始、潢川 3 县又先后实现了平原绿化高级达标。现在,这里林茂粮丰,一派生机,一个具有豫南水稻田区特色的点、片、网、带相结合的人工防护林体系已经形成。

山区绿化,是信阳林业建设的又一丰硕成果。全市 8 个有山区绿化任务的县、市,从 1989 年开始,认真贯彻省委、省政府提出的"完善平原、主攻山区"的林业指导方针,采取国家、集体、个人一起上,山区、丘陵、垄岗一齐抓,植苗、飞播、点播、封山育林相结合,用材林、经济林、薪炭林、防护林协调发展的方式,发动了一场绿化荒山的持久战,取得了辉煌成果。1993 年,商城县在全省率先完成了基本消灭宜林荒山的任务,省长马忠巨亲笔题词:"绿化荒山第一县"。1994 年,新县、潢川、固始、信阳县、信阳市、光山和罗山 7 个县、市也一举完成基本灭荒任务。1995 年 2 月 13 日,河南省委、省政府颁布嘉奖令,授予信阳"全省荒山造林绿化第一区"光荣称号。

建设林业基地,是信阳林业发展的一个成功经验。信阳林业基地建设始于 20 世纪 70 年代中期建设百万亩杉木林基地的群众运动。80 年代中期,林业基地建设继续进行。到 2008 年,全市茶叶基地 10 万公顷;板栗基地 10.41 万公顷;苗木花卉基地达到 1.8 万公顷;以杨树为主的速生丰产林面积达到 14.67 万公顷。这些高质量的林业基地,不仅成为全市可靠的后备森林资源,同时也为全市林业可持续发展夯实了基础。

乡村林场,是信阳林业建设史上的一大功绩。全市自 20 世纪 70 年代中期以来,按照"基地建林场,林场管基地"的指导思想,采取"治一架山,造一片林,留一批人,建一个场,办一个经济实体"的办法,陆续建起各级各类各种经济成分的乡村林场 2 900 多个,总面积 12.67 多万公顷。这些乡村林场不仅染绿了信阳的百万亩荒山,巩固了基地造林成果,而且提高了造林质量,聚集了数亿元的财富,成为山区人民脱贫致富的经济支柱。信阳大办乡村林场的做法,得到了原林业部的的肯定,林业部于 1989 年在新县召开了全国乡村林场研讨会,向全国推广。

国有林场成为信阳林业建设与发展的排头兵。全市从 1953 年到 1961 年间,相继建立了南湾、鸡公山、董寨、新县、黄柏山、金岗台、王竹园、固始和天目山 9 个国有林场。1982 年,鸡公山、董寨、金岗台和新县林场连康山林区被划为省级自然保护区。目前全市共有 9 个国有林场,总经营面积 3.8 万公顷,活立木蓄积量 224 万立方米,价值 6 亿多元。这些林场走"以林为主、多种经营、综合利用、全面发展"的路子,不断得到巩固和壮大。国有林场作为林业建设中的"国家队",为全市群营林业树立了典范和榜样,不仅率先消灭了宜林荒山,而且成功地实现了对低价值林分的改造,并培养了一支实力雄厚的林业技术队伍,对全市的林业建设起到了积极的骨干带头作用。依托林场,信阳市建成省级以上自然保护区 9 个,其中包括鸡公山、董寨、连康山 3 个国家级自然保护区,总面积 9.33 万公顷,自然保护区面积占全市国土总面积的 5.1%;建成省级以上森林公园 10 个,其中包括南湾、金兰山、黄柏山 3 个国家级森林公园。

经济林的发展,使越来越多的山区县、乡摆脱了贫困。随着社会主义市场经济的不断发展,全市从 1992 年开始,大规模调整林种结构,努力扩大经济林比重。到 1999 年,经济林造林面积连续 8 年超过了用材林,平均每年以 1.33 万公顷的速度向前发展。革命老区新县把发展林果业作为强县富民的支柱产业,坚持常抓不懈。近几年来,全县工农业总产值、地方财政总收入、农民人均纯收入的 40% 以上来自林业产业。该县人称"小西藏"的卡房乡,山多田少,人口不足 1 万人,历史上是有名的贫困乡。如今,靠发展林果业脱贫致富。现在全乡农民人均 0.27 公顷板栗、0.2 公顷杉木、20 株银杏。1994 年以来,仅林业一项,全乡每年人均收入 1 500 多元,占人均总收入的 80% 以上。昔日食难果腹的村民,如今家家户户看上了彩电,住上了新房,不少户用上了自来水,盖起了漂亮的小康楼,很多户农民骑上了摩托车,大部分户花钱从外地请来了"打工仔",成了远近闻名的富裕之乡。至 2008 年,全市发展优质高效经济林示范基地 8 万公顷,板栗产业,年产量超过 7 000 万公斤,产值近 3 亿元;银杏产业,年产果 57 万公斤,产叶 100 万公斤,产值近 2 000 万元。

林产工业和森林旅游业,正以巨大力量拉动着全市林业快速发展。进入 20 世纪 90 年代后,全市按照"山上建基地、山下办工厂、山外拓市场"的发展战略和"公司 + 农户"的模式,大力发展木材、竹材、条材、松香、木本粮食、木本油料、干鲜林果、森林蔬菜和木本药材等林产品的加工工业。特别是板栗和银杏,已从食用、药用、饮用等方面生产出系列产品,成功地进入了国内市场,有的还打入了国际市场。这不仅使林产品的价值成倍增长,而且激发了广大群众植树造林、发展林业的积极性,反过来带动和促进了林业基地的建设。全市目前共有各类林产工业企业 1 500 余家,年创产值 12 亿元。以信阳华栗实业总公司、华龙木业有限公司、固始三河尖翔宇柳编总公司为代表的林产工业群正在豫南大别山区悄然崛起。与林产工业相伴而生的是,森林旅游业也正以始料未及的速度向前发展。董寨国家级自然保护区、鸡公山国家级自然保护区、南湾国家森林公园和黄柏山国家森林公园等开发的旅游线路、景点正在吸引越来越多的游人前往观光游览。

1998 年,信阳撤地建市。信阳以此为契机,在全市上下广泛开展"二次创业、富民强市"活动。林业战线作为这项活动的先行者和排头兵,十分清楚自己肩上的担子有多重,责任有多大,以前所未有的决心和气魄,朝着两大目标方向勇敢前进。

建立比较完备的林业生态体系,是林业二次创业的首要目标任务。对此,各县(区)正按照"提高山区、主攻丘岗、完善平原、狠抓河流"的指导思想,全市抓住国家高度重视生态环境建设的大好机遇,集中力量争取和实施了对全市生态环境、经济发展和社会进步有巨大促进作用的国家级林业重点生态工程,抓紧在全市建设 4 道防线,即山区防线、丘岗防线、平原防线、淮河干支流防线,构筑起全市的林业生态体系骨架。10 年来,先后实施的工程主要有:一是山区综合开发工程。新县、商城县分别于 1996 年、1998 年进入全国山区综合开发示范县行列,两县获国家投资 3 460 万元,完成山区开发造林 1.2 万公顷。二是淮河防护林工程。淮河防护林工程隶属于国家林业局六大工程中的长江防护林工程,全市 10 个县(区)均进入该工程范围。自 1996 年以来,共完成造林 2.67 万余公顷,完成投资 1.07 亿元。三是世界银行林业贷款项目。信阳是世界银行项目建设重点地区之一,世界银行投入 1.565 亿元人民币,共完成世界银行林业贷款一期、二期、三期、四期项目造林 3.67 万公顷;2007 年又争取到世界银行贷款林业持续发展项目,项目投资908.17 万元,完成造林 1 567 公顷。四是绿色通道工程。目前,全市通道里程 11 168 公里,可绿化里程 4 179 公里,已绿化里程 3 437 公里,通道绿化率达 82%。五是速生丰产林基地建设工程。全国重点地区速生丰产林基地建设工程已于 2002 年正式启动。目前,全市已建立起以杨树为主的工业原料林基地 11.33 万公顷。六是退耕还林工程。自2002 年开始实施退耕还林工程,共完成省下达退耕还林任务 11.6 万余公顷。七是日本政府贷款造林项目。2007 年启动的该项目涉及全市除淮滨县以外的 9 个县(区)和市直南湾管理区、鸡公山林场,总投资达 1.1 亿元,其中 2007 年项目计划投资 4 117.14 万元,营造林 3.87 万公顷。八是平原绿化。息县、淮滨两县已于 2005 年实现平原绿化高级达标;固始、潢川分别于 2006 年、2007 年实现了平原绿化高级达标。在重点林业工程的推动下,全市林业生态体系日趋完备。到 2008 年,全市林业用地面积 68.99 万公顷,有林地面积 53.67 万公顷,活立木蓄积量 1 815.92 万立方米,森林覆盖率 32%,是全国 9 个地级林业生态示范市之一。

建立比较发达的林业产业体系,是林业二次创业的两大目标任务之一。各县(区)努力突破单纯公有制经营和单纯造林种树等传统的林业经济模式,实行多渠道、多形式、多成分开发,坚持一、二、三产业全面发展,把林业建设成为富县富民富财政的支柱产业。2008 年林业年产值达 59.87 亿元。新县、平桥被评为"全国经济林建设先进县";新县被国家林业局命名为"中国名特优经济林银杏之乡";罗山、浉河、平桥、新县被命名为"中国名特优经济林板栗之乡";潢川县被评为"中国花木之乡";光山、浉河被评为"中国茶叶之乡";固始县被评为全国"柳编之乡"。林业在全市经济和社会可持续发展中的作用进一步增大,地位进一步提高。

2007年,省委、省政府作出建设林业生态省的重大决策。信阳市委、市政府对建设林业生态市高度重视。为了做好信阳市林业生态规划编制工作,市林业局抽调市内林业专家和技术人员组成规划编制起草小组,并邀请河南农业大学林园学院作为规划的指导单位。河南农大派出了以林园学院书记徐宪,院长、省林业专家咨询组副组长杨秋生等5名专家到信阳进行实地考察,指导规划,对规划文本初稿提出了修改意见。在规划过程中,市里共召开了一次市委常务会议、一次政府常务会议和两次市政府协调会,对规划进行研究论证。历时三个多月,经多方修改完善,《信阳市林业生态建设规划(2008～2012年)》最终出台,市政府随后印发实施。各县(区)林业生态建设发展规划也已制订完毕。

2008年,是全省林业生态省建设的开局之年,也是信阳市实施林业生态建设《五年规划》的起步之年。省下达全市造林总任务4.74万公顷,是历年造林任务最重的一年,期间又遭遇了50年不遇的雨雪冰冻灾害。全市上下坚持以科学发展观为指导,精心组织,齐心努力,全面启动了山区生态林体系建设工程、农田防护林改扩建工程、生态廊道网络建设工程、村镇绿化工程等九大林业生态工程和茶产业、花卉苗木产业、速生丰产用材林及工业原料林等五大林业产业工程。在大工程带动下,营造林全面推进,当年完成营造林4.79万公顷,占目标任务4.74万公顷的101.07%,其中生态营造林4.11万公顷(含森林抚育和改造1.41万公顷),占目标任务4.06万公顷的101.26%;林业产业工程造林6 800公顷,占目标任务6 800公顷的100%,均超额完成了省定年度建设任务,为实现五年林业生态建设目标奠定了坚实基础。

纵观60年林业发展历程,信阳的各级党委、政府和广大干部群众深深认识到,只要坚持党的正确领导,坚持科学发展观,求真务实,真抓实干,宏伟目标一定能实现。相信经过60年风雨洗礼与锻炼的信阳各级党委、政府,一定能够认真贯彻实施党的一系列林业方针政策和各项林业法律法规,认真学习贯彻《中共中央　国务院关于加快林业发展的决定》和中央林业工作会议精神,带领780万信阳人民,最终夺取建设现代林业的伟大胜利。信阳林业的明天一定会更加灿烂辉煌。(信阳市林业局)

第十六节　周口市

周口市位于豫东平原,黄泛区腹地,原为周口地区,2000年撤地设市,辖8县(扶沟、太康、西华、淮阳、沈丘、商水、鹿邑、郸城)1市(项城)1区(川汇区),189个乡(镇),1 080万人,总面积11 959平方公里,其中耕地面积78万公顷,是一个典型的平原农业大市。全市地势平坦,土层深厚,土壤主要为潮土、砂姜黑土、风沙土,属于暖温带落叶阔叶林地带,光照充足,气候温和,雨量适中,适宜多种树木的生长。

新中国成立60年来,历届周口市委、市政府认真贯彻落实党的各项林业方针政策,把发展林业生产作为振兴区域经济、实现可持续发展的战略措施来抓,作为造福子孙后代的事业来干,发动、组织和带领全市人民大力培育苗木,营造农田林网和林粮间作,搞好通道工程绿化,建设速生丰产林基地,实行城乡绿化一体化,加大森林资源培育和管护力度,林业建设取得了巨大成就。昔日树少林稀、风起沙飞、缺粮少柴的黄泛区,如今变成了"河路沟渠似绿墙、块块农田林成网、村村都像小林场"的平原林海,成为"夏收金(小麦)、秋收银(棉花)",誉满中州的"聚宝盆",享誉全国的林粮仓。

一、周口市林业建设的发展历程

纵观周口市 60 年林业发展的历程,先后经历了艰苦创业、恢复发展、创造辉煌、严重滑坡、再创奇迹、全面腾飞六个时期。

周口市是中华民族的发祥地之一,林业有着悠久的发展历史。据旧志记载,早在 5 000 年前,周口这块土地上曾经森林茂密、河流纵横、沼泽遍野、绿树成荫,祖先们在这里植桑养蚕,农耕渔猎,繁衍生息。但是,由于历代封建王朝的统治和上世纪初的军阀混战,致使毁林开荒,林业资源不断遭到破坏。尤其是 1938 年日本帝国主义侵略中国,无能的国民政府为了以水阻敌,不惜千千万万人民群众的生命,在花园口扒开黄河,使整个周口市大部分地方变成一片汪洋。洪水过后,无村无树,芦苇遍野,遍地沙丘,人烟稀少。到新中国成立前夕,境内仅有大小树木 2 100 万株,林木覆盖率不到 1.5%。

(一)艰苦创业

1949～1965 年是新中国成立后林业的创业时期,周口市全市人民进行了艰苦创业。斗风沙,战严寒,大力植树造林。这个时期各县没有专门的林业管理机构,由县建设科、实业科兼管。到 1965 年各县成立林业局专管林业建设,按照当时国务院关于"普遍造林、选择重点有计划地造林、并大量采种育苗、合理采伐、节约木材"的林业建设方针,发动群众植树种果,推行合作造林,鼓励群众领公有荒地造林,林权归造林者所有。各县都相继建立了国营苗圃,大部分乡(镇)还创办了集体苗圃,在沙荒地栽植刺槐林,在农田林网上栽植杨树、苦楝等营造防护林。其中 1962～1963 年,在省政府和林业厅的关怀下,成立了西华、扶沟两个国营林场,还建立了社队场圃 124 个,积极培育林业苗木,在太康、扶沟、西华、淮阳等县营造大型防风固沙林带,并开始学习兰考经验,发展泡桐、杨树、枣、桃、苹果等,在沙区推行农桐、农枣间作的栽培模式,在村庄营造大面积的围村林,全市累计植树 18 883 万株。到 1965 年,全市林木覆盖率上升到 6%,活立木总株数达到 1.27 亿株,周口林业有了一定的基础。

(二)恢复发展

1966～1978 年是周口林业的恢复发展时期。这个时期,周口成立了专属林业局,虽然经历了 1968 年、1969 年、1973 年三次合并变更,但当时的地委、行署和周口人民大抓造林绿化的行动未放松,思想未松懈。由于全区林业生产有了一定的基础,造林绿化的氛围浓厚,因而各级政府抓住有利时机,明确任务,采取召开现场会、检查评比等措施,结合翻淤压沙,改良土壤,大搞植树造林。林业部门深入县乡,建立示范样板,大力推行农桐间作、农田林网、苹果园、桃园、农枣间作等模式,采取先示范后推广,以点带面的工作方法,极大地推动了全市的林业生产。到 1978 年,全周口地区累计植树 86 009 万株,林木总株数达到 2.07 亿株,活立木蓄积达到 472.9 万立方米,林木覆盖率高达 18.2%,周口林业进入了全面发展时期。

(三)创造辉煌

1979~1989年是周口林业创造辉煌的时期。这一时期正是党的十一届三中全会以后百业待兴的发展时期。随着农村生产责任制的实行,群众造林运动又有了新的发展和新的方式,周口林业生产也具有了新的特点:采用优良品种,实行项目示范,辐射推广,积极开展全民义务植树,并加强了林木管护措施及林木病虫害的预测预报,进行机械化防治。在农村,造林经营方式由国营、集体为主转变为以个体造林为主、国营集体为辅,造林重点由营造路林、农田林网向林粮间作、"四旁"围村林及速生丰产林方向发展,造林树种由过去的单一化向引进优良树种和本地乡土树种相结合的多样化方向发展,林带结构由单层的乔木林向乔灌草结合的立体种植方向发展,经营目的由以防风固沙为主转变为防护、用材兼用。在城镇,注重环境绿化,发动各行各业植树种花,大搞街道和庭院绿化。同时,借全民义务植树条例颁布之机,大力宣传,在全市开展扎扎实实的全民义务植树运动,取得了显著成效。到1986年,全市沟河路渠、村镇四周都完成了绿化,一个点、片、网、带相结合的平原农田防护体系初步形成,各县(市)先后被原林业部、全国绿化委员会授予"平原绿化先进单位"和"全国绿化先进单位"称号。到1989年,累计植树50 465万株,林木总株数达到3.1亿株(墩),活立木蓄积达到683万立方米,人均蓄积0.8立方米,林木覆盖率达到15.7%,全市呈现出"千里道路一线天,层层林网不见边,农家房屋林中隐,泡桐行间是农田,河渠堤岸尽绿荫,村村都是树木园"的壮丽景观。林业的稳定发展有效地改善了农业生产环境,粮食产量成倍增加,周口林业进入了以林促农、林茂粮丰的辉煌时期。

(四)严重滑坡

1990~1993年,周口林业进入了成熟采伐更新期,加上自然灾害频繁,尤其是1989年开始的泡桐大袋蛾泛滥成灾,对泡桐造成了毁灭性的打击,粮食连续几年出现了减产,林粮争地的矛盾变得突出,再加上农村调整责任田及多年的土壤改良,部分领导和群众产生了糊涂观念,错误地认为粮食减产是由于树多引起的,树少了也不会再出现风沙,在林业生产上产生了麻痹松懈思想,于是在采伐更新中,没有按照永续经营利用的原则,采得多,栽得少,伐得快,种得慢。又由于当时的管护体系不太健全,管护措施落实不到位,致使全市林木数量急剧下降,大部分农田林网网烂线断,村庄周围的片林也遭到巨大毁坏,有些地方由于失去了林木的庇护,又出现了"风起沙飞,一碗饭,半碗尘"的现象,个别县还被省政府提出了黄牌警告。农业生产也随之不稳,大自然也给了多次警告,不是旱就是涝。到1993年底,四年时间,全市林木总株数减少近2/3,仅剩1.3亿株;活立木蓄积仅剩180万立方米,林木覆盖率比1988年下降近4%。

(五)再创奇迹

1994~2000年,是周口林业再创奇迹的时期。1994年开始,原地委、行署深刻反思了前段林业工作的失误,充分认识到周口林业滑坡的严重性和恢复农田绿色屏障的紧迫性,决心苦干三年,扭转林业滑坡局面,并且以"争创全国高级平原绿化第一区"为目标,再次开展了轰轰烈烈的造林绿化运动。这一时期周口林业生产的思路是:以争创全国高级平原第一区为目标,以建设高标准农田林网为重点,狠抓育苗,科学植树,强化管护,全面实施林业生产第二次创业。采取的主要措施是:

1.加强领导,提高认识

全党动员,全民动手,全社会办林业。全民搞绿化,把林业生产纳入各级政府的考核目标,层层签订目标责任制,把任务落实到县、乡、村,落实到路、河、渠及地块。

2.摸清家底,科学规划,注重实效

市、县、乡林业技术人员多次深入到田间地头,认真调查研究,准确地掌握了全市林业现状,在此基础上制订了林业发展中长期规划和年度实施计划,确立了周口市农田防护林体系建设的模式。即:一般农田林网网格控制在 20 公顷以下,沙区不大于 17 公顷;对主林带,要求一路四行树,一路一沟五行树,一路两沟六行树;对副林带,要求一路两行树,一路一沟三行树,一路两沟四行树;对高速公路、国道和省道两侧,营造 30~50 米宽的林带,建设绿色长廊。同时,把建设高标准林网与农田基本建设和黄淮海开发、粮棉高产高效开发结合起来,既有利于改善农业生态环境,又有利于蓄水、排水和农作物的耕作,最大限度地发挥林网的防护功能。实行水、田、林、路统一规划,旱涝风沙综合治理。同时,注重造林实效;造林季节,各乡(镇)成立造林专业队,做到县乡干部、村组干部、林技人员、群众四结合,一级包一级,严格按照技术规程,采取大苗、大穴、大水、大堆的方法,确保栽一片成一片,发挥效益一片。

3.重点突破,分类指导,整体推进

在搞好规划的基础上本着统一布局,连片开发的指导思想,走整体推进、重点突破、分类指导的发展路子。既坚持"林网、道路、村镇、沟河"四个轮子一齐转,全面推进,一步到位。具体操作过程中,一是实行广泛动员。市、县、乡层层发挥行政工作的推动作用,组织广大群众开展大兵团作战,解决农田林网建设一家一户办不了、办不好的事情。如鹿邑县采取统一组织、统一规划、统一栽植、统一验收等办法,对该县西部九个林业基础较差的乡(镇)实施"九乡联动"工程,仅 1997 年春就一次植树 410 万株,新建高标准林网网格 770个,面积达 1.33 多万公顷;项城市自 1995 年开始,就开展了以建设高标准农田林网为主要内容的高级平原绿化建设,对全市范围内的水、田、林、路高标准规划,综合治理,农田林网、"四旁"植树、通道绿化、精品林业、城镇绿化同步发展,通过几年努力,形成了点、片、网、带相结合,乔灌草相结合的高标准生态防护体系。二是重点突破。对境内的主要交通干道,由市、县主要领导分包绿化。市绿化委员会根据每条公路的绿化现状分别制定了绿化验收标准,并下发到有关县(市)、乡(镇),分管领导按照绿化标准,认真组织造林活动。同时,重点抓好落后片、落后点、落后线的治理。全市共选择了 73 个造林潜力大的乡(镇)作为全市造林绿化的重点,进行重点规划、重点指导、重点检查。三是典型引路,分类指导。农田林网推广鹿邑唐集、试量,项城丁集等乡(镇)的模式;沟河绿化推广沙河邓城段、白沟河鹿邑官堂段模式;公路绿化推广 311 国道鹿邑段模式;防风治沙推广西华县田口乡农枣间作模式。用典型示范带动,分类进行指导,各具特色。四是引进良种抓育苗,推广技术讲质量。造林绿化,苗木先行。为此,全市充分发挥县、乡、苗圃场、育苗专业村、专业户的骨干作用,选择引进优良品种,坚持育好苗,育足苗,仅 1996 年全市林业育苗就达到 2 667 公顷。在造林技术上推广泡桐"三大一浅高封土"栽植技术,杨树"三大一深加清水浸泡"栽植技术,经济林上推广早熟矮化密植的栽植技术,确保了造林绿化质量。五是制订奖惩措施,狠抓检查落实,坚持奖罚兑现。全市按照各级签订的目标责任制,制订了奖罚措施,市、县、乡层层坚持检查落实制度,确定标准,颁发规程,严格进行验收,每年对造林任务完成情况、造林成活率、林木保存率检查3～4次,公开结果,奖优罚劣,年年兑现。六是健全护林队伍,强化资源管理。全市建立健全了林政、木材检查站、林业公安队伍,乡、村都分别建有护林组织,划定责任段,明确责权利,保证管护效果。同时,加大毁林案件查处力度,发布护林公告,宣传法律法规,有效地巩固了造林绿化成果。

1994～2000年,全市累计育苗2.67多万公顷,栽植各种树木21 232万株,成活率95%,保存率88.4%,恢复农田林网近66.67万公顷,河渠道路全部绿化,建立示范基地77处,1.84万公顷。到2000年,全市林木总株数达到2.9亿株,活立木蓄积780万立方米,林木覆盖率16%,年生长量155万立方米。林业年产值达21.2亿元,占全市农业总产值的比例由1993年的4.6%上升到11%。2000年,周口市林业局被评为"全国生态林业建设先进单位",周口林业再度创下了奇迹。

(六)全面腾飞

2001～2009年是周口林业全面腾飞时期。经过前一时期的努力,2001年,全市基本上消灭了20公顷以上的空当,经省政府验收,10个县(市、区)整体达到平原绿化高级标准,实现了自1986年平原绿化初级达标之后向高级达标的跨越。在此基础上,市委、市政府对周口林业提出了更高的目标:要完善农田林网上水平,调整结构创精品,发展产业要效益,建立比较完备的林业生态体系和比较发达的产业体系。这一时期周口林业的工作思路是:以市场需求为导向,以科技创新为动力,合理布局,优化机构,完善林网,发展精品,注重效益。主要抓了以下几方面的工作:一是完善林网扫死角,各县(市)都认真排查大于20公顷的空当,详细记载空当所处的位置、面积,逐一落实责任,进行重点治理;二是狠抓通道绿化,实行主要领导挂帅,责任到人,形成了一批丰产林路、梨树河、石榴沟等模式,把条条绿色通道建成了各具特色的风景线、旅游线和致富线;三是进一步调整了林业结构,大力发展高效精品林业,建成了银杏采叶园,油桃、凯特杏、布朗李、红提等名优小杂果基地;四是立足本地强力推进林业产业化进程,各县(市)解放思想,更新观念,抢抓机遇,大力发展林业产业,拉长林业生产链条,除抓好龙头企业外,大力发展中小型木材加工企业、果品储藏企业;五是强化林权制度改革,调动全社会参与林业的积极性。这些措施的实施,把周口林业由单一的防护林体系转向了防护体系和产业体系双发展的道路,实现了林业生产的全面腾飞。2009年初,周口市被国家林业局批准为"国家现代林业建设示范市"。

2001～2009年间,全市累计植树21 640万株,林产品加工企业达到1 300家,年产值13.6亿元。目前,全市林木总株数达到3.1亿株,年生长量达到190万立方米,活立木蓄积1 403万立方米,占全省的1/10。

二、新中国成立60年所取得的主要成就

新中国成立60年来,经过几代周口人的努力,周口林业无论是在种、管、产、建上都取得了巨大的成就。

(一)造林绿化成绩突出

60年来,据不完全统计,全市累计植树19.822 9亿株。截至2009年,全市活立木达

到3.1亿株,是新中国成立时期的14.8倍,是1978年的1.5倍;活立木蓄积1403万立方米,是1978年的2.97倍;林木覆盖率20%,是1949年的14倍,是1978年的1.2倍;林木年生长量也比1978年提高了2.5倍。农田林网建设、村镇绿化、通道工程、沙化土地治理、精品林业建设都得到了突飞猛进的发展。

1. 全面实现农田林网化,并且绿化水平不断提高

从新中国成立到20世纪60年代末期,原周口地区按照"统一规划、综合治理"的原则,每年开展轰轰烈烈的植树造林运动,按照20公顷一个网格,先修路再栽树,到1978年完成农田林网36.07万公顷。80年代以来,全市推广商水和鹿邑农田、林、路、沟渠综合整治的经验,持续开展农田林网建设,到2000年全市农田林网面积达到72.4万公顷,林网控制率达到93%。同时,农田林网的建设水平也由七八十年代单一的泡桐、杨树林网转向了落叶和常绿相结合的多树种组合。2000年和2002年,周口市先后被国家林业局评为"全国生态林业建设先进单位"、"全国平原绿化先进单位";2001年,10个县(市)通过河南省政府验收,整体达到高级平原绿化标准;2009年初,周口市被国家林业局批准为"国家现代林业建设示范市"。全市生态环境进一步改善,形成了较为完善的农业生态屏障。

2. 为社会提供了大量的林产品

几十年来,周口林业生产为社会提供了大量的林产品。据不完全统计,除满足本地群众自用外,先后向市外提供原木及板材5000万立方米,生产干鲜果品6500万吨,提供燃料烧材数量难以统计。1978年之前,树皮和树叶曾一度成为人们果腹之物。全市林产品的丰富满足了人们对不同物资的需要。

3. 沙化土地得到了有效治理

新中国成立初期,由于黄河决口,周口境内有11.6万公顷土地严重沙化、盐碱化。几十年来周口人民一直进行着治理,20世纪五六十年代,主要是在沙化盐碱地营造刺槐林;70年代搞农桐间作和农枣间作,加上耕作施肥措施;到现在全市沙化土壤全部得到改良,成为高产田,过去"风起黄沙流,十年九不收",变成了"树下千斤粮,树上双千元"。

4. 通道绿化水平不断提高,形成了完备的绿色走廊

新中国成立初期,周口交通很不发达,几乎没有几条像样的公路,绿化水平很差,沟、河、渠都是光秃秃的。20世纪六七十年代虽然进行了绿化,但规划标准低,树种品种单一,大部分为单层纯林,结构不合理,防护效益低下,抗击自然灾害的能力弱。进入80年代以后,全市对镜内的沟河路渠统一规划,合理布局,推广优良品种和新造林技术,乔灌花草结合,落叶常青结合,做到"四季常青,三季有花,一季有果"。目前,全市4362.7公里的道路和4260.9公里的河流都实现了既具有完备防护功能又具有景观功能的高标准绿化,涌现出了一些高效美化的梨树河、石榴沟和花香路,形成了"车行千里一线天,绿荫永映车窗前"的景观,一条条通道也成了各具特色的致富带、风景线。

5. 高效精品林业处处开花

在农田林网方面,大力推广林木优良品种,积极进行树种林种的结构调整,提高林业的综合效益,在沙区发展农枣间作1.33万公顷,每公顷效益达到3万多元;在非沙区营造了3333公顷的高效银杏林网和6667公顷的常绿景观林网。在片林方面,形成了十几处

规模都在 67 公顷以上、集约化程度高、产出效益好的丰产林;经济林方面除常规大面积栽植的黄金梨、石榴、葡萄外,还建成了一批温室栽培的凯特杏、油桃,比传统的效益提高十几倍;在花卉方面,近几年全市建成了 6 667 公顷以上的绿化景观苗圃。

(二)林产工业从无到有,得到了巨大发展

新中国成立初期,周口没有任何林产工业,仅靠传统的手工操作生产一些农具和建筑檩梁,20 世纪六七十年代虽然建成了几个木材加工企业,但在计划经济体制下经营不善相继关闭;80 年代以来,随着全市林木资源的增加,林产工业和多种经营得到了突飞猛进的发展。目前,建成了以郸城天工木业、扶沟豫鑫木业、商水晨曦木业、西华海森木业、沈丘神鹿木业等为代表的一批林产品加工龙头企业,其他中小型木材加工、果品储藏企业达到 1 300 多家,年产值 13.6 亿元,年创利税 2.3 亿元。这些林产业的发展,改变了周口林业几十年来资源强势、产业弱势的局面,除拉长了林业的链条外,还带动了纸箱生产、装饰材料、种植业、养殖业和果品饮食业的发展。尤其是从 2008 年开始进行的集体林权制度改革更是解脱了约束周口林产业的绳索,吸收了大量的社会资金投入林业产业,推动了农业结构的调整,培育了农村经济新的增长点,提高了农民收入,相当一部分群众靠林业产业走上了致富道路,成为促进农民增收最具活力的要素之一。

(三)科技兴林结硕果,林业生产实现科学化

新中国成立初期,周口的营造林技术水平低下,树木种类稀少,种子苗木匮乏,育苗不讲品种,苗木也没有规格,采什么种育什么苗,有什么苗造什么林,经营单一,管理粗放,林木成活率和生长量十分低下。1965 年林业局成立以后,林业系统的广大干部职工及科技人员深入调查研究,大胆探索,多方实践,大搞林业科研和技术引进推广,组织技术培训,进行现场指导,积极引进、推广普及新品种、新技术,取得了巨大成果。

1. 引进推广新品种

60 年来,经过全市林业科技人员不懈努力,共引进推广林木新品种 120 多个。20 世纪六七十年代,主要引进了加拿大杨、兰考泡桐、大官杨、沙兰杨、72、69、214 等欧美杨、豫杂 1 号、豫林 1 号、豫选 1 号等泡桐优良无性系、圆叶毛白杨、小叶毛白杨、细皮白榆、槐皮白榆、钻天白榆等优良类型、A05 刺槐、川楝等用材林品种及香蕉系列苹果、元帅系列苹果、鸡心枣、灰枣、大黄桃、巨丰、藤稔葡萄、雪梨、梅杏等经济林品种;八九十年代,引进推广了毛 X 白系列泡桐、33 泡桐、苏柳 172、369、333 等旱柳优良无性系、中林 46 杨、南抗杨、三倍体毛白杨、金丝楸、速生楸、早熟银杏及黑皮梨、大樱桃、油桃、美人指葡萄等品种;2000 年以后,主要推广了 107、108、2025、2001、2050 等系列杨、四倍体刺槐及凯特杏,布朗李,黄金梨等优良小杂果品种。这些树种品种的引进和推广,不仅丰富了全市的树种资源,而且使主要栽植树种基本实现了良种化,苗木生产实现了基地化,大大地提高了全市林业的产值。

2. 营造林新技术水平得到全面提高

几十年来,全市广大林业职工结合周口的实际,潜力研究推广林业新技术。在造林生产中,除推广了传统的杨树"三大一深浇大水"、泡桐的"三大一浅高封土"技术外,创造了"冬季挖坑冻土防害、春季回填造林"的模式。先后完成了"周口市多模式生态林业技术研究推广"、"泡桐叶甲综合治理技术研究"、"平原农田防护林体系建设技术研究与示范

推广"、"冬枣早实丰产技术研究"、"果园高效多模式立体种植技术"、"果园矮化密植技术"、"APT与GGR生物生长调节剂的应用推广"等108项林业新技术的应用。获得地厅级以上林业科技成果92项,其中国家级12项、省部级44项、地厅级36项。发表林业科技论文280多篇。这些新技术新成果的应用与推广,产生了巨大的经济效益、生态效益和社会效益,全面促进了科技兴林工作,使全市营造林技术实现了科学化。

(四)项目造林规模大,示范带动作用强

项目造林在全市的造林活动中一直起着示范和先导作用。这些年来,周口全市先后完成造林项目130多项。营造豫东黄河故道防护林工程80多公里,造林8 000公顷;汾泉河流域大袋蛾综合防治工程,营造混交林2.66万公顷,植树990万株;世界银行贷款造林项目,在淮阳、鹿邑、商水、郸城4县造林2.67多万公顷;退耕还林项目在西华、扶沟造林2.6万公顷。2008年生态市建设以来,两年实施农田林网、通道绿化、城市防护林、村镇绿化等工程,共营造林5.2万公顷,先后投入项目资金近3亿元。这些造林项目中应用了新技术、新成果、新品种,产生了很好的效益,有力地带动了全民造林的积极性。

(五)林业服务体系和执法体系得到了健全和巩固

随着党和国家各项林业方针政策的贯彻落实,周口林业服务体系和执法体系不断完善和发展。由新中国成立初期的无机构无专人管理的状况到1978年进入稳定发展时期,内设机构日趋完善,机构逐步健全。20世纪90年代,全市182个乡(镇)都设立了林业技术服务站,形成了市、县、乡三级完善的林业技术推广和服务体系。据统计,全市现有林业人1 766名,是1978年105人的17倍,其中行政管理人员332名,技术人员486名,具有高级职称的16人,中级职称的93人,初级职称的377人,广大林业职工的素质也得到很大提高。

林业执法体系渐趋完善。20世纪80年代后,全市林政、森林公安机构从无到有,相继建立并日趋完善。1983年为加强林政资源管理,市、县林业局建立了林政资源管理机构;2005年后随着林业资源管理形式的变化,各县(市)又相继成立了流动的林政稽查队伍;从1996年开始,全市建立了森林公安机构,正式纳入公安机构序列。截至2009年,全市现有林政管理人员320名,林业公安干警112人,为保护和巩固周口的森林资源发挥了巨大作用。

三、取得的主要经验和今后吸取的教训

回顾周口林业发展60年的历史,创造了不少好的经验,也产生过值得吸取的教训。

(一)主要经验

1.党委政府领导的重视是搞好林业工作的关键

新中国成立初期,周口人民饱受风、沙、旱、涝灾害之苦,改善生态生活环境是群众梦寐以求的愿望,也是几代人的追求。广大群众对植树造林有着极大的积极性和强大的内在动力,然而这种积极性和内在动力要靠领导者的组织、引导,才能发挥作用。周口是平原区,自然条件优越,植树造林难度不大,很大程度是靠各级党委政府的行政领导。"栽好栽不好,关键在领导;植树不植树,群众看干部。"在周口林业60年的发展过程中,绝大部分领导对林业都给予高度重视,把植树造林当做"功在当代、造福子孙"的事业来抓,认

真组织,采取措施,抓思想、抓认识、抓发动、抓检查、抓落实。改革开放以后。周口拿出"三舍得"(舍得拿领导、舍得拿资金、舍得拿土地)精神和1994年以后的"三亲自"、"五到位"(亲自动员部署、亲自检查落实、亲自解决林业工作中的具体问题;认识到位、领导到位、责任到位、任务到位、奖惩到位)的做法,2000年以后,更是把林业工作纳入了各级政府工作的考核目标。

2. 深化林业体制改革,是推动平原林业发展的鲜活因素

1978年以前,周口林业的发展全部是以政府为主的公有制。改革开放以后,各县(市)在林业建设实践中,认真落实林业发展政策,不断创新营林机制,落实"谁造谁有、合造共有"、"谁投资谁收益"的政策,将植树造林与农民的切身利益相结合。一些乡(镇)先后开展路林承包、拍卖、合租等形式,认真落实林权制度,使农民在发展林业中切实收益,极大地调动了农民和其他各类社会主体参与林业建设的积极性。目前全市林木绝大部分为群众个体所有,农民由被动投资林业转变为主动投入林业建设,大大加快了平原林业的发展步伐。

3. 落实林业科学发展观,按照科学规律办事,是林业快速发展的动力

林业生产是一个长期的复杂的系统工程,其发展过程不但要受自然规律的制约,而且受着经济、社会、市场规律的约束。首先,在林业营造和品种引进上要遵照林木的生长特性、适应环境的规律要求;其次,在林业产业发展上,还要遵循经济发展的规律和市场规律,只有讲究科学,管理严格,牢固树立科学发展观,才能保证林业事业永续和谐发展。回顾周口林业几十年的发展历程,只要是严格按林业科学规律办事的时期,林业发展得就特别快,而且效果好。

4. 发展林业产业,延长产业链条,是拉动林业建设的保证

新中国成立初期到改革开放之前,周口林业建设主要以生态防护为主,产业基础薄弱,发展也比较缓慢。大量林副产品以原材料的形式外流,致使林业投入多,收益少,难以实现林业的永续经营。随着周口林业由单一的防护体系向建立完备的生态体系和发达的产业体系的转变,各县(市)在搞好造林绿化的同时,因势利导,发挥优势,鼓励和引导发展小型林产品加工企业,扶持壮大龙头企业,大力推进产业化进程,拉长林业产业链条,改变了以前以原材料外出的局面,使周口的林木加工率达到了65%以上,大大地增加了广大林农的收益,进一步带动了全市植树造林的发展。

(二)今后要汲取的教训

1. 不讲科学,不尊重客观规律,盲目引种推广,造成劳民伤财

20世纪80年代中期,一些科学意识淡薄的领导和个人违反试验、鉴定、示范、推广的技术规程,盲目引进川楝、水杉、三倍体毛白杨、银杏等,进行大规模的推广,没有按照适地适树的规律,结果都因所引树木的生物学特性与本地自然条件不适应,造成大量死亡而告终。90年代,个别县(市)在城市绿化上,片面追求新、异、特,不进行试验,就引来香樟、鹅掌楸等南方树种进行栽植,也是事倍功半,徒劳人力物力。

2. 观念模糊,认识不清,林业就徘徊不前,甚至倒退

20世纪90年代初期,一些领导和群众认识不到林业的永续性经营,看不到林业的生态效益,观念模糊,盲目认为"树与粮食作物争地,树多粮就少","农业环境改善了,土壤

改良了,树少了也不会再起风沙了",因而"粮食要增产,必须要伐树"的错误思想支配了行动,不论大小,大量采伐围村林及农田林木,导致周口林业出现重采轻造、重伐轻管、线断网烂、林木急剧下降的滑坡局面,造成了"风起沙又飞"的后果,也成为周口林业人心中永远的痛。

四、未来展望

展望未来,周口市委、政府和广大群众以建设"国家现代林业示范市"为契机,以建立比较完备的林业生态体系和比较发达的产业体系为目标,以产权制度改革为突破口,以体制创新和科技创新为动力,努力建设有周口特色的现代林业。

到"十一五"末,在生态体系上,平原风沙区林木覆盖率达到30%以上,一般平原农区林木覆盖率达到25%以上,农田林网控制率95%以上,沟、河、路、渠通道绿化率98%以上,城镇建成区绿化覆盖率达到35%,村镇绿化率达到50%,有林地达到13.2万公顷,初步建成生态良好、布局合理、功能完备、结构稳定、优良高效的现代林业体系框架;在产业体系上,以工业原料林、经济林等基地建设为基础,以林产品加工建设为核心,形成30个左右的林业特色基地,基地供种率达到50%,工程建设良种使用率达到95%以上,木材年加工能力达到75万立方米,木材综合利用率达到75%以上,林业年产值达到100亿元,形成配置合理、特色突出、规模适度、市场稳定、优质高效、竞争力强的发达的林业产业体系。林业资源综合效益价值达到184亿元,所有的县(市、区)实现林业示范县(市、区)。

到2020年末,全市林木覆盖率将达到30%以上,木材年加工能力达到80万立方米。形成以生态公益林为主体,点、线、面绿化相结合,功能稳定的生态体系,做精做优第一产业;大力发展林特产品精深加工,做强第二产业;使林业产业成为周口市社会经济中的优势产业之一;加快以淮阳古城等湿地及森林生态资源的保护利用,使湿地、森林生态旅游为主的第三产业得到蓬勃发展,成为林业经济新的增长点。森林资源质量和利用效率显著提高,生态环境问题得到有效解决,自然生态系统步入良性循环,为周口人民营造出一个绿化、美化、优化的城乡人居环境。(周口市林业局)

第十七节　驻马店市

驻马店市位于河南省中南部,属淮北平原,地处东经113°10′~115°12′,北纬32°18′~33°35′;北靠平顶山市、漯河市、周口市,南连信阳市,东接安徽省,西邻南阳市;东西长191.5公里,南北宽137.5公里,土地总面积为1.5万平方公里,占全省总面积16.7万平方公里的8.98%。

新中国成立60年来,全市广大干群在党委、政府的正确领导下,在省林业厅的具体指导下,紧紧围绕建设林业"三大体系",实现人与自然和谐的总目标,以平原绿化高级达标、林业生态县建设、通道绿化和项目建设为重点,坚持市委、市政府制订的"速度、规模、力度、质量、效益"林业工作方针,务实重干,开拓创新,大力开展植树造林,建设美好的天中大地,使驻马店市林业正在成为全市经济社会持续健康发展的新亮点,林业建设步入了健康快速发展的快车道,初步实现了绿满天中的规划目标。

历史的天中大地,境内多数地方为森林所覆盖。后来由于战乱特别是由于日本入侵和国民党政府对外采取不抵抗政策,对内加紧进行政治压迫和经济剥削,民不聊生,林业生产力低下,种少伐多,大面积森林被砍伐殆尽,导致生态环境恶化,自然灾害频繁发生。新中国成立初期,全市东部平原几乎无农田林网,西部山区的森林也仅有2.6万公顷,森林覆盖率仅6.7%,新中国成立后,党和政府重视林业建设,建立机构,制定政策,采取了一系列保护和发展林业的措施,全市林业建设出现了新的转机。

1953~1978年,驻马店市林业建设在曲折的道路上获得了长足的发展。在各级党委、政府的领导下,全市人民坚持"普遍护林,大力开展植树造林"的林业方针,贯彻"谁造谁有"的林业政策,积极开展群众性植树运动,大抓国营造林和合作造林,多次掀起全市性植树造林的高潮,"四旁"植树、农田林网建设、国有林场建设、合作造林、封山育林等均取得了显著成效。同时,不断完善林业建设责任制和管理体制,林业建设得到了较为全面的发展。虽然在1958年"大炼钢铁"、"文化大革命"十年浩劫及"75·8"洪灾的严重影响下,林业建设数次转入低潮,森林资源遭到严重破坏,但与新中国成立初期相比,森林资源仍有大幅度增加。至1978年,全区有林地面积达到10万公顷,比新中国成立初期增加了7.33万公顷,农田林网化面积由新中国成立初期的空白,发展到33.33多万公顷,"四旁"植树保存1.5亿株。林业管理体制得到较大完善,森林资源保护管理工作在政策指导下和法律调控下趋于规范,国有林业经济和群营林业经济均具备了一定规模,对改良生态环境,促进国民经济发展起到了良好的作用。

中共十一届三中全会以后,改革开放的春风吹遍中州大地,极大地解放了林业生产力,驻马店市林业建设进入快速、健康发展的时期。市委、市政府高度重视林业建设,把发展林业摆在强区富民、改善生态环境的重要位置,紧紧围绕"发展资源、保护资源、提高效益、振兴经济"这一主题,全党动员,全民动手,先后组织开展了"主攻山区、完善平原"、"主攻平原、完善山区"、"造林绿化决战年"、"调整结构、提高效益"等多次造林绿化攻坚战,使全区的森林资源以强劲的势头逐年增加,林业内部结构得到大幅度改善。

经过全市人民60年的不懈努力,驻马店市林业建设取得了丰硕的成果,林业建设得到了长足的发展,实现了有林地面积、活立木蓄积和森林覆盖率的同步增长。截至2009年,全市林业用地29.17万公顷,其中有林地22.57万公顷(含纯林18.29万公顷、混交林4.25万公顷、竹林340公顷),疏林地3 053公顷,灌木林地5 733公顷,未成林造林地9 400公顷,苗圃地3 987公顷,无林地1 027公顷,宜林地4.26万公顷。全市活立木蓄积800万立方米。2005年年底,全市整体实现了平原绿化高级达标,受到了省政府的通报表彰和市政府的通令嘉奖。目前,全市已建成4个国家级和3个省级森林公园、1个省级湿地自然保护区;各类经济林6万公顷,年产干鲜果品800万公斤;全市林业总产值达到了13亿元。

一、确立指导思想,明确发展奋斗目标

根据上级有关文件精神,结合驻马店市实际,市委、市政府制定了"速度、规模、力度、质量、效益"林业工作方针。规模就是要在植树的数量、面积、森林覆盖率上实现历史性的突破;速度就是加快全市造林步伐,缩短在常规状态下恢复和发展森林资源所需要的时间,实现跨越式发展;力度就是重拳出击,强力推进,各项工作措施有硬度、有刚性;质量就是植树的成活率、保存率分别达95%和85%;效益就是坚持生态效益优先,兼顾社会效益、经济效益,促进全市经济社会可持续发展。

同时,驻马店市以科学发展观为统领,坚持生态优先,生态和产业相互促进;坚持全社会办林业,政府主导和市场调节相结合;坚持以发展资源为主体,以深化改革为动力,迅速扩张资源总量;坚持依法治林,严格保护,科学经营,持续利用。通过不断努力,实现全市"生态良好、生产发展、生活富裕、人与自然和谐共进"的目标。

在工作思路上,驻马店市以农民增收为目标,以绿色通道为框架,以林业生态省建设为契机和林业生态县建设为载体,以科技为先导,以林业产权制度改革为动力,以林业项目建设为重点,主攻平原,完善山区,逐步建立起点、片、网、带相衔接,乔、灌、花、草相结合的立体化林业生态体系,实现经济社会可持续发展。

本着从实际出发,量力而行,驻马店市发扬"跳起来摘桃子"精神,努力推进林业跨越式发展,决定用10年时间,建设六大生态工程(通道绿化工程、农田防护林工程、退耕还林工程、淮防林等国家项目工程、重点地区生物治理工程和村镇城区绿化工程),振兴三大林业产业(以速丰林为主的林业第一产业、以林果产品加工为主的林业第二产业和以生态旅游为主的林业第三产业)。力争全市森林覆盖率提高到20%,林业总产值提高20亿元。

二、着眼生态建设,大力推进造林绿化

资源总量不足,是驻马店市林业存在的主要问题。为尽快增加资源,驻马店市紧紧围绕发展资源、保护资源这一中心,投入主要精力、人力和财力推进造林绿化工作。

(一)强化宣传,造势动员

市林业部门主动协调各新闻媒体大造舆论,使林业在电视上常见影、报纸上常发文、广播中常听声,在全市营造良好的舆论氛围,增强了各级干群崇尚良好生态、爱林护林、造林致富的意识和投身造林绿化的自觉性、主动性。同时,为加大造林绿化步伐,市有关部门审时度势,不失时机地推出"通道决战"、"冬季会战"、"春季决战"、"达标决战"等造林活动。

(二)创新机制,全民动手

改革开放以来,驻马店市以通道绿化为重点,集中人力、物力、财力,大打歼灭战,高标准完成6 000多公里各级河沟路渠两侧的绿色通道建设,一举改变了驻马店林业的形象。2005年,通过扎实工作和不懈努力,整体实现了具有里程碑意义的平原绿化高级达标。为适应市场经济发展的新形势,驻马店市着力推进了林业改革,倡导、鼓励、支持大力发展非公有制林业,把市场经济中的利益激励机制贯穿造林工作当中,调动了社会各界投身林业建设和开发的积极性,为林业快速发展注入了强大活力。

(三)强化指导,严格监督

为确保造林绿化工作落实,市林业局派员逐县(区)、逐乡(镇)检查指导,对县主要领导面对面地发动、督促,对发现的问题就地及时处理或迅速协调解决,并组织成立市级督

导组,深入乡(镇)不间断地巡回督导,通过排查通报、电视曝光等方式,促使县县不甘落后、乡乡争当先进,大大加快了造林绿化的进度。

(四)项目带动,资金保障

为切实加大跑项目的力度,市有关部门不断地跑省进京争取项目,协调资金。淮河防护林、长江防护林、世界银行贷款造林、退耕还林、水土保持林、小型公益林等一系列项目的实施,为全市林业发展提供了有力的资金支撑,有效促进了造林的开展。

三、坚持依法治林,切实加强森林资源管护工作

在大力造林、增加资源的同时,驻马店市坚持依法治林的原则,狠抓了"六项工作",有效巩固了造林成果,切实加强了森林资源的管护。

一是狠抓林业宣传法制教育。通过组织巡回宣传队、举办林业法律知识竞赛等一系列集中宣传活动,增强了广大群众的法律法规意识。通过对一批典型林业案件的公开处理、曝光,有力地震慑了林业违法犯罪活动。二是狠抓执法体系建设。通过不懈努力和大量协调工作,在市直和县(区)建立了7个森林公安分局、8个林业公安派出所,森林公安警力比5年前增加了3倍。同时,明确了林业公安的地位、职责、权限,规范了工作,增加了装备,使林业公安机构具备了独立查处重、特大林业案件的能力,为加强野生动植物保护、平原森林防火及病虫害防治等林业执法工作提供了有力的保障。三是狠抓执法队伍建设。组织林业系统多次开展执法人员专题教育及业务大练兵等活动,按照依法行政的要求,大力加强制度建设,建立健全了监督约束机制和考察奖惩机制,使林业执法人员的政治素质和业务素质均得到大幅度提高。四是狠抓案件查处。全市多次组织开展"绿剑行动"、"绿色风暴"等大规模的林业严打专项整治活动,督导攻克了一个又一个大案要案、积案难案,有力地打击了破坏森林资源的不法行为,有效巩固了造林绿化成果,保障了林区平稳安定。五是狠抓森林防火。坚持"预防为主、积极消灭"的方针,狠抓了各项责任制和防范措施的落实,严查设防,森林防火工作取得了显著成绩。市林业局连续5年获得了全省森林防火第一名的好成绩,受到了省林业厅的连年表彰奖励。六是狠抓森林病虫害防治工作。坚持"预防为主、综合治理"的方针,驻马店市采取"目标管理"、"限期除治"等手段,全面完成了省林业厅下达的"一降三提高"的目标。同时,按时保质保量地完成了国家部署的"林业有害生物普查"、"松材线虫病普查"、"森林病虫害防治检疫站站务建设"任务,受到上级有关部门的表扬。(驻马店市林业局)

第十八节　济源市

2009年是伟大的新中国成立60周年。60年的栉风沐雨,换来了60载的辉煌业绩,新中国从百废待兴到今日的发达兴旺,济源林业也走过了一段艰苦卓绝的道路。从全国林业劳模曹永健到全国五一劳动奖章获得者王法团,一代又一代的林业人,艰苦创业,植树护绿,用默默的奉献和痴迷的守卫,把济源的林业建设一次次推向了高潮。尤其是改革开放30年来,济源林业按照"生态立市、产业强市"的发展思路,以建设完备的林业生态体系、发达的林业产业体系和繁荣的生态文化体系为目标,通过落实产业政策,大力实施

荒山绿化,全面开展工程造林,加快林业产业建设,全市林业由计划经济向市场经济转型,不断拓展了可持续发展的良性空间。

一、林业生态

新中国成立初期,济源的林业建设蹒跚起步。当时,济源除西北残存少量原始森林以外,多数地方在连年战火中成为荒山秃岭,有林地面积约为1.33万公顷,森林覆盖率不足10%,生态环境遭到极大破坏。20世纪50年代初,全市大力开展绿化荒山活动,经过动员全民造林,济源成为全国绿化先进县,这时涌现出了一代林业劳模——虎岭林场曹永健,他被评为“全国封山育林林业劳模”,是河南省仅有的2名中一名。进入60~70年代,全市每年造林1 667公顷;到了80年代,全市森林覆盖率增加到27%。

改革开放成为济源林业建设大发展的转折点,30年间,济源的生态环境得到了较大的改善。通过大规模实施太行山绿化、天然林保护、退耕还林以及全民义务植树等一批重点工程,全市森林植被得到迅速恢复,生态环境得到明显改善。黄楝树林场的护林员王法团,被评为全国“五一劳动奖章”获得者,成为愚公家乡“新愚公”。这时的林业用地面积从1978年的8.17万公顷,增加到2008年的11.19万公顷,净增3.02万公顷;森林面积从3.61万公顷,增加到7.87万公顷,净增4.26万公顷;立木蓄积从75.77万立方米,增加到337.89万立方米,净增262.12万立方米;林木覆盖率从27.5%,增加到52%,增长24.5个百分点,位居省辖市前列。济源林业逐步走上了森林面积与蓄积“双增长”的轨道。

退耕还林工程是济源林业的重点工程。2000年以来,国家累计投资20 045.68万元,共实施退耕还林2.73万公顷,其中,退耕地造林9 787公顷,包括经济林1 182公顷,生态林8 604公顷;荒山荒地造林1.42万公顷;封山育林3 333公顷。工程共涉及全市10个镇和1个街道办事处,307个村,37 009户,136 951人。经过几年建设,济源市的退耕还林工程形成了包括片林、通道绿化、林网、村镇林和滩地在内的2 000余公顷速生丰产林基地,以核桃、花椒、红果、石榴等为主的5 333公顷干果生产基地。退耕还林工程的实施,一是加快了全市的绿化步伐。2.73万公顷造林地全部成林后将使全市森林覆盖率增加9个百分点。二是改善了生态环境。根据省林业科学研究院2006年在济源市的监测结果,退耕还林工程的实施,使林草覆被率由28%增加到了54%,土壤年侵蚀模数由治理前的每公顷684吨下降到每公顷328吨,坡耕地粮食产量提高32.4%,全市52%的坡耕地得到初步治理。三是调整了农村产业结构。大量经济林、工业原料林的形成,对调整农村产业结构和新农村建设起到了积极的推动作用。四是增加了农民收入。五是促进了农村劳动力的转移。真正实现了退耕还林工作“退得下、稳得住、能致富、不反弹”,经济效益与生态效益双赢。

天然林保护工程是济源林业的另一大重点工程,工程区森林管护面积为8.2万公顷,范围涉及全市10个镇和5个国有林场,440个行政村。工程自2000年实施以来,总投资5 734万元,共设立封山护林卡10个,管护标志161个,239名专兼职护林员;完成公益林建设7 533公顷,建成67公顷的高标准刺槐采种基地,种子产量由原来每公顷36公斤提高到每公顷79.5公斤,累计调减商品材产量3万立方米;228名在岗职工和190名富余人员全部得到妥善分流安置。济源市通过实施天保工程,有效减少了水土流失,控制了入黄泥沙量,林地得到了休养生息,林内野生动植物种群、数量得到了恢复。工程区现有森林经过8年有效保护,将增加活立木蓄积77万立方米,增加经济效益19 250万元。天保工程资金的不断投入也拉动了地方经济的增长,林业增加值由1999年的5 974万元增加到2008年23 690万元,人均林业收入由1999年的95元提高到2008年的136元。森林景观效益更加显著,为森林生态旅游、森林科学考察和研究的发展提供物质条件。另外,国有林场的富余职工得到了妥善的分流和安置,在职职工及离退休人员全部纳入养老等"五项保险",工程区各类盗伐林木事件呈下降趋势,有效维护了全市林区社会治安秩序的稳定,同时通过开展迁户并村和生态移民,有力促进了新农村建设步伐。

济源市的义务植树开始于1981年。28年来,全市适龄公民共参加义务植树672万人次,通过个人直接参加植树、缴纳义务植树绿化费、认建认养绿地、参加义务植树宣传等形式,共植树3 360万株、1.33多万公顷。自2000年以来,全市每年义务植树都在100万株以上,建成了1 333公顷的孔山义务植树基地和五龙口沁河滩区67公顷速生杨基地,以及王莽沟、石寺路等33公顷以上义务植树基地15处。同时,通过组织不同的社会群体营建"读者林"、"党员林"、"三八林"、"民兵林"、"共青林"等,为义务植树赋予了丰富的内涵。全市公民义务植树活动尽责率连续多年超过95%。

全面启动"绿色家园"建设。济源市积极响应国家林业局"创绿色家园、建富裕新村"的号召,以生态绿化为主,以农村居民点为中心,高标准建设围村防风林带,重点抓好居民庭院、村庄街道以及"四旁"空闲地绿化,努力推进农村建设向绿色、生态家园发展,实现经济与环境的和谐,推动城乡一体化进程。截至2009年,全市已经完成了200个绿色家园村建设,各村采取"围村毓绿、沿线布绿、见缝插绿、立体造绿"等措施,大力植树造林,实现了"村在林中、人在绿中,人与自然和谐相处"的效果。"十一五"期间,全市将把500个农村居民点都建成高标准的绿色生态家园。

二、林业产业

新中国成立初到改革开放期间,由于思想观念滞后,林业发展模式单一,产业化建设更是无从谈起。改革开放30年是林业产业不断发展壮大的30年。30年来,济源市按照"稳步发展第一产业、大力发展第二产业、突破性发展第三产业"的总体要求,使全市林业产业不断发展壮大,产业结构不断得到优化,产业门类更加齐全。林业总产值由改革开放初期的176万元,增加到2008年底的6.46亿元。全市林业产业由改革开放初期的以原木销售为主到目前形成以林果业、苗木花卉业、森林生态旅游业、木材经营加工等几大支柱产业。苗木花卉产业迅速崛起,全市花卉苗木面积发展到280公顷。

林果产业特色鲜明,林果面积保持了较快的增长速度,由改革开放初期粗放型发展的不足3 333公顷,到今天经过改造提高后种类繁多的1.07万公顷,年干鲜果品产量达到13万吨,林果业已经成为新农村建设中农民重要的经济支撑和发展亮点。目前,全市共建立各类林果技术推广示范基地10处,推广林果新品种126个,建立科技示范村20个。近几年来,济源市把发展薄皮核桃作为林果主导产业,全市已建设优质薄皮核桃基地6 667公顷,发展核桃协会50余家、核桃加工企业1家,形成了完备的核桃产业链条,"薄皮核桃产业带"、"薄皮核桃走廊"以及"薄皮核桃示范村、示范园"建设都已初具规模。另外还建成 15 个苹果、梨、石榴、桃、杏、李等林果专业村,形成了以核桃为主,兼有多种果树的生产格局,大大促进了产业结构调整,带动了林农增收致富。

济源市的古轵生态园是一个占地面积 200 公顷,集生产、科研、培训、示范、观光、旅游为一体的综合性多功能苗木花卉基地,拥有智能化连栋温室 10 栋、日光温室 300 座、移动式钢架大弓棚 100 座。以"名优特蔬菜的反季节生产、鲜切花的设施栽培、名优苗木的繁育"三大种植业项目为主,年产无公害蔬菜 1 000 余吨,鲜切花 1 000 余万枝,出售各类林果苗木 50 万株,每年可实现产值 1 200 余万元,带动全村人均收入增加 1 000 余元,同时带动周边 10 余个村 200 余户农民进行无公害蔬菜、花卉、苗木生产,产品远销北京、上海、西安、郑州等地,其中鲜切花生产已成为中原地区最大的生产基地。

森林旅游产业悄然兴起。近年来,济源市充分挖掘林业独特的森林景观和地理位置优势,加大宣传力度,积极招商引资,采取多种形式开发了一批森林生态景观,森林旅游业已成为林业经济增长的亮点。其中,蟒河森林生态旅游区是济源市开发的首个独具特色的森林生态旅游区,总投资逾 6 000 万元,占地面积达 2 000 公顷,境内主要景观有形态各异的溶洞群、雄奇险峻的原大寨、浑然天成的滴水盆、芳香四溢的百合谷,以及静谧幽深的十里峡和地势险要的北天门。黄楝树原始森林是华北地区最大的堰坪原始森林,依托这一资源,黄楝树林场在发展森林旅游上大做文章,开发完善原始森林游、黑龙沟探险游两条旅游线路,旅游季节吸引省内各地和山西太原、晋城的游客纷至沓来;南山森林公园是全市首个省级森林公园,面积 1 261 公顷,是得天独厚的天然氧吧和避暑胜地,园内历史遗存众多,以生态旅游、休闲度假、避暑疗养、科普娱乐等特色招揽了大批游客。

三、资源管护

20 世纪 50 年代末,全国经历了一段"大炼钢铁"的历史。这一时期,各地林木资源遭遇严重破坏,济源境内当时有四五家较大规模的钢铁企业,主要靠砍伐林木的土法进行炼钢烧炉,导致刚刚受到保护的森林又遭重创。改革开放 30 年是资源保护全面加强的 30年。30 年来,各级各部门高度重视林业执法、森林资源管理、森林防火、森林病虫害防治等工作,从宣传发动、组织领导、资金投入、政策措施和基础设施建设等多方面着手,切实保护了全市林业发展成果。

(一)森林管护体系逐步健全

济源市于 20 世纪 60 年代中期成立了首个林业执法机构——黄楝树、大沟河林场派出所,编制为 5 人,行使宣传、教育林区群众,保护森林资源,协助公安局的职责;70 年代成立济源县林业公安派出所,编制 9 人,主要职责是维护全市林区治安秩序稳定;80 年代末成立了 5 个国有林场派出所,主要职责是维护国有森林资源的安全;到了 2000 年,在原林业派出所的基础上组建了森林公安局,下设 5 个林区派出所;2002 年在全市公开招录民警 22 人,充实加强了全市森林公安执法力量。同时不断加强森林公安基础设施建设,提高森林公安装备水平,目前已高标准建成了第二、第三林区派出所,实现警力下沉,增强了基层的警力,坚持不懈开展大练兵活动,森林公安执法水平整体上了一个新台阶。另外,组建了天然林保护工程护林员队伍,全市设立封山护林卡 10 个,聘用护林员 239 人,管护总面积达到8.2万公顷,建立了较为完备的森林资源管护体系。

(二)森林资源不断发生动态变化

人工造林树种较30年前更为丰富,由原来的单一栽植变为注重美化、香化、彩化和多样化,及各种观果、观叶等既有生态效益又有景观效果和经济效益的树种;森林数量和质量都有所提高,规划复合林层混交林的意识明显,大力推广林草、林药、林苗一体化等营造林立体混交模式;以工程措施和生物措施相互配套,科学规划,强化管理,坚持以乔、灌、草相结合,植苗造林、直播造林和飞播造林相结合,逐渐改变原来全为纯林的局面,从而提高森林抗逆性,增加森林防火和预防病虫害的能力,同时提高单位面积上的生物生长率和生物多样性;更加注重提高科技含量,推广了ABT生根粉、覆膜造林、集水保墒等造林技术,林木和果树良种及林业实用技术得到广泛推广应用。

(三)林政资源管理力度进一步加大

天然林保护工程实施以来,严格采伐审批管理,全面实行天然林禁伐,从2000年至今共调减采伐10万立方米;严格执行征占用林地审批制度,切实保护好林地资源;加强木材经营加工企业管理,使木材经营加工市场管理逐步迈入法制化轨道;森林资源监测体系跃上新台阶,推广应用GPS卫星定位技术和GIS地理信息系统,完成了森林资源数据库建设,为林业调查和规划设计提供了方便,为构筑现代林业体系奠定了基础。

改革开放之前,济源市森林火灾较易组织扑救,以林场职工和林区群众为主体,没有造成较大的灾害。1987年"五四"大火之后,森林防火工作引起全社会的关注,根据上级精神,1992年,济源市成立了人民政府森林防火指挥部,政府主管领导任指挥长,办公室设在林业局,此时森林防火成为一项以森林火灾预防、扑救为主要内容的重要林业工作。这一时期,森林火灾的扑救以当地政府为主,由于经费少,仅在重要林区建设几座瞭望台,预防工作几乎没有开展。改革开放后,森林防火基础设施建设和队伍配置日臻完善,累计投入1 000余万元,先后购买了20 000余件森林火灾扑救装备,建设了5个市级森林防火物资储备库,建立35个瞭望台和入山检查站,配备各类扑火专用车辆26辆,开设防火道路38公里,建设生物防火林带127公里;在全市10个重点镇、5个国有林场和局机关组建了16支专业森林扑火队伍,扑火队员达200人,实现了森林扑火队伍的从无到有、从群众扑火向专业队扑火的转变,从扑火小分队向森林消防突击队、专业森林消防队的转变,极大地提高了队伍的扑救效率。同时通过开展大规模的森林防火宣传活动,在重点林区建设了54座大型森林防火宣传警示牌,悬挂200余面线杆标牌和250面搪瓷森林防火宣传专栏,举办了河南省航空消防济源首航仪式和专业森林扑火队伍建设现场会等大型活动,将森林防火意识深入宣传到全市各地,营造了浓厚的社会氛围。2007年,荣获国家森林防火指挥部和国家林业局联合颁发的"全国森林防火工作先进单位"称号。

森林病虫害防治工作开始于20世纪80年代末,当时主要的林木病虫害是尺槐食叶害虫,起初只能依靠人工化学方法进行防治;进入90年代,随着有林地的增加和气候变化,有害生物种类逐步增多,对人类生产生活构成的危害日趋严重;新世纪以来,有害生物防治工作坚持"预防为主、科学防控、依法治理、促进健康"的方针,加强国家级林业有害生物中心测报点建设,建立市、乡、村相结合的三级测报网络,使全市的监测覆盖率达到90%。同时,加强对外来有害生物的检疫,做好了对疫情的除害处理。近年来重点抓好了刺槐、杨树食叶害虫为主的病虫害防治工作,全市利用直升机共防治林业有害生物近1.33万公顷次,有效地控制了全市林木病虫害的发生和蔓延。

(四)自然保护区建设从无到有

全市先后建立了太行山国家级自然保护区和黄河湿地国家级自然保护区,累计投资近1 000万元,总面积达到3.87万公顷。河南大行山国家级自然保护区建成了济源管理局和下属5个管理分局以及监测体系,顺利完成一期建设工程;河南黄河湿地国家级自然保护区下设了基层管理机构,境内各项基础设施建设也逐步启动。保护区内有丰富的动植物资源,保持着生物多样性和较完善的生态系统,有植物1 800余种,为河南省植物总数的42%,其中列入国家和省级保护的珍稀植物有红豆杉、连香树、山白树等34种;拥有各种动物近700种,其中兽类34种,为河南省兽类总数的47%,有鸟类140种,为河南省鸟类总数的46%。被列入国家重点保护的珍稀动物34种,一类保护动物有白鹳、黑鹳、金雕、金钱豹等6种,二类保护动物有大鲵、猕猴、青羊等28种。以猕猴为代表的森林野生动植物资源和黄河湿地资源得到有效的保护,保护区已经成为青少年和大专院校学生的生态环境教育和教学实习基地。

四、场圃发展

济源市有5个国有林场、1个国有苗圃,守护着全市3万公顷国有林地。所辖的蟒河、黄楝树、大沟河、邵原、愚公5个国有林场均创建于20世纪50年代,由于特殊的历史原因,存在地理位置偏僻、信息闭塞、经济贫困等矛盾和局限,有的林场甚至处于与世隔绝、封闭落后的原始生态状态。尤其是国家实施天然林保护工程后,给性质特殊的国有林场带来了严峻挑战,不仅使林场失去了以采伐木材为主的收入来源,而且使林场职工受到了下岗失业的无情考验。生存问题成为每个林场最大的困惑和无奈。

改革开放30年来,国有林场的角色发生了根本变化,开始由采伐林木为主向生态保护转变。为了巩固和加强国有林场的特殊地位和促进可持续发展,济源市积极引导国有林场紧抓发展创新的经营理念,立足林场实际,确定了"一场一策、一场一色"的发展思路,抢抓机遇,大胆进行一系列改革尝试,积极发展第二、第三产业,使原本不景气的国有林场出现了明争暗赛、争创一流的发展态势,和场场有特色、场场有亮点的大好局面,场容场貌发生了翻天覆地的变化。大沟河林场黄河园林公司不断发展壮大,已拥有苗圃基地2处,承担的在建和管护工程10余处,公司品牌形象和绿化档次不断提升,年创产值超150万元,同时解决了近30名富余劳动力;蟒河林场森林生态旅游区累计投资6 000万元,各项旅游基础设施不断完善,已具备接待游客能力;黄楝树林场利用创办的"林业教育培训中心"优势,不断加强办班培训和院地合作,全年举办培训班、接待考察团队20批次,既增加了林场经济收入,又提升了林场形象,促进了林场发展;邵原林场在依托种植、养殖、办实体、搞多种经营的基础上,投资200余万元,建设了职工住宅楼、小游园及林业广场,成功创建了花园式单位,场容场貌焕然一新;愚公林场依靠自身丰富的物种资源优势,与中国林业科学研究院、中国科学院以及省级科研院所联合,以科技为支撑,成功引进多项林业生态科研项目,为国有林场发展打响了科技品牌。

60年来的林业发展历程留下了许多宝贵经验和深刻启示。实践证明,发展现代林业,促进经济发展,必须始终做到"四个坚持"。

（一）必须始终坚持解放思想,与时俱进

思想决定思路,观念决定出路。这些年济源林业的发展变化首先得益于解放思想。思想观念的与时俱进促进了济源林业发展的日新月异。"九五"期间,济源林业提出了"基本消灭宜林荒山"的目标。"十五"期间,济源市从"消灭荒山"、"再造山川秀美新济源"的发展战略出发,创新性地提出了"生态发展和产业建设两手抓、两手硬"的工作思路,实现了济源林业跨越式发展。在国家重点工程带动下,全市境内实现基本无荒山,有效地改善了该市的生态环境,推动了农业产业结构调整,促进了农民增收,取得了良好的生态效益、社会效益和经济效益。进入"十一五"期间,济源市又根据全面协调、可持续发展战略和科学发展观要求,提出了以林业生态市建设为主线,全面加强森林生态、林业产业、森林资源保障等三大体系建设。

（二）必须始终坚持努力奋斗,艰苦创业

济源是古代传说"愚公移山"故事的发祥地。新中国成立初期,虽然自然条件恶劣,林业基础设施薄弱,森林资源贫乏,林业工作者工作生产环境极差,发展和改革的任务异常艰巨,但是济源的林业人正是以不屈不挠的愚公移山精神,开创了沁河滩万亩防风林、小浪底沿岸生态治理、太行山绿化、石寺路绿化等一个个生动的林业建设奇迹,一步步改变了济源林业落后的面貌。新时期,济源林业继续坚持艰苦奋斗、励精图治的精神,生态市建设稳步推进,国家森林城市创建工作也在摸索中不断前行,林业工作目标考核处于前列。

（三）必须始终坚持推进改革,创新机制

60年来,全市林业建设靠改革强内力,靠开放添活力。在改革的推动下,全市林业实现了从20世纪五六十年代以木材生产为主向当前以生态建设为主的转变;由纯发展型向发展与保护并重型的转变;由速度型向速度效益型的转变;由林业部门单打独斗向全社会齐抓共管的转变,逐步形成了充满活力、富有效率、更加开放、促进发展的现代林业体制机制。特别是近年来,大力开展林权制度改革,促进了全市非公有制林业的大发展,通过切实落实"谁造谁有、合造共有","谁投资、谁造林、谁受益"的产业发展政策,实现了非公有制林业发展的历史性突破。

（四）必须始终坚持科技进步,提升效益

科学技术是第一生产力,科技进步是林业建设迈向现代化的前提和基础。60年的林业建设实践证明,只有依靠科技进步,才能充分发挥林业的功能,挖掘林地的潜能,提高林业的效益,实现林业在质量上的跨越式发展。这些年,济源市投入大量的人力、物力,加大对林业科技的研究、应用和推广力度,为现代林业建设的发展提供了强有力的支撑。特别是进入"十五"以来,推广应用了太行山干旱地区造林技术、核桃丰产栽培技术、容器苗造林技术等一批先进适用技术,全市积极实施新品种带动战略,在森林资源监管上广泛应用了地理信息系统,成为济源林业发展的助推器。

在未来的几年里,济源市将不断加大林业建设,围绕以下几个重点展开工作:

一是林业生态市建设。按照《济源市林业生态建设规划》,到2012年,全市将新增有林地1.58万公顷,森林覆盖率增长8.36个百分点,林木覆盖率达到53.69%,立木蓄积量达到407.89万立方米。为了达到上述目标,需要在面积较大的山区加强对天然林和公益林的保护,重点营造水源涵养林、水土保持林、名优特新经济林以及生态能源林等;在平原区要加强农田防护林体系建设,提高绿化标准,逐步建立起稳固的农林复合生态系统。

二是薄皮核桃基地建设。济源市现有薄皮核桃6 667余公顷,未来几年,将把面积稳定在1万公顷。在此基础上,将工作重点放在进一步理顺和创新薄皮核桃产业建设的发展思路上,变重发展面积为重升级管理,变分散栽植为园区管理,抓示范、树样板,上规模、重效益。目前,3个核桃专业育苗园和1个良种核桃采穗圃正在加紧建设,以促进优质健康的核桃苗木自给自足,用实实在在的收获效益激发群众种植薄皮核桃的积极性。

三是集体林权制度改革。济源市是全省林权制度改革试点市之一,主要任务是探索天保工程区集体林权制度改革经验。集体林权制度改革开始于2007年,计划经过3年努力,即到2009年年底,全面完成全市8.13万公顷集体林地的主体改革任务。通过大胆引进利益驱动机制,运用承包、租赁、拍卖等方式,充分调动广大群众参与造林绿化的积极性,推进森林围村、平原林网、荒山荒地造林步伐,切实建立起产权归属明晰、经营主体到位、责权划分明确、利益保障严格、流转顺畅规范、监管服务有效的现代林业产权制度,促进林业持续、稳定、健康发展。

四是国家森林城市创建。2009年,济源市启动了"国家森林城市"创建工作,计划通过三年时间实现目标。为此,不但要加快植被绿化步伐,而且要充分调动社会各界多方参与,掀起植树造林热潮。市绿化委员会成员单位和涉林部门将通力配合,齐抓共管,强化技术指导,严格考核评比,加强创建联动机制,全力推进全市森林城市绿化工作,确保2011年各项绿化指标全面达标,顺利迎检。(济源市林业局)

后　记

　　《河南林业六十年》(1949～2009年)经过编写人员的艰苦努力和辛勤劳动,终于编纂完成并与广大读者见面,它比较全面记述了新中国成立60年来河南林业的发展历程和取得的巨大成就,希望能给林业工作者以及关心河南林业建设和发展的人们提供翔实的史料和有益的帮助。

　　《河南林业六十年》(1949～2009年)由厅机关有关处室和厅直单位、各省辖市林业局的负责人和有关工作人员分别负责相关材料的组织与撰写,由徐忠主持编写,肖武奇、袁黎明、杨晓周、赵蔚担任副主编,丁玉玲、马淑芳、亓建农、王东升、王翙、王晋生、王明付、王君林、王红举、王联合、王向东、冯茜茜、石大庆、光增云、刘恩波、刘建立、刘玉、刘玉明、吕存峰、孙丽峥、孙智勇、权海军、许芳岭、李国奇、李怀钦、李敏华、李青松、李兴平、吴晓豹、汪运利、陈明、陈卫、陈宏义、陈振武、张春立、张浩、张顺生、张香红、张晓强、张志阳、范五洲、虎威、罗襄生、杨富琴、杨玲、卓卫华、周未、段艳芳、范五洲、胡建清、胡新权、侯利红、姚国明、赵庆涛、柴明清、秦志强、徐霄妍、袁其站、程逸远、董胜林、舒长青、鄢广运、薛华龙(按姓氏笔画排列)分别编写相关内容。

　　为尊重历史,实事求是地记录新中国成立60年来河南省林业发展的历程和成效,收录的资料保留了原貌,未作单位名称、计量单位和数据的统一。

　　由于时间跨度长、内容繁多、文字量大,资料的收集和核实工作有一定的难度,加之编写经验不足和能力所限,因而错漏之处在所难免,敬请广大读者批评指正。

编　者

2012 年 10 月 18 日